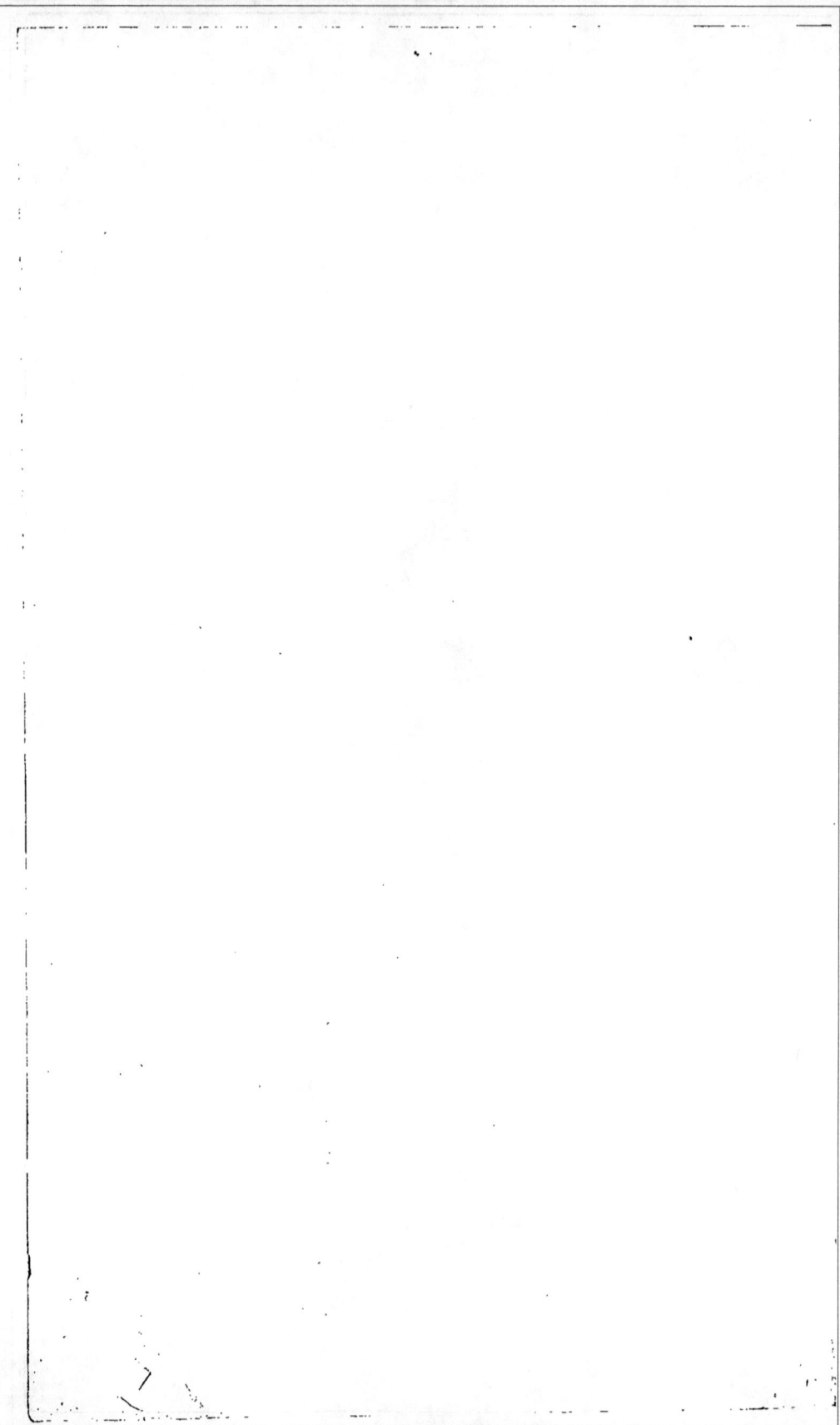

TRAITÉ

DE

MÉCANIQUE GÉNÉRALE.

GAUTHIER-VILLARS
Quai des Augustins, 55.

TRAITÉ

DE

MÉCANIQUE GÉNÉRALE

COMPRENANT

LES LEÇONS PROFESSÉES A L'ÉCOLE POLYTECHNIQUE,

PAR H. RESAL,

INGÉNIEUR DES MINES,
ADJOINT AU COMITÉ D'ARTILLERIE POUR LES ÉTUDES SCIENTIFIQUES.

TOME PREMIER.

Cinématique. — Théorèmes généraux de la Mécanique. — De l'équilibre et du mouvement des corps solides.

PARIS,
GAUTHIER-VILLARS, IMPRIMEUR-LIBRAIRE
DU BUREAU DES LONGITUDES, DE L'ÉCOLE POLYTECHNIQUE,
SUCCESSEUR DE MALLET-BACHELIER,
Quai des Augustins, 55.

1873

AVANT-PROPOS.

Cet Ouvrage peut être considéré comme une Introduction aux applications industrielles de la Mécanique, à la Mécanique analytique, à la Mécanique céleste, et aux branches de la Physique mathématique qui se rattachent à la Mécanique; ce qui explique le titre sous lequel j'ai cru devoir le faire paraître.

Je l'ai divisé en trois Parties.

La première est consacrée à l'étude du mouvement considéré indépendamment de ses causes. Elle est, pour le fonds, empruntée à mon *Traité de Cinématique pure*, dont elle reproduit, avec quelques modifications, les matières qui ont trait à la Mécanique. J'y ai introduit toutes les questions relatives au mouvement d'un point, dont la solution n'exige aucune notion sur la masse et la force; les théorèmes de Binet sur l'accélération aréolaire; enfin une étude géométrique des perturbations des planètes, basée sur la théorie des accélérations, avec l'application au cas où l'accélération perturbatrice est proportionnelle au carré de la vitesse et est dirigée en sens inverse de cette vitesse.

Dans la deuxième Partie, je m'occupe du mouvement des systèmes matériels et de ses causes. En ce qui concerne le point matériel, je n'ai, pour ainsi dire, ajouté à ce que renferment les Traités de Mécanique rationnelle que la solution de Jacobi, notablement simplifiée, du problème du mouvement d'un point pesant dans un milieu dont la résistance est proportionnelle à une puissance quelconque de la vitesse; l'étude du mouvement du pendule dans un milieu résistant; une théorie du pendule à oscillations elliptiques, et enfin une démonstration géométrique du principe de la moindre action.

J'ai groupé ensuite tous les théorèmes généraux relatifs aux systèmes matériels, quelle qu'en soit la nature, en y faisant figurer les théorèmes de MM. Bertrand, Lejeune-Dirichlet, Yvon Villarceau et Clausius, la similitude en Mécanique (de Newton, exhumée par M. Bertrand), la théorie des petits mouvements comprenant celle de la stabilité de l'équilibre, enfin les formules de Cauchy.

Ces généralités sont suivies de l'étude des corps solides, en commençant par la Statique, qui forme un Chapitre dans lequel j'établis, par des démonstrations simples, tous les théorèmes connus sur l'équilibre des solides, les systèmes articulés, les polygones et courbes funiculaires (avec application aux ponts suspendus, etc.); je termine ce Chapitre par une question que je n'ai pu placer ailleurs, savoir : la mise en équations relative au mouvement d'une courbe funiculaire plane avec application aux petites oscillations d'un pendule, dont la masse du fil n'est pas négligeable, d'une chaînette et d'un câble de pont suspendu.

Rien d'important n'a été ajouté à ce qui se rapporte au mouvement d'un solide autour d'un axe.

J'ai complété la théorie de la rotation des corps, exposée à la fin de mon *Traité de Cinématique pure*, en y introduisant les théorèmes de Poinsot, les équations du mouvement d'un système matériel par rapport à trois axes coordonnés rectangulaires mobiles autour de leur origine, une théorie très-simple du mouvement d'un projectile oblong dans un milieu résistant, enfin les équations générales du mouvement d'un solide mobile autour d'un point fixe, rapportées à trois axes rectangulaires mobiles ayant ce point pour origine.

La théorie des chocs qui fait suite ne se distingue que par certaines applications, la généralisation du théorème de Carnot, et les équations générales relatives au choc de deux corps lorsqu'ils sont parfaitement élastiques, mous, semi-élastiques.

Le premier Volume se termine par la théorie du mouvement d'un corps solide par rapport à un système invariable, qui diffère peu de celle que j'ai donnée à la fin de mon *Traité de Cinématique pure.*

Le second Volume comprend l'étude de l'équilibre et du mouvement des corps solides en tenant compte du frottement, de l'équilibre intérieur des corps, avec l'application, empruntée à M. Maurice Lévy, à la théorie des semi-fluides; la partie de la théorie mathématique de l'élasticité qui permet de justifier dans certaines limites les hypothèses *a priori* qui servent de base à la théorie de la résistance des matériaux; l'exposé de cette dernière théorie; l'étude du mouvement vibratoire des corps élastiques; l'Hydrostatique, suivie d'une théorie élémentaire de la capillarité; l'Hydrodynamique mise au courant des progrès qu'elle a réalisés dans ces derniers temps; enfin l'Hydraulique.

La troisième Partie, qui termine le Volume, est relative à la Thermodynamique, à laquelle je crois avoir ajouté quelques nouveaux éléments, et qui est suivie de la théorie du mouvement des projectiles dans les armes à feu.

J'ai l'intention de publier un troisième Volume, qui comprendrait la théorie des machines proprement dites, celle des récepteurs hydrauliques et des machines à vapeur.

En terminant, je dois remercier M. Kretz, Ingénieur en chef des Manufactures de l'État, des observations qu'il a bien voulu me faire, et M. le professeur Chevilliet, ancien Élève de l'École Normale, du concours qu'il m'a apporté en revoyant les épreuves, en vérifiant les calculs, en me signalant plusieurs points dont l'exposition laissait à désirer, et enfin en me communiquant quelques Notes intéressantes qui ont été insérées dans l'Ouvrage.

TABLE DES MATIÈRES.

PREMIÈRE PARTIE.

DU MOUVEMENT CONSIDÉRÉ INDÉPENDAMMENT DE SES CAUSES.

CHAPITRE I.

DE LA VITESSE D'UN POINT.

CHAPITRE II.

DU MOUVEMENT GÉOMÉTRIQUE DES SYSTÈMES INVARIABLES.

§ I. — *Mouvements de translation et de rotation.*

§ II. — *Du mouvement d'un système invariable parallèlement à un plan.*

§ III. — *Du mouvement d'un système invariable autour d'un point fixe.*

§ IV. — *Composition des translations et des rotations. — Du mouvement le plus général d'un système invariable.*

CHAPITRE III.

DE L'ACCÉLÉRATION DANS LE MOUVEMENT D'UN POINT.

CHAPITRE IV.

DES ACCÉLÉRATIONS CENTRALES.

CHAPITRE V.

DU MOUVEMENT D'UN POINT SUR UNE LIGNE OU UNE SURFACE FIXE.

CHAPITRE VI.

DE L'ACCÉLÉRATION DANS LE MOUVEMENT D'UN SYSTÈME INVARIABLE.

CHAPITRE VII.

DU MOUVEMENT RELATIF D'UN POINT PAR RAPPORT A UN SYSTÈME INVARIABLE MOBILE.

CHAPITRE VIII.

PROPRIÉTÉS GÉOMÉTRIQUES DU MOUVEMENT RELATIF D'UN CORPS SOLIDE PAR RAPPORT A UN MILIEU MOBILE.

DEUXIÈME PARTIE.

DU MOUVEMENT DES SYSTÈMES MATÉRIELS ET DE SES CAUSES.

CHAPITRE I.

DES FORCES APPLIQUÉES A UN POINT MATÉRIEL.

CHAPITRE II.

DU MOUVEMENT D'UN POINT MATÉRIEL DANS UN MILIEU RÉSISTANT.

CHAPITRE III.

DU MOUVEMENT D'UN POINT MATÉRIEL SUR UNE COURBE FIXE.

CHAPITRE IV.

DU MOUVEMENT D'UN POINT MATÉRIEL SUR UNE SURFACE.

CHAPITRE V.

PRINCIPES GÉNÉRAUX DE LA MÉCANIQUE.

§ I. — *Des systèmes matériels.*

Appendice au § I.

CHAPITRE VII.

DU MOUVEMENT D'UN CORPS SOLIDE.

§ I. — *Mouvement de rotation autour d'un axe fixe.*

§ II. — *Du mouvement de rotation autour d'un point fixe.*

§ III. — *Mouvement d'un corps solide entièrement libre.*

§ IV. — *Mouvement d'un corps solide assujetti à rester en contact avec un plan fixe.*

CHAPITRE VIII.

DU CHOC DES CORPS.

CHAPITRE IX.

DU MOUVEMENT RELATIF D'UN CORPS SOLIDE PAR RAPPORT A UN SYSTÈME INVARIABLE.

FAUTES ESSENTIELLES A CORRIGER.

Pages	Lignes	*au lieu de*	*lisez*
45	10	Produit du rayon.	Produit du carré du rayon.
66	1 en rem.	Multiplier par 2 le dernier membre.	
74	1 en rem.	v_0^2	$\frac{v_0^2}{2}$

Pages	Lignes	*au lieu de*	*lisez*
94	4	OI′	en I′
110	4 en rem.	constante	composante
129	14	$\nu_e(\cos\varphi\cos\psi\ldots)$	$\nu_e(\cos\varphi\sin\psi\ldots)$
158	4 en rem.	$\left[p\sqrt{\quad}\ldots\right]$	$\left[p\sqrt{\quad}\ldots\right]_{p_0}^{p}$
172	8 en rem.	ascendante	descendante.
188	3 et 7	ρ	ρ'
211	19	$\eta\zeta$	$\eta\xi$
211	21	$\xi\eta$	$\zeta\eta$
228	11 en rem.	centres de gravité	moments d'inertie
253	3	mouvement	moment
253	10 en rem.	Supprimer m du premier membre.	
255	3 en rem.	Mettre le signe Σ devant l'intégrale.	
257	3	Remplacer dans le premier membre m et t par m' et t'.	
266	2	Remplacer ξ et η par χ_1 et χ_2.	
269	3 en rem.	μ'	B
278	4 en rem.	Supprimer le mot : comprises.	
280	4	courbe	couche
311	2 en rem.	Supprimer la seconde exponentielle du numérateur.	
326	13	Remplacer dans le premier membre M par M_1, dt par ds.	
334	6 en rem.	$x_1 = 0$	$z_1 = 0$
341	5	Remplacer $y\,dp$ par $z\,dn$.	
366	5 en rem.	Remplacer dans le premier terme du second membre φ par ψ.	
374	7	$\mathfrak{M}'$, $\mathfrak{M}''$	$\mathfrak{M}''$, $\mathfrak{M}^{\text{IV}}$
380	1 en rem.	Remplacer $\cot\theta$ par $\operatorname{tang}\theta$, reporter le signe du second membre devant le troisième.	
385	4 en rem.	φ	ψ
429	1	Oz et u	OZ et ω

TRAITÉ

DE

MÉCANIQUE GÉNÉRALE.

PREMIÈRE PARTIE.

DU MOUVEMENT CONSIDÉRÉ INDÉPENDAMMENT DE SES CAUSES.

CHAPITRE PREMIER.

DE LA VITESSE D'UN POINT.

1. Un *système invariable* est un système géométrique de points dont les distances respectives restent constamment les mêmes.

Si, comme première approximation, on fait abstraction des faibles déformations dont un corps solide est susceptible, on peut le considérer comme formant un système invariable.

Il est facile de concevoir, à un point de vue géométrique, un système invariable formé par l'ensemble de plusieurs corps solides.

2. Un corps solide est en *repos* ou en *mouvement* par rapport à un système invariable, selon que sa position par rapport à ce système reste constamment la même ou varie successivement, ou encore selon que le corps et le système invariable forment ou non un autre système invariable.

Le repos comme le mouvement est *absolu* ou *relatif*, suivant que le système invariable auquel on rapporte la position du solide occupe ou n'occupe pas constamment le même lieu dans l'espace.

Le repos absolu ne paraît pas devoir exister dans la nature; on sait, en effet, que les corps placés à la surface de la Terre participent au double mouvement de cette planète autour de son axe et autour du Soleil, et que le Soleil lui-même est emporté dans l'espace en entraînant avec lui les planètes et les satellites qui les accompagnent.

Nous étudierons en premier lieu le mouvement d'un point faisant ou non partie d'un système invariable.

3. Lorsqu'un point se meut, ses diverses positions successives déterminent une ligne continue appelée *trajectoire*.

On appelle *élément de chemin* ou *chemin élémentaire* un arc infiniment petit de la trajectoire.

4. *Mouvement uniforme*. — Le mouvement d'un point, curviligne ou rectiligne, est *uniforme* lorsque les chemins parcourus sont proportionnels aux temps correspondants.

On donne le nom de *vitesse*, dans le mouvement uniforme, au chemin parcouru dans l'unité de temps adoptée.

Soient s l'arc de trajectoire décrit ou parcouru au bout du temps t, v la vitesse, on a

$$s = vt.$$

Nous prendrons le mètre pour unité de longueur et la 86400e partie du jour moyen ou la *seconde* pour unité de temps.

5. *Mouvement varié*. — Le mouvement est *varié* quand les chemins parcourus ne sont pas proportionnels aux temps correspondants.

6. *Représentation de la loi du mouvement varié*. — La loi du mouvement varié d'un point sur sa trajectoire sera connue si l'on donne une équation de la forme

$$(a) \qquad s = f(t),$$

au moyen de laquelle on calculera le chemin parcouru au bout d'un temps t, ce qui fera connaître la position du mobile, en mesurant les chemins à partir d'une même origine.

7. *Vitesse dans le mouvement varié.* — *La vitesse* d'un mobile au bout du temps t, dans le mouvement varié, est celle qui résulte de l'hypothèse d'un mouvement uniforme dans le parcours du chemin élémentaire ds, correspondant à un temps infiniment petit dt; de sorte que l'on a

$$v = \frac{ds}{dt},$$

et la vitesse est ainsi la *dérivée de l'espace par rapport au temps.*

8. *Vitesse angulaire dans le mouvement de rotation d'un point.* — Concevons qu'un point parcoure un cercle de rayon r avec la vitesse v; tous les points du rayon r décrivant des arcs semblables, leurs vitesses sont proportionnelles à leurs distances au centre; de sorte que si ω est la vitesse du point du rayon situé à l'unité de distance du centre, c'est-à-dire ce que l'on appelle la *vitesse angulaire,* on a

$$v = \omega r.$$

Si θ est l'angle formé par le rayon mobile avec un rayon fixe déterminé, on a

$$\omega = \frac{d\theta}{dt}.$$

9. *Détermination de l'espace parcouru connaissant la vitesse.* — Soient s_0 et s les chemins parcourus au bout des temps t_0 et t; on a

$$ds = v\,dt,$$

d'où

$$s - s_0 = \int_{t_0}^{t} v\,dt,$$

et une intégration fait connaître l'espace s lorsque v est donné en fonction du temps.

10. *Du mouvement uniformément varié.* — Le mouvement d'un point est *uniformément varié* quand la vitesse croît ou décroît de quantités proportionnelles au temps.

Ce mouvement est uniformément *accéléré* ou *retardé*, selon que la vitesse augmente ou diminue. La vitesse v dans le mouvement uniformément varié est donc représentée par une expression de la forme

(1) $$v = v_0 \pm at,$$

v_0 étant la *vitesse initiale* ou relative au premier instant, a une constante positive qui représente la variation éprouvée par la vitesse au bout de chacune des unités successives du temps.

La constante a est en quelque sorte la *vitesse* constante avec laquelle le mouvement s'accélère ou se retarde, puisque l'on a

$$a = \pm \frac{v - v_0}{t},$$

et elle mesure ainsi l'accélération du mouvement. Nous lui donnerons le nom d'*accélération dans le sens du mouvement*, pour un motif que nous ferons connaître plus loin.

En remplaçant v par sa valeur $\frac{ds}{dt}$, dans la formule (1), on obtient l'équation

$$\frac{ds}{dt} = v_0 \pm at,$$

dont l'intégrale, en supposant que l'origine des espaces corresponde à celle du temps, est

(2) $$s = v_0 t \pm \frac{at^2}{2}\ (^1).$$

Ainsi, dans le mouvement uniformément varié, l'espace est une fonction du second degré du temps; la réciproque de cette proposition est évidemment vraie; car si

$$s = l + mt + nt^2,$$

l, m et n étant des constantes, on a en différentiant

$$\frac{ds}{dt} = m + 2nt,$$

et cette vitesse varie bien proportionnellement au temps.

---

(1) On peut arriver à ce résultat par une simple considération géométrique, en déterminant l'aire comprise entre la droite représentée par l'équation (1), les axes coordonnés et l'ordonnée correspondant à l'abscisse t (*voir* mon *Traité de Cinématique pure*, p. 7).

La formule (2), en ayant égard à la relation (1), peut se mettre sous la forme

$$s = \left(\frac{v_0 \pm at}{2} + \frac{v_0}{2}\right) t = \frac{v + v_0}{2} t,$$

ce qui exprime que :

Dans le mouvement uniformément varié, le chemin parcouru dans un certain temps est le même que si le mobile eût été animé d'une vitesse constante égale à la demi-somme des vitesses initiale et finale.

Si le mobile n'a pas de vitesse initiale au point de départ, les formules (1) et (2) se réduisent à

$$v = at, \quad s = \frac{at^2}{2} :$$

les vitesses sont proportionnelles aux temps écoulés et les espaces parcourus aux carrés des temps.

11. *Chute verticale des corps pesants dans le vide.* — La chute des corps dans le vide offre, pour chacun des points qui les constituent, un exemple remarquable du mouvement uniformément accéléré.

On a trouvé expérimentalement à Paris pour la valeur de l'accélération de la gravité, que l'on désigne par la lettre g,

$$g = 9^{m},8088.$$

Si donc un corps tombe dans le vide sans vitesse initiale, sa vitesse au bout du temps t est

$$v = gt, \tag{3}$$

et la hauteur h qu'il aura parcourue dans sa chute verticale

$$h = \tfrac{1}{2} g t^2, \tag{4}$$

d'où, par l'élimination de t entre (3) et (4),

$$v = \sqrt{2gh},$$

ce qui fait dire que $\sqrt{2gh}$ est *la vitesse due à la hauteur h.*

Au bout du temps $t + 1$, la hauteur de la chute est

$$h_1 = \tfrac{1}{2} g (t+1)^2,$$

d'où, en retranchant de l'équation (4),

$$h_1 - h = \tfrac{1}{2} g (2t + 1).$$

Donc *les chemins parcourus dans les unités de temps successives, à partir du premier instant, sont entre eux comme les nombres impairs successifs.*

12. *Explication d'un phénomène observé au pied des hautes chutes d'eau.* — Concevons deux points pesants m, m' tombant librement sans vitesse initiale d'un lieu A, situé à une hauteur H au-dessus du sol, et supposons que la chute de m ait lieu à une époque, que nous prendrons pour origine du temps t, antérieure de θ à celle du point de départ de m'. Soient h, h' les hauteurs parcourues par m, m' au bout du temps t, on a

$$h = g\frac{t^2}{2}, \quad h' = g\frac{(t-\theta)^2}{2}, \quad h - h' = g\left(t\theta - \frac{\theta^2}{2}\right).$$

Désignons maintenant par ε la hauteur dont m est tombé à l'origine de la chute de m' ; on voit immédiatement que

$$\varepsilon = g\frac{\theta^2}{2},$$

par suite

$$h - h' = 2\sqrt{h\varepsilon} - \varepsilon.$$

L'écart maximum de m, m' correspondant à $h = \mathrm{H}$ sera

$$\zeta = 2\sqrt{\mathrm{H}\varepsilon} - \varepsilon.$$

Supposant, par exemple, que $\mathrm{H} = 400^{\mathrm{m}}$, $\varepsilon = 0^{\mathrm{m}},000001$, on trouve

$$\zeta = 0^{\mathrm{m}},04.$$

On conçoit très-bien dès lors pourquoi au pied des cascades d'une très-grande hauteur, comme celle du Staubach, qui est de 300 mètres environ, on n'observe qu'un brouillard, auquel on pourrait donner le nom de *poussière d'eau*, au milieu duquel on pénètre sans inconvénient, quoique le volume d'eau produit par la réunion des gouttelettes liquides tombant sur le sol ne soit pas sans importance.

13. *Ascension des corps pesants dans le vide.* — Considérons le mouvement d'un corps pesant lancé verticalement de bas en haut dans le vide, avec la vitesse initiale v_0. L'expérience prouve que l'on peut appliquer ici les formules relatives au mouvement uniformément retardé ou que l'on a

$$v = v_0 - gt, \quad h = v_0 t - \tfrac{1}{2} g t^2.$$

Le mobile arrivera à sa plus grande hauteur lorsque la vitesse v sera nulle ou au bout du temps $t = \frac{v_0}{g}$, ce qui donne, pour la hauteur maximum à laquelle il sera parvenu,

$$h_1 = \frac{v_0^2}{2g};$$

c'est pourquoi l'on dit que $\frac{v_0^2}{2g}$ est *la hauteur due à la vitesse* v_0.

A partir de cet instant, le mobile tombera d'un mouvement uniformément accéléré, et il est facile de voir que la vitesse au bas de la chute sera précisément égale et contraire à la vitesse initiale v_0.

14. *De la projection d'une vitesse sur une droite ou sur un plan.* — Nous représenterons graphiquement la vitesse d'un point mobile par une longueur proportionnelle à cette vitesse portée dans le sens du mouvement sur la tangente à la trajectoire, à partir du point de contact; on comprend dès lors ce que l'on doit entendre par la projection *orthogonale* ou *oblique* d'une vitesse sur une droite ou un axe fixe.

Soient

m (*fig.* 1) la position actuelle du mobile sur la trajectoire;

Fig. 1.

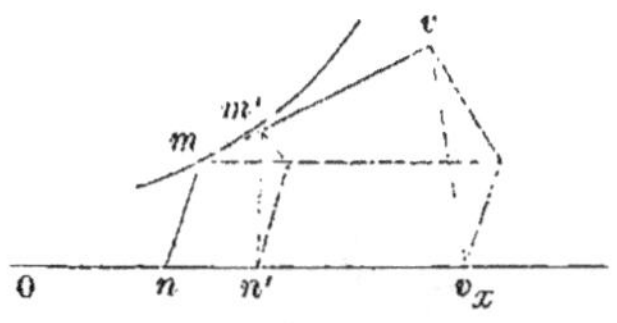

mm' l'élément de chemin parcouru dans le temps dt;

n, n' les projections de m et m' sur un axe Ox, par des plans parallèles à un plan déterminé;

v la vitesse de m;

v_x sa projection sur Ox.

On voit facilement sur la figure que

$$\frac{mm'}{mv} = \frac{nn'}{nv_x};$$

ou

$$nn' = \frac{v_x}{v}\,mm' = \frac{v_x}{v}\,v\,dt = v_x\,dt,$$

d'où

$$\frac{nn'}{dt} = v_x.$$

Or $\frac{nn'}{dt}$ n'est autre chose que la vitesse du point n considéré comme un point mobile. Donc *la projection de la vitesse d'un point sur un axe est la vitesse de la projection du mobile sur l'axe.*

La projection orthogonale d'une vitesse sur un axe est ce que l'on nomme la vitesse du mobile *estimée* suivant cet axe.

Si nous rapportons le mouvement du point à trois axes fixes rectangulaires Ox, Oy, Oz, on a, en appelant v_x, v_y, v_z les vitesses des projections du mobile sur ces trois axes,

$$v_x = v\cos(v, x), \quad v_y = v\cos(v, y), \quad v_z = v\cos(v, z),$$
$$v = \sqrt{v_x^2 + v_y^2 + v_z^2}.$$

La vitesse d'un point est donc complétement déterminée quand on connaît les vitesses des projections de ce point sur trois axes rectangulaires.

Si l'on considère le mouvement de la projection d'un point mobile sur un plan, on voit, par un raisonnement analogue au précédent, que *la vitesse de la projection du point est la projection de la vitesse de ce point sur le plan.*

15. *De la composition des vitesses simultanées.* — Expliquons d'abord comment un point peut être considéré comme animé simultanément de plusieurs mouvements distincts. Concevons, à cet effet, une bille qui se meut sur un bateau, entraîné lui-même dans le courant d'une rivière. Le centre de cette bille possède à la fois : 1° le mouvement relatif dont il est animé par rapport au bateau ; 2° le mouvement du bateau par rapport aux rives ; 3° le mouvement que celles-ci possèdent en commun avec la Terre autour de son axe et autour du Soleil; 4° enfin le mouvement de translation du Soleil lui-même.

De tels mouvements sont dits *relatifs* ou *indépendants,* parce que, en effet, chacun d'eux est censé avoir lieu comme si tous les autres n'existaient pas.

Le mouvement réel ou *absolu* est appelé *mouvement résultant* des mouvements simultanés relatifs; ces derniers portent le nom de *mouvements composants.*

La vitesse du mouvement résultant est la *résultante* des vitesses des autres mouvements considérés, et celles-ci en sont les *composantes.*

16. *La résultante de deux vitesses simultanées dont un point est animé est représentée en grandeur et en direction par la diagonale du parallélogramme construit sur les droites qui représentent ces vitesses.* — Considérons en premier lieu le cas où le point m (*fig.* 2) est animé de deux mouvements rec-

Fig. 2.

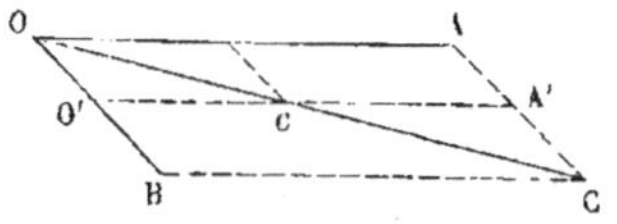

tilignes et uniformes suivant les directions OA et OB.

Soient

v la vitesse dont OA est la direction;
v' la vitesse du mouvement suivant OB.

On devra considérer le point m comme se mouvant uniformément sur la droite OA avec la vitesse v, tandis que cette droite se déplace parallèlement à elle-même en s'appuyant de son extrémité O sur la ligne OB, de manière que chacun de ses points soit animé d'un mouvement uniforme dont la vitesse elle-même est égale et parallèle à v'.

Supposons que le mobile partant de sa position initiale O soit arrivé en c au bout du temps t, et que, par conséquent, la droite OA se soit transportée dans ce temps, parallèlement à elle-même en O'cA'; on a

$$OO' = v't, \quad O'c = vt,$$

d'où

$$\frac{OO'}{O'c} = \frac{v'}{v}.$$

Ce qui prouve que : 1° le mobile se meut sur une droite OcC de direction déterminée; 2° les chemins Oc, OC décrits sur cette droite sont proportionnels aux espaces correspondants OO′, OB décrits sur OB; 3° si $OA = v$, $OB = v'$ représentent les chemins parcourus dans l'unité de temps, OC sera pareillement le chemin décrit par le mobile pendant cette unité; 4° si V est la vitesse résultante, elle est représentée par la diagonale OC du parallélogramme OACB construit sur OA et OB, ce qui est conforme à l'énoncé.

Deux mouvements simultanés et indépendants quelconques d'un point, pouvant être supposés rectilignes et uniformes pendant un temps infiniment petit, il s'ensuit que la vitesse du mouvement résultant sera toujours représentée en grandeur et en direction par la diagonale du parallélogramme construit sur les droites qui représentent les vitesses composantes.

17. *Décomposition d'une vitesse en deux autres de directions données.* — La vitesse V (*fig.* 2), représentée en grandeur et en direction par la droite OC, peut toujours être considérée comme résultant de deux autres mouvements simultanés et indépendants, suivant les directions données OA, OB; les vitesses $v = OA$, $v' = OB$ de ces derniers s'obtiendront en construisant le parallélogramme OACB, dont la diagonale représente la vitesse du mouvement proposé.

Pour trouver les relations algébriques qui doivent exister entre les différents éléments de la question, nous remarquerons que le triangle OAC donne

$$V = \sqrt{v^2 + v'^2 + 2vv'\cos(v, v')},$$

$$\sin(V, v) = \frac{v'}{V}\sin(v, v'),$$

$$\sin(V, v') = \frac{v}{V}\sin(v, v'),$$

formules qui déterminent complétement V en grandeur et en direction, et au moyen desquelles trois quelconques des éléments du triangle OAC étant donnés, pourvu qu'il y entre au moins un côté, on trouvera au besoin les trois autres.

18. *La résultante de trois vitesses, non situées dans le même plan, dont un point est animé simultanément, est en grandeur et en direction la diagonale du parallélépipède construit sur les droites qui représentent ces trois vitesses.*

Soient (*fig.* 3) AB, AC, AD les droites qui représentent les trois composantes; la résultante des deux premières sera

Fig. 3.

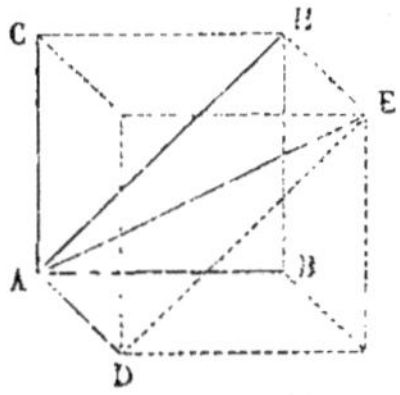

représentée par la diagonale AH du parallélogramme ABHC qui leur correspond; la résultante de cette vitesse AH et de la troisième vitesse AD, ou la résultante des trois vitesses proposées, sera la diagonale AE du parallélogramme ADEH, c'est-à-dire la diagonale du parallélépipède construit sur les droites AB, AC, AD, ce qui prouve aussi que l'on arrive bien au même résultat, quel que soit l'ordre dans lequel on effectue la composition des vitesses.

Réciproquement, on peut décomposer une vitesse connue en grandeur et en direction en trois autres de directions données. Il suffit, en effet, de construire sur les trois directions un parallélépipède, dont la diagonale soit la droite qui représente la vitesse proposée.

Si V est la résultante de trois vitesses rectangulaires v, v', v'', la *fig.* 3 donne évidemment

$$V = \sqrt{v^2 + v'^2 + v''^2},$$

$$\cos(V, v) = \frac{v}{V}, \quad \cos(V, v') = \frac{v'}{V}, \quad \cos(V, v'') = \frac{v''}{V},$$

formules qui déterminent complétement V en grandeur et en direction.

19. *Composition d'un nombre quelconque de vitesses simultanées.* — Soient (*fig.* 4) AB, AC, AD, AE, AF les droites qui

Fig. 4.

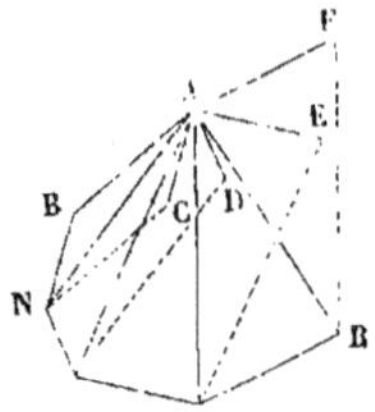

représentent ces vitesses en grandeur et en direction. Composons d'abord les deux premières, puis leur résultante AN avec la troisième, la résultante de ces deux dernières avec la quatrième, et ainsi de suite; on arrive de cette manière à la résultante AR de toutes les vitesses composantes, et du tracé de la figure on déduit le théorème suivant :

La résultante d'un nombre quelconque de vitesses est représentée en grandeur et en direction par le dernier côté de la ligne polygonale formée par les droites respectivement égales et parallèles à celles qui représentent les composantes, et de même sens.

En considérant les projections des vitesses et de leur polygone sur un plan quelconque, on en tire immédiatement cette conséquence, qui conduit à une construction très-simple de la résultante dans l'espace :

La projection de la résultante sur un plan est la résultante des projections des vitesses composantes.

Dans le cas particulier où les vitesses sont dirigées suivant la même droite, leur résultante est égale à la somme algébrique de ces vitesses, en considérant comme positives celles qui ont un certain sens et comme négatives celles qui ont un sens contraire.

20. De ce qui précède, et d'un théorème connu en Géométrie, on déduit cette conséquence :

En projection sur un axe, la résultante d'un nombre quelconque de vitesses est égale à la somme algébrique des vitesses composantes.

Maintenant il est facile de voir que, quel que soit l'ordre dans lequel on compose les vitesses, on arrive toujours au même résultat; car, quel que soit aussi le mode de composition successive de ces vitesses, la somme de leurs projections sur un axe quelconque en est complétement indépendante, et par conséquent on obtiendra toujours une même résultante dont la grandeur et la direction seront ainsi complétement déterminées par ses projections sur trois axes arbitraires.

21. *Détermination algébrique de la résultante d'un nombre quelconque de vitesses.* — Rapportons les vitesses composantes v, v', v'',... et leur résultante V à trois axes rectangulaires Ox, Oy, Oz, passant par un même point O. Le théorème ci-dessus donne

$$(A)\quad \begin{cases} V\cos(V,x) = v\cos(v,x) + v'\cos(v',x) + \ldots \\ V\cos(V,y) = v\cos(v,y) + v'\cos(v',y) + \ldots \\ V\cos(V,z) = v\cos(v,z) + v'\cos(v',z) + \ldots . \end{cases}$$

Appelant **X, Y, Z** les sommes algébriques des vitesses composantes projetées sur les trois axes, on a les relations

$$V = \sqrt{X^2 + Y^2 + Z^2},$$

$$(B)\qquad \cos(V,x) = \frac{x}{V},\quad \cos(V,y) = \frac{y}{V},\quad \cos(V,z) = \frac{z}{V},$$

qui déterminent complétement V en grandeur et en direction.

Enfin il est facile de reconnaître, à l'inspection des formules (**A**), que l'on peut décomposer d'une infinité de manières différentes une vitesse en plus de trois autres directions données ([1]).

22. *Des sommes et des différences géométriques.* — Si, pour exprimer que la vitesse V est le dernier côté du polygone formé par les lignes qui représentent v, v', v'',... en grandeur, en direction et en sens, nous nous servons de la notation symbolique

$$(a)\qquad \overline{V} = \overline{v} + \overline{v'} + \overline{v''} + \ldots .$$

([1]) *Voir*, pour les applications de la composition des vitesses à la construction des tangentes, mon *Traité de Cinématique pure*, Chap. I, § V, p. 19.

nous dirons que V est la *somme géométrique* des longueurs $v, v', v'', \ldots$.

La *différence géométrique* de V et v, ou l'*excès géométrique* de la ligne V sur la ligne v, sera la ligne w qui, ajoutée géométriquement à v, donnera V, et nous écrirons

$$(b) \qquad \bar{w} = \bar{V} - \bar{v}.$$

La résultante des vitesses $v, v', v'', \ldots$, avec la vitesse u, étant la même que celle de V et de u, on a

$$(c) \qquad \bar{V} + \bar{u} = \bar{v} + \bar{v}' + \bar{v}'' + \ldots + \bar{u}.$$

En prenant u en sens contraire, on aurait

$$(d) \qquad \bar{V} - \bar{u} = \bar{v} + \bar{v}' + \bar{v}'' + \ldots - \bar{u}.$$

Les formules symboliques, telles que (a), (b), (c), (d), ont reçu le nom d'*équations géométriques linéaires*, et l'on voit : 1° que l'on peut ajouter ou retrancher une même quantité aux deux membres d'une pareille équation ; 2° que l'on peut faire passer un terme d'un membre dans un autre, pourvu qu'on en change le signe.

Les équations géométriques linéaires, dont nous étudierons à mesure les propriétés, nous seront fort utiles plus tard comme moyen de simplifier certaines démonstrations.

23. *Des produits géométriques.* — Nous appellerons *produit géométrique* de deux longueurs a, b, issues d'un même point, *le produit algébrique de l'une d'entre elles par la projection de l'autre sur sa direction*, ou encore *le produit algébrique de ces longueurs par le cosinus de leur angle.*

Le produit géométrique de deux longueurs sera donc positif ou négatif selon que leur angle sera aigu ou obtus.

On voit ainsi que le produit géométrique de deux droites est nul lorsqu'elles sont rectangulaires, et qu'il est égal à leur produit algébrique lorsqu'elles ont la même direction.

Si, pour représenter le produit géométrique de a, b, on emploie la notation symbolique $\bar{a} \times \bar{b}$, il est clair que de la définition ci-dessus on déduit $\bar{a} \times \bar{b} = \bar{b} \times \bar{a}$; en d'autres termes, dans un produit géométrique de deux facteurs, on peut intervertir l'ordre de ces facteurs.

Supposons que a soit une somme géométrique représentée par

$$\bar{a} = \bar{c} + \bar{c}' + \bar{c}'' + \ldots,$$

on a

$$a \cos(a, b) = c \cos(c, b) + c' \cos(c', b) + \ldots;$$

et, en multipliant par b,

$$ab \cos(a, b) = cb \cos(c, b) + c' \cos(c', b) + \ldots,$$

ou

$$\bar{a}\bar{b} = \bar{c}\bar{b} + \bar{c}'\bar{b} + \ldots,$$

ce que l'on peut exprimer ainsi :

Le produit géométrique d'une longueur par une somme géométrique est égal à la somme algébrique des produits géométriques de cette ligne par les éléments de la somme géométrique.

Soit

$$\bar{b} = \bar{d} + \bar{d}' + \bar{d}'' + \ldots;$$

on a, eu égard à ce théorème,

$$\begin{aligned}\bar{a}\bar{b} &= \bar{c}(\bar{d} + \bar{d}' + \ldots) + \bar{c}'(\bar{d} + \bar{d}' + \ldots) + \ldots\\ &= \bar{c}\bar{d} + \bar{c}\bar{d}' + \ldots + \bar{c}'\bar{d} + \bar{c}'\bar{d}' + \ldots.\end{aligned}$$

Donc le produit géométrique de deux sommes géométriques est la somme algébrique des produits semblables des éléments de l'une des sommes par chacun des éléments de l'autre.

24. *Expression du produit géométrique d'une longueur par un déplacement élémentaire résultant d'une rotation autour d'un point.*

Soient (*fig.* 5)

Fig. 5.

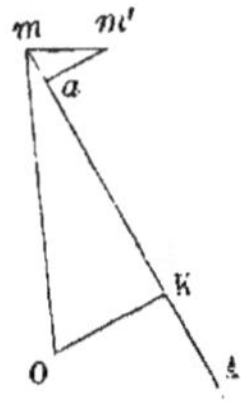

mA la droite qui représente une longueur φ;

mm' un déplacement élémentaire d'un point m de cette droite résultant d'une rotation autour du point O;
ma, mK les projections de mm' et mO sur mA;
$d\theta$ le déplacement angulaire élémentaire mOm'.

On a

$$mm' = Om.d\theta,$$

et, par la similitude des triangles $mm'a$, mOK,

$$ma = mm' \frac{OK}{Om} = OK.d\theta.$$

On déduit de là, pour le produit géométrique de φ par mm',

$$\overline{\varphi\, mm'} = \varphi \times ma = \varphi OK.d\theta.$$

Ce produit géométrique est donc le même que si le point m coïncidait avec le pied de la perpendiculaire abaissée du point O sur la direction de la droite, pour un même déplacement angulaire autour de ce point.

Nous donnerons au produit $\varphi \times$ OK le nom de *moment de la longueur* φ par rapport au point O pris pour centre des moments.

On devra considérer ce moment comme positif ou négatif, conformément aux conventions établies sur les signes des produits géométriques, ou selon que le point K se déplacera dans le sens de φ ou en sens inverse, ou encore que le point K, censé se mouvoir autour de O en vertu de la vitesse φ, imprimera au rayon OK un mouvement de rotation dans le sens de $d\theta$ ou en sens inverse.

Nous supposerons, comme on le fait ordinairement, que ce déplacement angulaire $d\theta$ a toujours lieu de la gauche vers la droite.

Il résulte de ce qui précède :

1° Que *le moment d'une somme géométrique de longueurs situées dans un même plan est égal à la somme algébrique des moments des éléments de cette somme,* puisque les produits géométriques ne diffèrent des moments que par le facteur constant $d\theta$.

2° *La somme algébrique des moments, par rapport à un point, des éléments ci-dessus de la somme géométrique est nulle* (¹).

25. *Composition et décomposition des moments.* — Concevons qu'à partir du point O on porte, sur la perpendiculaire au plan qu'il détermine avec φ, une longueur L proportionnelle au moment dans le sens pour lequel ce moment serait positif pour l'observateur couché suivant cette droite et ayant les pieds en O.

Soit L′ la droite qui représente de la même manière le moment de la projection φ' de φ sur un plan passant par le point O.

(¹) Le premier de ces théorèmes, qui sont dus à Varignon, peut encore se démontrer ainsi qu'il suit.

Soient (*fig.* 6)

Fig. 6.

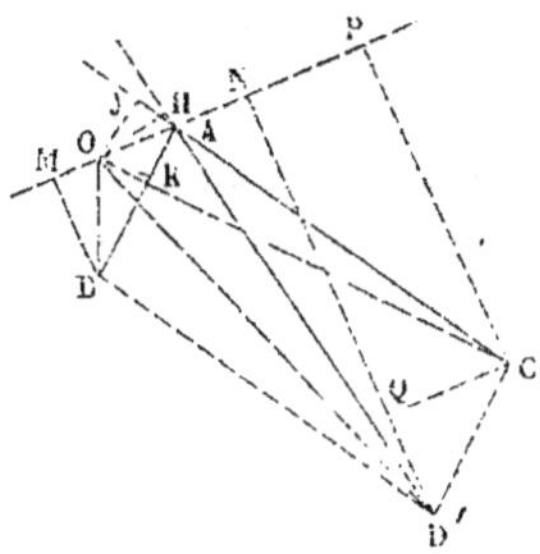

AD la somme géométrique de deux droites AB, AC;
OK, OH, OJ les perpendiculaires abaissées du point O sur AB, AD, AC.

Il faut prouver que

$$AB \times OK + AC \times OJ = AD \times OH$$

ou que

$$\text{triangle } AOB + \text{triangle } AOC = \text{triangle } AOD.$$

Mais les trois triangles ont un côté commun OA; il suffit donc de prouver que la perpendiculaire DN abaissée de D sur OA est égale à la somme des perpendiculaires BM et CP abaissées sur la même droite des points B et C, ce qui devient évident en menant CQ parallèle à OA jusqu'à la rencontre de DN, et remarquant que les triangles CQD, ABM sont égaux.

Le théorème étant établi pour deux droites s'étend facilement à une somme géométrique quelconque dont les éléments sont situés dans le même plan.

Les longueurs L, L′ étant proportionnelles aux aires des triangles formés par le point O et les droites qui représentent φ, φ', il s'ensuit que *la seconde est la projection de l'autre sur sa direction.*

Soient

$L, l, l', \ldots$ les moments d'une somme géométrique et de ses éléments ;

$L_u, l_u, l'_u, \ldots$ leurs projections sur un axe Ou.

Si l'on projette la somme géométrique sur le plan xOy, on a, d'après le numéro précédent,

$$L_z = l_z + l'_z + \ldots,$$

et de même

$$L_y = l_y + l'_y + \ldots,$$

$$L_x = l_x + l'_x + \ldots.$$

Donc :

1° *En projection sur un axe, la droite qui représente le moment d'une somme géométrique est la somme algébrique des droites semblables relatives aux composantes.*

2° *La droite qui représente le moment de la somme géométrique est la somme géométrique des droites semblables relatives aux composantes.*

CHAPITRE II.

DU MOUVEMENT GÉOMÉTRIQUE DES SYSTEMES INVARIABLES.

§ I. — *Mouvement de translation, de rotation, de roulement.*

26. *Mouvement de translation.* — Lorsque les divers points d'un système invariable (1) décrivent, à un instant donné, des éléments égaux et parallèles, le mouvement de leur ensemble se nomme *mouvement translatoire ou de translation.* Il est évident que les vitesses simultanées des divers points sont aussi égales et parallèles aux mêmes instants.

Le mouvement de translation peut être *rectiligne* ou *curviligne,* selon que les différents points du corps décrivent des lignes droites ou des lignes courbes; seulement, dans le deuxième cas, les directions parallèles du mouvement changent d'un instant à l'instant suivant.

27. *Mouvement de rotation.* — Lorsque les différents points d'un système invariable décrivent simultanément, autour d'un axe fixe, des éléments de cercles concentriques, perpendiculaires à cet axe, le mouvement du système est ce que l'on nomme un *mouvement rotatoire* ou *de rotation* autour de cet axe, et l'on voit sans peine que les déplacements angulaires simultanés des plans méridiens correspondant aux divers points du système sont égaux.

Soient

V la vitesse d'un point situé à la distance r de l'axe;

ω *la vitesse angulaire* (8), c'est-à-dire la vitesse d'un point du système situé à une distance de l'axe égale à l'unité.

Les éléments $V\,dt$ et $\omega\,dt$ étant semblables, il vient

$$\frac{V\,dt}{\omega\,dt} = \frac{r}{1},$$

d'où

$$V = \omega r.$$

La vitesse d'un point est donc égale au produit de la vitesse angulaire par la distance de ce point de l'axe.

28. Le *mouvement de glissement* est celui dans lequel les mêmes points ou éléments de la surface d'un solide se mettent successivement en contact avec les éléments distincts et consécutifs de la surface d'un autre solide.

29. Dans le *mouvement de roulement*, les éléments superficiels et consécutifs d'un corps viennent se mettre successivement en contact, sans glissement, avec les éléments consécutifs de la surface d'un autre corps.

Considérons, en particulier, deux cylindres roulant l'un sur l'autre; on peut réduire la question au roulement de leurs sections droites l'une sur l'autre. Or, en regardant ces courbes comme des polygones infinitésimaux ayant actuellement un côté commun ab, les côtés consécutifs bc', $c'd'$, ... de la courbe mobile doivent venir successivement coïncider avec les éléments respectivement égaux bc, cd, ... de la courbe fixe, et pour que $b'c'$ vienne coïncider avec bc, il faut qu'il y ait rotation de la figure mobile autour du point b supposé fixe.

D'où l'on conclut qu'une courbe qui roule sur une autre peut à chaque instant être considérée comme tournant, pendant un temps infiniment petit, autour du point de contact supposé fixe pendant cet instant, et qui, pour ce motif, est ce que l'on appelle *un centre instantané de rotation*.

On déduit de là que *la normale à la courbe décrite par un point quelconque de la figure mobile passe par ce centre.*

On voit ainsi pourquoi la normale à la cycloïde passe par le point de contact de la circonférence avec la droite directrice, pourquoi la normale aux épicycloïdes passe par le point de contact des circonférences, etc.

30. *Mouvement simultané de roulement et de glissement.* — Supposons qu'un corps (S) glisse pendant le temps *dt* par un de ses éléments superficiels ω sur un élément ω' d'un autre corps (S'); qu'à la fin de *dt* un élément ω_1 de (S) consécutif de ω vienne se mettre en contact avec l'élément ω'_1 de (S') consécutif de ω'; cette superposition résultera d'un roulement. On peut concevoir que ω_1 se comporte vis-à-vis de ω'_1 de la même manière que ω par rapport à ω', et ainsi de suite; le mouvement de (S) sur (S') résultera donc d'une succession de glissements élémentaires et de roulements successifs. Le glissement et le roulement correspondants peuvent être considérés comme ayant lieu simultanément.

Pour bien faire voir en quoi consiste ce mouvement, considérons le cas où (S) et (S') sont deux prismes droits dont les sections sont des polygones réguliers. On voit de suite que l'on est ramené à considérer le mouvement de ces sections l'une sur l'autre.

Supposons que les côtés de (S) soient plus petits que ceux de (S'), que leurs côtés respectifs (*fig.* 7) AB, A'B' coïncident

Fig. 7.

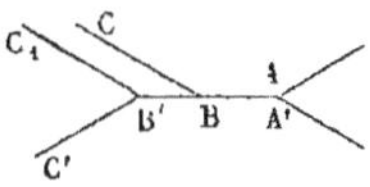

ainsi que leurs sommets A, A'; on amènera B en B' par un déplacement translatoire, puis BC venu en $B'C_1$, en contact avec B'C' par une rotation autour de B', et ainsi de suite.

Le roulement et le glissement de deux circonférences, et en général de deux courbes planes, se produiront simultanément de la même manière, en remarquant que l'on peut considérer les deux courbes comme des polygones infinitésimaux, mais dont les côtés correspondants de l'une et l'autre courbe peuvent être regardés comme ayant des longueurs inégales [1].

---

[1] *Voir*, pour plus de détails, sur le roulement et le glissement, mon *Traité de Cinématique pure*, Chap. III, § VII, p. 119.

§ II. — *Du mouvement d'un système invariable parallèlement à un plan.*

31. Le mouvement de rotation autour d'un axe fixe n'est évidemment qu'un cas particulier de celui où tous les points du système sont animés, à un instant donné, de vitesses simultanées quelconques parallèles à un plan donné, mouvement qui, envisagé dans la projection du système sur le plan, revient à celui d'une figure invariable mobile dans ce même plan.

32. *Du centre instantané de rotation d'une figure invariable mobile dans son plan.* — La position et le mouvement d'une telle figure sont évidemment définis par ceux d'une droite AB (*fig.* 8), qui joint les points A, B de cette figure.

Fig. 8.

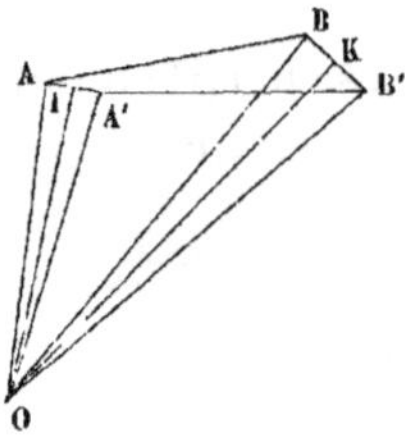

Soient

A′B′ la position que prend la droite AB au bout d'un temps infiniment petit;

O le point de rencontre des perpendiculaires élevées aux milieux I, K des chemins élémentaires AA′, BB′.

De l'égalité des triangles AOB, A′OB′, qui ont leurs trois côtés respectivement égaux, résulte celles des angles BOB′, AOA′, et l'on voit ainsi que le mouvement le plus général d'une figure plane peut à chaque instant être considéré comme se faisant autour d'un point actuellement fixe O, et qui est un *centre instantané de rotation*.

Remarque. — Si les déplacements AA′, BB′ sont parallèles et obliques à AB, ils sont égaux : car la projection de AB sur A′B′ étant égale à cette dernière droite, en négligeant les termes du second ordre, il faut nécessairement que les projections semblables de AA′, BB′ soient aussi égales, et le mouvement se réduit à une simple translation.

Dans le cas où les chemins élémentaires AA′, BB′ sont perpendiculaires à AB (*fig.* 9), ils peuvent être inégaux, mais

Fig. 9.

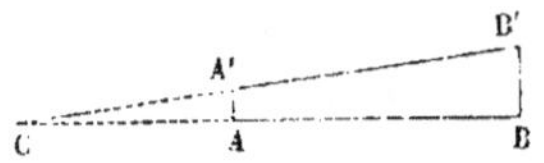

alors le centre instantané se trouve évidemment au point de rencontre C de AB, A′B′.

33. *Conséquences diverses.* — Il résulte de ce qui précède que :

1° *Les différents points de la figure mobile décrivent simultanément des éléments proportionnels à leur distance au centre instantané;*

2° *Les normales correspondant à ces divers éléments vont toutes concourir à ce centre;*

3° *La connaissance de la vitesse* V *de l'un de ces points situé à la distance* r *du centre* O *suffit pour déterminer la vitesse angulaire instantanée* $\omega = \frac{V}{r}$; *par suite, la vitesse d'un point quelconque.*

Soient, à un instant donné (*fig.* 10),

Fig. 10.

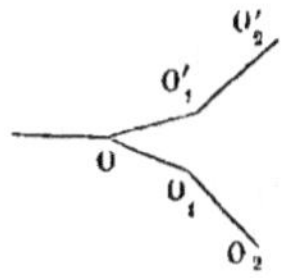

O le centre instantané de rotation;

$O_1, O_2, O_3, \ldots$ les positions successives des centres instantanés sur le plan fixe;

$O'_1, O'_2, O'_3, \ldots$ les positions correspondantes des mêmes points sur le plan de la figure mobile.

Au bout du temps infiniment petit dt, le point O'_1 viendra en O_1 ; mais, comme ce déplacement ne peut s'effectuer qu'autour du centre instantané O, il s'ensuit que la courbe $OO'_1O'_2\ldots$ roule sur la courbe fixe $OO_1O_2\ldots$; en d'autres termes, *le mouvement le plus général d'une figure plane invariable dans son plan se réduit à un roulement d'une courbe sur une autre.*

La courbe fixe est le lieu des positions successives des centres instantanés, et la courbe mobile celui des points du plan de la figure mobile qui successivement deviennent centres instantanés ([1]).

§ III. — *Du mouvement d'un système invariable autour d'un point fixe.*

34. Soient

O le point fixe;
A, B deux points déterminés du système invariable (S);
a, b les intersections des rayons OA, OB avec une sphère fixe, d'un rayon quelconque, ayant son centre au point O.

La position de l'arc de grand cercle ab sur la sphère déterminera à chaque instant celle des points A et B, et par suite celle du système (S).

Si l'on emploie le même raisonnement qu'au numéro précédent, en remplaçant les droites par des arcs de grand cercle, on arrive à conclure qu'un déplacement infiniment petit de ab peut être considéré comme s'effectuant autour d'un pôle instantané P.

D'où il suit que (S) subit un déplacement rotatoire infiniment petit autour de l'axe *instantané de rotation* OP ([2]).

Les deux surfaces coniques, déterminées dans l'espace et dans le système (S) par les positions successives de l'axe instantané de rotation, roulent l'une sur l'autre; c'est ce qui

([1]) *Voir*, pour les applications de ces principes à la Géométrie et aux transformations du mouvement, mon *Traité de Cinématique pure*, Chap. III, § II, p. 84.

([2]) *Voir*, pour l'application au joint universel de Cardan, mon *Traité de Cinématique pure*, Chap. III, § III, p. 100.

résulte de considérations analogues à celles qui nous ont permis au numéro précédent de démontrer que le mouvement le plus général d'une figure plane est dû au roulement d'une courbe sur une autre.

§ IV. — *Composition des translations, des rotations. — Du mouvement le plus général d'un système invariable.*

35. *Composition des translations.* — Il est clair que si un solide est animé de plusieurs translations simultanées, la vitesse dans la translation résultante est la résultante des vitesses composantes.

36. *Composition des rotations autour d'axes parallèles.* — Considérons un système invariable mobile autour d'un axe qui tourne lui-même autour d'un axe parallèle fixe dans l'espace. Le mouvement résultant, comme les mouvements composants, étant parallèle à tout plan perpendiculaire à la direction des axes, on est ramené à étudier le déplacement d'une figure plane mobile dans son plan, tournant autour de l'un de ses points et autour d'un autre point fixe sur le plan.

Soient

O, O′ (*fig.* 11) le centre mobile et le centre fixe;

ω, ω' les vitesses angulaires correspondantes, que nous supposerons de même sens, de gauche à droite, par exemple.

Fig. 11.

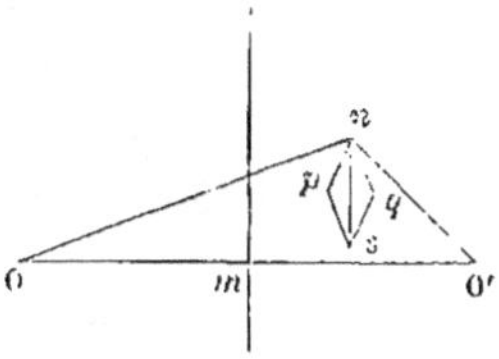

Tout point m de la ligne OO′ sera animé de deux vitesses $\omega.\mathrm{O}m$, $\omega'.\mathrm{O}'m$ de sens contraire, et il est clair qu'il existera une position de ce point pour laquelle on aura $\omega.\mathrm{O}m = \omega'.\mathrm{O}'m$, d'où $\frac{\omega'}{\omega + \omega'} = \frac{\mathrm{O}m}{\mathrm{OO}'}$, et qui sera le centre instantané de rotation à l'instant considéré. Si Ω est la vitesse angulaire instantanée autour de m, on a, en égalant entre elles les deux expressions de la vitesse du point O,

$$\omega'.OO' = \Omega.Om,$$

d'où, d'après une précédente relation,

$$\Omega : \omega : \omega' :: OO' : O'm : Om,$$

et enfin

$$\Omega = \omega + \omega'.$$

Donc *deux rotations autour d'axes parallèles de même sens se composent en une seule égale à leur somme, et dont l'axe parallèle aux deux autres et situé dans leur plan divise la distance de ces derniers en raison inverse des rotations correspondantes.*

Supposons maintenant que les deux rotations soient de sens contraire, par exemple que ω, supérieur à ω', ait lieu de la gauche vers la droite, et ω' de la droite vers la gauche; il y aura en général sur le prolongement de OO', à gauche de O, un point m pour lequel on aura $\omega.Om = \omega'.O'm$, et si Ω est la vitesse angulaire instantanée autour de m, on aura

$$\Omega.Om = \omega'.OO', \quad \text{d'où} \quad \Omega = \omega - \omega'.$$

Si $\omega = \omega'$, Om est infini et Ω nul : il n'y a plus dans ce cas de centre instantané; mais alors le mouvement se réduit à une simple translation; car soient n un point de la figure, $nq = \omega.On$, $np = \omega'.O'n$ ses vitesses autour de O, O', ns la résultante de ces vitesses; les triangles OnO', pns étant semblables, ns est perpendiculaire à OO' et égal à la quantité constante $\omega.OO'$.

Donc *deux rotations de sens contraire autour d'axes parallèles se composent en une seule égale à leur différence, dont l'axe, parallèle aux précédents et situé dans leur plan, se trouve en dehors de l'intervalle qui les sépare. Les distances de l'axe résultant aux deux autres sont en raison inverse des rotations correspondant à ces derniers.*

Si les deux vitesses angulaires composantes sont égales

(couple de rotations), *le mouvement se réduit à une translation perpendiculaire au plan des axes et égale au produit de leur distance par la vitesse angulaire commune.*

Il est facile maintenant de composer entre elles des rotations parallèles en nombre quelconque. On considérera leur ensemble comme formant deux groupes pour chacun desquels les rotations seront de même sens, les rotations de l'un étant de sens contraire à celles de l'autre.

Considérons l'un de ces groupes; on composera deux rotations qui en font partie, ω, ω' en une seule

$$\omega_1 = \omega + \omega',$$

puis ω_1 avec une troisième ω'' en une seule

$$\omega_2 = \omega_1 + \omega'' = \omega + \omega' + \omega'',$$

et ainsi de suite. On arrivera ainsi à une rotation finale Ω égale à la somme $\omega + \omega' + \omega'' \ldots$ des composantes. Soit Ω' la résultante des rotations du second groupe. Si Ω est différent de Ω', ces deux rotations se composeront en une seule, égale à leur différence ou *à la somme algébrique des rotations proposées.* Mais si $\Omega = \Omega'$, ou si la somme ci-dessus est nulle, le mouvement se réduit à une simple translation.

Il est clair d'ailleurs, d'après la nature même de la question, que l'on doit arriver au même résultat, quel que soit l'ordre adopté dans la composition.

37. On conçoit facilement comment on peut décomposer une rotation en deux autres autour d'axes parallèles au premier et compris dans un même plan avec lui; selon les positions relatives des axes, les rotations composantes seront de même sens ou de sens contraire. Le problème est complétement déterminé.

On ne peut, de même, décomposer que d'une seule manière une rotation en trois autres autour d'axes parallèles au sien. Soient, en effet, A, B, C (*fig.* 12) les traces de ces trois axes sur un plan perpendiculaire à leur direction; O la trace de l'axe de la rotation donnée ω. Nous supposerons, par exemple, que le point O se trouve dans l'intérieur du triangle ABC.

Soient K, I, H les intersections des directions de AO, BO, CO avec BC, AC, AB. Décomposons la rotation ω en deux

Fig. 12.

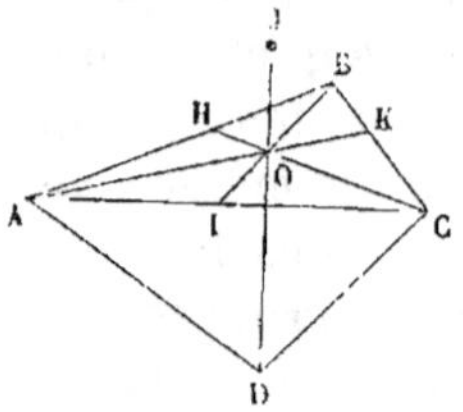

autres, l'une $\omega_1 = \omega \dfrac{OI}{BI}$ autour de l'axe B, l'autre $\omega \dfrac{OB}{BI}$ autour d'un axe projeté en I, et cette dernière en deux autres

$$\omega_2 = \omega \frac{OB}{BI} \times \frac{CI}{AC}, \quad \omega_3 = \omega \frac{OB}{BI} \times \frac{AI}{AC},$$

autour de A et C; d'après une propriété connue des transversales, ces expressions se réduisent à

$$\omega_2 = \omega \frac{OK}{AK}, \quad \omega_3 = \omega \frac{OH}{CH}.$$

Il résulte de l'analogie qu'ont entre elles les expressions de ω_1, ω_2, ω_3 que la décomposition est unique.

On remarquera que

$$\omega_1 : \omega :: OI : BI :: \text{triangle AOC} : \text{triangle ABC};$$

c'est-à-dire que, *si l'aire du triangle, ayant pour sommets les trois traces des axes des rotations composantes, représente la rotation totale, chaque rotation partielle est représentée par l'aire du triangle déterminé par le côté du premier triangle, opposé à la trace de son axe, et par la trace de l'axe de la rotation totale.*

Le problème est indéterminé si le nombre des rotations dépasse trois. Supposons, par exemple, qu'il y en ait quatre et que D soit la trace du quatrième axe; je décompose la rotation ω en deux autres : l'une ω_4 autour de D, l'autre ω' autour d'un autre axe projeté en un point quelconque J de OD; puis je décompose la rotation ω' en trois autres autour des trois centres A, B, C. Cette dernière décomposition est unique; mais comme J peut être choisi arbitrairement, on peut faire varier comme on l'entend les rotations partielles.

38. *Composition d'une rotation et d'une translation perpendiculaire à son axe.*

Nous continuerons toujours à raisonner sur les projections faites sur un plan perpendiculaire à l'axe.

Soit Om (*fig.* 13) la perpendiculaire abaissée d'un centre O sur la direction de la translation dont je représente la vitesse

Fig. 13.

par V. Il y a une portion de cette droite, à droite ou à gauche du point O, pour les points de laquelle les vitesses, respectivement dues à la rotation et à la translation, sont de sens opposé, et l'on peut trouver par suite, sur cette portion, un point m pour lequel la vitesse résultante sera nulle. Ce point, déterminé par la relation,

$$V = \omega \times Om, \quad \text{d'où} \quad Om = \frac{V}{\omega},$$

est le centre instantané de rotation; la vitesse angulaire autour du point m sera d'ailleurs ω, puisque la vitesse de translation de O, c'est-à-dire la vitesse rotatoire autour de m, est représentée par V. On déduit de là une règle très-simple pour composer une translation et une rotation.

Remarque. — Une rotation ω autour d'un axe xy peut être remplacée par une rotation égale autour d'un axe parallèle $x'y'$ et une translation égale à la vitesse de chacun des points de $x'y'$, autour du premier axe de rotation.

39. *Du mouvement le plus général d'un système invariable.* — Concevons que l'on imprime à ce système (S) une vitesse de translation égale et contraire à celle V de l'un quelconque O de ses points; (S) tournera alors autour d'un cer-

tain axe instantané OA (*fig.* 14) avec la vitesse angulaire ω. Il résulte de là que le mouvement de (S) se compose de la rotation ω et de la translation V.

Fig. 14.

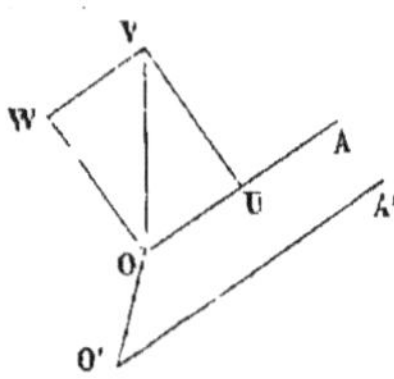

Soient U et W les composantes de V dirigées respectivement suivant OA et la perpendiculaire à cet axe située dans le plan qu'il détermine avec V. La rotation ω et la translation W se composent en une seule rotation ω autour d'un axe O'A' parallèle à OA rencontrant la perpendiculaire en O à OA et W en un point O' d'un côté ou de l'autre de leur plan, selon le sens de ω. La position de ce point est déterminée par la relation

$$\omega \times OO' = W.$$

Ainsi le mouvement de (S) se réduit à une rotation autour de O'A et à une translation parallèle à cette direction; ce qui a fait donner à O'A' le nom d'*axe instantané de rotation et de glissement*. Cet axe est unique; car, quel que soit le point de (S), où l'on transporte la rotation ω, il en résultera toujours une translation composante perpendiculaire à la direction de OA.

Ainsi donc :

1° *Le mouvement le plus général d'un système invariable peut être considéré comme résultant d'une translation et d'une rotation autour d'un point fixe quelconque.* — 2° *La rotation est constante en grandeur et en direction, quelle que soit la position du point considéré comme fixe.* — 3° *Il existe une position unique de l'axe instantané de rotation pour laquelle la translation est parallèle à sa direction.*

On démontre facilement, en employant un raisonnement analogue à celui du n° 32, que le mouvement se réduit au roulement l'une sur l'autre de deux surfaces réglées [lieux géométriques des positions de l'axe instantané de rotation et de glissement dans (S) et dans l'espace] accompagné d'un glissement le long de la génératrice de contact.

40. *Composition des rotations autour d'axes concourants.* — Considérons un corps solide animé d'un mouvement de rotation autour de l'axe OB (*fig.* 15), tournant lui-même autour

Fig. 15.

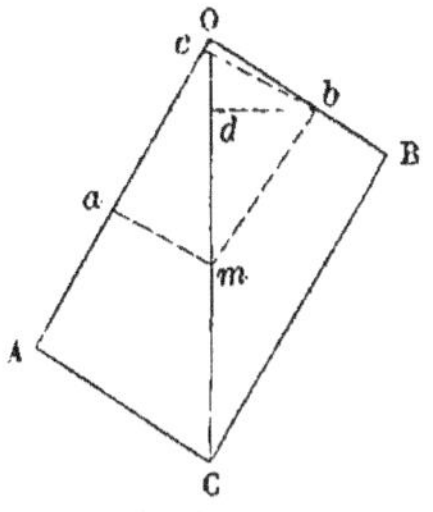

de la droite OA qui le rencontre en O. Supposons que ces deux mouvements de rotation, dont nous représenterons par ω', ω les vitesses angulaires, aient lieu dans le même sens, de la gauche vers la droite, par exemple, pour l'observateur couché suivant OB, OA, en ayant les pieds en O; chaque point m de l'angle AOB, dont ma, mb sont les distances aux axes OA, OB, est animé de deux vitesses de sens contraire $\omega . ma$, $\omega' . mb$, et si $\omega . ma = \omega' . mb$, ce point reste fixe; or, d'après le théorème du n° 24, tous les points de la somme géométrique OC de $OA = \omega$, $OB = \omega'$ jouissent de la propriété précédente ; d'où il suit que les deux rotations simultanées ci-dessus se réduisent à une rotation unique autour de OC.

Soient

Ω la rotation résultante;

bc, bd les perpendiculaires abaissées d'un point b de OB sur OA et OC.

On a, en égalant les deux expressions de la vitesse du point b,

$$\Omega . bd = \omega' . bc,$$

d'où il suit que Ω est représenté en grandeur par la diagonale OC.

Ainsi deux rotations simultanées, et en général un nombre quelconque de rotations simultanées autour d'axes concourants, se composent absolument comme des vitesses.

On pourra aussi considérer une rotation comme la résultante de plusieurs autres que l'on déterminera, en suivant la marche que nous avons indiquée pour la décomposition des vitesses.

41. *Composition des rotations autour d'axes ayant des directions quelconques.* — Soient ω, ω', ω'',... les vitesses angulaires simultanées d'un système invariable autour d'axes A, A′, A″,..., dont les directions sont d'ailleurs quelconques; chaque rotation peut être considérée comme résultant d'une même rotation autour d'un axe parallèle passant par un point O du système choisi arbitrairement, et d'une translation perpendiculaire au plan des deux axes, dont la grandeur et la direction sont déterminées. On est alors ramené à composer les rotations qui ont lieu autour d'axes passant par un même point O, ainsi que les translations. Le mouvement se réduit donc à une simple rotation, accompagnée d'une translation. Il est alors facile, comme on l'a vu plus haut, de trouver la position de l'axe instantané de rotation et de glissement.

42. *Projections de la vitesse résultant de la rotation instantanée sur trois axes rectangulaires fixes.* — On peut supposer l'origine placée en un point de l'axe instantané de rotation et de glissement.

Soient n, p, q les composantes de ω suivant Ox, Oy, Oz, dont le sens est de la gauche vers la droite pour l'observateur couché successivement, suivant ces trois axes, en ayant les pieds en O.

On reconnaît facilement que la rotation q donne les composantes de la vitesse $-qy$ suivant Ox, qx suivant Oy, que n donne les composantes ny, $-nz$ suivant Oz et Oy, et qu'enfin la vitesse résultant de p, estimée suivant Oz, Ox, a respectivement pour expressions $-px$, pz.

Les composantes de la vitesse sont donc enfin

$$\begin{array}{lcc} pz - qy & \text{suivant} & Ox, \\ qx - nz & \text{»} & Oy, \\ ny - px & \text{»} & Oz. \end{array}$$

43. *Relations entre les composantes de la rotation instantanée dans le mouvement d'un système invariable autour d'un point fixe, estimées suivant trois axes rectangulaires passant par ce point et faisant partie du système, et 1° les composantes de la même rotation estimées suivant trois axes fixes rectangulaires, de même origine; 2° les angles qui déterminent la position des axes mobiles par rapport aux axes fixes.*

1° Soient (*fig.* 16)

Fig. 16.

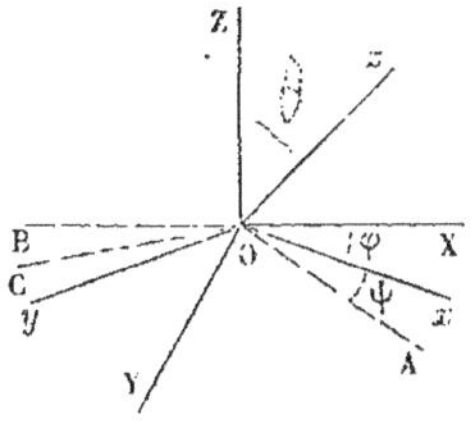

O le point fixe;

OX, OY, OZ les trois axes rectangulaires fixes;

Ox, Oy, Oz les axes mobiles;

n, p, q les composantes, suivant ces derniers, de la rotation instantanée;

ν, ϖ, χ les mêmes composantes relatives aux axes fixes;

OA la trace du plan xOy sur le plan XOY;

θ l'angle formé par ces plans ou par les droites OZ, Oz;

φ, ψ les angles formés par OA avec OX, Ox;

OB, OC les perpendiculaires en O à OA dans les plans xOy, XOY.

La connaissance des angles θ, φ, ψ suffit pour déterminer la position des axes mobiles par rapport aux axes fixes.

On reconnaît facilement que les rotations ν, ϖ sont équivalentes aux deux suivantes :

$$\nu\cos\varphi + \varpi\sin\varphi \quad \text{suivant OA,}$$
$$-\nu\sin\varphi + \varpi\cos\varphi \quad \text{» OC.}$$

On remarquera que les quatre droites OB, OC, OZ, Oz sont situées dans un même plan perpendiculaire à OA, et que l'angle BOC est égal à θ. La composante ci-dessus, suivant OC, peut être considérée comme la résultante de ces deux autres,

$$-(-\nu\sin\varphi + \varpi\cos\varphi)\sin\theta \quad \text{suivant } Oz,$$
$$(-\nu\sin\varphi + \varpi\cos\varphi)\cos\theta \quad \text{» OB.}$$

La rotation χ donne les composantes

$$\chi\cos\theta \quad \text{suivant} \quad Oz,$$
$$\chi\sin\theta \quad \text{»} \quad OB.$$

Enfin on voit immédiatement que les composantes de la rotation instantanée, suivant OA et OB, sont équivalentes à celles-ci, qui ont lieu autour de Ox, Oy,

$$(\nu\cos\varphi + \varpi\sin\varphi)\cos\psi - [(-\nu\sin\varphi + \varpi\cos\varphi)\cos\theta + \chi\sin\theta]\sin\psi,$$
$$(\nu\cos\varphi + \varpi\sin\varphi)\sin\psi + [(-\nu\sin\varphi + \varpi\cos\varphi)\cos\theta + \chi\sin\theta]\cos\psi.$$

En exprimant que les composantes suivant Ox, Oy, Oz sont respectivement égales à n, p, q, il vient

$$(1)\quad \begin{cases} n = \nu(\cos\varphi\cos\psi + \sin\varphi\sin\psi\cos\theta) \\ \qquad + \varpi(\sin\varphi\cos\psi - \cos\varphi\sin\psi\cos\theta) - \chi\sin\theta\sin\psi, \\ p = \nu(\cos\varphi\sin\psi - \sin\varphi\cos\psi\cos\theta) \\ \qquad + \varpi(\sin\varphi\sin\psi + \cos\varphi\cos\psi\cos\theta) + \chi\sin\theta\cos\psi, \\ q = \nu\sin\varphi\sin\theta - \varpi\cos\varphi\sin\theta + \chi\cos\theta. \end{cases}$$

Remarque. — Si la rotation instantanée a lieu autour de OZ, on a

$$\nu = 0, \quad \varpi = 0, \quad \chi = \omega$$

et

$$(2)\quad \begin{cases} n = -\chi\sin\theta\sin\psi, \\ p = \chi\sin\theta\cos\psi, \\ q = \chi\cos\theta. \end{cases}$$

2° Le déplacement des axes Ox, Oy, Oz, par rapport à OX, OY, OZ, peut être considéré comme s'effectuant en vertu des rotations $\frac{d\theta}{dt}$, $\frac{d\varphi}{dt}$, $-\frac{d\psi}{dt}$ autour de OA, OZ, Oz de la gauche vers la droite pour l'observateur couché successivement suivant ces trois directions, en ayant les pieds en O.

La rotation $\frac{d\varphi}{dt}$ est la résultante de ces deux autres :

$$\frac{d\varphi}{dt}\sin\theta \quad \text{suivant} \quad OB,$$

$$\frac{d\varphi}{dt}\cos\theta \quad \text{»} \quad Oz,$$

et il vient, en appelant r, s les composantes de la rotation suivant OA, OB,

$$(3)\qquad \begin{cases} r = \dfrac{d\theta}{dt}, \\ s = \dfrac{d\varphi}{dt}\sin\theta, \\ q = -\dfrac{d\psi}{dt} + \dfrac{d\varphi}{dt}\cos\theta, \end{cases}$$

et enfin

$$(4)\qquad \begin{cases} n = r\cos\psi - s\sin\psi = \dfrac{d\theta}{dt}\cos\psi - \dfrac{d\varphi}{dt}\sin\theta\sin\psi, \\ p = r\sin\psi + s\cos\psi = \dfrac{d\theta}{dt}\sin\psi + \dfrac{d\varphi}{dt}\sin\theta\cos\psi, \\ q = -\dfrac{d\psi}{dt} + \dfrac{d\varphi}{dt}\cos\theta. \end{cases}$$

CHAPITRE III.

DE L'ACCÉLÉRATION DANS LE MOUVEMENT D'UN POINT.

44. *De l'accélération.* — Concevons que, par un point A (*fig.* 17), on mène deux droites Av, Av_1, qui représentent en grandeur et en direction les vitesses v, $v_1 = v + dv$ que possède un point mobile au commencement et à la fin du temps élémentaire dt, et soient m et m_1 les positions correspondantes du mobile. On peut considérer la vitesse v_1 comme la résultante de v et d'une autre vitesse, représentée par Au, et qui est du même ordre de grandeur que dt.

Fig. 17.

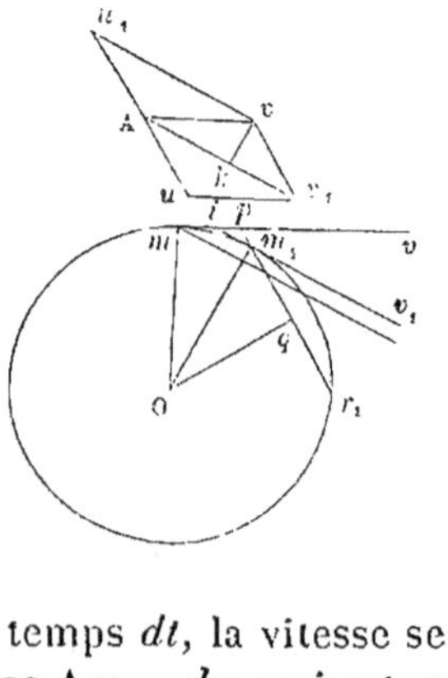

Ainsi, au bout du temps dt, la vitesse se compose de la vitesse v et de la vitesse A$u = du$, qui est, en quelque sorte, la vitesse *acquise* ou gagnée dans le temps dt; et c'est à l'intervention de cette dernière vitesse que l'on doit attribuer la modification du mouvement entre m et m_1. On comprend ainsi pourquoi on lui donne le nom d'*accélération élémen-*

taire, en réservant l'expression unique d'*accélération* à la variation infiniment petite éprouvée par la vitesse rapportée à l'unité de temps, ou à

$$\varphi = \frac{du}{dt}.$$

Cas particuliers. — 1° *Mouvement rectiligne.* — Dans cette hypothèse, Au est égal à dv, *et l'accélération est la dérivée de la vitesse par rapport au temps;* d'où il suit que, dans le mouvement rectiligne uniformément varié, l'accélération est la constante qui multiplie le temps dans l'expression de la vitesse.

2° *Mouvement circulaire uniforme.* — Soient O le centre du cercle et R son rayon. De ce que $\overline{Av_1} = \overline{Av}$, $\overline{vv_1}$ ou $\varphi\,dt$ doit être considéré comme perpendiculaire à v, en d'autres termes, l'accélération est constamment dirigée vers le centre du cercle. Les deux triangles isoscèles vAv_1 et mOm_1, semblables entre eux comme ayant même angle au sommet, donnent

$$\overline{vv_1} = \frac{Av}{Om}\,mm_1 = \frac{v}{R}\,v\,dt,$$

d'où, pour l'accélération,

$$\varphi = \frac{\overline{vv_1}}{dt} = \frac{v^2}{R}.$$

En appelant ω la vitesse angulaire, on a

$$v = \omega R, \quad \text{par suite} \quad \varphi = \omega^2 R.$$

Donc, *dans le mouvement circulaire uniforme, l'accélération est dirigée vers le centre, et est égale au carré de la vitesse divisé par le rayon du cercle, ou au carré de la vitesse angulaire multiplié par ce rayon.*

45. *Différentielles et intégrales géométriques.* — D'après la définition de l'accélération, et les considérations que nous avons exposées relativement aux sommes géométriques, on voit que l'accélération élémentaire est ce que l'on peut appeler la *différentielle géométrique*, et l'accélération finie la *dérivée géométrique de la vitesse* par rapport au temps. Nous

adopterons pour représenter ces deux quantités les notations symboliques $\overline{dv}$, $\overline{\frac{dv}{dt}}$.

Concevons que par un point A on mène des droites qui représentent, en grandeur et en direction, les vitesses que prend successivement le mobile, et que l'on joigne les extrémités par un trait continu. Soient v, v' les vitesses correspondant au commencement et à la fin d'un certain intervalle fini t, représentées par $\overline{Av}$, $\overline{Av'}$. La longueur de l'arc $\overline{vv'}$ de la courbe formée par les extrémités de ces droites sera égale à la somme géométrique des accélérations élémentaires pour l'intervalle considéré.

La corde de cet arc, ou l'accroissement géométrique u de la vitesse, ou encore la *vitesse gagnée* pendant le temps t, sera l'*intégrale géométrique* de l'accélération élémentaire.

On peut donc écrire symboliquement

$$\bar{v}' - \bar{v} = \bar{u} = \overline{\int_0^t} \overline{\varphi dt}.$$

46. *De la projection de l'accélération sur un axe ou un plan.* — La projection de l'accélération élémentaire sur un axe fixe, étant égale à la différence des projections des vitesses $v + dv$, v, et sur le même axe, il en résulte qu'elle est représentée par la différentielle dv_x de la vitesse v_x estimée suivant cet axe. On a par suite, pour la projection φ_x de l'accélération φ,

$$\varphi_x = \frac{dv_x}{dt},$$

et comme $\frac{dv_x}{dt}$ représente l'accélération de la projection du mobile, considérée elle-même comme un véritable mobile, on a ce théorème :

La projection de l'accélération sur un axe est la dérivée, par rapport au temps, de la vitesse estimée suivant cet axe, et représente l'accélération de la projection du mobile sur l'axe (¹).

(¹) *Voir* mon *Traité de Cinématique pure*, pour l'application de ce théorème aux mouvements oscillatoires, Chap. II, § II, p. 35.

On a aussi

$$v'_x - v_x = \int_0^t \varphi_x dt.$$

On reconnaît sans peine que la projection de l'accélération du mobile sur un plan est l'accélération de la projection du mobile (¹).

47. *De la composition des accélérations.* — Le problème que nous nous proposons de résoudre a pour énoncé :

Connaissant en grandeur et en direction les accélérations dans plusieurs mouvements simultanés dont un point mobile est animé, déterminer l'accélération du mouvement résultant.

Cette dernière accélération est appelée la *résultante* des accélérations relatives aux mouvements composants, et celles-ci sont dites *composantes* de la première.

Soient $\overline{Av}$, $\overline{vv_1}$ (*fig.* 18) les droites qui représentent actuellement en grandeur et en direction les vitesses v, v_1 de deux

Fig. 18.

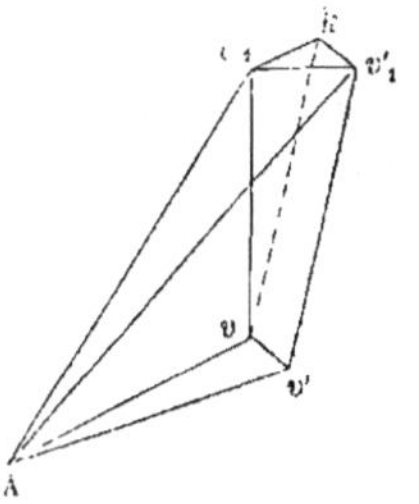

mouvements composants; la vitesse résultante sera représentée par $\overline{Av_1}$. Au bout du temps dt, les vitesses v et v_1 auront, en général, varié en grandeur et en direction, et si $\overline{Av'}$, $\overline{v'v'_1}$ sont les droites qui les représentent à cet instant, leur résultante est $\overline{Av'_1}$.

(¹) *Voir* mon *Traité de Cinématique pure*, pour l'application à la projection d'un mouvement circulaire sur un plan, Chap. II, § II, p. 39.

Appelant φ et φ_1 les accélérations des mouvements composants, ψ l'accélération du mouvement résultant, on a

$$\overline{vv'} = \varphi\, dt, \quad \overline{v_1 v'_1} = \psi\, dt,$$

et, en menant $v'_1 k$ égal et parallèle à $\overline{vv'}$,

$$\overline{v_1 k} = \varphi_1\, dt, \quad \overline{v'_1 k} = \varphi\, dt.$$

Les longueurs $\overline{v_1 v'_1}$, $v'_1 k$, $v_1 k$ étant respectivement proportionnelles aux accélérations ψ, φ, φ_1, on en conclut ce théorème :

La résultante de deux accélérations est représentée en grandeur et en direction par la diagonale du parallélogramme construit sur les droites qui représentent les accélérations composantes.

Ce théorème étant tout à fait identique à celui qui concerne la composition des vitesses, la composition et la décomposition des accélérations s'effectuent comme pour les vitesses, et les relations algébriques qui existent entre les vitesses composantes et leur résultante subsistent également pour les accélérations.

Ces résultats auraient pu être considérés comme évidents *à priori*, puisque les accélérations simultanées élémentaires d'un point sont de véritables vitesses, qui doivent se composer et se décomposer absolument comme les vitesses simultanées ordinaires.

48. *Règles relatives à la différentiation et à la soustraction des équations géométriques linéaires.* — Soit V la résultante des vitesses v, v', v'',.... On a

$$\overline{V} = \overline{v} + \overline{v'} + \overline{v''};$$

et, d'après la composition des accélérations,

$$d\overline{V} = \overline{dv} + \overline{dv'} + \overline{dv''} + \ldots,$$

$$\frac{\overline{dV}}{dt} = \frac{\overline{dv}}{dt} + \frac{\overline{dv'}}{dt} + \frac{\overline{dv''}}{dt} + \ldots;$$

d'où il suit que l'on peut différentier géométriquement, terme à terme, les deux membres d'une équation géométrique linéaire.

Plus généralement, comme la démonstration du numéro précédent ne suppose pas que $\overline{vv'}$, $\overline{v_1k}$ soient infiniment petits, on peut dire que l'on peut retrancher membre à membre deux équations géométriques.

49. *Composantes tangentielle et normale de l'accélération.* — Soient (*fig.* 17, p. 36)

β l'angle que forme l'accélération φ d'un point m avec la direction de sa vitesse v;

$\overline{vk}$ la perpendiculaire abaissée du point v sur la direction $\overline{Av_1}$ de la vitesse au bout du temps dt.

L'accélération φ peut être considérée comme la résultante de l'*accélération tangentielle*,

$$\varphi\cos\beta = \frac{\overline{v_1k}}{dt},$$

estimée dans le sens du mouvement, et de l'*accélération normale*,

$$\varphi\sin\beta = \frac{\overline{vk}}{dt},$$

dirigée vers le centre de courbure de la trajectoire.

Or on a évidemment

$$\overline{v_1k} = dv,$$

par suite

$$\varphi\cos\beta = \frac{dv}{dt}.$$

Cette accélération aura le même sens que la vitesse ou un sens inverse selon que cette vitesse ira en croissant ou en décroissant.

Dans le cas du mouvement circulaire, on a

$$v = \omega R,$$

et par suite

$$\varphi\cos\beta = R\frac{d\omega}{dt}.$$

Soient

O le centre de la courbure de la trajectoire en m;

$d\alpha$ l'angle de contingence de cette courbe, ou l'angle des vitesses $v = \overline{Av}$ et $v + dv = \overline{Av_1}$, égal à celui des normales Om, Om_1.

L'accélération élémentaire normale $\overline{vk}$ a pour expression

$$\overline{vk} = v\,d\alpha,$$

d'où

$$\varphi \sin\beta = v\frac{d\alpha}{dt},$$

la dérivée $\frac{d\alpha}{dt}$ n'étant autre chose que *la vitesse angulaire du point mobile* autour du centre de courbure.

Si nous désignons par ρ le rayon de courbure au point m de la trajectoire, nous avons

$$mm_1 = \rho\,d\alpha, \quad v = \frac{mm_1}{dt}, \quad \rho = \frac{mm_1}{d\alpha},$$

et enfin

$$\varphi \sin\beta = \frac{v^2}{\rho} = \rho\left(\frac{d\alpha}{dt}\right)^2.$$

Donc :

L'accélération d'un point mobile se compose d'une accélération tangentielle ou dirigée dans le sens du mouvement, égale à la dérivée de la vitesse par rapport au temps, et d'une accélération normale dirigée vers le centre de courbure, égale au carré de la vitesse divisé par le rayon de courbure, ou au produit de ce rayon par le carré de la vitesse angulaire autour du centre de courbure.

50. *Interprétation géométrique de l'accélération totale.* — Soient (*fig.* 17, p. 36)

$m_1 r_1 = 2c$ la corde interceptée dans le cercle osculateur en m, par la parallèle menée du point m_1 à l'accélération φ;

q le milieu de cette corde.

On a

$$\rho \sin\beta = c,$$

par suite,

$$\varphi = \frac{v^2}{\rho \sin\beta} = \frac{v^2}{c}.$$

Donc *l'accélération d'un point est égale au carré de la vi-*

tesse divisé par la moitié de la corde du cercle osculateur, menée parallèlement à cette accélération par la position du mobile.

51. *Déviation élémentaire du point mobile, due à l'accélération.* — Si l'accélération s'annulait à partir de la position m du mobile, ce dernier, au lieu d'arriver en m_1 au bout du temps dt, parcourrait sur la tangente en m le chemin $mp = v\,dt$; de sorte que pm_1, qui est une quantité du second ordre, représente la déviation par rapport au mouvement rectiligne due à l'accélération.

L'accélération φ pouvant être considérée comme constante en grandeur et en direction pendant le temps dt, le chemin pm_1 est parcouru d'un mouvement uniformément varié et a pour expression

$$\varphi \frac{dt^2}{2}.$$

On arrive directement à ce résultat en remarquant que la *fig.* 17 donne [1]

$$m_1 p = \frac{\overline{mp}^2}{pr_1} = \frac{v^2 dt^2}{2c} = \varphi \frac{dt^2}{2}.$$

52. *Équations du mouvement d'un point.* — Soient

x, y, z les coordonnées d'un point mobile par rapport à trois axes rectangulaires Ox, Oy, Oz;

v_x, v_y, v_z les composantes correspondantes de la vitesse;

φ_x, φ_y, φ_z les composantes semblables de l'accélération.

On a

$$\frac{dv_x}{dt} = \varphi_x, \quad \frac{dv_y}{dt} = \varphi_y, \quad \frac{dv_z}{dt} = \varphi_z,$$

ou

$$(1) \qquad \frac{d^2x}{dt^2} = \varphi_x, \quad \frac{d^2y}{dt^2} = \varphi_y, \quad \frac{d^2z}{dt^2} = \varphi_z.$$

Ces trois équations feront connaître x, y, z en fonction de t

---

(1) *Voir*, en ce qui concerne l'application de la théorie de l'accélération à la recherche des propriétés géométriques de la cycloïde, de l'hélice, etc., mon *Traité de Cinématique pure*, Chap. II, § V, p. 55 et suiv.

et la nature de la trajectoire lorsque l'accélération sera connue.

53. *Théorèmes relatifs aux moments des vitesses et aux aires.* — Du n° 25 il résulte que les extrémités des droites qui représentent les moments des vitesses successives d'un point mobile déterminent une courbe dont l'élément rectiligne mesure le moment de l'accélération élémentaire.

Si donc on appelle V, V′ les vitesses au commencement et à la fin d'un intervalle de temps t, Φ l'accélération, P, P′, Q les distances de V, V′, Φ au centre des moments O, on a la relation géométrique

$$\overline{V'P'} - \overline{VP} = \int_0^t \Phi Q\,dt. \tag{2}$$

En désignant par v, v', φ les projections de V, V′, Φ sur un plan xOy; p, p', q leurs distances au centre des moments O, on a

$$v'p' - vp = \int_0^t \varphi q\,dt. \tag{3}$$

Ce qui exprime que : *en projection sur un plan, l'accroissement du moment de la vitesse par rapport à un point du plan, pour un certain intervalle de temps, est égal à la somme des moments des accélérations élémentaires pour le même intervalle.*

Ce théorème n'est d'ailleurs, comme cela doit être, qu'une conséquence des formules (1) qui donnent

$$x\frac{d^2y}{dt^2} - y\frac{d^2x}{dt^2} = x\varphi_y - y\varphi_x, \tag{4}$$

d'où, en intégrant,

$$x\frac{dy}{dt} - y\frac{dx}{dt} - \left(x\frac{dy}{dt} - y\frac{dx}{dt}\right)_0 = \int_0^t (x\varphi_y - y\varphi_x)\,dt,$$

ce qui n'est autre chose que la formule (2) mise sous une autre forme.

Si l'on remarque que $\frac{1}{2}vp = \frac{1}{2}p\frac{ds}{dt}$ est la dérivée par rapport au temps de l'aire décrite autour du centre des moments par le rayon vecteur qui joint ce centre au point mobile, on peut, avec Binet, donner à cette expression le nom de *vitesse aréolaire*, et l'on a ce théorème :

Le double de l'accroissement de la vitesse aréolaire pour un intervalle de temps quelconque est égal à l'intégrale du moment de l'accélération élémentaire.

Si ω est la vitesse angulaire du rayon vecteur r autour du centre des moments, l'aire décrite dans le temps dt par le rayon étant $\frac{1}{2}\omega r^2 dt$, *la vitesse aréolaire est exprimée par* $\frac{1}{2}\omega r^2$, c'est-à-dire *par la moitié du produit du rayon vecteur par la vitesse angulaire autour du centre des moments.*

Des théorèmes que l'on vient d'énoncer, on déduit les suivants :

Lorsque la direction de l'accélération d'un point mobile dans un plan passe constamment par un point fixe :

1° *La vitesse du mobile varie en raison inverse de la perpendiculaire abaissée de ce point sur sa direction ;*

2° *Les aires décrites autour du point fixe, par le rayon vecteur, sont proportionnelles aux temps correspondants* (théorème des aires);

3° *La vitesse angulaire du rayon vecteur varie en raison inverse du carré de ce rayon.*

Réciproquement, si l'une de ces trois conditions est remplie, l'accélération est nulle ou passe constamment par le point fixe.

Ces différents résultats peuvent s'interpréter géométriquement d'une manière remarquable.

Soient (*fig.* 19)

m la position du mobile au bout du temps t;
$r = Om$ sa distance au point O;
Om', Om'' les directions du rayon vecteur du mobile au bout des temps $t + dt$, $t + 2dt$, sur lesquelles nous porterons, à partir du point O, des longueurs Om', Om'' égales à r;
w, w' les vitesses aréolaires $\frac{mOm'}{dt}$, $\frac{m'Om''}{dt}$.

Élevons en O les perpendiculaires Ow, Ow' aux plans mOm', $m'Om''$, respectivement égales à w, w'.

D'après un théorème connu relatif aux projections des aires, on peut substituer aux aires mOm', $m'Om''$ la considération des longueurs $O\omega$, $O\omega'$ multipliées par dt.

Fig. 19.

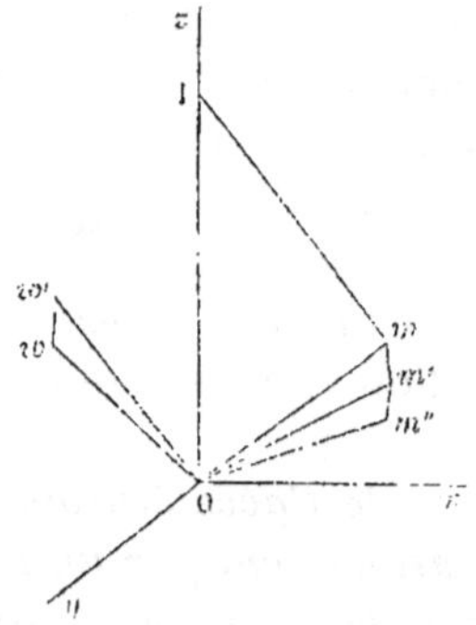

On est ainsi conduit à regarder $O\omega$, $O\omega'$ comme représentant en grandeur et en direction les vitesses aréolaires ω, ω'.

La droite $\overline{\omega\omega'}$ sera ce que nous appellerons *l'accélération aréolaire élémentaire*, et $\frac{\overline{\omega\omega'}}{dt}$ *l'accélération aréolaire*, que nous désignerons par ξ.

L'équation (2) donne

$$d\overline{\text{VP}} = \overline{\Phi\text{Q}}\,dt;$$

or

$$\xi = \frac{d\overline{\text{VP}}}{2\,dt},$$

par suite

$$2\xi = \Phi\text{Q}.$$

Donc *la droite qui représente le moment de l'accélération du mobile se confond en grandeur avec celle qui représente le double de l'accélération aréolaire.*

Soient

Oz l'axe du cône circulaire osculateur suivant la génératrice Om au cône, lieu géométrique des rayons vecteurs, qui a de commun avec ce dernier les éléments mOm', $m'Om''$;

μ le moment ΦQ par rapport à O;

μ_{ω}, μ_n ses composantes suivant $O\omega$ et sa perpendiculaire dans le plan $\omega O \omega'$.

La composante de l'accélération aréolaire suivant $O\omega$ étant évidemment $\frac{d\omega}{dt}$, on a

$$(5) \qquad \mu_{\omega} = 2\frac{d\omega}{dt}.$$

En suivant le même raisonnement que pour la détermination de l'accélération linéaire normale, on reconnaît que la composante de ξ, dirigée suivant la même droite que μ_n, a pour valeur

$$\omega \frac{\widehat{\omega O \omega'}}{dt} = \frac{\mu_n}{2};$$

or

$$\text{aire } mOm' = \frac{\overline{Om}^2 \, \widehat{mOm'}}{2} = \omega\, dt,$$

d'où, par l'élimination de dt,

$$\mu_n = \frac{4\omega^2}{\overline{Om}^2 \dfrac{\widehat{mOm'}}{\widehat{\omega O \omega'}}}.$$

Soit $mI = \gamma$ la perpendiculaire élevée en m à Om, limitée en I à Oz, c'est-à-dire le rayon de courbure principal du cône $Omm'm''$ en m; il est clair que

$$\gamma = \frac{mm'}{\widehat{\omega O \omega'}} = Om \frac{\widehat{mOm'}}{\widehat{\omega O \omega'}};$$

par suite

$$(6) \qquad \mu_n = \frac{4\omega^2}{\gamma r}.$$

Les formules (5) et (6) sont dues à Binet.

54. *Relations entre la vitesse d'un point mobile et l'intégrale des produits géométriques relatifs à l'accélération et aux éléments des chemins parcourus.* — On a (49)

$$\frac{dv}{dt} = \varphi \cos(\varphi, ds), \quad v\,dt = ds;$$

d'où

$$v\,dv = \varphi\cos(\varphi, ds),$$

d'où, en intégrant,

$$\frac{v^2}{2} = \frac{h}{2} + \int \varphi \cos(\varphi, ds)\,ds,$$

h étant une constante arbitraire, ou

(7) $$\frac{v^2 - v_0^2}{2} = \int_0^s \varphi \cos(\varphi, ds)\,ds,$$

en appelant v_0 la vitesse correspondant à $s = 0$. Donc :

Le demi-accroissement du carré de la vitesse pour un intervalle quelconque est égal à la somme correspondante des produits géométriques de l'accélération par l'élément de chemin.

On peut aussi arriver à ce résultat en ajoutant les équations du n° 52 multipliées respectivement par dx, dy, dz; et l'on arrive ainsi à

$$\frac{d^2x}{dt^2}dx + \frac{d^2y}{dt^2}dy + \frac{d^2z}{dt^2}dz = \varphi_x dx + \varphi_y dy + \varphi_z dz,$$

ou

$$\tfrac{1}{2}d\left(\frac{dx^2}{dt^2} + \frac{dy^2}{dt^2} + \frac{dz^2}{dt^2}\right) = \varphi_x dx + \varphi_y dy + \varphi_z dz.$$

Or on a

$$v^2 = \frac{dx^2 + dy^2 + dz^2}{dt^2},$$

et

$$\varphi_x dx + \varphi_y dy + \varphi_z dz$$

n'est autre chose que le produit géométrique de $\overline{\varphi_x} + \overline{\varphi_y} + \overline{\varphi_z}$ par ds; par suite

$$\tfrac{1}{2}dv^2 = \varphi\cos(\varphi, ds)\,ds,$$

ce qu'il fallait établir ([1]).

([1]) On peut aussi arriver à l'équation (7) de la manière suivante :

Soient (*fig.* 17, p. 36)

Av, Av_1 les droites qui représentent les vitesses v, v_1 au commencement et à la fin de l'élément dt;

k la projection du point v sur Av_1;

On a $v_1 dt = ds$, et le produit géométrique de l'accélération par le chemin élé-

Lorsque l'intégrale $\int \varphi \cos(\varphi ds) ds$ ne pourra pas s'obtenir, on calculera l'aire d'une courbe plane, dont s serait l'abscisse et $\varphi \cos(\varphi, ds)$ l'ordonnée, en employant une des méthodes de quadrature par approximation, telles que celles de Simpson et de Poncelet.

Les théorèmes suivants, dont les démonstrations sont évidentes, permettront, dans certains cas, de simplifier l'application de l'équation (7).

1° *L'intégrale du produit géométrique de l'élément de chemin par l'accélération, lorsqu'elle est constante et qu'elle reste constamment tangente à la trajectoire, est égale au produit de l'accélération par le chemin total parcouru.*

2° *L'intégrale du produit géométrique de l'élément de chemin par une accélération constante, qui reste parallèle à une droite fixe, est égale au produit de cette accélération par la projection, sur cette droite, de la corde qui joint les projections du mobile.*

Si l'accélération passe constamment par un point fixe O, et qu'elle soit une fonction $f(r)$ de la distance r du mobile à ce point, on a

$$\int \varphi \cos(\varphi, ds) ds = \int f(r) dr.$$

53. *Du mouvement des projectiles pesants dans le vide.* — Prenons pour axe des x l'horizontale du point de départ, com-

---

mentaire a pour expression

$$\frac{\overline{v_1 k}}{dt} ds = v_1 . \overline{v_1 k}$$

Or le triangle $v A v_1$ donne

$$v^2 = v_1^2 + \varphi^2 dt^2 - 2 v_1 \overline{v_1 . k},$$

d'où, en négligeant le terme du second ordre $\varphi^2 dt^2$,

$$\frac{v_1^2 - v^2}{2} = \varphi \cos(\varphi, ds) ds$$

ou

$$\frac{dv^2}{2} = \varphi \cos(\varphi, ds) ds,$$

ce qui est la différentielle de l'équation (7).

prise dans le plan vertical passant par la direction de la vitesse initiale v_0, et pour axe des z la verticale en ce point. Les équations (1) du n° 52 donnent

$$\frac{d^2x}{dt^2}=0,\quad \frac{d^2y}{dt^2}=0,\quad \frac{d^2z}{dt^2}=-g.$$

Soit α l'inclinaison de v_0 sur l'horizontale; on a, pour $t=0$,

$$x=0,\quad y=0,\quad z=0,$$
$$\frac{dx}{dt}=v_0\cos\alpha,\quad \frac{dy}{dt}=0,\quad \frac{dz}{dt}=v_0\sin\alpha;$$

de sorte qu'il vient, en intégrant,

$$x=v_0\cos\alpha\, t,\quad y=0,\quad z=v_0\sin\alpha . t-g\frac{t^2}{2},$$

et pour l'équation de la trajectoire résultant de l'élimination de t

$$z=x\,\text{tang}\,\alpha-\frac{gx^2}{2v_0^2}(1+\text{tang}^2\alpha),$$

équation qui représente une parabole.

En y supposant $z=0$, on obtient, pour la portion de l'horizontale du point de départ limitée par la courbe ou ce que l'on appelle la *portée* du projectile,

$$\frac{2v_0^2}{g}\sin\alpha\cos\alpha=\frac{v_0^2}{g}\sin 2\alpha.$$

Pour une même vitesse initiale, la portée atteint son maximum lorsque $\alpha=45°$, et en général elle est la même pour deux directions, dont l'angle aurait pour bissectrice une droite inclinée de 45 degrés sur l'horizon.

On trouvera très-facilement les coordonnées du sommet de la trajectoire et l'équation de la directrice, le lieu des sommets des paraboles décrites avec la même vitesse dans des directions différentes, enfin l'enveloppe de toutes les paraboles décrites avec la même vitesse initiale, mais sous des inclinaisons différentes sur l'horizon, courbe qui est une parabole.

Enfin on déterminera sans peine l'inclinaison que l'on doit

donner à la vitesse initiale v_0, censée donnée pour que la trajectoire passe par un point déterminé [1].

Ce qui précède est notamment applicable au mouvement des bombes, dont la vitesse initiale ne dépasse pas 166 mètres, et limite pour laquelle on peut encore faire abstraction de la résistance de l'air.

[1] On arrive facilement à l'équation de la courbe en prenant pour axes coordonnés la verticale et la tangente au point de départ, ce qui conduit à des propriétés curieuses de la parabole (*voir* mon *Traité de Cinématique pure*, Chap. 2, § II, p. 37).

CHAPITRE IV.

DES ACCÉLÉRATIONS CENTRALES.

56. *Équations du mouvement d'un point dont la direction de l'accélération passe constamment par un centre fixe.* — Il est visible que deux vitesses consécutives sont situées dans un même plan passant par le point fixe O et par suite que la trajectoire est plane.

Soient

Ox une droite fixe quelconque passant par le point O dans le plan de la trajectoire;

r le rayon vecteur Om qui joint le point fixe O à la position m du mobile correspondant au temps t;

θ l'angle polaire mOx qui forme r avec Ox;

φ l'accélération de m, considérée comme positive ou négative, selon qu'elle est dirigée de m vers O ou en sens inverse.

D'après un principe connu, nous savons que, dans les conditions actuelles, l'aire décrite par le rayon vecteur r est proportionnelle au temps, de sorte que, en désignant par k le double de l'aire décrite dans l'unité de temps, ou le produit de la vitesse initiale par sa distance au centre fixe (53), on a

$$r^2 d\theta = k dt. \tag{1}$$

Le carré du chemin parcouru dans le temps dt étant $r^2 d\theta^2 + dr^2$, et le produit géométrique de ce chemin par l'accélération $-\varphi dr$, il vient, d'après un autre principe connu (54), en appelant h une constante arbitraire,

$$\frac{r^2 d\theta^2 + dr^2}{dt^2} = h - 2\int \varphi dr, \tag{2}$$

et en éliminant le temps au moyen de l'équation (1) on trouve

$$k^2\left[\frac{1}{r^2} + \left(\frac{d\frac{1}{r}}{d\theta}\right)^2\right] = h - 2\int \varphi dr. \tag{3}$$

Lorsque l'accélération φ sera connue en fonction de r, cette équation donnera, par une intégration, celle de la trajectoire.

Lorsqu'au contraire la trajectoire sera donnée et que φ sera l'inconnue, on fera l'application de la formule suivante, qui résulte, par la différentiation par rapport à r, de celle qui précède,

$$(4) \qquad \varphi = \frac{k^2}{r^2}\left(\frac{1}{r} + \frac{d^2\frac{1}{r}}{d\theta^2}\right).$$

Dans l'un et l'autre cas, lorsque r sera connu en fonction de θ, l'équation (1) permettra d'exprimer r et θ en fonction de t ou réciproquement.

57. *Application au mouvement elliptique des planètes.* — Les planètes, dans leur mouvement autour du Soleil, obéissent aux lois suivantes que Kepler a déduites de l'observation :

Première loi. — *Le centre de chaque planète parcourt dans un plan passant par celui du Soleil une orbite dans laquelle le rayon vecteur qui joint les centres des deux astres décrit des aires proportionnelles au temps.*

Deuxième loi. — *La courbe décrite par le centre d'une planète est une ellipse dont le centre du Soleil occupe un des foyers.*

Troisième loi. — *Les carrés des durées des révolutions des planètes autour du Soleil sont proportionnelles aux cubes des grands axes de leurs orbites.*

Nous rappellerons que le point de l'orbite le plus rapproché du Soleil se nomme le *périhélie*, et le plus éloigné l'*aphélie*.

On déduit d'abord de la première loi et du principe des aires que *la direction de l'accélération de chaque planète passe par le centre du Soleil.*

Soient

a le demi-grand axe de l'orbite ou *la distance moyenne* de la planète au Soleil, dont la direction est ce que l'on nomme la *ligne des apsides ;*

e l'excentricité de l'orbite ;

ω l'angle formé par la ligne des apsides avec Ox ou la *longitude du périhélie ;*

T la durée d'une révolution complète de la planète.

L'angle θ est, comme on le sait, ce que l'on appelle en Astronomie l'*anomalie vraie de la planète.*

On a d'abord évidemment

$$(5) \qquad k\mathrm{T} = 2\pi a^2\sqrt{1-e^2},$$

et pour l'équation de l'ellipse

$$(6) \qquad \frac{1}{r} = \frac{1+e\cos(\theta-\omega)}{a(1-e^2)},$$

et la formule (4) donne alors

$$(7) \qquad \varphi = \frac{k^2}{a(1-e^2)}\,\frac{1}{r^2};$$

et comme e est plus petit que l'unité, cette valeur est positive; donc, *dans son mouvement elliptique autour du Soleil, le centre de chaque planète obéit à une accélération dirigée vers le centre du Soleil, et qui varie en raison inverse du carré de la distance de la planète de cet astre* (¹).

En remplaçant, dans la formule (7), k par sa valeur donnée par la relation (5), on trouve

$$(8) \qquad \varphi = 4\pi^2\frac{a^3}{\mathrm{T}^2}\,\frac{1}{r^2},$$

expression dans laquelle, d'après la troisième loi de Kepler, le coefficient de $\frac{1}{r^2}$ est constant; par conséquent *l'accélération planétaire rapportée à l'unité de distance a la même valeur pour toutes les planètes.*

Les considérations précédentes sont applicables, comme il est facile de le reconnaître, à la parabole qui est également représentée par l'équation (6), en y supposant $a=\infty$, $e=1$ et $a(1-e^2)$ égal au demi-paramètre, ainsi qu'à l'hyperbole dont l'équation s'obtient en changeant le signe de $a(1-e^2)$, e devenant supérieur à l'unité.

(¹) On peut arriver à la formule (7) par des considérations géométriques simples qui sont exposées dans une Note placée à la fin de ce Chapitre.

58. *Vérification dans le cas des satellites.* — Newton, avant de s'occuper du mouvement elliptique, avait entrevu la loi de la raison inverse du carré de la distance par des considérations analogues aux suivantes.

La Lune et les autres satellites des planètes décrivent librement dans le vide et d'un mouvement à peu près uniforme des orbites sensiblement circulaires, dont le centre se confond avec celui de la planète.

Soient

T, T' les durées des révolutions de deux satellites d'une même planète;

R, R' les rayons de leurs orbites.

On a, d'après la troisième loi de Kepler étendue aux satellites,

$$\frac{T^2}{T'^2} = \frac{R^3}{R'^3}.$$

Les vitesses angulaires étant $\frac{2\pi}{T}$, $\frac{2\pi}{T'}$, il en résulte que les deux astres considérés possèdent respectivement les deux accélérations φ et φ' dirigées vers les centres de la planète, données par

$$\varphi = \frac{4\pi^2}{T^2} R, \quad \varphi' = \frac{4\pi^2}{T'^2} R',$$

d'où

$$\frac{\varphi}{\varphi'} = \frac{R}{R'} \frac{T'^2}{T^2} = \frac{R'^2}{R^2},$$

ce qu'il fallait établir.

Vérification dans le cas de la Lune. — La Lune décrivant tous les $27^j,322 = 39344^s \times 60$ une circonférence de cercle dont le rayon R est 60 fois celui R_1 de la Terre, qui elle-même a une circonférence de 40 000 000 de mètres, on aura, pour calculer le rapport de l'accélération g' de la Lune à celle $g = 9,809$ de la gravité terrestre, et en rapportant le temps à la seconde

$$\frac{g'}{g} = \frac{4\pi^2 R}{g T^2} = \frac{2\pi . 2\pi R_1}{g \times 60 \times (39344)^2} = \frac{1}{3624},$$

soit, à très-peu près,

$$\frac{g'}{g} = \frac{R_1}{R^2};$$

ce qui prouve que les accélérations sont sensiblement entre elles comme les carrés des distances au centre de la Terre.

On arrive au même résultat en remarquant, avec Newton, que le centre de la Lune parcourt en une minute un arc de 61 020 mètres, dont le sinus verse $4^{m},87$ représente l'espace qu'il décrit, d'un mouvement que l'on peut considérer comme uniformément varié, pendant une minute, en vertu de l'accélération g' en s'éloignant de la tangente. Cet espace étant à peu près égal à celui $\frac{1}{2}g = 4^{m},9044$ que parcourent verticalement dans le vide les corps pesants à la surface de la Terre dans la première seconde de leur chute, et les espaces croissant comme les carrés des temps, on est conduit au même résultat que ci-dessus, pour le rapport de g à g'.

59. *Nature de l'orbite décrite par un point en vertu d'une accélération dirigée vers un centre fixe et inversement proportionnelle au carré de la distance à ce centre.* — C'est la réciproque du problème que nous avons résolu plus haut.

Soit

$$\varphi = \frac{\mu}{r^2},$$

μ étant une constante.

L'équation (3) devient

$$k^2\left[\frac{1}{r^2} + \left(\frac{d\frac{1}{r}}{d\theta}\right)^2\right] = h + \frac{2\mu}{r};$$

d'où

$$d\theta = \pm \frac{d\frac{1}{r}}{\sqrt{-\frac{1}{r^2} + \frac{2\mu}{k^2 r} + \frac{h}{k^2}}}.$$

En considérant toujours $d\theta$ comme positif, on devra prendre le signe + ou le signe — selon que r décroîtra ou croîtra; ces changements de signe auront lieu pour les valeurs maximum et minimum de r données par

$$\frac{d\frac{1}{r}}{d\theta} = 0, \quad \text{d'où} \quad \frac{1}{r} = \frac{\mu}{k^2} \pm \sqrt{\frac{\mu^2}{k^4} + \frac{h}{k^2}}.$$

L'équation différentielle ci-dessus donne, en intégrant, ω étant une constante arbitraire,

$$\theta - \omega = \arccos \frac{\frac{k^2}{r} - \mu}{\sqrt{\mu^2 + hk^2}},$$

d'où

(9) $$r = \frac{\frac{k^2}{\mu}}{1 + \sqrt{1 + \frac{hk^2}{\mu^2}} \cos(\theta - \omega)},$$

équation polaire d'une section conique rapportée à l'un de ses foyers; cette section sera une ellipse, une parabole ou une hyperbole, selon que l'on aura $h \lesseqgtr 0$, ou, en vertu de l'équation (2), qui donne la signification de h,

$$v_0^2 - \frac{2\mu}{r_0} \lesseqgtr 0 \quad (^1),$$

v_0 et r_0 étant la vitesse et le rayon vecteur relatifs à l'état initial. On voit ainsi que la nature de la courbe dépend seulement de la grandeur de la vitesse initiale et non de sa direction.

De la comparaison des formules (6) et (9) on déduit, pour le cas du mouvement elliptique,

(10) $$k = \sqrt{a(1 - e^2)\mu}, \quad h = -\frac{\mu}{a},$$

et en désignant par v la vitesse du mobile au bout du temps t, l'équation (2) donne

(11) $$v^2 = \frac{2\mu}{r} - \frac{\mu}{a}.$$

60. *Détermination des coordonnées d'une planète en fonction du temps.* — Supposons que l'angle θ soit mesuré à partir du grand axe de l'ellipse, ou que la longitude du périhélie soit

(1) La courbe sera toujours une hyperbole si μ est négatif, c'est-à-dire si l'accélération est dirigée de O vers m.

nulle, l'équation de l'orbite devient

$$r = \frac{a(1 - e^2)}{1 + e \cos\theta}; \tag{12}$$

et si l'on observe que le rayon vecteur est compris entre $a(1+e)$ et $a(1-e)$, on pourra poser

$$r = a(1 - e \cos u) \quad (^1). \tag{13}$$

L'angle u, qui passe en même temps que l'anomalie vraie θ par les valeurs 0, π, 2π, a reçu le nom d'*anomalie excentrique* de la planète.

Des équations (12) et (13) on déduit

$$\cos\theta = \frac{\cos u - e}{1 - e \cos u},$$

d'où

$$\tang \frac{\theta}{2} = \sqrt{\frac{1+e}{1-e}} \tang \frac{u}{2}. \tag{14}$$

Désignant par T la durée de la révolution de la planète, et posant

$$n = \frac{2\pi}{T},$$

n sera la *moyenne vitesse angulaire*, et nt le *mouvement moyen* ou *l'anomalie moyenne* de la planète, et si l'on prend le jour moyen pour unité de temps, on a relativement à la Terre

$$T = 365^j,256374, \quad \text{d'où} \quad n = 0^\circ 59' 8'',$$

en remplaçant 2π par 360 degrés. Cette valeur de T est la durée de l'année sidérale, ou l'intervalle de temps qui s'écoule entre deux retours consécutifs du Soleil à une même étoile dans son mouvement apparent autour de la Terre.

L'équation (1) donne, eu égard à la relation (5),

$$r^2 d\theta = na^2 \sqrt{1 - e^2}\, dt,$$

et en y remplaçant r et θ par leurs valeurs déduites des équations (13) et (14)

$$n\,dt = (1 - e \cos u)\,du;$$

(1) *Voir*, pour l'interprétation géométrique de l'angle u, la Note placée à la fin du Chapitre.

d'où, en prenant pour origine du temps l'époque de l'un des passages au périhélie,

$$nt = u - e\sin u. \tag{15}$$

Nous remarquerons que, d'après les formules (7) et (10), on a

$$n^2a^3 = \mu \quad \text{ou} \quad n = \sqrt{\mu a^{-3}}. \tag{16}$$

Si l'on substitue à la ligne des apsides, considérée comme origine de la longitude, une droite qui fasse avec cette ligne un angle ω, qui sera la longitude du périhélie, il faut remplacer dans les formules précédentes θ par $\theta - \omega$; si, de plus, on compte le temps à partir du moment où la longitude moyenne est ε (*longitude de l'époque*), la longitude moyenne par rapport au périhélie étant $\varepsilon - \omega$, il faut remplacer nt par $nt + \varepsilon - \omega$. Les formules (12), (14) et (15) deviennent alors

$$r = \frac{a(1 - e^2)}{1 + e\cos(\theta - \omega)}, \tag{12'}$$

$$\operatorname{tang}\tfrac{1}{2}(\theta - \omega) = \sqrt{\frac{1 + e}{1 - e}}\operatorname{tang}\frac{u}{2}, \tag{14'}$$

$$nt + \varepsilon - \omega = u - e\sin u. \tag{15'}$$

Les quantités a, e, ω, ε seront les quatre constantes arbitraires introduites par l'intégration des équations différentielles du second ordre, obtenues en faisant disparaître par la différentiation des équations (1) et (2) les arbitraires h et k, auxquelles se trouvent substituées deux des précédentes.

61. *Cas où l'on peut négliger les puissances de e supérieures à la première.* — L'équation (15) donne, dans cette hypothèse, qui est admissible pour la plupart des planètes,

$$u = nt + e\sin(nt + e\sin u) = nt + e\sin nt, \tag{17}$$

et l'équation (13) devient par suite

$$r = a(1 - e\cos nt). \tag{18}$$

Posant

$$\theta = nt + \delta,$$

δ étant du même ordre de grandeur que e, la première des équations (14) donne, en continuant la même approximation,

$$\delta = 2e \sin nt,$$

d'où

$$\theta = nt + 2e \sin nt. \tag{19}$$

Si nous considérons un astre fictif animé de la vitesse angulaire n, et partant du périhélie en même temps que la planète, il passera en même temps qu'elle à l'aphélie, puisque pour ce point $\sin nt = 0$, et reviendra au même instant au périhélie, et ainsi de suite indéfiniment. Dans la première moitié de la trajectoire, le rayon vecteur de l'astre sera en arrière de celui de la planète, et il sera en avant dans la seconde moitié. La quantité $2e \sin nt$, qui mesure l'écart des deux rayons, est ce que l'on appelle l'*équation du centre*.

On corrige de cette manière, par la considération de l'astre fictif, l'inégalité du mouvement apparent du Soleil autour de la Terre dans l'écliptique. Pour corriger celle qui résulte de l'inclinaison de l'écliptique sur l'équateur, il suffit de concevoir un second astre fictif circulant dans le plan de l'équateur, passant par l'équinoxe en même temps que le précédent, et animé d'un mouvement angulaire uniforme; il détermine ce que l'on appelle le *temps moyen*, qui coïncide quatre fois dans l'année avec le temps vrai indiqué par le mouvement réel du Soleil.

Quant aux développements de u, r, θ en séries suivant les puissances ascendantes de e, leur détermination rentre dans le domaine de l'Analyse proprement dite ou de la Mécanique céleste, et nous renverrons pour cet objet à notre *Traité de Mécanique céleste*.

62. *Des comètes.* — Les lois de Kepler se vérifient dans la partie des orbites cométaires que l'on peut observer; mais, comme les grands axes de ces orbites, qui sont très-allongées, et les durées des révolutions sont généralement inconnus, on calcule les mouvements des comètes dans le voisinage du périhélie, comme si leurs orbites étaient paraboliques. En désignant par D la distance du foyer au sommet de la parabole,

le paramètre sera 4D, tandis que dans l'ellipse il était exprimé par $2a(1-e^2)$. La formule (7) devient par suite

$$\varphi = \frac{k^2}{2D}\frac{1}{r^2} = \frac{\mu}{r^2},$$

en posant

$$\mu = \frac{k^2}{2D}.$$

Les formules (1) et (10) conduisent à l'équation

$$\sqrt{2D\mu}\,dt = r^2 d\theta.$$

D'autre part, si l'on compte l'angle θ à partir du périhélie, ce qui revient à supposer $\omega = 0$, on a, pour représenter la parabole,

$$(19) \qquad r = \frac{D}{\cos^2\frac{\theta}{2}} = D\left(1 + \operatorname{tang}^2\frac{\theta}{2}\right).$$

En portant cette valeur dans la formule ci-dessus, intégrant et prenant pour l'origine du temps l'instant du passage au périhélie, on trouve

$$(20) \qquad t = \frac{D^{\frac{3}{2}}\sqrt{2}}{\sqrt{\mu}}\left(\operatorname{tang}\frac{\theta}{2} + \frac{1}{3}\operatorname{tang}^3\frac{\theta}{2}\right).$$

Les équations (19) et (20) sont celles dont on se sert dans la théorie des comètes; mais comme presque toujours l'inconnue de la question est θ, et qu'elle dépend d'une équation du troisième degré, pour éviter la résolution de cette équation, on a construit des Tables donnant les valeurs de t correspondant à celles de θ dans l'hypothèse de $D = 1$; ces Tables permettent de trouver l'angle θ décrit au bout du temps t dans une parabole quelconque, en y cherchant la valeur de θ qui correspond au temps $tD^{-\frac{3}{2}}$.

63. *Trajectoire d'un point dont l'accélération, dirigée vers un centre fixe, varie en raison inverse du cube de la distance.* — Posons

$$\varphi = \frac{\mu}{r^3},$$

μ étant une quantité positive ou négative selon que φ sera dirigé de m vers O, ou en sens inverse. L'équation (4) devenant linéaire en $\frac{1}{r}$, il est plus simple d'en faire usage que d'avoir recours à son intégrale (3). Elle donne

$$(21) \qquad \frac{d^2 \frac{1}{r}}{d\theta^2} = \left(\frac{\mu}{k^2} - 1\right)\frac{1}{r}.$$

Nous avons trois cas à distinguer :

1° $\mu = k^2$. En désignant par A et B deux constantes arbitraires, l'équation (21) donne

$$\frac{1}{r} = A\theta + B.$$

On déterminera les constantes en exprimant que, pour une valeur déterminée de θ, $\theta = 0$ par exemple, en choisissant convenablement l'axe Ox, on a

$$r = r_0, \quad \tang \alpha_0 = \left(\frac{r\,d\theta}{dr}\right)_0,$$

r_0 et l'angle α_0 que forme la tangente avec ce rayon étant des données de la question.

La trajectoire est ainsi une spirale hyperbolique dont O est le pôle, ou un cercle si $A = 0$.

2° $\mu - k^2 < 0$. On a

$$\frac{1}{r} = A \cos \frac{1}{k}\sqrt{k^2 - \mu}\,(\theta + \varepsilon),$$

A et ε étant deux constantes arbitraires que l'on déterminera par les mêmes conditions que ci-dessus. La trajectoire ne sera représentée que par la portion de la courbe représentée par l'équation précédente correspondant aux limites $\theta = 0$, et

$$\theta = \frac{\pi}{2}\frac{k}{\sqrt{k^2 - \mu}} - \varepsilon,$$

r devenant infini pour cette dernière valeur.

3° $\mu - k^2 > 0$. Il vient

$$\frac{1}{r} = \mathrm{A}^{\frac{\theta}{k}\sqrt{k^2-\mu}} + \mathrm{B}e^{-\frac{\theta}{k}\sqrt{k^2-\mu}},$$

équation qui représente une spirale qu'il est facile de discuter.

64. *Mouvement d'un point dont l'accélération dirigée vers un centre fixe varie proportionnellement à la distance.* — Posons

$$\varphi = \mu r,$$

μ étant positif ou négatif. Il est inutile ici d'avoir recours aux coordonnées polaires, attendu que les équations en coordonnées rectilignes conduisent à une séparation immédiate des variables, et donnent

$$\frac{d^2x}{dt^2} = -\mu x, \quad \frac{d^2y}{dt^2} = -\mu y.$$

Premier cas. — $\mu > 0$ ou φ est dirigé de m vers O; on a, en désignant par a, a', b, b' quatre constantes,

$$x = a\cos t\sqrt{\mu} + a'\sin t\sqrt{\mu},$$
$$y = b\sin t\sqrt{\mu} + b'\cos t\sqrt{\mu}.$$

En déterminant les valeurs du sinus et du cosinus en fonction de x et y, et ajoutant leurs carrés, on trouve, pour l'équation de la trajectoire,

$$x^2(b^2+b'^2) + y^2(a^2+a'^2) - 2xy(ab'+a'b) = (ab'-a'b)^2,$$

qui représente une ellipse rapportée à son centre.

Nous pouvons maintenant supposer que l'on prenne l'un des axes principaux pour axe des x, et compter le temps à partir de l'instant d'un passage à l'un de ses sommets; nous avons alors pour $t = 0$

$$y = 0 \quad \text{et} \quad \frac{dx}{dt} = 0,$$

ce qui exige que $a' = 0$, $b' = 0$, et il vient

$$a^2y^2 + b^2x^2 = a^2b^2;$$

et, en appelant v la vitesse,

$$x = a\cos t\sqrt{\mu}, \quad \frac{dx}{dt} = -a\sqrt{\mu}\sin t\sqrt{\mu},$$

$$y = b\sin t\sqrt{\mu}, \quad \frac{dy}{dt} = b\sqrt{\mu}\cos t\sqrt{\mu},$$

$$v = \sqrt{\mu\left(a^2\sin^2 t\sqrt{\mu} + b^2\cos^2 t\sqrt{\mu}\right)}.$$

Le mouvement elliptique peut donc être considéré comme résultant de deux mouvements rectilignes rectangulaires de même période, d'amplitudes différentes, mais inverses l'un de l'autre, c'est-à-dire que la vitesse de l'un est nulle quand celle de l'autre est à son maximum, ou que l'extrémité de la course dans l'un correspond au milieu de la course dans l'autre. La durée T d'une oscillation complète dans chacun de ces mouvements simples ou d'une révolution elliptique est donnée par

$$\sqrt{\mu}\,T = 2\pi, \quad \text{d'où} \quad T = \frac{2\pi}{\sqrt{\mu}}.$$

Nous aurons plusieurs fois l'occasion de considérer ce genre de mouvement elliptique, dont les propriétés peuvent d'ailleurs se déduire facilement de la projection, sur un plan, d'un mouvement circulaire uniforme (¹).

Deuxième cas. — $\mu < 0$. On a, en posant $\mu = -\alpha^2$,

$$x = ae^{\alpha t} + a'e^{-\alpha t},$$

$$y = be^{-\alpha t} + b'e^{\alpha t}.$$

Multipliant entre elles les valeurs des deux exponentielles déduites de ces équations, on obtient

$$bb'x^2 + aa'y^2 - xy(ab + a'b') + (ab - a'b')^2 = 0,$$

ce qui représente une hyperbole qui sera équilatère lorsque l'on aura $aa' = -bb'$; le mobile ne peut naturellement décrire que l'une des branches de la courbe.

Si nous dirigeons Ox suivant l'axe transverse, en comptant le temps, à partir de l'instant d'un passage à l'un des som-

(¹) *Voir* mon *Traité de Cinématique pure*, Chap. II, § III, p. 39.

mets, nous aurons $y = 0$, $\frac{dx}{dt} = 0$ pour $t = 0$, ce qui exige que $a' = a$, $b' = -b$; il vient alors

$$b^2x^2 - a^2y^2 = 4a^2b^2,$$
$$x = a(e^{\alpha t} + e^{-\alpha t}),$$
$$y = b(e^{-\alpha t} - e^{-\alpha t}).$$

Au bout d'un certain temps, les exponentielles négatives deviendront insensibles, et l'on aura tout simplement

$$\frac{x}{y} = -\frac{a}{b},$$

ce qui signifie que le mobile peut être alors considéré comme se mouvant sur une asymptote.

NOTE.

CONSIDÉRATIONS GÉOMÉTRIQUES SUR LE MOUVEMENT DES PLANÈTES.

De l'accélération dans le mouvement elliptique.

Soient (*fig.* 20)

F le foyer de l'ellipse occupé par le Soleil,
F_1 l'autre foyer,
FP, F_1P_1 les perpendiculaires abaissées de ces foyers sur la tangente au point m de l'orbite où se trouve actuellement le centre de la planète,
$Fm = r$ le rayon vecteur de m partant de F,
m' la position de la planète au bout du temps dt,
a, b le grand axe et le petit axe de l'ellipse,
e son excentricité ou $\frac{1}{a}\sqrt{a^2 - b^2}$,
v la vitesse de la planète,
k le double de l'aire décrite par le rayon vecteur dans l'unité de temps.

L'aire mFm' décrite dans le temps dt ayant pour valeur

$$\frac{\text{FP}.mm'}{2} = \frac{\text{FP}.v\,dt}{2},$$

on trouve, en l'égalant à $\frac{k}{2}\,dt$, d'après la première loi de Kepler,

$$(1)\qquad v = \frac{k}{\mathrm{FP}}.$$

Si υ est la composante de v normale à $m\mathrm{F}$, on a, de la même manière,

$$(1')\qquad \upsilon = \frac{k}{\mathrm{F}m} = \frac{k}{r}.$$

Soient maintenant n, n' les points de rencontre de $\mathrm{F}m$, $\mathrm{F}m'$ avec le

Fig. 20.

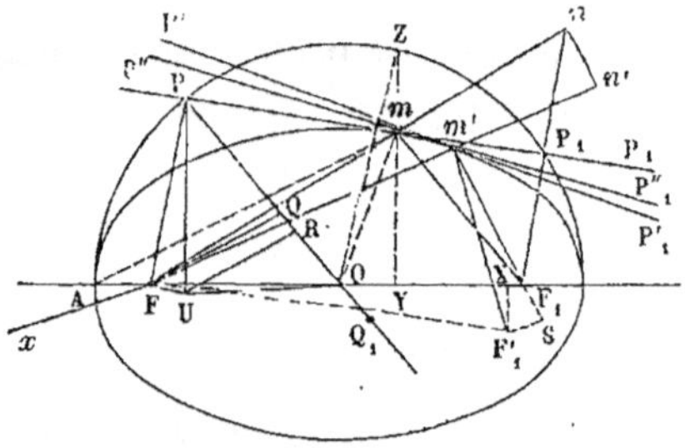

cercle de centre F et de rayon $2a$; on sait que les points F_1, P_1, n sont en ligne droite, et que $\mathrm{F}_1 n = 2\mathrm{F}_1\mathrm{P}_1$.

D'autre part on a, d'après une propriété connue de l'ellipse,

$$\mathrm{FP}.\mathrm{F}_1\mathrm{P}_1 = b^2,$$

par suite

$$v = \frac{k}{b^2}\,\mathrm{F}_1\mathrm{P}_1 = \frac{k}{2b^2}\,\mathrm{F}_1 n.$$

De sorte que, à part le facteur constant $\frac{k}{2b^2}$, $\mathrm{F}_1 n$ représente la vitesse v à laquelle on aurait fait subir un quart de révolution de droite à gauche.

Il suit de là que $\frac{k}{2b^2}\,nn'$ représente en grandeur l'accélération élémentaire du point m, et que cette accélération est dirigée suivant $m\mathrm{F}$ de m vers F.

La perpendiculaire abaissée du point m sur $\mathrm{F}m$ étant $\upsilon\,dt$, on a, eu égard à la formule (1'),

$$nn' = \frac{\mathrm{F}n}{\mathrm{F}m}\,\upsilon\,dt = 2a\,\frac{\upsilon}{r}\,dt = \frac{ak}{r^2}\,dt,$$

d'où, pour l'accélération cherchée,

$$(2) \qquad \varphi = \frac{ak^2}{b^2}\frac{1}{r^2} = \frac{k^2}{a(1-e^2)}\frac{1}{r^2},$$

ce qui est la formule (7) du texte (57).

La durée T d'une révolution sera donnée par

$$k\frac{T}{2} = \pi ab;$$

d'où cette autre expression de φ,

$$(3) \qquad \varphi = 4\pi^2\frac{a^3}{T^2}\frac{1}{r^2};$$

et, d'après la troisième loi de Kepler, le coefficient de $\frac{1}{r^2}$, que nous désignerons par μ, est le même pour toutes les planètes; nous poserons ainsi

$$(4) \qquad \varphi = \frac{\mu}{r^2}.$$

Construire l'ellipse connaissant la vitesse en un point.

L'élimination de k entre les équations (1′) et (2) donne, pour le demi-paramètre $p = \frac{b^2}{a}$ de la courbe,

$$p = \frac{v^2}{\varphi},$$

et comme φ est connu, en vertu de la formule (4), une troisième proportionnelle fera connaître p.

On peut obtenir une autre expression de p, en éliminant k entre les équations (1) et (2), ce qui donne

$$(5) \qquad p = \frac{v^2\,\overline{FP}^2}{r^2\varphi} = \frac{v^2\,\overline{FP}^2}{\mu}.$$

Si je mène au point m la droite mF_1 faisant avec la tangente mP un angle égal au supplément de l'angle connu PmF, mF_1 passera par le second foyer, et sera parallèle au diamètre PO.

Abaissant du point F la perpendiculaire FQ sur OP, on a

$$\overline{OF}^2 = \overline{FP}^2 + \overline{OP}^2 - 2OP.PQ = \overline{FP}^2 + a^2 - 2a\,PQ$$

$$\overline{OF}^2 = a^2 - b^2 = a^2 - ap,$$

d'où

$$(6) \qquad a = \frac{\overline{FP}^2}{2PQ - p}.$$

5.

Portons, sur le prolongement de PQ, $QQ_1 = PQ$, puis à partir de Q_1, en revenant sur nos pas, $Q_1R = p$; élevons en R une perpendiculaire à PQ jusqu'à sa rencontre U avec le cercle décrit du point P comme centre, avec un rayon égal à PF : l'intersection de PO avec la perpendiculaire en U à PU déterminera le centre O de l'ellipse, dont tous les éléments seront par suite connus.

Les triangles PFm, PFQ sont semblables et donnent

$$PQ = \frac{\overline{FP}^2}{Fm} = \frac{\overline{FP}^2}{r},$$

et, en substituant cette valeur et celle (5) de p dans la formule (6), il vient

$$(7) \qquad a = \frac{1}{\frac{2}{r} - \frac{v^2}{\mu}}.$$

Expression des coordonnées polaires en fonction de temps. — Soient

Z l'intersection du prolongement de l'ordonnée mY de m avec le cercle décrit sur le grand axe comme diamètre;

u l'angle ZOA formé par le rayon OZ avec le demi-grand axe qui correspond au périhélie A;

θ l'angle formé par mF avec FA,

on a

$$OF = ae, \quad FY = OF + OY = a(e - \cos u) = -r\cos\theta,$$

$$mY = \frac{b}{a}YZ = \sqrt{1 - e^2}\,YZ = a\sqrt{1 - e^2}\sin u.$$

L'équation de l'ellipse

$$(8) \qquad r = \frac{a(1 - e^2)}{1 + e\cos\theta}$$

donne

$$r + er\cos\theta \quad \text{ou} \quad r - eFY = a(1 - e^2),$$

ou encore

$$r - ae(e - \cos u) = a(1 - e^2),$$

et enfin

$$(9) \qquad r = a(1 - e\cos u).$$

L'angle u n'est ainsi que ce que nous avons appelé dans le texte l'*anomalie excentrique*.

En portant cette valeur dans (8), on a

$$(10) \qquad \cos\theta = -\frac{e - \cos u}{1 - e\cos u}.$$

On obtient ainsi les coordonnées d'un point de l'orbite en fonction de la variable auxiliaire u.

Pour avoir le temps en fonction de la même variable, il suffit de calculer l'aire AmF en fonction de u, puisqu'elle est proportionnelle au temps. Remarquons, pour cela, que

$$\text{aire}\, AmF = \text{aire}\, AmY - \text{aire}\, mFY = \sqrt{1-e^2}\,\text{aire}\, AZY - \frac{FY.mY}{2};$$

or

$$\text{aire}\, AZY = \text{aire}\, AOZ + \text{aire}\, OZY = \frac{a^2 u - a^2 \sin u \cos u}{2},$$

$$\frac{FY.mY}{2} = \frac{a^2}{2}\sqrt{1-e^2}(e - \cos u)\sin u,$$

par suite

$$\text{aire}\, AmF = \frac{a^2}{2}\sqrt{1-e^2}(u - e\sin u),$$

et enfin

$$\frac{\frac{a^2}{2}\sqrt{1-e^2}(u - e\sin u)}{\pi a^2 \sqrt{(1-e^2)}} = \frac{t}{T},$$

ou, en appelant n la *vitesse angulaire moyenne* $\frac{2\pi}{T}$ du rayon vecteur,

(11) $$u = nt + e \sin nt.$$

C'est l'équation (15) du n° 60 et qui nous a donné (61), en négligeant les puissances de e supérieures à la première,

(12) $$\begin{cases} r = a(1 - e\cos nt), \\ \theta = nt + 2e\sin nt. \end{cases}$$

De la comparaison des équations (3) et (4) on déduit

(13) $$n = \sqrt{\frac{\mu}{a}}.$$

Du mouvement troublé. — Supposons que m, en outre de φ, reçoive une accélération ψ, constamment comprise dans le plan passant par la vitesse v et F. La trajectoire restera plane.

Considérons l'ellipse que décrirait le point m si tout à coup ψ venait à s'annuler, ellipse que l'on construira comme on l'a indiqué plus haut. Au bout du temps dt, ou lorsque le mobile sera venu en m', on aura une autre ellipse dont les éléments différeront infiniment peu de ceux de la précédente; ou, en nous servant de l'expression consacrée, les éléments de l'ellipse auront varié au bout du temps dt de certaines quantités que nous nous proposons de déterminer.

Soit w la composante de la vitesse suivant le rayon vecteur ; dans le temps dt, r augmentera de $w\,dt$ dans l'ellipse que continuerait à décrire le mobile, si ψ s'annulait subitement, comme dans la trajectoire ; l'angle $\frac{v}{r}\,dt$, décrit dans le même temps par le même rayon, aura également la même valeur dans les deux cas.

L'équation (7) donne

$$da = -2\,\frac{d\frac{1}{r} - \frac{v}{\mu}\,dv}{\left(\frac{2}{r} - \frac{v^2}{\mu}\right)^2} = -2a^2 d\frac{1}{r} + 2a^2\frac{v}{\mu}\,dv.$$

Soient φ', ψ' les composantes de φ et ψ suivant v, on a

$$dv = (\varphi' + \psi')\,dt,$$

d'où

$$da = 2a^2\left(-d\frac{1}{r} + \frac{\varphi'}{\mu}\right)dt + 2a^2\frac{v}{\mu}\,\psi'\,dt;$$

or l'ensemble des deux premiers termes du second membre n'est autre chose que la variation qu'éprouverait a, dans l'hypothèse où m se déplacerait sur l'ellipse ; il est donc nul et l'on a

$$(14) \qquad da = 2\psi' a^2\frac{v}{\mu}\,dt.$$

Cette expression peut se mettre également sous la forme

$$(15) \qquad da = 2\frac{\psi'}{\varphi}\,\frac{a^2}{r^2}\,v\,dt.$$

L'équation (13) donne aussi

$$(16) \qquad dn = -\frac{3}{2}\sqrt{\mu}\,a^{-\frac{5}{2}}\,da = -\frac{3}{2}\,\frac{n\,da}{a},$$

ce qui détermine la variation du mouvement moyen.

Soient

$P'm'P'_1$ la tangente à la trajectoire de m arrivé en m';
$P''m'P''_1$ la tangente à l'ellipse de m correspondant au même point m';
F'_1 le second foyer de l'ellipse de m';
S la projection de F'_1 sur la direction de $m'F_1$.

On a

$$m'F + m'F_1 = 2a, \qquad m'F + m'F'_1 = 2a + 2da,$$

d'où

$$m'F'_1 - m'F_1 = 2da,$$

$$(17) \qquad F_1S = 2da.$$

Nous avons maintenant

$$\widehat{F'_1 m' P_1} = \widehat{F'_1 m' P'_1} + \widehat{P_1 m' P'_1} = \widehat{F m' P'} + \widehat{P_1 m' P'_1} = \widehat{F m' P} + 2\widehat{P_1 m' P'_1},$$

et de même

$$\widehat{F_1 m' P_1} = \widehat{F m' P} + 2\widehat{P_1 m' P''_1},$$

d'où

$$\widehat{F'_1 m' F_1} = 2(\widehat{P_1 m' P'_1} - \widehat{P_1 m' P''_1}).$$

Soient φ'', ψ'' les composantes de φ et ψ estimées suivant la normale; on a, d'après une propriété connue,

$$\varphi'' + \psi'' = v\,\frac{\widehat{P_1 m' P'_1}}{dt}, \qquad \varphi'' = v\,\frac{\widehat{P_1 m' P''_1}}{dt},$$

d'où

$$\widehat{F'_1 m' F_1} = 2\,\frac{\psi''}{v}\,dt = 2\,\frac{\psi''}{v^2}\,v\,dt.$$

Mais de l'équation (7) on déduit

$$(7') \qquad v^2 = \mu\left(\frac{2}{r} - \frac{1}{a}\right) = \frac{\varphi r}{a}\,mF_1.$$

Il vient donc

$$\widehat{F'_1 m' F_1} = 2\,\frac{\psi''}{\varphi}\,\frac{a}{r.\,mF_1}\,v\,dt,$$

enfin

$$(18) \qquad F'_1 S = 2\,\frac{\psi''}{\varphi}\,\frac{a}{r}\,v\,dt.$$

Les équations (17) et (18) détermineront la position de F'_1, et par suite la variation de l'excentricité et celle $F_1FF'_1$ de la longitude du périhélie.

Soit X la projection de F_1 sur FF_1; on a

$$F_1X = -2\,d\,ae = F'_1S.\sin mF_1Y - F_1S.\cos mFY,$$

d'où, pour la variation de l'excentricité absolue,

$$(19) \qquad \left\{\begin{aligned} d\,ae &= -\frac{\psi''}{\varphi}\,\frac{a}{r}\,\frac{mY}{mF_1}\,v\,dt + 2\,\frac{\psi'}{\varphi}\,\frac{a^2}{r^2}\,\frac{F_1Y}{mF_1}\,v\,dt \\ &= \frac{a}{r}\left(-\frac{\psi''}{\varphi}\,\frac{mY}{mF_1} + 2\,\frac{\psi'}{\varphi}\,\frac{a}{r}\,\frac{F_1Y}{mF_1}\right)v\,dt. \end{aligned}\right.$$

Si nous désignons par $d\varpi$ la variation $\widehat{F_1FF'_1}$ de la longitude du périhélie égale à $\frac{F'_1 X}{FX} = \frac{F'_1 X}{2FO}$, nous avons

$$F'_1 X = F'_1 S \frac{F_1 Y}{mF_1} + F_1 S . \frac{mY}{mF_1} = 2 \frac{\psi''}{\varphi} \frac{a}{r} \frac{F_1 Y}{mF_1} v dt + 4 \frac{\psi'}{\varphi} \frac{a^2}{r^2} \frac{mY}{mF_1} v dt,$$

d'où

$$d\omega = \frac{\psi''}{\varphi} \frac{a}{r} \frac{F_1 Y}{mF_1} \frac{v dt}{FO} + 2 \frac{\psi'}{\varphi} \frac{a^2}{r^2} \frac{mY}{mF_1} \frac{v dt}{FO}. \tag{20}$$

Application. — L'accélération perturbatrice est dirigée en sens inverse du mouvement et est proportionnelle au carré de la vitesse.

Nous verrons plus loin, dans le texte, quel sens physique il faut attribuer à cette question.

Supposons donc $\psi'' = 0$, $\psi' = -\rho v^2$, ρ étant une constante, et appelons ds le chemin élémentaire $v dt$. Les équations précédentes deviennent

$$(21) \qquad \left\{ \begin{aligned} da &= -2\rho \frac{v^2}{\mu} a^2 ds, \\ dae &= -2\rho \frac{v^2}{\mu} a^2 \cos \widehat{mF_1 Y} ds, \\ d\omega &= -2\rho \frac{v^2}{\mu} a^2 \sin \widehat{mF_1 Y} \frac{ds}{FO}. \end{aligned} \right.$$

De la seconde et de la première on tire

$$de = 2\rho \frac{v^2}{\mu} a (e - \cos \widehat{mF_1 Y}) ds. \tag{22}$$

Soient (*fig.* 20) :

Fx une droite de direction fixe passant par le foyer F;

ω l'angle que forme, avec Fx, la portion du grand axe aboutissant au périhélie, ou la longitude du périhélie;

θ l'angle formé avec Fx par un rayon vecteur quelconque mF ou la longitude *vraie*.

L'équation de l'ellipse est

$$r = \frac{a(1 - e^2)}{1 + e \cos(\theta - \omega)}.$$

On a, en vertu de la formule (7),

$$\frac{v^2}{\mu} = \frac{1}{a}\left(\frac{2a}{r} - 1\right) = \frac{1}{a(1 - e^2)} [1 + 2e \cos(\theta - \omega) + e^2].$$

Le triangle mFF_1 donne

$$\sin mF_1Y = \frac{r\sin(\theta-\omega)}{2a-r} = \frac{(1-e^2)\sin(\theta-\omega)}{1+e^2+2e\cos(\theta-\omega)},$$

$$(2a-r)\cos mF_1Y - r\cos(\theta-\omega) = 2ae,$$

d'où

$$\cos mF_1Y = \frac{2ae+r\cos(\theta-\omega)}{2a-r} = \frac{2e+(1+e^2)\cos(\theta-\omega)}{1+e^2+2e\cos(\theta-\omega)}.$$

Les équations (21) et (22) donnent, par suite,

$$(23)\qquad \begin{cases} da = -\dfrac{2\rho a}{1-e^2}[1+e^2+2e\cos(\theta-\omega)]\,ds, \\ de = -2\rho[e+\cos(\theta-\omega)]\,ds, \\ e\,d\omega = -2\rho\sin(\theta-\omega)\,ds. \end{cases}$$

Nous les retrouverons plus loin dans le texte; c'est pourquoi nous ne ferons ressortir quant à présent aucune des conséquences que l'on peut en tirer.

CHAPITRE V.

DU MOUVEMENT D'UN POINT SUR UNE LIGNE OU SUR UNE SURFACE.

65. Supposons qu'un point m ne décrive plus librement sa trajectoire, en vertu d'une accélération φ, mais qu'il soit assujetti à se mouvoir sur une courbe donnée.

Soient φ' et φ'' les composantes de φ, suivant la tangente, et dans le plan normal à la courbe, dont nous désignerons par ρ le rayon de courbure; la relation $\varphi' = \frac{dv}{dt}$ définit la vitesse v et, par suite, la loi du mouvement; l'accélération normale $\frac{v^2}{\rho}$ sera généralement distincte en grandeur et en direction de la composante φ dont il n'existe plus aucune trace. C'est pourquoi l'on dit que cette dernière est *détruite* par la *courbe fixe*.

La même observation est applicable au mouvement d'un point sur une surface fixe.

La formule (7) du n° 54

$$\frac{v^2 - v_0^2}{2} = \int_0^s \varphi \cos(\varphi, ds)\, ds \tag{1}$$

est applicable au cas où le point mobile, n'étant plus libre, est assujetti à se mouvoir sur une ligne ou une surface fixe, attendu que cette ligne ou cette surface fixe ne détruit que la composante normale de l'accélération, dont ne dépend pas le second membre de cette équation.

Cette même équation, mise sous la forme

$$\frac{dx^2 + dy^2 + dz^2}{2\,dt^2} = \frac{v_0^2}{2} + \int_0^s \varphi \cos(\varphi, ds)\, ds,$$

et les deux équations de la courbe permettront de déterminer x, y, z en fonction du temps.

66. *Application au mouvement d'un point sur une courbe fixe.* — Considérons, en particulier, le mouvement d'un point mobile pesant sur une courbe de forme quelconque sans vitesse initiale, et soit z la hauteur verticale dont il est descendu lorsque sa vitesse est v; on a

$$v^2 = 2gz.$$

La vitesse v ne s'annulant qu'avec z, on voit que le mobile s'élèvera sur l'autre branche de la courbe à la hauteur du point de départ; puis, prenant un mouvement inverse, il reviendra à sa position initiale pour recommencer une oscillation semblable à la précédente, et ainsi de suite. Dans le cas où le mobile est animé de la vitesse initiale v_0, on a

$$\frac{v^2 - v_0^2}{2} = gz, \quad \text{d'où} \quad v = \sqrt{2gz + v_0^2}.$$

67. *Mouvement d'un point pesant sur un plan incliné.* — Soient (*fig.* 21)

Fig. 21.

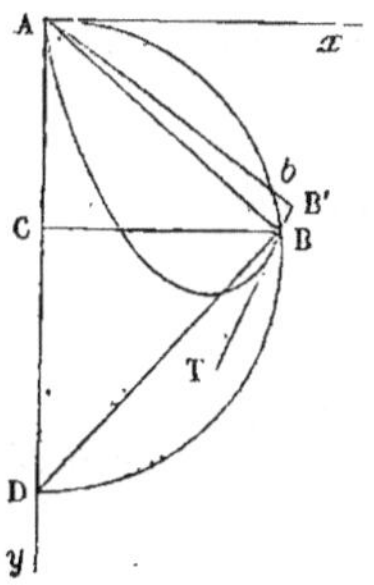

i l'angle d'inclinaison ABC de cette droite sur l'horizontale ou base BC;

AB = L l'espace parcouru au bout du temps t par le mobile supposé partant du repos en A;

H = AC la hauteur verticale correspondante.

L'accélération g se décompose en deux autres : l'une $g \cos i$

perpendiculaire à AB n'aura pas d'influence sur le mouvement; l'autre $g\sin i$ parallèle à ce plan aura tout son effet, et, comme elle est constante, elle produira un mouvement uniformément accéléré; d'où l'on déduit, en remarquant que $H = L\sin i$,

$$v = g\sin i.t,\quad L = \tfrac{1}{2}g\sin i.t^2,\quad v = \sqrt{2gL\sin i} = \sqrt{2gH};$$

le dernier de ces résultats n'est qu'une conséquence du théorème précédent.

Si dans le plan ABC j'élève AB, au point B la perpendiculaire BD, limitée en D, à la verticale AC prolongée en conséquence, on a $L = AD\sin i$, et la seconde des équations ci-dessus donne

$$t = \sqrt{\frac{2AD}{g}},$$

ce qui donne lieu à un théorème que l'on énoncera facilement.

Cette expression ne dépendant que de AD, il s'ensuit que *le mobile partant du repos en A mettra le même temps pour parcourir toutes les cordes issues de ce point et terminées à la circonférence décrite sur AD comme diamètre.*

Il est d'ailleurs facile de s'assurer que ce temps est égal à celui qu'emploierait le mobile à parcourir toutes les cordes, telles que BD supplémentaires de celles dont on vient de parler.

68. *Quelle est, parmi toutes les courbes passant par un point A et comprises dans un même plan vertical, celle pour laquelle un point pesant partant du repos en A parcourt un arc d'une longueur quelconque dans le même temps qu'il mettrait à décrire la corde correspondante?*

Soient (*fig.* 21)

Ay la verticale du point de départ A;

B le point de la courbe où se trouve le mobile au bout du temps t;

B′ la position suivante au bout du temps $t + dt$;

θ l'angle BAy;

r la corde AB;

D l'intersection de Ay avec la perpendiculaire en B à AB;

b le point de rencontre de AB′ avec la circonférence décrite sur AD comme diamètre ;

BT le prolongement de B′B ou la tangente en B à la courbe.

Le mobile arrive en B au bout du même temps et avec la même vitesse en parcourant l'arc ou la corde AB ; et le temps employé pour aller de B en B′ est égal au rapport de l'élément BB′ à cette vitesse. D'un autre côté, le mobile mettrait à parcourir la longueur Ab le même temps que pour décrire la corde AB ; par suite, le temps employé pour aller de b en B′ avec la vitesse acquise en b est égal à celui que mettra le mobile à décrire BB′ avec la vitesse acquise en B, et comme ces deux vitesses ne diffèrent entre elles que d'un infiniment petit, on a

$$BB' = bB', \quad \text{d'où} \quad \widehat{BbB'} = \widehat{bBB'}.$$

Or, l'angle $\widehat{bBA} = 90° - \theta$ pouvant être considéré comme égal à BbB′, il suit de l'égalité précédente que

$$\widehat{ABB'} = 2(90° - \theta) = 180 - 2\theta,$$

ou encore que l'angle ABT formé par la tangente à la courbe avec le rayon vecteur à AB est égal à 2θ ; on a donc

$$r\frac{d\theta}{dr} = \operatorname{tang} 2\theta, \quad \text{ou} \quad 2\frac{dr}{r} = \frac{d\sin 2\theta}{\sin 2\theta},$$

d'où, en désignant par c^2 une constante,

$$r^2 = c^2 \sin 2\theta,$$

équation d'une lemniscate ayant pour centre le point de départ A, et dont l'axe fait avec la verticale un angle de 45 degrés.

Si le temps employé à parcourir l'arc AB, au lieu d'être égal au temps que mettrait le mobile à décrire la corde correspondante, devait se trouver dans un rapport constant $\frac{1}{k}$ avec ce dernier, on trouverait de la même manière que ci-dessus

$$B'b = k\,BB',$$

ou, en appelant i l'angle ABT,

$$\cos(\theta - i) = k\cos\theta,$$

d'où

$$\tang i = -\frac{\tang\theta \pm \sqrt{k^2\tang^2\theta + k^2(1-k^2)}}{\tang^2\theta - k^2}.$$

Or de

$$\tang i = r\frac{d\theta}{dr}$$

on tire

$$r = Ce^{\int\frac{d\theta}{\tang i}},$$

C étant une constante; le problème a donc deux solutions correspondant aux deux racines de l'équation qui donne $\tang i$.

69. *Du pendule simple.* — Le pendule simple se compose d'un fil de longueur invariable $AO = l$, fixé en un point O (*fig.* 22), et terminé par un corps pesant A, dont les dimensions

Fig. 22.

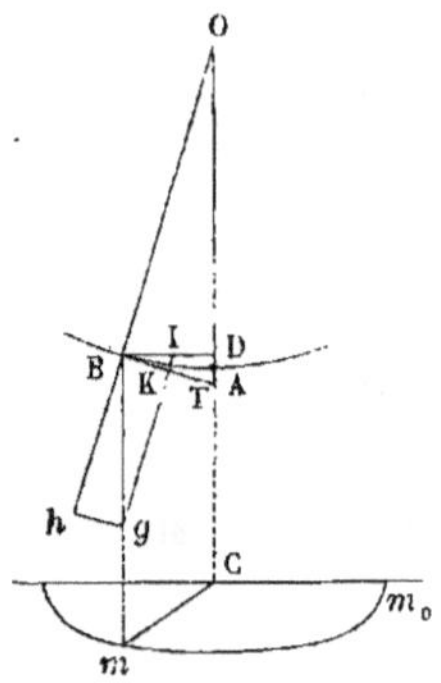

sont assez petites pour que l'on puisse le considérer sans erreur sensible comme un point matériel. On met le pendule en jeu en l'écartant de la verticale OA du point de suspension, et l'abandonnant ensuite à lui-même sans lui imprimer de vitesse initiale, et c'est la loi de ces oscillations que nous nous proposons de trouver. On sait d'ailleurs, d'après le n° 66, que le point m doit s'élever sur la seconde branche de la courbe à la hauteur du point de départ.

Soit α l'angle formé par OB avec OA, considéré comme positif ou négatif, selon que la première de ces droites est située à gauche ou à droite de l'autre.

La composante tangentielle de l'accélération g étant $-g\sin\alpha$, et la vitesse au point B, $l\frac{d\alpha}{dt}$, on a

$$(1) \qquad l\frac{d^2\alpha}{dt^2} = -g\sin\alpha.$$

Si l'on suppose que l'angle qui mesure l'écart initial ou la demi-amplitude du pendule ne dépasse pas 20 degrés, par exemple, on peut poser $\sin\alpha = \alpha$, et l'équation

$$(1') \qquad l\frac{d^2\alpha}{dt^2} = -g\alpha$$

a pour intégrale

$$(2) \qquad \alpha = \mathrm{M}\cos\sqrt{\frac{g}{l}}\,t + \mathrm{N}\sin\sqrt{\frac{g}{l}}\,t,$$

M et N étant deux constantes arbitraires.

Supposons que pour $\alpha = \alpha_0$ la vitesse $\frac{d\alpha}{dt}$ soit nulle, α_0 étant la demi-amplitude; alors on a $\mathrm{N} = 0$, $\mathrm{M} = \alpha_0$ et

$$(3) \qquad \alpha = \alpha_0\cos\sqrt{\frac{g}{l}}\,t.$$

On voit ainsi que le pendule prendra une position symétrique par rapport à la verticale de celle du point de départ, ou que α deviendra $-\alpha_0$ au bout du temps T donné par la formule

$$\sqrt{\frac{g}{l}}\,\mathrm{T} = \pi,$$

d'où

$$\mathrm{T} = \pi\sqrt{\frac{l}{g}}$$

pour la durée d'une oscillation ([1]).

([1]) On peut arriver géométriquement à ce résultat (*voir* mon *Traité de Cinématique pure*, Chap. II, § V, p. 50).

Supposons maintenant que l'amplitude ait une valeur quelconque, l'équation (1) donne

$$\frac{d^2\alpha}{dt^2}\,d\alpha = -\frac{g}{l}\sin\alpha\,d\alpha,$$

d'où, en intégrant et remarquant que $\frac{d\alpha}{dt} = 0$ pour $\alpha = \alpha_0$,

(4) $$\frac{1}{2}\frac{d\alpha^2}{dt^2} = \frac{g}{l}(\cos\alpha - \cos\alpha_0) \text{ [1]}.$$

On a ainsi, pour la durée $\frac{T}{2}$ d'une demi-oscillation,

(5) $$\frac{T}{2} = \sqrt{\frac{l}{2g}}\int_0^{\alpha_0}\frac{d\alpha}{\sqrt{\cos\alpha - \cos\alpha_0}}.$$

Posons

$$\cos\alpha = 1 - u, \quad \cos\alpha_0 = 1 - u_0,$$

il vient

(6) $$T = \sqrt{\frac{l}{g}}\int_0^{u_0}\frac{du}{\left(1 - \frac{u}{2}\right)^{\frac{1}{2}}\sqrt{u_0 u - u^2}},$$

ou, en développant $\left(1 - \frac{u}{2}\right)^{-\frac{1}{2}}$,

(7) $$T = \sqrt{\frac{l}{g}}\int_0^{u_0}\frac{\left[1 + \frac{1}{2}\frac{u}{2} + \frac{1}{2}\frac{3}{4}\left(\frac{u}{2}\right)^2 + \ldots + \frac{1.3.5\ldots(2n-1)}{2.4.6\ldots 2n}\left(\frac{u}{2}\right)^n + \ldots\right]du}{\sqrt{u_0 u - u^2}}.$$

Or, n étant un nombre entier quelconque, on a, en intégrant par parties,

$$\begin{aligned}
\int\frac{u^n\,du}{\sqrt{u_0 u - u^2}} &= -\frac{1}{2}\int u^{n-1}\frac{d(u_0 u - u^2)}{\sqrt{u_0 u - u^2}} + \frac{u_0}{2}\int\frac{u^{n-1}\,du}{\sqrt{u_0 u - u^2}},\\
&= -u^{n-1}\sqrt{u_0 u - u^2} + (n-1)\int u^{n-2}(u_0 u - u^2)^{\frac{1}{2}}\,du + \frac{u_0}{2}\int\frac{u^{n-1}\,du}{\sqrt{u_0 u - u^2}},\\
&= -u^{n-1}\sqrt{u_0 u - u^2} + \left(n - \frac{1}{2}\right)u_0\int\frac{u^{n-1}\,du}{\sqrt{u_0 u - u^2}} - (n-1)\int\frac{u^n\,du}{\sqrt{u_0 u - u^2}}.
\end{aligned}$$

---

[1] Cette intégrale n'est autre chose que le résultat de l'application de la formule du n° 66, comme il est facile de le reconnaître.

Si l'on pose

$$A_n = \int_0^{u_0} \frac{u^n\,du}{\sqrt{u_0 u - u^2}},$$

cette formule donne

$$A_n = \frac{2n-1}{2n} A_{n-1} u_0.$$

Or

$$A_0 = \int_0^{u_0} \frac{du}{\sqrt{u_0 u - u^2}} = \pi;$$

par suite

$$A_n = \frac{1.3.5\ldots(2n-1)\pi}{2.4.6\ldots 2n} u_0^n,$$

et la formule (7) devient

$$(8)\quad T = \pi\sqrt{\frac{l}{g}}\left[1 + \left(\frac{1}{2}\right)^2 \frac{u_0}{2} + \left(\frac{1.3}{2.4}\right)^2 \left(\frac{u_0}{2}\right)^2 + \ldots + \left(\frac{1.3\ldots 2n-1}{2.4\ldots 2n}\right)^2 \left(\frac{u_0}{2}\right)^n\right].$$

Cette série est d'autant plus convergente que u_0 ou α_0 est plus petit. En ne considérant que le premier terme on tombe sur la valeur approchée trouvée plus haut; si l'on tient compte du second terme, en remarquant que $u_0 = 2\sin^2\frac{\alpha_0}{2}$ et négligeant la quatrième puissance de α_0, il vient

$$(9)\qquad T = \pi\sqrt{\frac{l}{g}}\left(1 + \frac{\alpha_0^2}{16}\right);$$

ce qui montre que la durée d'une oscillation est un peu augmentée par la grandeur de l'amplitude.

70. *Mouvement d'un point pesant sur la cycloïde; tautochronisme.* — Considérons un point pesant m assujetti à se mouvoir sur une cycloïde fixe à base horizontale pq (*fig.* 23).

Soient

ma la tangente en m limitée au diamètre ab du cercle générateur passant par le point de contact b de ce cercle avec la directrice pq;

$R = \frac{ab}{2}$ le rayon de ce même cercle;

f le sommet de la courbe;

n la projection de m sur ab.

L'accélération g de la pesanteur se décompose en deux autres, les composantes normale et tangentielle, respectivement

Fig. 23.

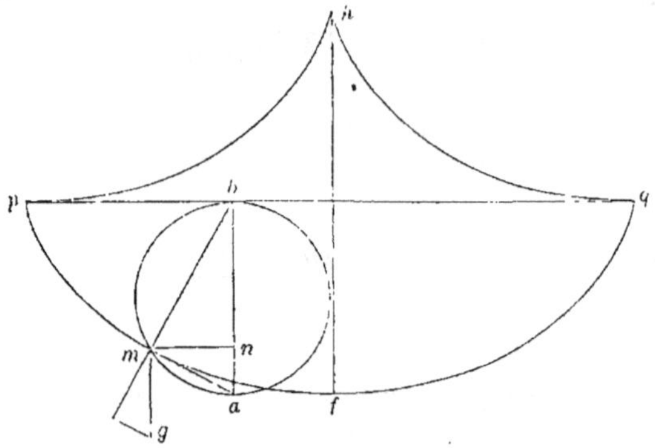

dirigées suivant les prolongements de mb et de ma; ces trois accélérations formant un triangle semblable à mbn, les composantes normale et tangentielle ont respectivement pour valeurs

$$g\frac{mb}{2R}, \quad g\frac{ma}{2R}.$$

La première étant détruite, il ne reste à considérer que la seconde. Or, en posant $mf = s$, on a, d'après une propriété connue de la cycloïde ([1]),

$$ma = \frac{s}{2}.$$

Cette composante donne par suite, en l'égalant à l'expression équivalente $-\frac{dv}{dt} = -\frac{d^2 s}{dt^2}$,

$$\frac{d^2 s}{dt} = -\frac{g}{4R}s,$$

équation de même forme que l'équation (1′) du numéro précédent, et dont on tire les mêmes conséquences; ainsi donc,

([1]) *Voir*, pour une démonstration géométrique de cette propriété, mon *Traité de Cinématique pure*, Chap. II, § V, p. 60.

dans le mouvement du point oscillatoire de part et d'autre du point f, la durée de chaque oscillation simple

$$T = \pi \sqrt{\frac{4R}{g}}$$

est indépendante de la position initiale du mobile sur la courbe, correspondant à une vitesse nulle, ou encore de l'amplitude de l'oscillation, ce qui constitue la propriété du *tautochronisme* de la cycloïde [1].

Concevons que l'on enroule la cycloïde sur un cylindre vertical de manière à amener la base de cette courbe à coïncider avec le périmètre de l'une des sections droites du cylindre. La décomposition de l'accélération g s'effectuera dans le plan tangent au cylindre de la même manière que ci-dessus, et il est clair que la composante tangentielle aura la même valeur que lorsque la courbe était plane, et qu'elle sera ainsi proportionnelle à l'arc mf. Donc la transformée de la cycloïde est encore tautochrone, et il existe par suite une infinité de *tautochrones à double courbure*.

La cycloïde est la seule tautochrone *plane*. En effet, prenons pour origine le point O de la courbe où le mobile m doit parvenir dans un temps constant, quel que soit le point m_0 de la courbe d'où il parte sans vitesse initiale, la partie positive de l'axe des y étant la portion de la verticale de O située audessus de l'horizontale Ox menée dans le plan de la courbe; on a, en appelant h l'ordonnée du point de départ m_0 et s

[1] Si p est le point de départ du mobile, la vitesse en m est $\sqrt{2gbn}$. Concevons que le cercle générateur roule sur pq de telle manière qu'il passe constamment par la position du mobile. La rotation instantanée du cercle autour de b est

$$\frac{\sqrt{2gbn}}{bm} = \sqrt{\frac{g}{R}},$$

en remarquant que $\overline{bm}^2 = 2Rbn$. La vitesse du centre du cercle est, par suite,

$$R\sqrt{\frac{g}{R}} = \sqrt{2g\frac{R}{2}},$$

d'où un théorème qu'il est facile d'énoncer et qui est dû à M. Chevilliet.

l'arc Om, pour la vitesse en un point quelconque (66),

$$\frac{ds}{dt} = -\sqrt{2g(h-y)},$$

d'où, pour la durée du parcours de l'arc m_0O,

$$t = -\frac{1}{\sqrt{2g}}\int_h^0 \frac{ds}{\sqrt{h-y}} = \frac{1}{\sqrt{2g}}\int_0^h \frac{ds}{\sqrt{h-y}}.$$

Soit

$$s = \varphi(y)$$

la relation qui doit exister entre l'ordonnée y et l'arc s, il vient

$$t = \frac{1}{\sqrt{2g}}\int_0^h \varphi'(y)\frac{dy}{\sqrt{h-y}},$$

ou, en posant $y = hu$,

$$t = \frac{1}{\sqrt{2g}}\int_0^1 \varphi'(hu)\sqrt{hu}\frac{du}{\sqrt{(1-u)u}}.$$

Soit maintenant

$$\varphi'(y)\sqrt{y} = \psi(y),$$

il vient

$$t = \frac{1}{\sqrt{2g}}\int_0^1 \psi(hu)\frac{du}{\sqrt{(1-u)u}}.$$

Or, t devant être indépendant de h, il faut que la dérivée de cette expression par rapport à h soit nulle ou que

$$\int_0^1 \psi'(hu)\frac{u\,du}{\sqrt{(1-u)u}} = 0;$$

ce qui exige que $\psi'(hu) = 0$; car autrement, en prenant h suffisamment petit, on pourrait faire en sorte que tous les éléments de l'intégrale fussent de même signe et l'intégrale ne serait pas nulle.

Ainsi donc $\psi(hu)$ ou $\psi(y)$ est une constante que nous désignerons par C; on a, par suite,

$$\varphi'(y) = Cy^{-\frac{1}{2}} \quad \text{et} \quad s = 2C\sqrt{y},$$

qui est l'équation d'une cycloïde dont le diamètre du cercle générateur est C^2.

Soient (*fig.* 23)

h le centre de courbure de la cycloïde au sommet f;

hp, hq les deux branches cycloïdales qui constituent sa développée.

Concevons que l'on fixe en h un fil de longueur $hf = 4R$ terminé par une masse pesante, et que ce fil, écarté de la verticale, soit assujetti, en oscillant, à s'enrouler alternativement le long de hp et hq. Le point pesant décrivant la cycloïde pfq, on obtient un pendule dont les oscillations ont la même durée quelle que soit leur amplitude.

L'idée d'un pareil pendule est due à Huygens, qui désirait doter les horloges d'un pendule irréprochable; mais la difficulté de construction des demi-cycloïdes directrices, les déformations auxquelles elles sont exposées en raison des variations de température, rendent cet appareil inapplicable, et on le considère uniquement comme une curieuse conception théorique.

71. *De la courbe de la plus vite descente ou brachistochrone.* — Le temps $\frac{\pi}{2}\sqrt{\frac{l}{g}}$ employé par l'extrémité d'un pendule simple de longueur l pour exécuter une demi-oscillation étant inférieur à celui $2\sqrt{\frac{l}{g}}$ (67) que mettrait un point pesant à parcourir la corde de l'arc décrit, on a été conduit à se demander quelle est, parmi toutes les courbes passant par deux points A et B, celle sur laquelle un point pesant partant du repos en A arrive en B dans le temps le plus court [1].

Ce problème est maintenant du domaine du calcul des variations aux traités duquel nous renverrons. Nous nous bornerons ici à en donner une solution géométrique par des considérations analogues à celles dont s'est servi J. Bernoulli, en établissant préalablement les lemmes suivants :

---

[1] Ce problème a été posé par Galilée et résolu pour la première fois en 1696 par Jean Bernoulli, par des considérations géométriques.

LEMME I. — *Un arc quelconque ab de la brachistochrone est l'arc de la plus vite descente de a en b pour la vitesse acquise en a;* car, s'il en était autrement, on pourrait substituer à l'arc *ab* celui de la plus vite descente; mais alors la courbe considérée ne serait plus la brachistochrone.

On peut supposer en particulier que *ab* se réduit à deux éléments consécutifs de la courbe.

LEMME II. — *Un point m se meut d'un mouvement uniforme avec la vitesse v jusqu'au moment où, traversant une surface* (S), *elle devient v'. Quel est le chemin que doit parcourir m pour aller dans le temps le plus court du point a au point b, la droite ab rencontrant la surface ci-dessus?*

Soit J un point de la surface; il est évident que la durée du trajet sera moindre pour le parcours des droites AJ et JB que pour toute autre trajectoire passant par J.

Soit I (*fig.* 24) un point de la section (σ) faite par le plan

Fig. 24.

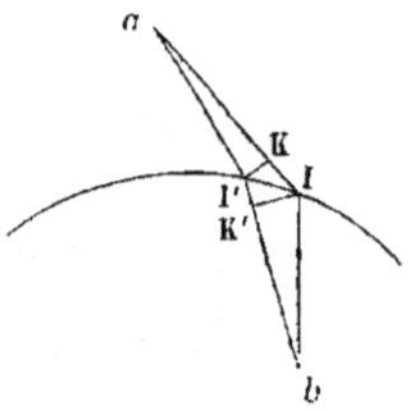

normal à la surface mené par la corde *ab*; il est clair que la durée du trajet sera moindre en parcourant successivement les deux droites *a*I, I*b*, que deux autres droites issues de *a* et de *b*, se rencontrant en un point J de (S) infiniment voisin de (σ), et dont I serait, aux quantités près du second ordre, la projection sur le plan normal.

Nous sommes ainsi ramené à déterminer le trajet de plus courte durée dans ce plan.

Soient

i, i' les angles formés par *a*I et I*b* avec la normale en I;
I' un point de (σ) infiniment voisin de I;
K, K' les projections de I' et I sur *a*I et *b*I'.

Les durées de trajets aIb, $aI'b$ sont respectivement

$$\frac{aI}{v}+\frac{bI}{v'} \quad \text{et} \quad \frac{aI'}{v}+\frac{bI'}{v'}=\frac{aI-IK}{v}+\frac{bI+I'K'}{v'},$$

et, pour que la première soit un minimum, il faut que leur différence soit nulle ou que

$$\frac{IK}{v}=\frac{I'K'}{v'};$$

or

$$IK = II'\sin i, \quad I'K' = II'\sin i';$$

la condition cherchée est donc

$$\frac{\sin i}{v}=\frac{\sin i'}{v'}.$$

Revenons au problème de la brachistochrone.

Soient (*fig.* 25)

Fig. 25.

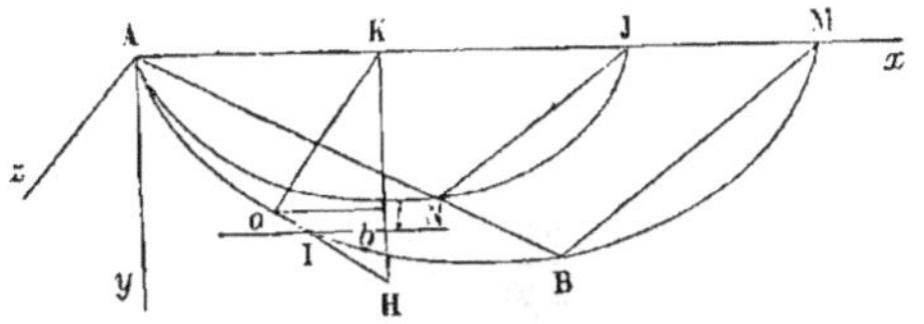

Ay la verticale du point de départ A;

Ax l'horizontale de ce même point comprise dans le plan vertical passant par A et le point d'arrivée B;

Az la perpendiculaire en A au plan xAy.

Concevons que l'on divise la courbe en éléments par des plans horizontaux équidistants dont l'équidistance soit dy, et soient

a, I, b trois points consécutifs de la courbe obtenus de cette manière, et dont les distances au plan xAz sont y, $y+dy$, $y+2dy$;

$v=\sqrt{2gy}$, $v'=\sqrt{2g(y+dy)}=v+\frac{dv}{dy}dy$ les vitesses acquises en a et I;

i, $i' = i + \frac{di}{dy}dy$ les angles que forment Ia et Ib avec la verticale.

En vertu du lemme I, le mobile partant de a avec la vitesse v doit arriver dans le plus bref délai en b, en prenant la vitesse v' lorsqu'il a traversé le plan horizontal défini par l'ordonnée $y + dy$; il faut donc, d'après le lemme II, que aI et Ib déterminent un plan vertical, et que par suite la courbe soit comprise dans le plan $y\text{O}x$; puis, que

$$\frac{v}{\sin i} = \frac{v'}{\sin i'},$$

ou

$$\frac{v'}{\sin i'} = \frac{v}{\sin i} + d\frac{v}{\sin i},$$

ou encore, en appelant μ une constante,

$$\frac{v}{\sin i} = \mu,$$

et enfin

$$\sin i = \sqrt{\frac{2g}{\mu^2}y} = \sqrt{\frac{y}{2\text{R}}},$$

en posant

$$\frac{\mu^2}{2g} = 2\text{R}.$$

Soient

K l'intersection de Ax avec la normale en a;
H l'intersection de la tangente avec la verticale de K;
l la projection du point a sur KH.

On a

$$a\text{K} = \text{KH}\sin i = \sqrt{\text{KH}.\text{K}l} = \sqrt{\text{KH}.y},$$

d'où

$$\sin i = \sqrt{\frac{y}{\text{KH}}},$$

par suite

$$\text{KH} = 2\text{R}.$$

La brachistochrone est donc la cycloïde décrite par un point de la circonférence de rayon R roulant sur Ax; le rayon doit être déterminé par la condition que la courbe passe par B.

Soient (*fig.* 25)

AJ la base d'une cycloïde quelconque passant par le point A;
N l'intersection de cette courbe avec la droite AB;
M celle de Ax avec la parallèle BM à NJ.

La droite AM sera la base de la brachistochrone, car toutes les cycloïdes issues du point A et dont les bases sont situées sur Ax sont semblables, puisqu'elles sont représentées par une équation qui ne renferme qu'un seul paramètre.

72. *Pendule à oscillations elliptiques.* — Supposons (*fig.* 22, p. 78) que le pendule $OB = l$, écarté d'un petit angle de la verticale OA du point de suspension, au lieu d'être abandonné à l'action de la pesanteur, reçoive une vitesse v_0 dans une direction horizontale perpendiculaire au plan vertical d'écartement; il exécutera autour de la verticale de suspension des oscillations coniques d'une faible amplitude dont la loi peut être déterminée comme il suit.

Soient

C le point de rencontre de la verticale OA avec un plan horizontal sur lequel le point B se projette en m;
α l'angle d'écartement supposé assez petit pour que l'on puisse en négliger les puissances supérieures à la seconde.

L'accélération g se décomposera en deux autres, l'une $g \sin\alpha$ dirigée suivant la perpendiculaire BT à OB dans le plan BOA, et l'autre dirigée suivant BO qui entrera dans la composition d'une accélération dirigée suivant la même ligne, mais qui, dépendant de la loi du mouvement, est une inconnue du problème. En raison de la petitesse supposée de α, la projection de cette dernière sur le plan mC peut être négligée, et l'accélération du point m se réduit à la projection $\frac{g}{l}\,m\mathrm{C}$ de $\frac{g}{l}\,m\mathrm{T}$, dirigée suivant C et proportionnelle à la distance du mobile à ce point.

La courbe décrite par m est donc une ellipse dont la position initiale m_0 est l'un des sommets; la durée du parcours total de l'ellipse ou de l'oscillation complète du pendule se déduira du n° 64, en y supposant $\mu = \frac{g}{l}$, et l'on trouve ainsi

$$T = 2\pi \sqrt{\frac{l}{g}}.$$

Ainsi la durée des révolutions coniques et elliptiques exécutées autour de la verticale de suspension est la même que celle de la double oscillation du pendule ordinaire de même longueur l.

Nous ferons remarquer que le résultat de la théorie précédente ne se trouve pas exactement confirmé par l'expérience, surtout pour un pendule d'une faible longueur ou à oscillations rapides. On observe, en effet, que le pendule se meut comme si son extrémité décrivait une ellipse tournant autour de son centre, de la gauche vers la droite, lorsque le mouvement pendulaire a lieu dans ce sens pour l'observateur couché le long de la verticale de suspension; nous reconnaîtrons plus loin que la différence entre l'observation et cette théorie, qui n'est autre encore, sous une forme géométrique, que celle qui est exposée dans les Traités de Mécanique rationnelle, tient uniquement à ce que l'approximation adoptée n'est pas assez grande; mais, pour aller plus loin, la Géométrie devient insuffisante, et il faut avoir recours à l'Analyse. Nous placerons cette recherche dans une autre partie de l'Ouvrage.

73. *Pendule conique.* — Cherchons si, après avoir écarté le pendule OB de la verticale OC d'un angle de grandeur quelconque α, il n'est pas possible de lui imprimer une vitesse horizontale capable de lui faire décrire un cercle horizontal sous l'influence de l'accélération g de la pesanteur.

Soient

BD $= r$ le rayon de ce cercle;
H la longueur OD.

L'accélération g se décompose en deux autres, l'une dirigée suivant OB et qui est détruite par le fil, l'autre suivant BD qui doit produire le mouvement circulaire. Or, par une similitude de triangles, on reconnaît facilement que cette dernière a pour expression

$$\frac{r}{\mathrm{H}}g,$$

et, comme elle doit être égale à $\frac{v_0^2}{r}$, il en résulte que

$$v_0 = r\sqrt{\frac{g}{\mathrm{H}}},$$

la vitesse angulaire du point B ayant ainsi pour expression $\sqrt{\frac{g}{\mathrm{H}}}$.

CHAPITRE VI.

DE L'ACCÉLÉRATION DANS LE MOUVEMENT D'UN SYSTÈME INVARIABLE.

74. *Accélération d'un point d'un système invariable qui se meut parallèlement à un plan.* — Il est visible que l'on est ramené à considérer ce mouvement d'une figure plane dans son plan.

Soient (*fig.* 26)

O le centre instantané de rotation, à un instant quelconque;
ω la vitesse angulaire correspondante dont nous supposerons

Fig. 26.

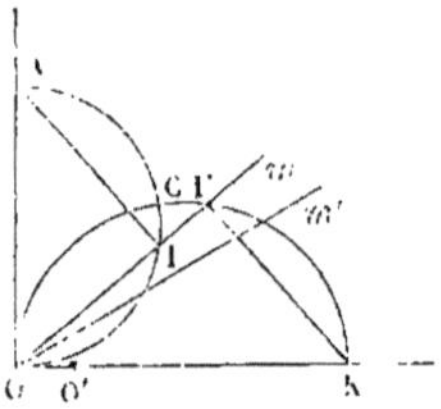

le sens de la gauche vers la droite;
O' la position du centre instantané au bout du temps dt;
$\omega' = \omega + d\omega$ la vitesse angulaire correspondante;
m, m' les positions d'un point de la figure, contemporaines de O, O';
r la distance mO;
$\mathrm{U} = \dfrac{\mathrm{OO'}}{dt}$ ce que nous pourrons appeler la vitesse du *centre instantané*.

La rotation ω' peut être considérée comme résultant d'une rotation égale autour de O et d'une translation $OO'.\omega' = U\omega\,dt$, dont le sens et la direction s'obtiendront en supposant que la droite qui représente U tourne de 90 degrés en sens inverse de ω.

La vitesse $\omega'.Om'$ n'est autre chose que celle que posséderait le point m au bout du temps dt, s'il tournait effectivement autour du centre O supposé fixe, avec la vitesse angulaire variable ω, et se compose aussi de la vitesse $\omega.Om$ et des accélérations élémentaires

$$-\omega^2 Om.dt, \quad Om\frac{d\omega}{dt}dt$$

dirigées respectivement suivant mO et la vitesse $\omega.\,Om$.

Il résulte de là que l'accélération φ de m est la résultante des accélérations $\omega^2 r$, $r\frac{d\omega}{dt}$, ωU dirigées respectivement vers le point O, dans le sens de la vitesse instantanée, et suivant la direction que prendrait U en tournant autour de O de 90 degrés en sens inverse de ω; ou encore elle se compose de *celle qui aurait lieu si la figure tournait effectivement autour de son centre instantané supposé fixe, avec sa vitesse angulaire instantanée variable, et d'une accélération représentée par la vitesse du centre instantané, que l'on aurait fait tourner de* 90 *degrés en sens inverse de la rotation, multipliée par* ω.

Portons, à partir de O, suivant la direction de ωU, la longueur $OA = \frac{U}{\omega}$; la projection I du point A sur Om ne possédera pas d'accélération normale ou dirigée suivant Om, puisque la projection sur cette direction de l'accélération $\omega^2\frac{U}{\omega}$ est égale et opposée à $\omega^2.OI$. Il suit de là que *la circonférence décrite sur* OA *comme diamètre est le lieu géométrique des points de la figure dont l'accélération normale est nulle, ou pour chacun desquels le rayon de courbure de la trajectoire est infini*, ce qui caractérise en général un point d'inflexion, d'où le nom de *circonférence d'inflexion* donné à la circonférence dont il s'agit.

Le point I' de Om ne possédera pas d'accélération tangentielle si

$$OI' \frac{d\omega}{dt} = AI.\omega^2.$$

Soit K l'intersection avec la direction de OO′ de la perpendiculaire OI′ à Om; on a

$$OK = \frac{OA.OI'}{AI},$$

d'où, en vertu de la relation précédente,

$$OK = OA \frac{\omega^2}{\frac{d\omega}{dt}} = \frac{U\omega}{\frac{d\omega}{dt}},$$

qui est ainsi une longueur déterminée à l'instant considéré.

Il suit de là que : 1° *tous les points de la figure situés sur la circonférence décrite sur* OK *comme diamètre n'ont pas d'accélération tangentielle, ou que la vitesse de chacun d'eux est un maximum ou un minimum;* 2° *l'intersection* C *de cette circonférence avec la circonférence d'inflexion ne possède pas d'accélération.*

L'accélération du point m résulte des rotations ω' et $-\omega$ autour de O′ et O; en les transportant au point C, il ne peut en résulter aucune translation, car autrement ce point aurait une accélération. De sorte que *l'accélération de tout point m de la figure est la même que si la rotation instantanée variable* ω *avait lieu effectivement autour du point* C *considéré comme fixe,* et qui a pour ce motif reçu le nom de *centre des accélérations.*

75. *De l'accélération angulaire.* — Soient

OA, OA′ deux positions consécutives de l'axe instantané d'un corps mobile, autour d'un point O de ce corps, considéré comme fixe (39);

ω, $\omega + d\omega$ les vitesses angulaires correspondantes.

Prenant $OA = \omega$, $OA' = \omega + d\omega$, la rotation autour de OA′ pourra être considérée comme la résultante de la rotation ω autour de OA et d'une rotation égale à AA′ autour d'une parallèle à cette dernière droite; cet accroissement géométrique relatif au temps dt de la rotation ω est ce que l'on appelle *l'accélération angulaire élémentaire* du système à l'instant considéré; *l'accélération angulaire finie* est représentée par la même longueur rapportée à l'unité de temps ou par $\alpha = \frac{AA'}{dt}$. On reconnaîtra, en se reportant aux numéros 40, 47 et 51, que les accélérations angulaires simultanées se composent comme les accélérations linéaires, et que le déplacement angulaire correspondant à l'élément du temps est égal à la moitié du produit de l'accélération angulaire par le carré de cet élément ou à $\alpha \frac{dt^2}{2}$.

L'accélération angulaire $\frac{AA'}{dt}$ peut être considérée comme la résultante de l'*accélération angulaire* suivant l'axe instantané $\frac{d\omega}{dt}$ et de l'*accélération normale* à cet axe, comprise dans le plan tangent au cône décrit par OA, $\omega \frac{d\varepsilon}{dt}$, $d\varepsilon$ étant l'angle formé par deux positions consécutives du même axe.

Si l'axe instantané reste parallèle à lui-même, l'accélération angulaire se réduit à l'accélération $\frac{d\omega}{dt}$ autour de l'axe instantané.

On peut décomposer l'accélération angulaire en trois autres suivant trois axes rectangulaires fixes; chaque composante est la dérivée par rapport au temps de la composante correspondante de la rotation instantanée.

76. *Projections de l'accélération linéaire due à l'accélération angulaire sur trois axes rectangulaires.* — De l'accélération angulaire résultera, pour chaque point m du mobile, une accélération linéaire égale à α multiplié par la distance de m à l'axe AA' de cette accélération angulaire. En se reportant aux notations du numéro 42, les trois composantes de l'accélération angulaire suivant Ox, Oy, Oz sont $\frac{dn}{dt}$, $\frac{dp}{dt}$, $\frac{dq}{dt}$, et l'on recon

naît de la même manière que les composantes cherchées sont

$$z\frac{dp}{dt} - y\frac{dq}{dt} \quad \text{suivant } Ox,$$

$$x\frac{dq}{dt} - z\frac{dn}{dt} \quad \text{»} \quad Oy,$$

$$y\frac{dn}{dt} - x\frac{dp}{dt} \quad \text{»} \quad Oz.$$

77. *La composante de l'accélération angulaire suivant un axe entraîné dans le mouvement du système invariable est la dérivée par rapport au temps de la même composante de la rotation instantanée.*

Soient (*fig.* 27)

Fig. 27.

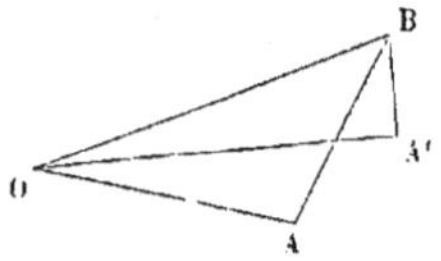

OB la droite qui représente, en grandeur et en direction, la rotation instantanée;

OA, OA′ les projections de OB sur deux positions consécutives correspondantes de l'axe mobile.

L'angle BOA étant égal à BOA′, il s'ensuit que OA = OA′: si donc p est la projection de ω sur OA ou sur OA′, $p + dp$ celle de $\omega + d\omega$ sur OA′, la composante de l'accélération angulaire suivant OA′ ou OA sera $\frac{dp}{dt}$, ce qui est conforme à l'énoncé.

78. *Relations entre les composantes de l'accélération angulaire dans le mouvement d'un système invariable autour d'un point fixe, estimées suivant trois axes rectangulaires passant par ce point et faisant partie du système, et les composantes de la même accélération estimées suivant trois axes fixes rectangulaires ayant la même origine.*

En se reportant aux notations du n° 43, et en opérant de la

même manière, on a, d'après le numéro précédent,

$$\frac{dn}{dt} = \frac{d\nu}{dt}(\cos\varphi\cos\psi + \sin\varphi\sin\psi\sin\theta)$$
$$+ \frac{d\varpi}{dt}(\sin\varphi\cos\psi - \cos\varphi\sin\psi\cos\theta) - \frac{d\chi}{dt}\sin\theta\sin\psi,$$

$$\frac{dp}{dt} = \frac{d\nu}{dt}(\cos\varphi\sin\psi - \sin\varphi\cos\psi\cos\theta)$$
$$+ \frac{d\varpi}{dt}(\sin\varphi\sin\psi + \cos\varphi\cos\psi\cos\theta) + \frac{d\chi}{dt}\sin\theta\cos\psi,$$

$$\frac{dq}{dt} = \frac{d\nu}{dt}\sin\varphi\sin\theta - \frac{d\varpi}{dt}\cos\varphi\sin\theta + \frac{d\chi}{dt}\cos\theta.$$

79. *L'accélération d'un point d'un système invariable mobile autour d'un point fixe se compose : 1° de l'accélération centripète relative à l'axe instantané; 2° de l'accélération due à l'accélération angulaire.*

Soient

OA, OA′ deux positions consécutives de l'axe instantané passant par le point fixe O;

m, m' les positions correspondantes d'un point du système;

r leur distance à OA;

ω, $\omega + d\omega$ les vitesses angulaires autour de OA, OA′;

α l'accélération angulaire;

a et $a + da$ les distances de m, m' à la direction de cette accélération.

La rotation $\omega + d\omega$ autour de OA′ se compose de la rotation ω autour de OA et de la rotation $\alpha\,dt$; en d'autres termes, en négligeant les quantités du second ordre, la vitesse en m' est la résultante de ωr autour de OA et de $\alpha(a + da)\,dt = \alpha a\,dt$. Or la composante ωr de la vitesse du point décrivant m' est, comme dans le mouvement circulaire uniforme, la résultante de la vitesse qu'il possédait en m, et de l'accélération élémentaire $\omega^2 r\,dt$ dirigée suivant r de m vers OA.

D'où il suit que l'accélération du point m se compose de deux accélérations $\omega^2 r$, αa, ce qui est conforme à l'énoncé.

Considérons maintenant un corps dans son mouvement le plus général, et supposons qu'on lui imprime une vitesse et une accélération égales et contraires à celles de l'un de ses points O, de manière à réduire ce point au repos. Le système tournera alors autour du point O, comme s'il était fixe; d'où l'on déduit que

L'accélération en chaque point d'un système invariable, dans son mouvement le plus général, se compose de l'accélération d'un autre point, de l'accélération centripète due à la rotation autour de l'axe instantané passant par ce dernier point, et de l'accélération due à l'accélération angulaire.

80. *Projections, sur trois axes rectangulaires fixes ou mobiles avec le système, de l'accélération d'un point quelconque de ce système supposé mobile autour de l'origine des coordonnées.*

Continuons à représenter par n, p, q les composantes de la rotation instantanée suivant les axes Ox, Oy, Oz; $\frac{dn}{dt}$, $\frac{dp}{dt}$, $\frac{dq}{dt}$ seront les composantes correspondantes de l'accélération angulaire. Soient x, y, z les coordonnées du point considéré. Nous avons déjà trouvé pour les composantes relatives à l'accélération angulaire (76)

$$z\frac{dp}{dt} - y\frac{dq}{dt} \quad \text{suivant} \quad Ox,$$

$$x\frac{dq}{dt} - z\frac{dn}{dt} \quad \text{»} \quad Oy,$$

$$y\frac{dn}{dt} - x\frac{dp}{dt} \quad \text{»} \quad Oz.$$

Il nous reste à obtenir les composantes de l'accélération centripète.

Soient, à cet effet,

mP la perpendiculaire abaissée du point m sur l'axe instantané de rotation,

α, β, γ les angles formés par OP avec Ox, Oy, Oz.

On a

$$\cos\alpha = \frac{n}{\omega}, \quad \cos\beta = \frac{p}{\omega}, \quad \cos\gamma = \frac{q}{\omega},$$

et, d'après un théorème connu,

$$OP = x \cos \alpha + y \cos \beta + z \cos \gamma.$$

La projection de l'accélération centripète $\omega^2 . mP$ sur Ox est par suite

$$\begin{aligned}\omega^2[(x \cos\alpha + y \cos\beta + z \cos\gamma)\cos\alpha - x] &= n^2 x + npy + nqz - \omega^2 x \\ &= -(p^2 + q^2)x + npy + nqz.\end{aligned}$$

Appelant Φ_x, Φ_y, Φ_z les projections de l'accélération totale Φ du point m sur les axes Ox, Oy, Oz, il vient

$$\Phi_x = z\frac{dp}{dt} - y\frac{dq}{dt} - (p^2 + q^2)x + npy + nqz,$$

et par analogie

$$\Phi_y = x\frac{dq}{dt} - z\frac{dn}{dt} - (q^2 + n^2)y + pqz + pnx,$$

$$\Phi_z = y\frac{dn}{dt} - x\frac{dp}{dt} - (n^2 + p^2)z + qnz + qpy.$$

On trouverait facilement, en partant de là, les accélérations normale et tangentielle; mais, les formules auxquelles on serait conduit ne devant nous être d'aucune utilité, nous ne nous y arrêterons pas.

CHAPITRE VII.

DU MOUVEMENT RELATIF D'UN POINT PAR RAPPORT A UN SYSTÈME INVARIABLE MOBILE.

81. *Des accélérations apparentes dans le mouvement relatif.* — Soient

v et φ la vitesse et l'accélération à un instant quelconque d'un point mobile dont on se propose de trouver le mouvement relatif par rapport à un système invariable (S), lui-même mobile d'une manière quelconque dans l'espace absolu ;

v_e, φ_e la vitesse et l'accélération, dites d'*entraînement*, que posséderait le point a (*fig.* 28) de l'espace où se trouve

Fig. 28.

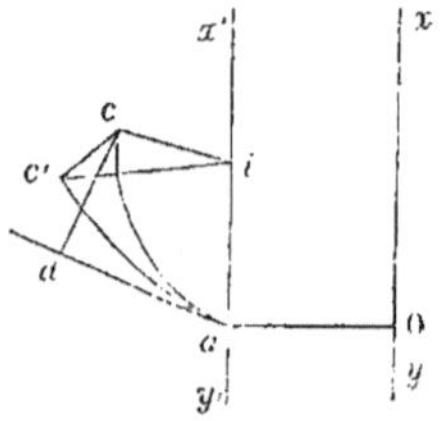

actuellement le point m, si on le considérait comme faisant partie du système (S) ;

v_r la résultante de v et d'une vitesse $-v_e$ égale et contraire à v_e ;

u_r la projection de v_r sur un plan perpendiculaire à l'axe instantané de rotation et de glissement xy ;

ω la vitesse angulaire de (S) autour de cet axe.

Nous arriverons à connaître le mouvement relatif de m par

rapport à (S), en déterminant le mouvement absolu qu'il prendrait si, en outre de son propre mouvement, on lui imprimait à chaque instant, ainsi qu'à (S), un mouvement commun précisément égal et contraire à celui de ce système réduit alors au repos.

En premier lieu, supposons que l'on imprime à m et à chacun des points de (S) une vitesse et une accélération précisément égales et contraires à v_e, φ_e, le point a restera fixe dans un milieu ou système invariable que nous désignerons par (S') et qui tournera autour d'une droite $x'y'$ parallèle à xy, avec une vitesse angulaire égale à ω et de même sens. Le point m, animé de la vitesse $\overline{v_r} = \overline{v} - \overline{v_e}$ et de l'accélération $\psi = \overline{\varphi} - \overline{\varphi_e}$, décrira l'arc ac dans le milieu (S'), et son extrémité c s'obtiendra en portant dans le sens de v_r et de ψ les longueurs $ad = v_r dt$, $dc = \frac{1}{2}\psi dt^2$ (51). Imprimons maintenant à (S') autour de $x'y'$ une rotation égale et contraire à ω, (S') sera ramené au repos, tandis que l'arc ac aura pris dans cette rotation la position ac' pour laquelle son extrémité c aura décrit l'élément cc' et la perpendiculaire ci abaissée de cette extrémité sur $x'y'$, l'angle $\widehat{cic'} = \omega dt$; et comme l'arc ac est décrit dans le même élément dt du temps avec la vitesse relative v_r, on aura, en nommant β l'angle de ac ou de sa tangente ad avec l'axe $x'y'$,

$$ci = v_r \sin\beta\, dt, \quad cc' = 2\omega v_r \sin\beta \frac{dt^2}{2} = 2\omega u_r \frac{dt^2}{2}.$$

Le déplacement cc' correspond ainsi à une accélération $2\omega u_r$.

On a donc en définitive, pour l'accélération relative φ_r,

$$\overline{\varphi_r} = \overline{\psi} + \overline{2\omega u_r} = \overline{\varphi} - \overline{\varphi_e} + \overline{2\omega u_r}.$$

Ainsi *l'accélération relative est la résultante de l'accélération absolue, de l'accélération d'entraînement prise en sens contraire, et de l'accélération centrifuge composée* $2\omega u_r$, *dont la direction s'obtient en supposant que l'on fasse subir à* u_r *un quart de révolution autour de l'axe instantané en sens contraire de la rotation.*

On remarquera que l'accélération centrifuge composée est perpendiculaire à la direction de la vitesse relative.

Toutes les formules établies pour le mouvement absolu subsistent donc pour le mouvement relatif, pourvu que l'on introduise, en outre de l'accélération absolue, les accélérations apparentes : centrifuge composée et d'entraînement.

82. *Du repos relatif d'un point. — Application à la gravité.* — Il résulte de ce qui précède que pour qu'un point, primitivement en repos relatif, reste en repos, il faut et il suffit que l'accélération dans le mouvement absolu et l'accélération d'entraînement soient égales et de même sens.

Considérons en particulier ce qui a lieu lorsque le système invariable tourne uniformément autour d'un axe fixe avec la vitesse angulaire ω; l'accélération d'entraînement sera, dans ce cas, l'accélération centripète $\omega^2 r$, r étant la distance du point mobile à l'axe de rotation.

La Terre étant animée d'un mouvement de rotation uniforme, les phénomènes qui s'observent à sa surface doivent accuser l'existence de ce mouvement; mais, comme sa vitesse angulaire $\omega = \frac{2\pi}{T} = \frac{2\pi}{86164} = 0,000073$ est extrêmement faible par rapport aux vitesses que l'on considère généralement, l'influence de la rotation terrestre n'est sensible que dans un petit nombre de faits mis en évidence par des expériences exécutées avec un grand soin.

Si l'on considère le fil à plomb, ce fil, par sa résistance, détruit la résultante de l'accélération centrifuge et de celle qui provient de la tendance des corps à se précipiter vers le centre de la Terre. Cette résultante, que nous avons appelée g, et dont la direction est celle de la *verticale apparente* du lieu, n'est donc point constante en tous les points de la Terre; elle dépend de la latitude, suivant une certaine loi que nous allons chercher à déterminer.

Soit G la valeur de la gravité au pôle, qui serait la même en tous les points de la Terre, sans la rotation diurne, et sans le faible défaut de sphéricité du globe terrestre dont nous ferons abstraction.

En appelant R le rayon terrestre, λ la latitude du lieu, on obtient, par la composition des accélérations, la relation

$$g = \sqrt{G^2 + \omega^4 R^2 \cos^2\lambda - 2G\omega^2 R \cos^2\lambda},$$

d'où

$$G = \omega^2 R \cos^2\lambda + \sqrt{g^2 - \tfrac{1}{4}\omega^4 R^2 \sin^2 2\lambda}.$$

La plus grande valeur de $\sin 2\lambda$ correspond à $\lambda = 45^\circ$, et l'erreur que l'on serait exposé à commettre, en négligeant le second terme sous le radical, serait inférieure à $0{,}0000015g$; de sorte que l'on peut prendre simplement

$$G = g + \frac{4\pi^2 R}{T^2}\cos^2\lambda = g + 0{,}03385 \cos^2\lambda.$$

A la latitude de Paris, où $\lambda = 48°50'14''$, on a $g = 9{,}8088$; par suite

$$G = 9{,}8234.$$

A l'équateur, où $\lambda = 0$, l'accélération centrifuge retranche de la valeur de G la quantité $0^m{,}03385 = \frac{1}{290}\,9{,}8088$; mais en réalité la valeur de g à l'équateur est un peu moindre que $9{,}8088\left(1 - \frac{1}{290}\right)$, à cause du renflement de la Terre; elle suit, en général, d'après des recherches récentes de M. Saigey, une loi donnée par la formule

$$g = 9{,}831084 - 0{,}050057 \cos^2\lambda.$$

83. *Relation entre la vitesse relative et les accélérations relative et d'entraînement.*

Soient

v_r, v_{0r} les valeurs de la vitesse relative à la fin et au commencement d'un certain intervalle de temps;

ds l'élément de chemin de la trajectoire *apparente*, ou rapportée au système (S), et qui est perpendiculaire à l'accélération centrifuge composée;

φ', φ'_e les projections de φ, φ_e sur la direction de ds;

il vient, en appliquant les principes des nos 54 et 81,

$$\tfrac{1}{2}\left(v_r^2 - v_{0r}^2\right) = \int \varphi' ds - \int \varphi'_e ds.$$

Dans le cas où le système invariable est animé d'un mouvement de rotation uniforme, on a

$$\varphi_e = \omega^2 r \quad \text{et} \quad -\int \varphi'_e\, ds = \int_{r_0}^{r} \omega^2 r\, dr = \frac{\omega^2}{2}(r^2 - r_0^2),$$

d'où

$$\tfrac{1}{2}(v_r^2 - v_{0r}^2) = \int \varphi'\, ds + \frac{\omega^2}{2}(r^2 - r_0^2).$$

S'il s'agit du mouvement relatif par rapport à la Terre d'un point uniquement soumis à l'action de la pesanteur, on a tout simplement, en appelant h la hauteur de la chute,

$$v_r^2 - v_{0r}^2 = 2gh,$$

comme dans le mouvement absolu, puisque l'accélération g, donnée par l'observation, est la résultante de l'attraction terrestre et de l'accélération d'entraînement prise en sens inverse.

84. *Si un point m est animé de deux mouvements relatifs simultanés par rapport à un système invariable* (S) *mobile, l'accélération centrifuge composée dans le mouvement résultant est la résultante des accélérations semblables, qui correspondent aux mouvements composants.*

Soient (*fig.* 29)

Fig. 29.

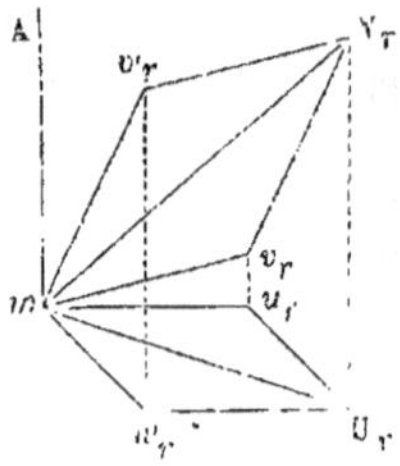

v_r, v'_r les vitesses des deux mouvements composants à un instant donné;

V_r leur résultante;

u_r, u'_r, U_r les projections de ces trois vitesses sur un plan perpendiculaire à l'axe instantané de (S);

mA la parallèle à cet axe menée par le point m;

ω la vitesse instantanée de (S).

Les accélérations centrifuges composées correspondant aux vitesses v_r, v'_r, V_r, étant, à cause du facteur commun 2ω, proportionnelles aux longueurs u_r, u'_r, U_r, le théorème énoncé devient évident ; car, pour avoir ces accélérations en grandeur et en direction, il suffit de concevoir que l'on fasse subir au parallélogramme $m\,u_r\,U_r\,u'_r$ autour de mA un quart de révolution en sens inverse de ω.

85. *Si la rotation instantanée ω du système* (S) *est la résultante de deux rotations simultanées ω', ω'', l'accélération centrifuge composée du point m est la résultante des accélérations analogues qui correspondent aux rotations partielles prises isolément.*

Soient (*fig.* 30)

Fig. 30.

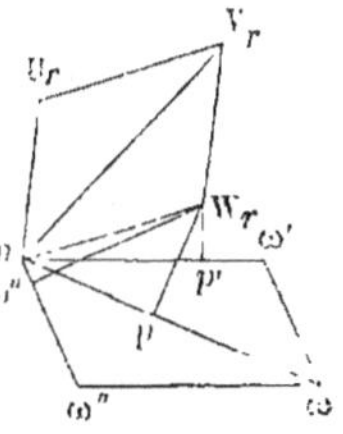

$m\omega$, $m\omega'$, $m\omega''$ les droites qui représentent la rotation instantanée et ses deux composantes;

U_r, W_r les composantes, perpendiculaire et parallèle au plan $m\omega\omega'\omega''$, de la vitesse relative V_r;

p, p', p'' les distances de l'extrémité de la droite qui représente W_r aux droites $m\omega$, $m\omega'$, $m\omega''$.

D'après ce qui précède, il suffit de démontrer que le théorème a lieu pour chacune des composantes U_r, W_r;

Les accélérations centrifuges composées, correspondant à la vitesse W_r, pour les trois rotations ci-dessus, ont respectivement pour expressions $2\omega p, 2\omega' p', 2\omega'' p''$, et comme elles sont dirigées toutes trois suivant U_r, la première est la résultante des deux autres, car, d'après le n° 24, on a

$$\omega p = \omega' p' + \omega'' p''.$$

Les accélérations centrifuges composées, relatives à la vitesse U_r, étant proportionnelles aux longueurs $m\omega$, $m\omega'$, $m\omega''$, la seconde partie du théorème devient évidente; car, pour avoir ces accélérations en grandeur et en direction, il suffit de concevoir que l'on fasse subir, dans le sens voulu autour de mU_r, un quart de révolution au parallélogramme $m\omega\omega'\omega''$.

La généralisation et la réciprocité des deux propriétés précédentes des accélérations centrifuges composées sont trop évidentes pour qu'il soit nécessaire de nous y arrêter.

86. *Influence de la rotation de la Terre sur la chute des graves.* — La rotation de la Terre produit sur les corps pesants, tombant sans vitesse initiale d'une certaine hauteur, des déviations assez sensibles, par rapport à la verticale du point de départ, pour qu'on puisse les observer directement.

Pour nous rendre compte de ce phénomène, décomposons la rotation ω en deux autres, l'une $\omega \sin\lambda$ autour de cette verticale, l'autre $\omega \cos\lambda$ autour d'une parallèle à la méridienne, en continuant à désigner par λ la latitude du lieu. Soient v'_r, v''_r les projections de la vitesse relative v_r du mobile, correspondant à la hauteur de chute z, sur le plan horizontal et le plan vertical passant par la tangente au parallèle.

Les composantes de l'accélération centrifuge composée sont

$$2\omega \sin\lambda\, v'_r, \quad 2\omega \cos\lambda\, v''_r,$$

respectivement situées dans les plans horizontal et vertical ci-dessus. La première ne produira pas d'effet sensible sur le mobile en projection horizontale, car la vitesse v'_r, nulle avec ω, est du même ordre de grandeur que cette quantité; de sorte que, si l'on continue à négliger ω^2, il n'y a pas lieu de tenir compte de cette accélération. L'accélération $2\omega \cos\lambda v''_r$ ne diffère de $2\omega \cos\lambda v_r$ que d'une quantité de l'ordre de ω^2, et doit être considérée, avec la même approximation, comme dirigée suivant la tangente au parallèle, de même que l'on peut prendre ici $v_r = gt$.

La projection horizontale du mobile se déplace donc, dans le sens du parallèle, de l'occident vers l'orient, en vertu de l'accélération $2\omega \cos\lambda gt$, ou avec la vitesse $\omega \cos\lambda gt^2$, et l'espace parcouru au bout du temps t, c'est-à-dire la déviation, est

$$\Delta = \frac{1}{3}\omega \cos\lambda . t^3,$$

ou, en remarquant que l'on peut supposer $z = \frac{1}{2}gt^2$ au degré d'approximation adopté,

$$\Delta = \frac{2}{3}\omega \cos\lambda . z\left(\frac{2z}{g}\right)^{\frac{1}{2}}.$$

Le mobile décrit ainsi dans le plan vertical, passant par la tangente au parallèle, une parabole du degré $\frac{3}{2}$.

Ces considérations théoriques sont vérifiées par l'expérience d'une manière très-satisfaisante. M. Reich a déduit en effet, d'un très-grand nombre de résultats obtenus en laissant tomber un corps dans les mines de Freyberg d'une hauteur de $158^m,5$, pour la déviation dans le sens parallèle, $0^m,0283$. Or, la durée du jour sidéral étant de 86164^s, si l'on fait dans les formules ci-dessus

$$r = 158^m,5, \quad \omega = \frac{2\pi}{86164}, \quad \lambda = 51^\circ,$$

on trouve pour la déviation totale

$$\Delta = 0,0276,$$

chiffre qui diffère très-peu de la valeur donnée par l'expérience (¹).

(¹) On peut arriver directement ainsi qu'il suit à la solution de ce problème, sans qu'il soit nécessaire de faire intervenir la théorie des mouvements relatifs.

Soient (*fig.* 31)

PP' l'axe de rotation de la Terre supposée sphérique, P étant censé le pôle nord;

C son centre;

ω la vitesse angulaire de rotation dirigée de la droite vers la gauche pour l'observateur couché suivant PC, en ayant les pieds en C;

$R = PC$ son rayon;

B la position initiale du mobile m dont la verticale BC rencontre le méridien terrestre correspondant en A;

$BA = h$ la hauteur de la chute;

$\lambda = 90^\circ - \widehat{PCA}$ la latitude du lieu;

87. *Influence de la rotation de la Terre sur le pendule.* — Soient

l la longueur du pendule;

ρ le rayon vecteur, supposé très-petit par rapport à l, mené de la projection horizontale du point pesant au pied de la verticale de suspension;

θ l'angle formé par ρ avec la méridienne;

AD $= \mathrm{R}\cos\lambda$ la perpendiculaire abaissée du point A sur PP′ ou le rayon du parallèle passant par ce point;

BE $= (\mathrm{R} + h)\cos\lambda$ la distance de B à PP′.

Fig. 31.

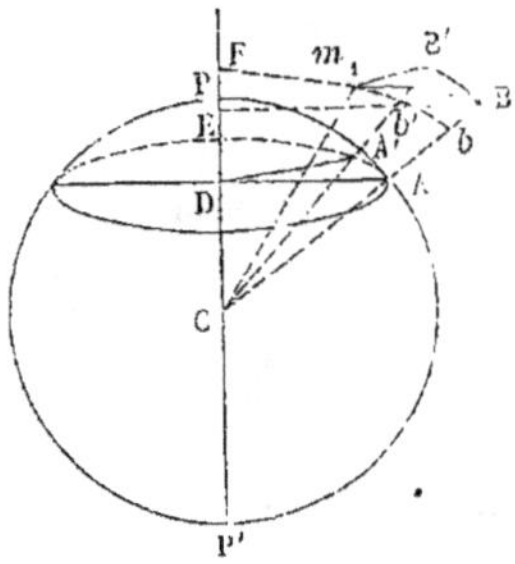

Au bout du temps t compté à partir de l'instant de la chute, le point A a parcouru sur son parallèle l'arc $\mathrm{AA'} = \mathrm{AD}.\omega t = \omega \mathrm{R} t \cos\lambda$, et le point B est venu en B′; mais, en appelant θ l'angle BCB′, on a aussi

$$\mathrm{AA'} = \mathrm{R}\theta, \quad \text{d'où} \quad \theta = \omega t \cos\lambda.$$

Soient, au bout du temps t,

m_1 la projection du mobile sur le plan BCB′;

b', b les intersections avec CB′, CB du cercle décrit du point C comme centre avec le rayon $\mathrm{C}m_1$;

F le pied de la perpendiculaire abaissée de m_1 sur PP′.

Les distances, telles que h, que nous pouvons atteindre en hauteur ou en profondeur, étant très-petites par rapport à R, l'arc décrit par le rayon CA pendant le temps t est lui-même très-petit. On peut donc sans inconvénient supposer $\cos\theta = 1$, $\sin\theta = \theta$ et considérer b' et b comme les projections de m_1 sur CB′, CB, et de même $m_1 b'$, bb' comme des arcs de cercle appartenant au parallèle du point m_1 de rayon $\mathrm{F}m_1 = \mathrm{C}m_1 \cos\lambda$.

Il est clair que l'écartement $m_1 b'$ par rapport à CB′ est dû à ce que la vitesse du point B, c'est-à-dire la vitesse initiale du mobile, est supérieure à celle des points de ce rayon les plus rapprochés du centre, de sorte que cet écart est dû

z la projection de la longueur du pendule sur la verticale;
ρ_0, θ_0, v_{0r} les valeurs initiales de ρ, θ, v_r.

---

même ordre de grandeur que la différence des chemins parcourus en vertu des vitesses de B et A, qui a pour valeur

$$\omega(\text{BE} - \text{AD})t = \omega(\text{BC}\cos\lambda - \text{AC}\cos\lambda) = \omega t h \cos\lambda = \theta h.$$

L'angle $\text{B}'\text{C}m_1$ étant par rapport à $\widehat{\text{BCB}'}$ ou θ de l'ordre de $\frac{h}{\text{R}}$ peut être négligé relativement à ce dernier, et l'on peut, par conséquent, supposer que la direction de la pesanteur en B' ou m_1 est parallèle à CB'.

La distance $m_1 b$, dont le mobile s'est éloigné dans le temps t de la droite CB considérée comme fixe dans l'espace, est due à la vitesse initiale

$$\omega.\text{BE} = \omega.\text{BC}\cos\lambda$$

de ce mobile et à une accélération variable d'une direction opposée, due à la pesanteur, et qui est, pour le point m_1,

$$g\sin\theta = g\theta = \omega g\cos\lambda.t.$$

La vitesse due à cette accélération étant, au bout du temps t,

$$\int_0^t \omega g\cos\lambda.t\,dt = \omega\cos\lambda\frac{gt^2}{2},$$

le chemin parcouru correspondant sera

$$\frac{\omega g}{2}\cos\lambda\int_0^t t^2\,dt = \omega g\cos\lambda\frac{t^3}{6}.$$

Il vient donc

$$m_1 b = \omega.\text{BC}\cos\lambda.t - \omega g\cos\lambda\frac{t^3}{6}.$$

D'un autre côté on a

$$bb' = \omega.b\text{C}\cos\lambda.t.$$

Si donc on pose $\Delta = m_1 b'$, il vient

$$(1)\qquad \Delta = m_1 b - bb' = \omega\cos\lambda.\text{BC}.t - \omega g\cos\lambda\frac{t^3}{6};$$

or l'espace $\text{B}b = \text{B}'b'$, que nous représenterons par z, parcouru par le mobile parallèlement à AB, étant dû à la composante $g\cos\theta$ ou g, on a

$$(2)\qquad z = \frac{gt^2}{2}.$$

L'élimination de t entre les équations (1) et (2) donne la suivante, qui se trouve dans le texte,

$$\Delta = \frac{2}{3}\omega\cos\lambda.z\sqrt{\frac{2z}{g}}.$$

On a (83)

$$v_r^2 - v_{0r}^2 = 2g(z_0 - z).$$

Or, en négligeant la quatrième puissance de ρ, on a

$$z = \sqrt{l^2 - \rho^2} = l - \frac{1}{2}\frac{\rho^2}{l},$$

et de même

$$z_0 = l - \frac{1}{2}\frac{\rho_0^2}{l},$$

par suite

$$v_r^2 - v_{0r}^2 = \frac{g}{l}(\rho_0^2 - \rho^2).$$

En projection horizontale, la vitesse v_r a pour composantes respectivement dirigées suivant ρ et la perpendiculaire à cette direction $v'_r = \frac{d\rho}{dt}$, $v''_r = \rho\frac{d\theta}{dt}$; d'ailleurs, au degré d'approximation adopté, on peut négliger la composante verticale $\frac{dz}{dt}$, poser par suite

$$v_r^2 = \frac{d\rho^2}{dt^2} + \rho^2\frac{d\theta^2}{dt^2},$$

et l'on a enfin

$$(a) \qquad \frac{d\rho^2}{dt^2} + \rho^2\frac{d\theta^2}{dt^2} = v_{0r}^2 + \frac{g}{l}(\rho_0^2 - \rho^2).$$

La composante $2\omega v''_r \cos\lambda$ de l'accélération centrifuge composée, étant sensiblement verticale, n'a qu'une influence insensible sur le mouvement du pendule en projection horizontale et peut être négligée.

La composante de cette accélération, $2\omega v'_r \sin\lambda$, perpendiculaire à ρ, due à la constante de $v'_r = \frac{d\rho}{dt}$ de la vitesse estimée suivant cette dernière direction, a pour expression $2\omega \sin\lambda \frac{d\rho}{dt}$ et tend à faire tourner le mobile de l'orient vers l'occident ou inversement, selon que $d\rho$ est positif ou négatif.

Le double de la vitesse aréolaire étant $\rho^2 \frac{d\theta}{dt}$, on a (53)

$$\frac{d}{dt}\rho^2\frac{d\theta}{dt} = -2\omega\sin\lambda.\rho\frac{d\rho}{dt}$$

ou

$$(b) \qquad \frac{d}{dt}\left[\rho^2\frac{d}{dt}(\theta + \omega\sin\lambda t)\right] = 0.$$

Si l'on pose

$$\theta + \omega\sin\lambda t = \varphi,$$

on aura

$$(c) \qquad \frac{d}{dt}\rho^2\frac{d\varphi}{dt} = 0,$$

d'où, en appelant C une constante,

$$\rho^2\frac{d\varphi}{dt} = \mathrm{C},$$

et comme $\frac{d\theta}{dt} = \frac{d\varphi}{dt} - \omega\sin\lambda$, l'équation (*a*) devient, eu égard à la valeur de $\rho^2\frac{d\varphi}{dt}$, en négligeant le carré de ω et désignant par C′ la constante $v_0^2 + 2\omega \mathrm{C}\sin\lambda$,

$$(d) \qquad \frac{d\rho^2}{dt^2} + \rho^2\frac{d\varphi^2}{dt^2} = \mathrm{C}' + \frac{g}{l}(\rho_0^2 - \rho^2).$$

Or les équations (*c*) et (*d*) sont évidemment celles auxquelles on arriverait, en étudiant le pendule, abstraction faite de la rotation de la Terre, C′ désignant le carré de la vitesse initiale; d'où il suit qu'elles représentent une ellipse (72) dont les coordonnées polaires sont ρ et φ; enfin la relation $\varphi = \theta + \omega\sin\lambda.t$ montre que cette ellipse tourne dans son plan autour de la verticale de suspension, du nord vers l'est, avec la vitesse angulaire $\omega\sin\lambda$; ce qui est conforme au résultat de l'expérience exécutée au Panthéon par Foucault.

L'équation (*b*), par l'intégration, peut se mettre sous la forme

$$\rho^2\left(\frac{d\theta}{dt} + \omega\sin\lambda\right) = \rho_0^2\left[\left(\frac{d\theta}{dt}\right)_0 + \omega\sin\lambda\right],$$

et l'on voit ainsi que ρ ne pourra devenir nul ou que le pendule ne repassera par la verticale que lorsque l'on aura $\left(\frac{d\theta}{dt}\right)_0 = -\omega \sin\lambda$, c'est-à-dire lorsque la rotation initiale imprimée au pendule autour de la verticale sera égale et de sens contraire à la rotation de la Terre estimée suivant cette direction.

Dans le cas de l'expérience de Foucault, où le pendule est abandonné à lui-même sans vitesse relative initiale, on a $\left(\frac{d\theta}{dt}\right)_0 = 0$; le pendule ne passe pas par la verticale, et il est facile de déterminer son plus petit écart, lequel correspond évidemment au petit axe de l'ellipse.

La durée du parcours de l'ellipse est (72)

$$T = 2\pi\sqrt{\frac{l}{g}};$$

et celle d'une révolution de l'ellipse

$$\tau = \frac{2\pi}{\omega \sin\lambda} = \frac{24^{h}}{\sin\lambda}.$$

A Paris, où $\lambda = 48°50'14''$, on a $\tau = 32$ heures environ [1].

---

[1] On a (64), pour déterminer le petit axe b de l'ellipse,

$$b\sqrt{\mu} = \left(\frac{dr}{dt}\right)_0 = l\theta_0\left(\frac{d\varphi}{dt}\right)_0,$$

t et φ étant mesurés à partir du passage à un sommet du grand axe. Or, dans le cas actuel, $\mu = \frac{g}{l}$ (72), $\left(\frac{d\varphi}{dt}\right)_0 = \omega \sin\lambda$. De sorte qu'en appelant θ_1 la valeur de θ correspondant aux sommets du petit axe, on a

$$b = l\theta_1 = l\theta_0\,\omega \sin\lambda\sqrt{\frac{l}{g}}, \quad \text{d'où} \quad \frac{\theta_1}{\theta_0} = \frac{T}{\tau}.$$

Ainsi *les valeurs minima et maxima de l'angle avec la verticale sont entre elles comme les durées de l'oscillation complète et de la révolution de l'ellipse*. Ce théorème curieux est dû à M. Chevilliet.

Dans l'expérience du Panthéon où l'on avait $T = 16^{s}$, τ étant égal à 32^{h},

$$\frac{\theta_1}{\theta_0} = 7200;$$

de sorte que, si $\theta_0 = 2°$, on a $\theta_1 = 1''$.

On peut déterminer très-simplement, ainsi qu'il suit, en employant les coordonnées rectilignes, la nature de la courbe décrite, en projection horizontale, par l'extrémité m du pendule. Supposons que O soit la trace horizontale de la verticale Oz de suspension, Ox la portion de la méridienne dirigée vers l'équateur, Oy la tangente au parallèle dans le sens de la rotation. L'accélération du mobile due à g est, comme nous l'avons vu (72), $\frac{g}{l}$Om; sa projection sur Ox est par suite $\frac{g}{l}x$. L'accélération centrifuge composée due à $\omega \sin\lambda$ donne suivant le même axe la composante $2\omega\sin\lambda\frac{dy}{dt}$; la rotation $\omega\cos\lambda$ autour d'une parallèle à la méridienne ne donnant pas de composante suivant cet axe, il vient

$$\frac{d^2x}{dt^2} = -\frac{g}{l}x + 2\omega\sin\lambda\frac{dy}{dt}.$$

On trouverait de même

$$\frac{d^2y}{dt^2} = -\frac{g}{l}y - 2\omega\sin\lambda\frac{dx}{dt}.$$

Supposons maintenant que l'on rapporte la courbe à deux axes mobiles Ox', Oy' tournant autour de O avec une vitesse angulaire égale et contraire à $\omega\sin\lambda$, nous aurons, en désignant par ε une constante,

$$x = x'\cos(-\omega\sin\lambda.t + \varepsilon) - y'\sin(-\omega\sin\lambda.t + \varepsilon),$$
$$y = y'\cos(-\omega\sin\lambda.t + \varepsilon) + x'\sin(-\omega\sin\lambda.t + \varepsilon).$$

En substituant ces valeurs dans les équations ci-dessus, négligeant le carré de ω, on trouve que les équations résultantes seront satisfaites quel que soit t en posant

$$\frac{d^2x'}{dt^2} + \frac{gx'}{l} = 0,$$
$$\frac{d^2y'}{dt^2} + \frac{gy'}{l} = 0,$$

ce qui représente bien une ellipse rapportée aux axes Ox' et Oy'.

88. *Projections de l'accélération centrifuge composée sur trois axes rectangulaires faisant partie du système mobile. — Équations générales du mouvement relatif d'un point.* — Soient α, β, γ les angles d'inclinaison, sur trois axes coordonnés rectangulaires mobiles Ox, Oy, Oz, de la direction de l'axe instantané pour laquelle la rotation ω a lieu de la droite vers la gauche pour l'observateur couché suivant cet axe et dont les pieds sont en O. Nous obtiendrons la projection de l'accélération centrifuge composée sur Ox, en faisant la somme des accélérations semblables, auxquelles conduit la considération de chacune des trois rotations partielles $\omega\cos\alpha$, $\omega\cos\beta$, $\omega\cos\gamma$ et des composantes de la vitesse relative estimée suivant les trois axes coordonnés. La rotation $\omega\cos\gamma$ autour de Oz donne lieu à deux accélérations centrifuges composées parallèles aux deux autres axes Ox, Oy, et dont la première est exprimée par $-2\omega\cos\gamma\frac{dy}{dt}$. La rotation autour de Oy donne de même la composante $2\omega\cos\beta\frac{dz}{dt}$ suivant Ox, et il vient, pour la projection de l'accélération centrifuge composée sur cet axe,

$$X_f = 2\omega\left(\cos\beta\frac{dz}{dt} - \cos\gamma\frac{dy}{dt}\right).$$

On trouverait de même

$$Y_f = 2\omega\left(\cos\gamma\frac{dx}{dt} - \cos\alpha\frac{dz}{dt}\right),$$

$$Z_f = 2\omega\left(\cos\alpha\frac{dy}{dt} - \cos\beta\frac{dx}{dt}\right).$$

Soient

X, Y, Z les composantes parallèles aux axes de l'accélération absolue du mobile;

X_e, Y_e, Z_e les composantes analogues de l'accélération d'entraînement.

L'équation du mouvement relatif du point m en projection sur Ox sera

$$(1)\qquad \frac{d^2x}{dt^2} = 2\omega\left(\cos\beta\frac{dz}{dt} - \cos\gamma\frac{dy}{dt}\right) + X - X_e.$$

Les deux autres équations du mouvement du point m se déduisent de cette dernière par une permutation tournante et sont

$$(2) \qquad \frac{d^2y}{dt^2} = 2\omega\left(\cos\gamma\,\frac{dx}{dt} - \cos\alpha\,\frac{dz}{dt}\right) + Y - Y_e,$$

$$(3) \qquad \frac{d^2z}{dt^2} = 2\omega\left(\cos\alpha\,\frac{dy}{dt} - \cos\beta\,\frac{dx}{dt}\right) + Z - Z_e.$$

A chacune de ces équations on peut substituer l'une des suivantes, relatives aux aires, et qui s'en déduisent sans difficulté :

$$(4) \quad \begin{cases} y\dfrac{d^2x}{dt^2} - x\dfrac{d^2y}{dt^2} = 2\omega\left[\dfrac{dz}{dt}(y\cos\beta + x\cos\alpha) - \dfrac{1}{2}\cos\gamma\dfrac{d}{dt}(x^2+y^2)\right] \\ \qquad + (X - X_e)\,y - (Y - Y_e)\,x, \end{cases}$$

$$(5) \quad \begin{cases} z\dfrac{d^2y}{dt^2} - y\dfrac{d^2z}{dt^2} = 2\omega\left[\dfrac{dx}{dt}(z\cos\gamma + y\cos\beta) - \dfrac{1}{2}\cos\alpha\dfrac{d}{dt}(y^2+z^2)\right] \\ \qquad + (Y - Y_e)\,z - (Z - Z_e)\,y, \end{cases}$$

$$(6) \quad \begin{cases} x\dfrac{d^2z}{dt^2} - z\dfrac{d^2x}{dt^2} = 2\omega\left[\dfrac{dy}{dt}(x\cos\alpha + z\cos\gamma) - \dfrac{1}{2}\cos\beta\dfrac{d}{dt}(x^2+z^2)\right] \\ \qquad + (Z - Z_e)\,x - (X - X_e)\,z. \end{cases}$$

Enfin on peut prendre, en se reportant au nº 83, pour l'une des équations du mouvement, la suivante :

$$(7) \qquad \frac{v_r^2 - v_{0r}^2}{2} = \int[(X - X_e)\,dx + (Y - Y_e)\,dy + (Z - Z_e)\,dz],$$

dans laquelle v_{0r} et v_r représentent la vitesse initiale et à un instant quelconque, et qui se déduit également sans difficulté des équations (1), (2) et (3).

Les composantes de l'accélération d'entraînement s'obtiennent immédiatement dans le cas d'un mouvement de rotation uniforme du système (S) autour d'un axe fixe, et les formules ci-dessus deviennent immédiatement applicables.

Si l'on remarque que l'accélération d'un point m de (S) se compose de celle Ψ d'un point déterminé O de ce système, et de l'accélération de m dans son mouvement relatif autour de O considéré comme fixe, on aura en général, d'après le n° 80,

$$X_e = z\frac{dp}{dt} - y\frac{dq}{dt} - (p^2+q^2)\,x + npy + nqz + \Psi_x,$$

$$Y_e = x\frac{dq}{dt} - z\frac{dn}{dt} - (q^2+n^2)\,y + pqz + pnx + \Psi_y,$$

$$Z_e = y\frac{dn}{dt} - x\frac{dp}{dt} - (n^2+p^2)\,z + qnx + qpy + \Psi_z,$$

en désignant par Ψ_x, Ψ_y, Ψ_z les projections de Ψ sur les trois axes mobiles, qui s'exprimeront en fonction des composantes suivant trois axes fixes, en employant des formules analogues aux formules (1) du n° 43.

89. *Formules relatives au mouvement d'un point pesant par rapport à la Terre.* — Si l'on veut avoir les formules relatives au mouvement d'un point pesant par rapport à la Terre, on prendra pour partie positive : 1° de l'axe des x, la portion de la parallèle à la méridienne dirigée vers l'équateur; 2° de l'axe des y, celle de la tangente au parallèle dirigée vers l'orient; 3° de l'axe de z, celle de la verticale dirigée vers le centre du globe.

Cela étant, on a

$$\gamma = 90^\circ - \lambda,\quad \alpha = \lambda,\quad \beta = 90^\circ,$$

$$X - X_e = 0,\quad Y - Y_e = 0,\quad Z - Z_e = g,$$

et les formules (1), (2), (3) deviennent

$$(a)\qquad \frac{d^2x}{dt^2} = -2\omega\sin\lambda\frac{dy}{dt},$$

$$(b)\qquad \frac{d^2y}{dt^2} = 2\omega\left(\sin\lambda\frac{dx}{dt} - \cos\lambda\frac{dz}{dt}\right),$$

$$(c)\qquad \frac{d^2z}{dt^2} = 2\omega\cos\lambda\frac{dy}{dt} + g.$$

Ces formules sont notamment applicables au problème de la chute des graves résolu plus haut par approximation, et plus généralement au mouvement d'un projectile lancé avec une vitesse relative initiale V, dont nous appellerons V_x, V_y, V_z les composantes parallèles aux axes. Ces formules sont intégrables, quelle que soit la grandeur de la vitesse angulaire ω. En effet, si l'on place l'origine des coordonnées à la position initiale du mobile, les équations (a), (c) donnent immédiatement

$$(a') \qquad \frac{dx}{dt} = -2\omega\sin\lambda y + V_x,$$

$$(c') \qquad \frac{dz}{dt} = 2\omega\cos\lambda y + gt + V_z.$$

En éliminant y entre ces deux relations et intégrant, il vient

$$(d) \qquad x\cos\lambda + z\sin\lambda = (V_x\cos\lambda + V_z\sin\lambda)t + \frac{1}{2}g\sin\lambda t^2.$$

Si l'on porte les valeurs (a'), (c') dans (b), on trouve

$$\frac{d^2y}{dt^2} = -4\omega^2\left[y - \frac{(V_x\sin\lambda - V_z\cos\lambda)}{2\omega} + \frac{gt\cos\lambda}{2\omega}\right],$$

dont l'intégrale générale est

$$y - \frac{(V_x\sin\lambda - V_z\cos\lambda)}{2\omega} + \frac{g\cos\lambda}{2\omega}t = M\sin 2\omega t + N\cos 2\omega t,$$

dans laquelle M et N sont des constantes qui se déterminent par les conditions

$$y = 0, \quad \frac{dy}{dt} = V_y$$

pour $t = 0$, ce qui donne

$$N = -\frac{(V_x\sin\lambda - V_z\cos\lambda)}{2\omega},$$

$$M = \frac{V_y + \dfrac{g\cos\lambda}{2\omega}}{2\omega},$$

d'où

$$y = \frac{V_x\sin\lambda - V_z\cos\lambda}{2\omega}(1 - \cos 2\omega t) + \left(V_y + \frac{g\cos\lambda}{2\omega}\right)\frac{\sin 2\omega t}{2\omega} - \frac{gt\cos\lambda}{2\omega}.$$

Les formules (a') et (d) donnent enfin

$$x = V_x t - 2\omega \sin\lambda \left[\frac{V_x \sin\lambda - V_z \cos\lambda}{2\omega} \left(t - \frac{\sin 2\omega t}{2\omega} \right) \right.$$
$$\left. + \frac{1}{4\omega^2} \left(V_y + \frac{g\cos\lambda}{2\omega} \right) (1 - \cos 2\omega t) - \frac{gt^2 \cos\lambda}{4\omega} \right],$$

$$z = V_z t + \frac{gt^2}{2} + 2\omega \cos\lambda \left[\frac{V_x \sin\lambda - V_z \cos\lambda}{2\omega} \left(t - \frac{\sin 2\omega t}{2\omega} \right) \right.$$
$$\left. + \frac{1}{4\omega^2} \left(V_y + \frac{g\cos\lambda}{2\omega} \right) (1 - \cos 2\omega t) - \frac{gt^2 \cos\lambda}{4\omega} \right].$$

Dans le cas d'une vitesse angulaire très-petite comme celle de la Terre, on peut négliger, pour une durée qui ne dépasse pas certaines limites, le carré de ω, et l'on a

$$y = V_y t + (V_x \sin\lambda - V_z \cos\lambda)\,\omega t^2 - \frac{1}{3}\omega \cos\lambda\, g t^3,$$
$$x = V_x t - \omega \sin\lambda\, V_y t^2,$$
$$z = V_z t + \frac{gt^2}{2} + \omega \cos\lambda\, V_y t^2.$$

Si l'on suppose $V_y = 0$, $V_x = 0$, $V_z = 0$, on retrouve les résultats trouvés plus haut relatifs à la chute des graves [1].

---

[1] *Interprétation géométrique de la trajectoire apparente d'un point pesant dans le vide, en tenant compte de la rotation de la Terre.* — Soient (*fig.* 32)

Fig. 32.

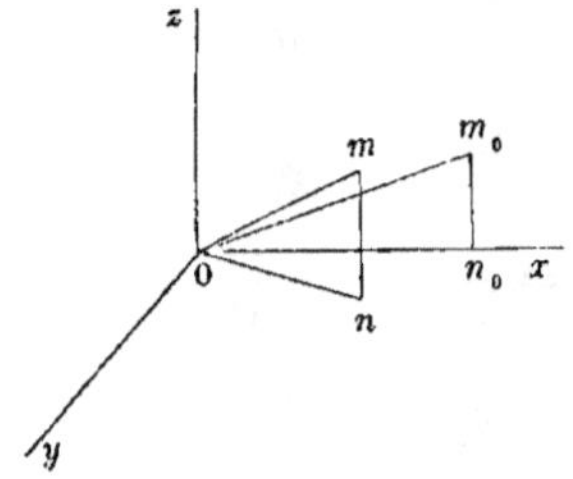

O le centre de la Terre supposée sphérique;
Oz l'axe de rotation;
Ox la perpendiculaire à Oz dans le plan méridien passant par un point déterminé m_0 de la trajectoire;
Oy la perpendiculaire en O au plan zOx;

90. *Du mouvement relatif d'un point pesant sur une courbe comprise dans un plan vertical et tournant d'un mouvement uniforme autour d'un point de ce plan. — Cas de la ligne droite.* — Soient (*fig.* 33)

Fig. 33.

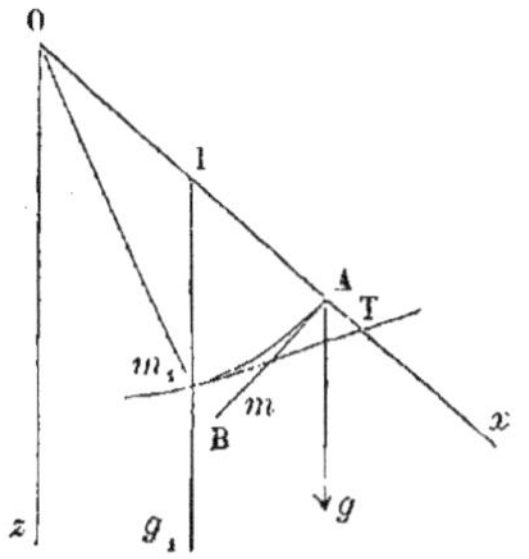

O le centre de rotation;

ω la vitesse angulaire constante correspondante, qui est censée avoir lieu de la droite vers la gauche;

Oz la verticale de ce point;

---

n la projection sur le plan de l'équateur yOx d'une position quelconque m du mobile;

x, y, z les coordonnées de m parallèles à Ox, Oy, Oz;

ω la rotation constante de (S) autour de Oz, dont le sens est supposé de la droite vers la gauche pour l'observateur couché suivant l'axe ayant les pieds en O;

δ l'angle m_0Oz formé par le rayon m_0O avec Oz, considéré comme très-sensiblement égal à celui que forme avec le même axe le rayon mO correspondant à une position quelconque m du mobile pour l'étendue de l'arc m_0m parcouru.

Supposons d'abord que g représente l'accélération absolue due à l'attraction de la Terre considérée comme une sphère composée de couches concentriques homogènes. L'accélération centrifuge donne les composantes

$$\omega^2 x \text{ suivant } Ox,$$
$$\omega^2 y \quad \text{»} \quad Oy;$$

l'accélération centrifuge composée, les suivantes :

$$-2\omega\frac{dy}{dt} \text{ suivant } Ox,$$
$$2\omega\frac{dx}{dt} \quad \text{»} \quad Oy;$$

OA = R la longueur de la perpendiculaire abaissée du point O sur la direction de la droite donnée AB;
Ag la verticale du point A;
m la position du mobile au bout du temps t;
s la distance Am.

---

il vient donc

$$\frac{d^2x}{dt^2} = -g\sin\delta + \omega^2 x - 2\omega\frac{dy}{dt},$$

$$\frac{d^2y}{dt^2} = \omega^2 y + 2\omega\frac{dx}{dt},$$

$$\frac{d^2z}{dt^2} = -g\cos\delta,$$

ou

$$(1)\qquad \begin{cases} \dfrac{d^2x}{dt^2} + 2\omega\dfrac{dy}{dt} = \omega^2 x - g\sin\delta, \\ \dfrac{d^2y}{dt^2} - 2\omega\dfrac{dx}{dt} = \omega^2 y, \\ \dfrac{d^2z}{dt^2} = -g\cos\delta. \end{cases}$$

Ces équations ont pour intégrales

$$(2)\qquad \begin{cases} x - g\dfrac{\sin\delta}{\omega^2} = A\cos(\omega t + \alpha) + Bt\cos(\omega t + \beta), \\ y = A\sin(\omega t + \alpha) + Bt\sin(\omega t + \beta), \\ z = -g\cos\delta\dfrac{t^2}{2} + Ct + D, \end{cases}$$

A, B, C, D, α, β étant six constantes que l'on déterminera par la condition que pour $t = 0$, ou pour le point m_0, on ait

$$x = x_0 \qquad y = 0, \qquad z = z_0,$$

$$\frac{dx}{dt} = V_x, \quad \frac{dy}{dt} = V_y, \quad \frac{dz}{dt} = V_z.$$

Les formules (2) ne représentent pas évidemment une parabole du second degré comprise dans un plan tournant autour de l'axe O$'z'$ parallèle à Oz, distant de ce dernier de $OO' = g\dfrac{\sin\delta}{\omega^2}$, comme cela devait être suivant Bour, dans son remarquable Mémoire *Sur les mouvements relatifs*.

Supposons maintenant que g soit l'accélération apparente de la pesanteur, ou la résultante de l'accélération absolue et de l'accélération centrifuge. Pour le lieu considéré, cette résultante pourra être regardée comme constante en grandeur et en direction, et O sera le point où sa direction rencontre l'axe de rotation Oz.

Les formules dont nous devrons faire usage ne seront autres que les équa-

Si nous supposons que le mouvement ait lieu de B vers A, l'accélération relative sera $-\frac{d^2s}{dt^2}$.

On a d'autre part

$$\widehat{zOA} = \omega t + \varepsilon,$$

ε étant la valeur initiale de l'angle que forme OA avec Oz. Mais

$$\widehat{BAg} = \widehat{OAg} - \widehat{OAB} = 180° - \omega t - \varepsilon - 90° = 90° - \omega t - \varepsilon,$$

---

tions (1), dans lesquelles nous négligerons les termes $\omega^2 x$, $\omega^2 y$, et nous aurons

$$(3)\quad \begin{cases} \dfrac{d^2x}{dt^2} + 2\omega \dfrac{dy}{dt} = -g \sin\delta, \\ \dfrac{d^2y}{dt^2} - 2\omega \dfrac{dx}{dt} = 0, \\ \dfrac{d^2z}{dt^2} = -g\cos\delta, \end{cases}$$

équations dont les intégrales sont

$$(4)\quad \begin{cases} x = A\cos(2\omega t + \alpha) + B, \\ y = g\dfrac{\sin\delta . t}{2\omega} + A\sin(2\omega t + \alpha) + C, \\ z = -g\cos\delta \dfrac{t^2}{2} + Dt + E. \end{cases}$$

On déterminera les constantes A, B, C, D, E, α de la même manière que ci-dessus.

Posons

$$(5)\quad \begin{cases} x_1 = A\cos(2\omega t + \alpha), \\ y_1 = A\sin(2\omega t + \alpha), \\ z_1 = -g\cos\delta \dfrac{t^2}{2} + Dt; \end{cases}$$

x_1, y_1, z_1 seront les coordonnées du mobile par rapport à trois axes parallèles aux premiers et dont l'origine O_1 a pour coordonnées

$$x = B, \quad y = C - g\frac{\sin\delta . t}{2\omega}, \quad z = E.$$

Le système de ces trois derniers axes est ainsi animé d'un mouvement de translation rectiligne uniforme parallèle à Oy, avec la vitesse $-\frac{g\sin\delta}{2\omega}$.

Les deux premières équations (5) montrent que la projection du mobile sur

d'où il suit que la composante de l'accélération de la pesanteur dans le sens du mouvement est

$$-g\sin(\omega t+\varepsilon).$$

L'accélération centrifuge $\omega^2.\mathrm{O}m$, estimée suivant BA, a pour valeur

$$-\omega^2\mathrm{A}m=-\omega^2 s.$$

Il n'y a pas lieu de tenir compte de l'accélération centrifuge composée qui est perpendiculaire à AB. On a donc

$$(1)\qquad \frac{d^2s}{dt^2}=g\sin(\omega t+\varepsilon)+\omega^2 s,$$

équation dont l'intégrale générale est

$$(2)\qquad s=-\frac{g}{2\omega^2}\sin(\omega t+\varepsilon)+\mathrm{M}e^{\omega t}+\mathrm{N}e^{-\omega t},$$

M et N étant des constantes arbitraires que l'on détermine par les conditions initiales du mouvement, savoir :

$$s=s_0 \quad \text{et} \quad v_0=-\left(\frac{ds}{dt}\right)_0$$

pour $t=0$; d'où

$$\mathrm{M}=\frac{1}{2}\left[s_0-\frac{v_0}{\omega}+\frac{g}{2\omega^2}(\cos\varepsilon+\sin\varepsilon)\right],$$

$$\mathrm{N}=\frac{1}{2}\left[s_0+\frac{v_0}{\omega}-\frac{g}{2\omega^2}(\cos\varepsilon-\sin\varepsilon)\right].$$

Pour obtenir la valeur de t, correspondant au moment où le

---

le plan $x_1\mathrm{O}_1y_1$ est un point situé à une distance constante A de O_1 et sur un rayon qui, en projection sur le plan $x\mathrm{O}y$, tourne relativement au mouvement de (S), avec la vitesse angulaire 2ω, de sens contraire à celle de $\mathrm{O}x$, c'est-à-dire avec la vitesse angulaire $-\omega$ dans l'espace absolu.

On peut donc dire que la trajectoire relative du mobile peut être considérée comme le résultat d'un mouvement rectiligne uniformément varié, parallèle à l'axe de (S), dans un plan tournant avec une vitesse angulaire égale et contraire à celle de ce système autour d'une parallèle à ce dernier axe, elle-même animée d'un mouvement de translation uniforme perpendiculaire au méridien du lieu.

mobile, arrivant à une vitesse nulle, est sur le point de revenir sur ses pas, il suffit de résoudre l'équation

$$(4)\qquad \frac{g}{2\omega^2}\cos(\omega t+\varepsilon)-Me^{\omega t}+Ne^{-\omega t}=0.$$

Cas général. — Soient (*fig.* 33)

Oz la verticale du centre de rotation;
m_1 la position du mobile sur la courbe m_1A;
Ox une droite fixée invariablement à la courbe;
T le point où la tangente en m_1 rencontre Ox;
I le point d'intersection de la verticale du point m_1 avec Ox;
$r = Om_1$, $\theta = xOm_1$ les coordonnées polaires du point m_1;
U l'angle Om_1T formé par la tangente et le rayon vecteur;
s l'arc Am_1;
$-\frac{ds}{dt}$ la vitesse en m_1, le mouvement relatif étant censé avoir lieu de m_1 vers A.

L'accélération tangentielle relative sera $-\frac{d^2s}{dt^2}$.

L'angle zOx est de la forme $\omega t+\gamma$, γ étant une constante qui représente l'écart initial de Ox par rapport à Oz.

On a

$$\widehat{Im_1T} = U - Om_1I = U - zOm_1 = U - \omega t - \gamma + \theta.$$

L'accélération g de la pesanteur donnera donc la composante

$$-g\cos(U-\omega t-\gamma+\theta),$$

suivant m_1T; la composante de l'accélération centrifuge estimée de la même manière étant $-\omega^2 r\cos U$, il vient

$$(1)\qquad \frac{d^2s}{dt^2} = g\cos(U-\omega t-\gamma+\theta)+\omega^2 r\cos U,$$

avec les relations connues

$$(2)\qquad \begin{cases} \tang U = r\dfrac{d\theta}{dr}, \\ ds = \sqrt{1+r^2\dfrac{d\theta^2}{dr^2}}\,dr = \dfrac{dr}{\cos U} = r\dfrac{d\theta}{\sin U}. \end{cases}$$

Les variables ne se sépareront dans l'équation (1) que lorsque l'on aura

$$U + \theta - \gamma = C,$$

C étant une constante, ce qui caractérise la ligne droite, cas particulier dont nous avons obtenu plus haut la solution. Dans tous les autres cas, y compris celui où la courbe est un arc de cercle, l'intégration paraît impossible.

CHAPITRE VIII.

PROPRIÉTÉS GÉOMÉTRIQUES DU MOUVEMENT RELATIF D'UN SOLIDE PAR RAPPORT A UN MILIEU MOBILE.

91. *L'accélération angulaire apparente d'un solide dans son mouvement relatif par rapport à un milieu mobile* (S) *se compose : 1° de l'accélération angulaire absolue ; 2° de l'accélération angulaire d'entraînement prise en sens contraire ; 3° d'une accélération angulaire égale et de sens contraire à la vitesse de rotation d'entraînement de l'extrémité de la droite menée par un point de l'axe instantané de* (S), *qui représente la rotation absolue ou relative du solide.*

Nous donnerons, pour abréger, le nom d'*accélération angulaire composée* à cette dernière accélération.

On peut considérer le mouvement absolu de (S) et du corps M comme se composant chacun d'une translation et d'une rotation dont l'axe passe constamment par un même point O fixe dans l'espace absolu.

Le mouvement relatif de M ne sera pas altéré en imprimant à ce corps, ainsi qu'à (S), une translation égale et contraire à celle de ce milieu ; ce qui revient à supposer que (S) est assujetti à tourner autour du point fixe O.

Par cette hypothèse, la rotation instantanée de M n'est pas changée, sa translation seule est modifiée ; mais nous n'avons pas à nous en occuper.

Soient (*fig.* 34) OA, OB les axes instantanés de (S) et de M dans l'espace absolu, et supposons que les rotations correspondantes ω_a, ω_e aient lieu de la gauche vers la droite pour l'observateur couché successivement suivant OA et OB, en ayant les pieds en O. Je porte sur les directions de ces droites les longueurs $OA = \omega_e$, $OB = \omega_a$; au bout du temps dt, OA et OB auront varié en grandeur et en direction et seront représentées par OA′ et OB′. Les accélérations angulaires α_e, α_a de (S) et de M seront représentées par $\frac{AA'}{dt}$, $\frac{BB'}{dt}$, c'est-à-dire par les vitesses des points A et B dans l'espace.

Fig. 34.

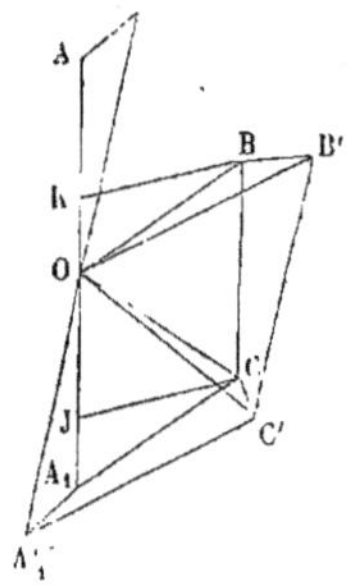

La rotation relative ω s'obtiendra en traçant la diagonale OC du parallélogramme construit sur $OB = \omega_a$ et sur la longueur $OA_1 = \omega_e = OA$ portée sur la direction OA, de l'autre côté du point O, et qui représente la rotation ω_e changée de signe ou de sens.

L'accélération angulaire apparente sera la vitesse relative du point C par rapport au milieu (S). Soit OC′ la diagonale du parallélogramme construit sur OB, et la longueur OA'_1, égale et de sens contraire à OA′; $\frac{CC'}{dt}$ est la vitesse absolue du point C, et évidemment la résultante de $\frac{BB'}{dt}$, $\frac{AA'}{dt}$, ou de α_a et $-\alpha_e$.

L'accélération apparente se composera donc de α_a et $-\alpha_e$, et d'une troisième accélération angulaire égale et contraire à la vitesse d'entraînement du point C.

Soient

BK, CJ les perpendiculaires abaissées des points B et C sur OA;
δ_a, δ les angles AOB, AOC;

on a

$$CJ = BK = \omega \sin \delta = \omega_a \sin \delta_a,$$

et l'accélération angulaire composée a pour expression

$$\omega_e \omega \sin \delta \quad \text{ou} \quad \omega_e \omega_a \sin \delta_a,$$

ce qu'il fallait établir.

92. *Si la rotation d'entraînement et la rotation relative ou absolue du corps sont les résultantes de plusieurs autres, l'accélération angulaire composée est la résultante de celles auxquelles on est conduit, en considérant successivement chacune des composantes de la rotation d'entraînement avec chaque composante de la rotation absolue ou relative du corps.*

1° Supposons que la rotation relative ω se compose de deux autres φ', ω'', dont nous représenterons les projections, sur un plan perpendiculaire à ω_e, par Ω', Ω'', la lettre Ω représentant la projection de ω sur ce plan.

Les accélérations angulaires composées $\omega_e \Omega$, $\omega_e \Omega'_c$, $\omega_e \Omega''$ correspondant à ω, ω', ω'' sont proportionnelles et perpendiculaires à Ω, Ω', Ω''; d'un autre côté Ω est la diagonale du parallélogramme construit sur Ω', Ω''. Si donc on fait tourner ce parallélogramme de 270 degrés dans le sens de ω_e, ses côtés et sa diagonale représenteront respectivement en grandeur et en direction les accélérations angulaires composées correspondant aux rotations ω, ω', ω'', et le théorème est démontré dans le cas particulier que nous considérons. On l'étendra sans peine au cas où ω se composerait d'un nombre quelconque de rotations. On arriverait au même résultat en considérant la rotation absolue.

2° Supposons maintenant que la rotation d'entraînement se compose de deux autres, ω'_e, ω''_e, dont les projections sur un plan perpendiculaire à l'axe instantané du corps dans son mouvement absolu ou relatif soient Ω'_e, Ω''_e, la projection analogue de ω_e étant Ω_e. Les accélérations angulaires composées $\omega \Omega_e$, $\omega \Omega'_e$, $\omega_e \Omega''$ correspondant à ω_e, ω'_e, ω''_e étant proportionnelles et perpendiculaires aux droites qui représentent Ω_e, Ω'_e, Ω''_e, dont la première est la résultante de deux autres, la démonstration s'achèvera comme tout à l'heure et s'étendra à un nombre quelconque de composantes de la vitesse angulaire d'entraînement.

On déduira sans difficulté, des deux cas particuliers que nous venons d'examiner, la généralisation du théorème énoncé.

93. *Relations analytiques entre les accélérations angulaires relative, d'entraînement et absolue du corps assujetti à tourner autour d'un point fixe dans le milieu mobile.*

Soient

Ox, Oy, Oz trois axes rectangulaires passant par le point relativement fixe O et entraînés dans le mouvement du corps;

n_a, p_a, q_a les composantes, parallèles à ces axes, de la rotation absolue ω_a;

n_e, p_e, q_e et n, p, q les composantes analogues de la rotation d'entraînement ω_e et de la rotation relative ω;

$\mathcal{A}_x$, $\mathcal{A}_y$, $\mathcal{A}_z$ les composantes, parallèles à ces axes, de l'accélération angulaire d'entraînement.

Les composantes des accélérations angulaires relatives et absolues suivant les axes Ox, Oy, Oz ont respectivement pour valeurs (77)

$$\frac{dn}{dt}, \quad \frac{dp}{dt}, \quad \frac{dq}{dt} \quad \text{et} \quad \frac{dn_a}{dt}, \quad \frac{dp_a}{dt}, \quad \frac{dq_a}{dt}.$$

Pour estimer la composante suivant Ox de l'accélération angulaire composée $\omega\omega_e \sin(\omega, \omega_e)$, nous appliquerons le théorème du numéro précédent. On reconnaîtra sans difficulté que les rotations d'entraînement n_e, p_e donnent seules des accélérations angulaires composées dirigées suivant Ox et qui ont pour valeurs respectives $-p_e q$ et $q_e p$; on a, par suite,

$$\frac{dn}{dt} = \frac{dn_a}{dt} - \mathcal{A}_x + pq_e - p_e q,$$

d'où

$$\frac{dn_a}{dt} = \frac{dn}{dt} + \mathcal{A}_x + p_e q - pq_e,$$

et de même

$$\frac{dp_a}{dt} = \frac{dp}{dt} + \mathcal{A}_y + q_e n - n_e q,$$

$$\frac{dq_a}{dt} = \frac{dq}{dt} + \mathcal{A}_z + n_e p - p_e n.$$

En général $\mathcal{A}_x$, $\mathcal{A}_y$, $\mathcal{A}_z$, n_e, p_e, q_e seront donnés par les projections de $\mathcal{A}$ et ω_e sur trois axes rectangulaires OX, OY, OZ fixes dans le milieu (S) et que l'on peut supposer menés par le point O; soient ν_e, ϖ_e, χ_e les composantes de la rotation d'entraînement suivant ces trois axes; les composantes de l'accélération angulaire correspondantes seront $\frac{d\nu_e}{dt}$, $\frac{d\varpi_e}{dt}$, $\frac{d\chi_e}{dt}$, et les formules de transformation des nos 43 et 78 donnent, pour les relations cherchées,

$$\begin{aligned} n_e = {} & \nu_e(\cos\varphi\cos\psi + \sin\varphi\sin\psi\cos\theta) \\ & + \varpi_e(\sin\varphi\cos\psi - \cos\varphi\sin\psi\cos\theta) - \chi_e\sin\theta\sin\psi, \end{aligned}$$

$$\begin{aligned} p_e = {} & \nu_e(\cos\varphi\cos\psi - \sin\varphi\cos\psi\cos\theta) \\ & + \varpi_e(\sin\varphi\sin\psi + \cos\varphi\cos\psi\cos\theta) + \chi_e\sin\theta\cos\psi, \end{aligned}$$

$$q_e = \nu_e\sin\varphi\sin\theta - \varpi_e\cos\varphi\sin\theta + \chi_e\cos\theta,$$

$$\begin{aligned} \mathcal{A}_x = {} & \frac{d\nu_e}{dt}(\cos\varphi\cos\psi + \sin\varphi\sin\psi\cos\theta) \\ & + \frac{d\varpi_e}{dt}(\sin\varphi\cos\psi - \cos\varphi\sin\psi\cos\theta) - \frac{d\chi_e}{dt}\sin\theta\sin\psi, \end{aligned}$$

$$\begin{aligned} \mathcal{A}_y = {} & \frac{d\nu_e}{dt}(\cos\varphi\cos\psi - \sin\varphi\sin\psi\cos\theta) \\ & + \frac{d\varpi_e}{dt}(\sin\varphi\sin\psi + \cos\varphi\cos\psi\cos\theta) + \frac{d\chi_e}{dt}\sin\theta\cos\varphi, \end{aligned}$$

$$\mathcal{A}_z = \frac{d\nu_e}{dt}\sin\varphi\sin\theta - \frac{d\varpi_e}{dt}\cos\varphi\sin\theta + \frac{d\chi_e}{dt}\cos\theta.$$

On a d'ailleurs, d'après le n° 43,

$$r = \frac{d\theta}{dt}, \quad s = \frac{d\varphi}{dt}\sin\theta, \quad q = -\frac{d\psi}{dt} + \frac{d\varphi}{dt}\cos\theta$$

$$n = r\cos\psi - s\sin\psi = \frac{d\theta}{dt}\cos\psi - \frac{d\varphi}{dt}\sin\theta\cos\psi$$

$$p = r\sin\psi + s\cos\psi = \frac{d\theta}{dt}\sin\psi + \frac{d\varphi}{dt}\sin\theta\cos\psi$$

$$q = -\frac{d\psi}{dt} + \frac{d\varphi}{dt}\cos\theta.$$

DEUXIÈME PARTIE.

DU MOUVEMENT DES SYSTÈMES MATÉRIELS ET DE SES CAUSES.

CHAPITRE PREMIER.

DES FORCES APPLIQUÉES A UN POINT MATÉRIEL.

1. *Généralités. Principe de l'inertie.* — Les phénomènes du mouvement, tels qu'ils frappent les yeux de l'observateur, sont généralement complexes; et, pour établir la dépendance qu'ils ont entre eux, on est obligé, comme dans les différentes branches de la Physique, de poser un premier principe élémentaire auquel on a été conduit par des déductions philosophiques et métaphysiques, en observant le mouvement des corps dans les cas les plus simples. L'exactitude de ce principe et sa généralisation ont dû être vérifiées ultérieurement par l'identité des résultats auxquels il a conduit, dans des circonstances variées, avec ceux de l'expérience.

A cet effet, on suppose d'abord un corps réduit à des dimensions extrêmement petites, conception théorique qui n'est d'ailleurs qu'une conséquence de la propriété que possèdent les corps de pouvoir se diviser en parties très-petites qui, arrivées à leur limite de petitesse, constituent ce que l'on appelle des *molécules*.

Nous considérerons donc, par la pensée, une molécule complétement isolée, et, comme ses dimensions sont très-petites par rapport à celles que nous avons l'habitude de comparer entre elles, nous pourrons en faire abstraction, ou regarder cette molécule comme un véritable point mathématique, tout en lui conservant les propriétés connues de la matière.

C'est ainsi que nous arrivons à donner le nom de *points matériels* aux derniers *éléments de la matière.*

Cela posé, le principe élémentaire qui forme la base de la Dynamique peut s'énoncer ainsi :

Un point matériel supposé isolé et libre ne peut ni se mettre en mouvement, s'il est en repos, ni changer de vitesse en grandeur et en direction, s'il est en mouvement, sans l'intervention d'une cause nommée force.

Cette propriété, étendue aux corps tels que les présente la nature, constitue ce que l'on nomme l'*inertie de la matière.*

2. *Des forces comparées à leurs effets.* — Le principe de l'inertie ne fait qu'établir l'existence de la force; il n'en définit ni la nature ni le mode de représentation géométrique.

S'il ne nous est pas permis de remonter à l'essence même des choses, aux véritables causes des phénomènes, nous pouvons concevoir qu'il soit possible d'éluder les difficultés qui se présentent sous ce rapport, en substituant aux causes réelles inconnues d'autres causes fictives capables de produire identiquement les mêmes effets, et définies par ces effets mêmes; c'est ce que l'on fait en Mécanique.

En désignant par v et par φ la vitesse et l'accélération, au bout du temps t, du point mobile m, sollicité par la force F, la vitesse se composera, au bout du temps $t + dt$, de la vitesse v et de l'accélération élémentaire $\varphi\, dt$, qui serait nulle si le mobile n'était sollicité par aucune force ; d'où il suit que l'effet produit par F dans le temps dt est $\varphi\, dt$.

Le moyen le plus simple de se faire une idée d'une cause est de la supposer proportionnelle à l'effet produit, toutes choses égales d'ailleurs. On est ainsi conduit à poser la proportion

$$\frac{F}{F'} = \frac{\varphi\, dt}{\varphi' dt} = \frac{\varphi}{\varphi'},$$

dans laquelle F' est l'*intensité* d'une autre force et φ' l'accélération qu'elle produirait isolément sur le point m lorsqu'il possède la vitesse v.

Le rapport

$$\frac{F}{\varphi} = \frac{F'}{\varphi'}$$

ne doit donc dépendre que de la vitesse v; mais l'observation des faits a conduit à admettre qu'il en est indépendant ou qu'il est constant, ce qui revient à dire : *L'effet produit par une force est indépendant de la vitesse du point matériel sur lequel elle s'exerce*, énoncé qui constitue un second principe élémentaire formant le complément de celui de l'inertie.

On est convenu de représenter géométriquement une force par une longueur rectiligne partant du point où elle est appliquée, proportionnelle à son intensité, en prenant pour unité l'intensité d'une certaine force. La direction et le sens de la droite qui représente une force sont ceux des éléments analogues relatifs à l'accélération correspondante.

Il résulte, de la définition ci-dessus des forces, qu'une force est constante en grandeur et en direction s'il en est de même de son accélération. Si donc on applique (par extension de principe) les lois relatives à la chute des graves sous de faibles hauteurs comparées au rayon terrestre, à un seul point matériel, on voit que ce point est sollicité par une force d'intensité constante, et dont la direction est celle de la verticale du lieu. Cette force due à la *pesanteur* est ce que nous appellerons le *poids* du point matériel.

3. *De la masse d'un point matériel.* — Soient
p le poids d'un point matériel en un lieu déterminé;
g l'accélération correspondante de la gravité;
m le rapport constant entre une force quelconque et l'accélération qu'elle produirait sur ce point.

On a

$$\frac{F}{\varphi} = \frac{F'}{\varphi'} = \frac{p}{g} = m,$$

d'où

$$F = m\varphi, \quad p = mg.$$

Le rapport m est ce que l'on nomme la *masse* du point matériel. Les effets variés produits par la même force sur différents corps ne peuvent s'expliquer qu'en admettant qu'il existe des points matériels de masses différentes. Si donc on désigne par m_1 la masse d'un point matériel auquel la force F_1 imprimerait l'accélération φ_1, on aura

$$F_1 = m_1 \varphi_1,$$

d'où

$$\frac{F}{F_1} = \frac{m\varphi}{m_1\varphi_1}.$$

Donc : 1° *Des forces appliquées à différents points matériels libres sont proportionnelles aux produits des masses par les accélérations correspondantes.*

2° *Deux forces qui impriment à deux points matériels une même accélération sont proportionnelles aux masses de ces points.*

A un point de vue général, on devra considérer les forces comme variables, en grandeur et en direction, avec le temps ou la position de leurs points d'application.

La nature nous offre en effet plusieurs exemples de forces semblables, parmi lesquelles nous citerons la force qui produit le mouvement elliptique de chaque planète autour du Soleil, en considérant avec une première approximation la planète comme un simple point matériel en raison de la petitesse de ses dimensions par rapport à sa distance moyenne au Soleil.

4. *De l'action simultanée de plusieurs forces.* — En considérant l'accélération d'un point matériel comme la résultante de plusieurs autres, la force qui la produit est la résultante géométrique des forces qui donneraient lieu aux accélérations composantes en agissant isolément sur le point matériel; cela revient à admettre que *l'effet produit est le même que si en réalité les dernières forces agissaient simultanément sur le mobile en lieu et place de la force unique correspondant à l'accélération*, ce qui constitue un autre principe élémentaire, le *principe de l'indépendance de l'action des forces*, d'après lequel les forces se composeront ou se décomposeront comme les vitesses et les accélérations, et jouiront par suite des mêmes propriétés que ces dernières, en projection sur une droite ou un plan.

Il suit de là que : 1° Deux *forces* sont *égales* lorsque, en agissant simultanément suivant la même droite, mais en sens inverse, sur un point matériel, elles ne lui impriment aucune accélération, et l'on dit alors que les deux forces se font équilibre sur le point matériel.

2° Une force est *double* ou *triple* d'une autre lorsque, en la supposant appliquée à un point matériel, il faut, pour qu'elle n'influe en rien sur le mouvement de ce point, lui appliquer dans une direction opposée deux forces ou trois forces égales à la seconde.

On dit en général que des forces se font *équilibre* sur un point matériel quand elles ne lui impriment aucune accélération, ou qu'elles ne modifient pas son état de repos ou de mouvement, ou bien encore lorsqu'elles se *neutralisent* en ayant une résultante nulle.

On voit ainsi que, si plusieurs forces appliquées à un même point se font équilibre, l'une quelconque d'entre elles est égale et opposée à la résultante des autres, et que par conséquent trois forces non situées dans un même plan ne peuvent pas se faire équilibre.

5. *Objet de la Mécanique relativement au point matériel.* — D'après la définition admise pour les forces, l'objet de la Mécanique restreinte au cas du point matériel se réduit à la solution des deux problèmes suivants :

1° Connaissant la loi suivant laquelle varie en grandeur et en direction la résultante des forces qui sollicitent un point matériel, déterminer sa vitesse et ses coordonnées à chaque instant ainsi que la nature de sa trajectoire.

2° Réciproquement, connaissant la nature de la trajectoire décrite et la loi des chemins parcourus en fonction du temps, déterminer la loi que suit la résultante des forces qui sollicitent le mobile.

Ce dernier problème ne présente aucune difficulté et ne dépend que du Calcul différentiel; mais le précédent rentre dans le domaine du Calcul intégral, dont il dépasse souvent les limites connues.

Nous nous bornerons, quant à présent, à ces simples observations, qui sont éclaircies plus tard par des exemples.

6. *Des forces tangentielle et centripète.* — Considérons un point mobile sollicité par une seule force qui sera, si l'on veut, la résultante de celles qui lui sont appliquées, s'il y en a plusieurs. Comme les forces sont proportionnelles aux accélérations qu'elles impriment à un même point matériel, on peut considérer la force ci-dessus comme la résultante de deux autres (Ire Partie, n° 49) : l'une tangentielle à la trajectoire et dirigée dans le sens du mouvement, égale au produit de la masse par la dérivée de la vitesse par rapport au temps ; l'autre dirigée vers le centre de courbure et appelée pour ce motif force *centripète.*

Cette dernière a pour mesure le produit de la masse par le rapport du carré de la vitesse au rayon de courbure.

Quant à l'accélération totale, elle est égale au rapport du produit de la masse par le carré de la vitesse, à la moitié de la corde qu'intercepte sa direction dans le cercle osculateur.

La composante tangentielle n'a pour effet que de faire varier la vitesse avec le temps, tandis que la force centripète ne détermine que la courbure de la trajectoire.

7. *Principe de l'égalité entre l'action et la réaction.* — Ce principe élémentaire, dû à Newton, consiste dans l'énoncé suivant :

Si deux points matériels m, m' exercent l'un sur l'autre une certaine action, cette action est dirigée suivant la droite qui les joint, et l'action attractive ou répulsive exercée par m sur m' est égale et de sens contraire à celle (réaction) *de m' sur m.*

8. *De la gravitation universelle.* — Soient

M la masse du Soleil ;
$m, m', \ldots$ celles des planètes ;
$r, r', r'', \ldots$ les distances de leurs centres à celui du Soleil.

Les dimensions du Soleil et des planètes étant très-petites par rapport à leurs distances mutuelles, on peut, dans une première approximation, en faire abstraction et supposer que ces astres sont réduits à l'état de simples points matériels ayant les mêmes masses, et nous dirons (Ire Partie, n° 57) que le point matériel M exerce sur les masses m, m', m'',... les forces attractives $\frac{\alpha m}{r^2}$, $\frac{\alpha m'}{r'^2}$,..., α étant une constante indépendante de m, m',....

Si l'on considère cette attraction comme inhérente à l'essence même de la matière, il faut admettre que, inversement, les masses m, m', m'',... attirent de la même manière la masse M avec une énergie égale et contraire à celle des forces précédentes, d'après le principe de l'égalité entre l'action et la réaction. Par analogie avec ce qui précède, l'attraction de m sur M sera de la forme $\alpha' \frac{M}{r^2}$, α' ne pouvant dépendre que de m, et comme $\alpha' \frac{M}{r^2} = \alpha \frac{m}{r^2}$, et que α est indépendant de m, il faut que l'on ait $\alpha' = fm$, $\alpha = fM$, f étant une constante indépendante de la valeur des masses attirantes et de leurs distances. On est donc conduit à admettre que *deux particules matérielles s'attirent mutuellement suivant la droite qui les joint proportionnellement à leurs masses et en raison inverse du carré de leur distance.*

Le même raisonnement s'applique évidemment au cas où les forces seraient une fonction quelconque de la distance.

Si l'on conçoit que l'on imprime à tous les corps du système solaire, supposés réduits à l'état de points matériels, une vitesse et une accélération Ψ égales et contraires à celles du centre du Soleil ramené par suite au repos, on voit que pour une planète cette accélération Ψ viendra se composer avec celle qui est due à l'attraction du Soleil, pour donner l'accélération de la planète dans son mouvement relatif autour du Soleil. A cette résultante viendront encore se joindre les accélérations dues aux attractions des autres parties du système solaire. On voit ainsi qu'une planète, dans son mouvement relatif autour du Soleil, suit une loi compliquée, et que si Kepler a trouvé des ellipses pour les orbites planétaires, on ne peut l'attribuer qu'à ce que, en raison de leur petitesse, l'influence des nouvelles forces dont nous venons de parler lui a complétement échappé.

Si nous ne considérons qu'une seule planète en présence du

Soleil, en faisant abstraction de tous les autres corps du système solaire, l'accélération du Soleil sera $\frac{mf}{r^2}$, et dirigée de M vers m; celle de la planète $\frac{Mf}{r^2}$ sera dirigée en sens inverse, de m vers M; en ramenant M au repos, ainsi qu'on l'a dit plus haut, l'accélération de m sera $\frac{(M+m)f}{r^2}$, et comme, d'autre part, elle est représentée par l'expression (8) du n° 57 de la Ire Partie, il vient, en se reportant en même temps au n° 59,

$$(1) \qquad (M+m)f = 4\pi\frac{a^3}{T^2} = \mu.$$

D'après la troisième loi de Kepler, cette quantité devrait être indépendante de m; d'où il suit que cette loi n'est qu'approximative, et qu'elle n'a été établie que parce que le rapport de la masse d'une planète à celle du Soleil est dans tous les cas une très-petite fraction.

9. *De la pesanteur terrestre.* — Si l'on fait abstraction de la rotation d'ailleurs très-lente de la Terre, sur l'influence de laquelle nous reviendrons plus tard, le poids d'un point matériel placé au-dessus de sa surface n'est autre chose que la résultante des attractions exercées par tous les points du sphéroïde terrestre sur le point matériel ci-dessus.

L'intensité de cette force doit diminuer à mesure que l'on s'éloigne du centre, et c'est précisément ce qui résulte des observations sur le pendule à différentes hauteurs au-dessus d'un point de la surface de la Terre. Les directions de la pesanteur ne sont pas non plus parallèles, mais comme généralement on n'a à considérer que des hauteurs verticales très-petites relativement au rayon terrestre, et des corps de très-faible dimension, on peut, dans les usages ordinaires, considérer, pour un même lieu, l'accélération de la gravité comme étant constante en grandeur et en direction.

10. *Du calcul des masses des planètes.* — Soient

m' la masse d'un satellite de la planète m;
$2a'$ le grand axe de son orbite;
T' la durée de sa révolution autour de la planète.

L'équation (1) du n° 8, appliquée à cette planète et à son satellite, donne

$$f(m + m') = 4\pi^2 \frac{a'^3}{T'^2},$$

d'où, en divisant par cette même équation,

$$\frac{m + m'}{M + m} = \frac{a'^3 T^2}{a^3 T'^2},$$

et, comme les fractions $\frac{m}{M}$, $\frac{m'}{M}$ sont généralement très-petites, il vient

$$\frac{m}{M} = \frac{a'^3 T^2}{a^3 T'^2}.$$

Les rapports $\frac{a'}{a}$, $\frac{T'}{T}$ étant supposés donnés par l'observation, cette formule fera connaître la masse de la planète rapportée à celle du Soleil. C'est ainsi que Newton a trouvé $\frac{1}{1067}$ pour Jupiter, résultat qui diffère peu de la fraction $\frac{1}{1050}$ obtenue par des procédés plus précis.

La masse de la Terre ne peut pas se déterminer par cette méthode, attendu que l'inverse de son rapport à celle de la Lune n'est plus négligeable vis-à-vis l'unité. Nous renverrons, pour le procédé que l'on emploie dans ce cas, et pour celui qui est relatif à la détermination de la masse de la Lune, à notre *Traité élémentaire de Mécanique céleste*.

11. *Du travail des forces appliquées à un point matériel.*— Le produit géométrique d'une force par l'élément de chemin décrit est ce que l'on nomme le *travail élémentaire* de la force. Le travail est *moteur* ou *résistant*, selon qu'il est positif ou négatif. Dans le premier cas, la force tend à accélérer le mouvement (puisque l'accélération tangentielle est positive), et elle prend alors le nom de *puissance* ou de *force motrice*. Dans le second cas, où elle tend à réduire la vitesse, on dit qu'elle est une *résistance*. On voit ainsi pourquoi le travail d'une force *normale* à l'élément de chemin décrit est nul; nous donnerons plus tard les motifs qui ont conduit à ces diverses dénominations.

Le *travail total* d'une force entre deux positions déterminées et quelconques de son point d'application est la somme algébrique des travaux élémentaires de cette force. Le travail total de la force F est ainsi représenté par

$$\int F \cos(F, ds)\, ds.$$

D'après la définition du travail, on voit que *le travail total d'une force constante, qui reste constamment tangente à la trajectoire de son point d'application, est égal au produit de son intensité par le chemin parcouru;* que *le travail d'une force constante en grandeur et en direction est égal au produit de son intensité par le chemin projeté sur sa direction*, et, comme cas particulier, que *le travail du poids d'un point matériel est égal au produit de ce poids par la hauteur verticale positive ou négative dont le mobile est descendu.*

En nous reportant (n°s 23, 24 et 25, Ire Partie) aux propriétés des produits géométriques, on a les théorèmes suivants :

1° *Le travail élémentaire, et par suite le travail total de la résultante de plusieurs forces appliquées à un point matériel, est égal à la somme des travaux de ces mêmes forces, quel que soit le déplacement de ce point.*

2° *Quand plusieurs forces appliquées à un même point se font continuellement équilibre, la somme algébrique de leurs travaux est nulle pour tous les déplacements imaginables de ce point, ou encore la somme des travaux moteurs est constamment égale à celle des travaux résistants.*

Lors même qu'un point matériel est en mouvement, on peut concevoir que l'on évalue le travail de l'une des forces qui le sollicitent pour un déplacement élémentaire hypothétique différent du chemin réel. Ce déplacement, qui n'est que le résultat d'une conception théorique, est appelé *déplacement virtuel*, et le travail correspondant est un *travail virtuel*. La considération du travail virtuel est très-importante en Mécanique, comme nous le reconnaîtrons par la suite.

3° *Si un point matériel est animé de plusieurs mouvements simultanés, le travail de chacune des forces qui le sollicitent est égal à la somme algébrique des travaux de cette même force dans chacun des mouvements composants.*

Si X, Y, Z sont les composantes de la force F, qui est, si l'on veut, la résultante de celles qui sollicitent le mobile, estimées parallèlement à trois axes rectangulaires Ox, Oy, Oz; x, y, z les coordonnées de son point d'application; on a, en vertu des théorèmes énoncés, la relation

$$(1) \qquad F\cos(F, ds)\, ds = X\,dx + Y\,dy + Z\,dz.$$

d'où, pour le travail total,

$$\int F\cos(F, ds)\, ds = \int (X\,dx + Y\,dy + Z\,dz).$$

Lorsqu'il s'agit d'un déplacement virtuel, on substitue le symbole δ à celui de la différentielle, et l'on a, pour le travail virtuel,

$$X\delta x + Y\delta y + Z\delta z;$$

l'équilibre s'exprime

$$X\delta x + Y\delta y + Z\delta z = 0,$$

d'où, comme δx, δy, δz sont arbitraires,

$$X = 0, \quad Y = 0, \quad Z = 0.$$

4° *Le moment de la résultante de plusieurs forces situées dans un même plan et appliquées à un même point matériel est égal à la somme des moments des composantes.*

5° *La droite qui représente le moment de la résultante de plusieurs forces non comprises dans un même plan par rapport à un point est la somme géométrique des droites qui représentent les moments composants.*

Si les parties positives de Ox, Oy sont disposées de manière que, pour faire coïncider la première avec la seconde, il faille lui faire subir un quart de révolution de la gauche vers la droite pour l'observateur couché suivant Oz, en ayant les pieds en O, la somme des moments de X, Y par rapport à ce point, ou le *moment de* F *par rapport à* Oz, sera

$$xY - yX.$$

On a de même, pour le moment de F par rapport à Ox,

$$yZ - zY,$$

et par rapport à Oy

$$zX - xZ.$$

L'*effort moyen* d'une force variable correspondant à un chemin déterminé s'obtient en divisant le travail total de cette force par le chemin décrit par son point d'application. Cet effort est ainsi égal à la force constante en intensité qui, dirigée dans le sens de ce chemin, produirait le même travail que la force variable.

L'effort moyen a ainsi pour valeur

$$\frac{\int_{s_0}^{s_1} F\cos(F, ds)\,ds}{s_1 - s_0},$$

ce qui représente la hauteur du rectangle équivalent à l'aire

$$\int_{s_0}^{s_1} F\cos(F, ds)\,ds,$$

construit sur la même base $s_1 - s_0$.

Dans l'étude des phénomènes terrestres on prend pour unité de force le *kilogramme* et pour unité de travail le *kilogrammètre*, c'est-à-dire le travail d'une force d'un kilogramme dont le point d'application décrirait dans sa direction un chemin d'un mètre de longueur.

Revenons à la formule (1) et supposons que le travail élémentaire soit la différentielle exacte d'une fonction V de x, y, z; nous aurons

$$(2)\qquad \begin{cases} \int F\cos(F, ds)\,ds = V, \\ X\,dx + Y\,dy + Z\,dz = \dfrac{dV}{dx}dx + \dfrac{dV}{dy}dy + \dfrac{dV}{dz}dz \end{cases}$$

et

$$(3)\qquad X = \frac{dV}{dx}, \quad Y = \frac{dV}{dy}, \quad Z = \frac{dV}{dz}.$$

La fonction V est ce que l'on appelle un *potentiel*. En désignant par C une constante arbitraire, l'équation

$$(4) \qquad V = C$$

représente, en faisant varier cette constante, une famille de surfaces appelées *surfaces de niveau* pour un motif qui résultera de l'étude ultérieure de l'équilibre des fluides.

L'équation différentielle des surfaces de niveau

$$X\,dx + Y\,dy + Z\,dz = 0$$

montre que la force F est normale à la surface de niveau passant par la position correspondante du mobile, puisqu'elle exprime que le travail élémentaire de cette force est nul.

Soient

m et m' deux positions infiniment voisines l'une de l'autre du mobile;

$d\sigma$ la distance des surfaces de niveau passant par m et m', estimée suivant la normale au point m de la première.

Le travail élémentaire correspondant de F sera $F\,d\sigma$ [1].

Lorsque la résultante F est constante en grandeur et en direction, il est clair que l'on se trouve dans le cas d'un potentiel, et, en supposant que l'axe des z soit pris parallèlement à la direction de la force, on a

$$V = Fz,$$

et, pour l'équation des surfaces de niveau,

$$Fz = C.$$

Les surfaces de niveau sont donc des plans perpendiculaires à la direction de la force, ce qui s'applique notamment à la pesanteur.

Lorsque F est une fonction $\varphi(r)$ de la distance r du mobile à un point fixe O suivant laquelle elle est dirigée, le travail

---

(1) On reconnaît sans peine que

$$d\sigma = \frac{dC}{\sqrt{\frac{dC^2}{dx^2} + \frac{dC^2}{dy^2} + \frac{dC^2}{dz^2}}}.$$

élémentaire $\varphi(r)\,dr$ est une différentielle exacte d'une certaine fonction de r ou x, y, z en vertu de la relation

$$r^2 = x^2 + y^2 + z^2,$$

et il y a par suite un potentiel. Les surfaces de niveau, étant données par une fonction de r égalée à une constante, sont des sphères ayant le point O pour centre.

12. *Équations du mouvement d'un point.* — Si nous nous reportons au n° 52 de la première Partie, on voit, d'après ce qui précède, que

$$X = m\varphi_x, \quad Y = m\varphi_y, \quad Z = m\varphi_z,$$

et les équations de ce numéro deviennent

$$(1) \qquad m\frac{d^2x}{dt^2} = X, \quad m\frac{d^2y}{dt^2} = Y, \quad m\frac{d^2z}{dt^2} = Z,$$

formules qui constituent ce que l'on appelle les équations du mouvement d'un point. Elles permettent, par une double intégration, de déterminer x, y, z en fonction du temps, lorsque X, Y, Z sont donnés, et réciproquement de calculer ces composantes lorsque la trajectoire est donnée par une équation.

13. *Théorème des quantités de mouvement en projection sur une droite.* — La *quantité de mouvement* d'un point matériel est le produit de sa masse par sa vitesse à l'instant considéré.

On désigne sous le nom d'*impulsion élémentaire* d'une force constante ou variable F le produit $F\,dt$ de l'intensité de cette force à l'instant considéré par l'élément du temps. L'intégrale géométrique de l'impulsion élémentaire correspondant à un certain intervalle est l'*impulsion totale* de la force pour cet intervalle.

D'après les n°s 45 et 46 de la première Partie, on a les relations

$$\overline{mv'_x} - \overline{mv_x} = \int F\,dt,$$

$$mv'_x - mv_x = \int X\,dt,$$

d'où les théorèmes suivants :

1° *L'accroissement géométrique de la quantité de mouvement,* ou ce que l'on appelle *la quantité de mouvement gagnée, représente l'impulsion de la force.*

2° *En projection sur un axe, l'accroissement de la quantité de mouvement est égal à la somme algébrique des impulsions élémentaires correspondant à l'intervalle de temps considéré.*

14. *Théorèmes relatifs aux moments des quantités de mouvement.* — Si l'on multiplie par m les équations (1), (2), (3) du n° 53 de la première Partie, et si l'on pose $f = m\varphi$, on obtient les suivantes :

$$\overline{mP'V'} - \overline{mPV} = \overline{\int FQ\,dt}, \tag{1}$$

$$mp'v' - mpv = \int fq\,dt, \tag{2}$$

$$m\left(x\frac{dy}{dt} - y\frac{dx}{dt}\right) = \int (xY - yX)\,dt. \tag{3}$$

Donc pour un même intervalle de temps :

1° *L'accroissement géométrique de la droite qui représente le moment de la quantité de mouvement,* ou, ce qui est la même chose, *la droite qui représente la quantité de mouvement gagnée, est identique à la résultante géométrique des moments des impulsions élémentaires.*

Corollaire. — Si la résultante des forces passe constamment par le centre des moments, la trajectoire se trouve comprise dans un plan passant par ce point; les aires décrites par le rayon vecteur varient proportionnellement au temps, et la vitesse est en raison inverse de sa distance au centre des moments.

2° *En projection sur un plan, l'accroissement du moment de la quantité de mouvement pris par rapport à un point de ce plan est égal à l'intégrale correspondante des moments des impulsions élémentaires.*

Corollaire. — En supposant que l'intervalle considéré se réduise à l'élément du temps, on arrive à cet énoncé : *Le moment de la résultante des forces est représenté en grandeur et en direction par la vitesse de l'extrémité de la droite qui représente le moment de la quantité de mouvement.*

15. *Équation des forces vives.* — Le produit de la masse d'un point matériel par le carré de sa vitesse est ce que l'on nomme la *force vive* de ce point.

En multipliant l'équation (7) du n° 54 (Ire Partie) par la masse m du point mobile, il vient

$$(1)\qquad \frac{mv^2 - mv_0^2}{2} = \int_0^s \mathrm{F}\cos(\mathrm{F}, ds)\,ds = \int (\mathrm{X}\,dx + \mathrm{Y}\,dy + \mathrm{Z}\,dz);$$

ce qui exprime que *le demi-accroissement de la force vive, pour un arc déterminé de la trajectoire, est égal au travail total correspondant des forces qui le sollicitent.*

Dans le cas où la vitesse initiale v_0 est nulle, le travail total se réduit à la moitié de la demi-force vive acquise; c'est donc improprement que l'on appelle force vive l'expression mv^2, puisqu'elle se rapporte, non pas à une force simple, mais au résultat d'un travail.

Plaçons-nous dans le cas où les forces correspondent à un potentiel $\mathrm{V} = f(x, y, z)$. Nous aurons, x_0, y_0, z_0 étant les valeurs initiales de x, y, z,

$$(2)\qquad \frac{m}{2}(v^2 - v_0^2) = f(x, y, z) - f(x_0, y_0, z_0).$$

Cette équation montre que, si le mobile traverse plusieurs fois une même surface de niveau, il se trouve à chaque fois animé de la même vitesse, puisque, pour tous les points d'une pareille surface, la fonction $f(x, y, z)$ a la même valeur. Cependant ce résultat est sujet à quelques exceptions, qui se présentent lorsque les diverses surfaces de niveau se coupent mutuellement.

Le travail élémentaire $\mathrm{F}\,d\sigma$ (**11**) conservant une valeur constante lorsque l'on passe d'une surface de niveau à la suivante et réciproquement, on voit que la force F varie en raison inverse de la distance de ces surfaces aux points où les passages ont lieu.

16. *De la réaction de l'inertie.* — Si un point matériel m est sollicité par un certain nombre de forces Q, Q', Q'',..., il en résulte une accélération φ due à la résultante F de ces forces elle-même équivalente à $m\varphi$. Or il est clair qu'une force égale et contraire à $m\varphi$, ou représentée, si l'on veut, par $-m\varphi$, ferait équilibre à Q, Q', Q'',.... Cette dernière force, dans l'expression de laquelle on fait entrer la masse et l'accélération, a reçu le nom de *force* ou *réaction de l'inertie.*

Cette dénomination se justifie ainsi qu'il suit :

Supposons que le mouvement soit communiqué à un point matériel de masse m par le contact d'un corps M, lui-même mobile (sauf à faire voir ultérieurement en quoi doit consister un pareil contact). Il est clair que l'action F exercée par M sur m sera accompagnée d'une réaction égale et contraire $-$F de m sur M. Cette réaction devra être considérée comme étant la résistance qu'oppose la masse m à la variation de son mouvement en grandeur et en direction, ou ce que l'on peut appeler la *résistance due à l'inertie.* On voit ainsi comment la masse m, suivant l'heureuse expression de M. Lamé, peut être considérée comme le *coefficient de la résistance de la matière* au changement de mouvement.

Quoique la force d'inertie n'agisse pas sur le mobile m, *on peut toutefois la considérer comme faisant fictivement équilibre sur ce point aux forces qui le sollicitent;* ce qu'expriment d'ailleurs les équations du mouvement

$$X - m\frac{d^2x}{dt^2} = 0, \quad Y - m\frac{d^2y}{dt^2} = 0, \quad Z - m\frac{d^2z}{dt^2} = 0,$$

ou

$$\left(X - m\frac{d^2x}{dt^2}\right)\delta x + \left(Y - m\frac{d^2y}{dt^2}\right)\delta y + \left(Z - m\frac{d^2z}{dt^2}\right)\delta z = 0.$$

Partant de là, on voit que, dans le mouvement m, on a

trav. total de F + trav. total de la force d'inertie = 0 ;

ce qui montre que le demi-accroissement de la force vive changé de signe n'est autre chose que le travail dû à la force d'inertie.

Il résulte également de ces considérations que la force

d'inertie devra être considérée comme une résistance ou une puissance, selon que sa composante, suivant la direction de la vitesse, sera positive ou négative, ou que le mouvement sera accéléré ou retardé. On se rend compte des effets de la force d'inertie en remarquant que, pour entretenir le mouvement uniforme d'un wagon, il suffit de la part de l'homme d'un effort peu considérable pour neutraliser l'influence des résistances passives dont nous nous occuperons plus tard. Plus on accélère le mouvement du wagon, plus l'effort à produire, par suite la résistance que l'on éprouve ou la réaction de l'inertie, est considérable. Cette résistance joue alors le rôle d'une véritable puissance, si, au contraire, on veut ralentir le mouvement du wagon en agissant sur une corde qui lui est fixée par une extrémité; l'effort exercé devenant négatif, la réaction de l'inertie est positive ou devient une puissance.

En terminant, nous ferons remarquer que l'on peut considérer la force d'inertie comme la résultante de deux autres forces : l'une dirigée suivant la tangente en sens inverse de l'accélération tangentielle, et l'autre suivant la normale principale tendant à éloigner le mobile au centre de courbure de la trajectoire, et appelée pour ce motif *force centrifuge*.

17. *Des forces apparentes dans le mouvement relatif d'un point matériel par rapport à un système invariable.* — On peut considérer les accélérations centrifuge composée et d'entraînement comme résultant de l'action de deux *forces fictives*, auxquelles nous donnerons les mêmes dénominations, et l'on a cet énoncé :

Le mouvement relatif d'un point matériel par rapport à un système invariable est le mouvement absolu qu'il prendrait sous l'action des forces qui agissent directement sur lui et des forces apparentes, centrifuge composée et d'entraînement prise en sens contraire.

Les propriétés des accélérations centrifuges composées, démontrées aux nos 84 et 85 de la première Partie, subsistent évidemment pour les forces correspondantes.

La force centrifuge composée étant normale à l'élément de

chemin décrit, il en résulte que le demi-accroissement de la force vive dans le mouvement relatif est égal au travail correspondant des forces agissant sur le mobile et de la force d'entraînement prise en sens contraire.

Enfin, si l'on multiplie par la masse m les deux membres des équations du n° 88 de la première Partie, les nouvelles équations obtenues expriment les conditions d'équilibre entre les forces d'inertie, les forces agissantes et les forces apparentes dans le mouvement relatif.

CHAPITRE II.

DU MOUVEMENT D'UN POINT PESANT DANS UN MILIEU RÉSISTANT.

18. Nous avons donné, dans la première Partie, plusieurs exemples du mouvement d'un point indépendamment de toute notion sur les causes du mouvement. C'est que, en effet, connaissant la masse du mobile, on déduit, de la valeur d'une force, l'accélération correspondante; de sorte que l'étude du mouvement d'un point matériel se ramène à celle du mouvement d'un point géométrique, en se bornant à faire entrer en ligne de compte les accélérations produites par les forces dont on abandonne dès lors la considération.

Cependant nous avons cru devoir reporter ici un certain nombre de questions qui sont relatives à des phénomènes que l'on ne peut bien apprécier qu'après l'introduction de la notion de force en Mécanique.

Un *milieu* est un assemblage de molécules qui est susceptible d'être traversé dans tous les sens par un corps plus ou moins dur, obligeant ainsi les molécules de ce milieu à se déplacer le long du chemin que parcourt ce corps. On considère un milieu comme indéfini lorsque son étendue est assez considérable, par rapport à celle des corps qui le traversent, pour que ses molécules éprouvent à se déplacer la même résistance que s'il était indéfini : tels sont l'atmosphère, les mers, les lacs, les grandes rivières, relativement aux ballons, aux vaisseaux, aux bateaux qui les traversent.

Les particules du milieu mises en mouvement réagissent sur le corps et déterminent une résistance à son mouvement qui constitue la *résistance du milieu*.

Cette résistance dépend du mouvement du corps, de sa forme ou plutôt de la relation géométrique qui, à chaque instant, s'établit entre la surface qui le limite et son mouvement.

Si le corps est animé d'un mouvement de translation rectiligne, il est clair que la résistance du milieu est une fonction de la vitesse, dont les coefficients ne dépendent que de la forme du corps et de la disposition de sa surface par rapport à la direction du mouvement, et sont par suite constants pendant toute la durée du mouvement.

En assimilant d'une manière abstraite un point matériel à une sphère, nous serons conduit, d'après l'expérience, à représenter la résistance du milieu par l'expression

$$mg\,(a + bv^n),$$

a, b étant des coefficients constants, v la vitesse et n une quantité que l'on peut considérer comme constante dans certaines limites de vitesse. Ainsi, pour des vitesses extrêmement faibles, on doit supposer $n = 1$; pour des vitesses moyennes inférieures à 200 mètres, $n = 2$; enfin $n = 3$ pour des vitesses considérables, telles que celles des projectiles oblongs : pour ces deux dernières valeurs, a peut généralement être considéré comme nul.

19. *Mouvement vertical d'un point matériel pesant dans un milieu résistant.* — En dirigeant l'axe des x suivant la verticale, et remarquant que $v = \frac{dx}{dt}$, on a

$$m\frac{dv}{dt} = mg - mg\,(a + bv^n).$$

Mais on voit que l'on peut sans inconvénient supposer $a = 0$, ce qui revient à réduire l'accélération g de ga; et, en posant $b = \frac{1}{k^n}$, il vient

$$\frac{dv}{1 - \frac{v^n}{k^n}} = g\,dt,$$

formule que l'on pourra toujours intégrer quand n sera un nombre entier.

Considérons en particulier le cas de $n = 2$; il vient

$$\frac{dv}{1 - \frac{v^2}{k^2}} = g\,dt;$$

d'où, en supposant que le mobile part du repos,

$$t = \frac{k}{2g} \log \frac{k + v}{k - v};$$

et

$$(1) \qquad v = k \frac{e^{\frac{gt}{k}} - e^{-\frac{gt}{k}}}{e^{\frac{gt}{k}} + e^{-\frac{gt}{k}}} = \frac{dx}{dt}.$$

On déduit de là

$$(2) \qquad x = k \int_0^t \frac{e^{\frac{gt}{k}} - e^{-\frac{gt}{k}}}{e^{\frac{gt}{k}} + e^{-\frac{gt}{k}}} dt = \frac{k^2}{g} \log \frac{\left(e^{\frac{gt}{k}} + e^{-\frac{gt}{k}}\right)}{2}.$$

En employant le principe des forces vives, on arrive à exprimer v en fonction de x. On a, en effet,

$$\frac{m}{2} dv^2 = \left(mg - mg \frac{v^2}{k^2}\right) dx;$$

d'où

$$\frac{dv^2}{1 - \frac{v^2}{k^2}} = 2g\,dx,$$

$$(3) \qquad x = \frac{k^2}{2g} \log \frac{k^2}{k^2 - v^2}.$$

La valeur de v en fonction de t montre que v sera toujours inférieur à la constante k, mais qu'elle s'en approche de plus en plus à mesure que t augmente, puisque $e^{-\frac{gt}{k}}$ a pour limite zéro lorsque t croît indéfiniment.

Le mouvement tend donc à devenir uniforme; mais, quoique rigoureusement il ne puisse jamais atteindre cet état, il en approche d'autant plus que $e^{-\frac{gt}{k}}$ décroît plus rapidement ou que k est plus petit, ce qui explique l'usage des parachutes dans la navigation aérienne.

Mouvement ascendant. — Supposons maintenant que le mobile soit projeté verticalement avec la vitesse initiale v_0, et soit x le chemin parcouru au bout du temps t; on a dans ce cas

$$\frac{dv}{dt} = -g - g\frac{v^2}{k^2},$$

$$dt = -\frac{k^2}{g}\frac{dv}{v^2 + k^2}$$

et

$$t = -\frac{k^2}{g}\int_{v_0}^{v}\frac{dv}{k^2 + v^2} = -\frac{k}{g}\left(\text{arc tang}\frac{v}{k} - \text{arc tang}\frac{v_0}{k}\right).$$

On déduit de là

$$\text{arc tang}\frac{v}{k} = \text{arc tang}\frac{v_0}{k} - \frac{g}{k}t;$$

par suite

$$v = k\,\frac{v_0\cos\frac{gt}{k} - k\sin\frac{gt}{k}}{v_0\sin\frac{gt}{k} + k\cos\frac{gt}{k}} = \frac{dx}{dt};$$

enfin

$$x = k\int_0^t \frac{v_0\cos\frac{gt}{k} - k\sin\frac{gt}{k}}{v_0\sin\frac{gt}{k} + k\cos\frac{gt}{k}}\,dt = \frac{k^2}{g}\log\left(\frac{v_0}{k}\sin\frac{gt}{k} + \cos\frac{gt}{k}\right).$$

La vitesse du mobile ira sans cesse en diminuant, et il arrivera un moment où, cette vitesse devenant nulle, le mobile cessera de monter et retombera suivant la loi que nous avons trouvée plus haut.

En égalant v à zéro, on trouve que la durée t' de l'ascension est donnée par

$$\text{tang}\frac{gt'}{k} = \frac{v_0}{k},$$

et, en ayant égard à cette valeur, on a pour la hauteur x' à laquelle le mobile s'est élevé

$$x' = \frac{k^2}{2g}\log\frac{k^2 + v_0^2}{k^2}.$$

En supposant, dans la formule (3), $x = x'$, on peut calculer la vitesse v'' du mobile au bas de la chute, et l'on arrive à

$$v''^2 = v_0^2 \frac{k^2}{v_0^2 + k^2}.$$

Le mobile revient ainsi au point de départ avec une vitesse inférieure à la vitesse initiale, et qui en diffère d'autant plus que k est plus petit.

Pour connaître la durée t'' de la descente, il suffit de supposer $x = x'$ dans la formule (2), et l'on obtient

$$e^{\frac{gt''}{k}} + e^{-\frac{gt''}{k}} = 2\sqrt{\frac{v_0^2 + k^2}{k^2}}.$$

En posant $e^{\frac{gt''}{k}} = z$, il vient

$$z^2 - \frac{2z}{k}\sqrt{v_0^2 + k^2} + 1 = 0,$$

et cette équation, qui est réciproque, donne en même temps $e^{\frac{gt''}{k}}$ et $e^{-\frac{gt''}{k}}$; en prenant la plus grande racine, on a

$$e^{\frac{gt''}{k}} = \frac{v_0 + \sqrt{v_0^2 + k^2}}{k},$$

d'où

$$t'' = \frac{k}{g} \log \frac{v_0 + \sqrt{v_0^2 + k^2}}{k}.$$

Enfin le temps écoulé entre le départ et le retour a pour valeur

$$t' + t'' = \frac{k}{g}\left(\text{arc tang}\,\frac{v_0}{k} + \log \frac{v_0 + \sqrt{v_0^2 + k^2}}{k}\right).$$

La solution des deux questions précédentes, dans l'hypothèse de $n = 3$, ne présente aucune difficulté.

20. *Mouvement d'un projectile pesant dans un milieu résistant.* — Considérons un projectile supposé réduit à un simple point matériel, sollicité par la pesanteur et se mouvant dans un milieu qui exerce sur lui une résistance dirigée en sens inverse de la vitesse.

Soient

O un point quelconque de la trajectoire, auquel nous ferons correspondre les origines du temps et de l'arc parcouru;

Ox l'horizontale du point O comprise dans le plan vertical passant par la direction de la vitesse en ce point;

Oy la portion de la verticale de O dirigée en sens inverse de la pesanteur;

g l'accélération de la pesanteur;

$v = \frac{ds}{dt}$ la vitesse du mobile m au bout du temps t, et α son inclinaison sur Ox;

v_0, α_0 les valeurs de v et α correspondant au point O;

R l'accélération prise en valeur absolue due à la résistance du milieu et dirigée, comme nous l'avons dit, en sens inverse de v.

De ce que l'accélération résultante en O est comprise dans le plan yOx, qu'à l'instant suivant elle n'éprouve aucun accroissement géométrique perpendiculaire au plan yOx, et ainsi de suite pour tous les instants successifs, on conclut que la trajectoire est entièrement comprise dans ce plan.

Désignant par x, y les coordonnées du point m, l'équation du mouvement en projection sur Ox peut se mettre sous la forme

$$\frac{dv\cos\alpha}{dt} = -\mathrm{R}\cos\alpha. \tag{1}$$

D'autre part, en appelant ρ le rayon de courbure en m, l'accélération centripète

$$\frac{v^2}{\rho} = -v\frac{ds}{dt}\frac{1}{\frac{ds}{d\alpha}} = -v\frac{d\alpha}{dt}$$

étant égale à la composante $g\cos\alpha$ de la pesanteur, on a pour la seconde équation du mouvement

$$v\frac{d\alpha}{dt} = -g\cos\alpha. \tag{2}$$

En éliminant dt entre les équations (1) et (2), on trouve

$$\frac{dv\cos\alpha}{d\alpha} = \frac{\mathrm{R}}{g}v. \tag{3}$$

21. *Examen du cas où la résistance est égale à une constante augmentée d'un terme proportionnel à une puissance de la vitesse.* — Nous supposerons, comme au n° **18**,

$$R = g(a + bv^n). \tag{4}$$

En substituant cette valeur à l'équation (3), on trouve

$$\frac{dv}{d\alpha} = \left(\frac{a + \sin\alpha}{\cos\alpha}\right) v + \frac{bv^{n+1}}{\cos\alpha}. \tag{5}$$

Cette équation est un cas particulier de celle dite de Bernoulli, et que l'on sait intégrer.

Pour simplifier, supposons que a soit nul, comme cela a lieu pour le mouvement des projectiles dans l'air; nous aurons, en désignant par v_0 et α_0 les valeurs initiales de v et α,

$$\frac{1}{v^n \cos^n\alpha} - \frac{1}{v_0^n \cos^n\alpha_0} = -nb\int_{\alpha_0}^{\alpha} \frac{d\alpha}{\cos^{n+1}\alpha},$$

d'où

$$v = \frac{v_0 \dfrac{\cos\alpha_0}{\cos\alpha}}{\sqrt[n]{1 - nbv_0^n\cos^n\alpha_0 \displaystyle\int_{\alpha_0}^{\alpha} \frac{d\alpha}{\cos^{n+1}\alpha}}}.$$

En admettant que l'intégration soit effectuée, on calculera t au moyen de l'équation (2), qui donne

$$t = -\frac{1}{g}\int_{\alpha_0}^{\alpha} \frac{v\,d\alpha}{\cos\alpha}. \tag{6}$$

Enfin on a

$$\begin{cases} dx = v\cos\alpha\,dt = -\dfrac{v^2}{g}\,d\alpha, \\ dy = v\sin\alpha\,dt = -\dfrac{v^2}{g}\operatorname{tang}\alpha\,d\alpha, \end{cases} \tag{7}$$

et le problème se trouve résolu par des quadratures.

Posons maintenant

$$\operatorname{tang}\alpha = p,$$

il vient

$$(8)\quad\left\{\begin{aligned}
v &= \frac{v_0}{\sqrt{1+p_0^2}}\,\frac{\sqrt{1+p^2}}{\sqrt[n]{1-\dfrac{nbv_0^n}{(1+p_0^2)^{\frac{n}{2}}}\displaystyle\int_{p_0}^{p}(1+p^2)^{\frac{n-1}{2}}dp}},\\
t &= -\frac{1}{g}\int_{p_0}^{p}\frac{v}{\sqrt{1+p^2}}dp,\\
x &= -\frac{1}{g}\int_{p_0}^{p}\frac{v^2dp}{1+p^2},\\
y &= -\frac{1}{g}\int_{p_0}^{p}\frac{v^2p\,dp}{1+p^2}.
\end{aligned}\right.$$

Il est facile de développer ces différentes formules suivant les puissances ascendantes de p, de manière à en obtenir d'autres applicables au tir sous de faibles inclinaisons. Pour déterminer la portée, on calculera la valeur de p qui correspond à $y=0$, et on la portera dans l'expression de x. La portée sera naturellement moindre que dans le vide.

Pour la branche descendante de la trajectoire, p croît indéfiniment. En effet on a

$$\int_{p_0}^{p}(1+p^2)^{\frac{n-1}{2}}dp=\int_{p_0}^{0}(1+p^2)^{\frac{n-1}{2}}dp+\int_{0}^{p}(1+p^2)^{\frac{n-1}{2}}dp.$$

Mais comme, pour cette branche, dp est négatif, il en est de même de la seconde de ces intégrales, de sorte que v ne peut pas devenir infini. Si p était limité, comme on a

$$dt=-\frac{v}{g}\frac{dp}{\sqrt{1+p^2}}dp,$$

il s'ensuivrait que le temps ne croîtrait pas indéfiniment. Ainsi la tangente à la branche considérée tend de plus en plus à devenir verticale.

Si maintenant nous supposons que p ait atteint une valeur assez grande p_1 pour que, au delà, on puisse négliger l'unité devant p^2, nous aurons

$$\int_{p_0}^{p}(1+p^2)^{\frac{n-1}{2}}dp=\int_{p_0}^{p_1}(1+p^2)^{\frac{n-1}{2}}dp+\int_{p_1}^{p}p^{n-1}dp,$$

de sorte que v se mettra sous la forme

$$v = \frac{p}{\sqrt[n]{A + Bp^n}},$$

A et B étant deux constantes dont la première seule dépend de p_1.

Il est clair que, pour une valeur suffisamment grande de p, on peut négliger A devant Bp^n, ce qui donne

$$v = \frac{1}{\sqrt[n]{B}},$$

d'où

$$dx = -\frac{dp}{g\sqrt[n]{B^2}p^2},$$

et, en appelant x_1 et y_1 les valeurs de x et y qui correspondent à $p = p_1$,

$$x - x_1 = \frac{1}{g\sqrt[n]{B^2}}\left(\frac{1}{p} - \frac{1}{p_1}\right).$$

Cette équation montre que x atteint une limite

$$x_1 - \frac{1}{g\sqrt[n]{B^2}p_1},$$

ce qui prouve que la courbe a une asymptote verticale correspondant, sinon rigoureusement, du moins sensiblement, à l'abscisse précédente.

Pour les vitesses qui ne dépassent pas une certaine limite, on peut supposer $n = 2$, et l'on trouve

$$v = \frac{v_0}{\sqrt{1+p_0^2}} \frac{\sqrt{1+p^2}}{\sqrt{1 - \frac{bv_0^2}{1+p_0^2}\left[p\sqrt{1+p^2} + \log\left(p + \sqrt{1+p^2}\right)\right]}}.$$

Dans le cas des projectiles oblongs on doit prendre $n = 3$, ce qui donne

$$v = \frac{v_0\sqrt{1+p^2}}{\sqrt{1+p_0^2}\sqrt[3]{1 - \frac{3bv_0^3}{(1+p_0^2)^{\frac{3}{2}}}\left(p + \frac{p^3}{3} - p_0 - \frac{p_0^3}{3}\right)}}.$$

22. *Du mouvement d'une planète dans un milieu résistant. Application de la méthode de la variation des constantes arbitraires.* — Proposons-nous de déterminer les altérations que produirait la résistance d'un milieu répandu dans l'espace, dans le mouvement elliptique d'une planète, en supposant cette résistance proportionnelle à la seconde puissance de la vitesse, question dont nous avons déjà donné une solution géométrique page 69.

Reportons-nous aux notations du n° 56 de la Ire Partie, et soient

$v = \sqrt{\frac{dr^2}{dt^2} + \frac{r^2 d\theta^2}{dt^2}}$ la vitesse de la planète;

$ds = v\,dt$ l'élément de chemin qu'elle décrit dans le temps dt;

p sa distance au centre d'attraction;

ρv^2 l'accélération due à la résistance du milieu, ρ étant, pour une même planète, un coefficient proportionnel à la densité du milieu et inversement proportionnel à la densité de la planète.

Les travaux élémentaires de l'attraction du Soleil et de la résistance du milieu sont

$$-\mu\frac{dr}{r^2} = \mu d\frac{1}{r}, \quad -\rho v\,ds,$$

et le moment de l'impulsion élémentaire

$$-\rho p v^2 dt = -\rho p v\,ds = -\rho r^2 \frac{d\theta}{dt} ds,$$

en se rappelant que $vp = r^2 \frac{d\theta}{dt}$.

Les principes des forces vives et des moments des quantités de mouvement donnent par suite

$$(1) \quad \begin{cases} d\frac{dr^2 + r^2 d\theta^2}{dt^2} - 2\mu d\frac{1}{r} = -2\rho\frac{dr^2 + r^2 d\theta^2}{dt^2} ds, \\ dr^2 d\theta = -\rho r^2 ds\,d\theta. \end{cases}$$

Dans le mouvement elliptique ou dans l'hypothèse de $\rho = 0$, nous avons trouvé

$$(a) \quad \frac{dr^2 + r^2 d\theta^2}{dt^2} - \frac{2\mu}{r} = -\frac{\mu}{a}, \quad r^2 d\theta = \sqrt{\mu a(1 - e^2)}\,dt.$$

Posons

$$(b)\quad \begin{cases} n = \sqrt{\dfrac{\mu}{a^3}}, \\ \operatorname{tang}\dfrac{1}{2}(\theta - \omega) = \sqrt{\dfrac{1+e}{1-e}}\operatorname{tang}\dfrac{u}{2}; \\ \text{d'où} \\ \cos u = \dfrac{e + \cos(\theta - \omega)}{1 + e\cos(\theta - \omega)}, \quad \sin u = \sqrt{1-e^2}\,\dfrac{\sin(\theta - \omega)}{1 + e\cos(\theta - \omega)}; \end{cases}$$

les intégrales des équations (a) sont

$$(c)\qquad r = \frac{a(1 - e^2)}{1 + e\cos(\theta - \omega)} \quad \text{ou} \quad r = a(1 - e\cos u),$$

$$(d)\qquad nt + \varepsilon - \omega = u - e\sin u.$$

Nous allons maintenant chercher à donner aux intégrales des équations (1) la forme (c) et (d), en y considérant a, e, ε, ω, comme des fonctions du temps.

Nous remarquerons, en premier lieu, que n devient variable, et que

$$nt = \int n\,dt + \int t\,dn;$$

en comprenant $\int t\,dn$ dans l'inconnue ε, on a, au lieu de l'équation (d),

$$(2)\qquad \int n\,dt + \varepsilon - \omega = u - e\sin u.$$

L'intégrale $\int n\,dt$, que nous supposerons nulle pour $t = 0$, représentera le mouvement moyen de la planète altéré par la résistance du milieu; mais sa différentielle $n\,dt$ est la même dans le mouvement troublé que dans le mouvement elliptique.

En considérant u comme une fonction de a, e, ε, ω, les deux intégrales distinctes (c) et (d) des équations (a) peuvent se mettre sous la forme

$$(e)\qquad \begin{cases} f(r, \theta, a, \varepsilon, \omega) = 0, \\ \varphi(nt, r, \theta, a, \varepsilon, \omega) = 0, \end{cases}$$

d'où

$$(f)\qquad \frac{df}{dr}dr + \frac{df}{d\theta}d\theta = 0, \quad \frac{d\varphi}{n\,dt}n\,dt + \frac{d\varphi}{dr}dr + \frac{d\varphi}{d\theta}d\theta = 0.$$

Dans le mouvement troublé nous aurons

$$(3)\quad \begin{cases} f(r, \theta, a, e, \varepsilon, \omega) = 0, \\ \varphi(\int n\,dt, r, \theta, a, e, \varepsilon, \omega) = 0, \end{cases}$$

d'où

$$(4)\quad \begin{cases} \frac{df}{dr}dr + \frac{df}{d\theta}d\theta + \frac{df}{da}da + \frac{df}{de}de + \frac{df}{d\varepsilon}d\varepsilon + \frac{df}{d\omega}d\omega = 0, \\ \frac{d\varphi}{n\,dt}n\,dt + \frac{d\varphi}{dr}dr + \frac{d\varphi}{d\theta}d\theta + \frac{d\varphi}{da}da + \frac{d\varphi}{de}de + \frac{d\varphi}{d\varepsilon}d\varepsilon + \frac{d\varphi}{d\omega}d\omega = 0. \end{cases}$$

Mais nous n'avons que deux équations (1) entre les quatre inconnues a, e, ε, ω; nous pouvons donc prendre à volonté deux équations auxiliaires, qui seront les suivantes :

$$(5)\quad \begin{cases} \frac{df}{da}da + \frac{df}{de}de + \frac{df}{d\varepsilon}d\varepsilon + \frac{df}{d\omega}d\omega = 0, \\ \frac{d\varphi}{da}da + \frac{d\varphi}{de}de + \frac{d\varphi}{d\varepsilon}d\varepsilon + \frac{df}{d\omega}d\omega = 0. \end{cases}$$

De cette manière, les variations des intégrales des équations (1) résultant de celles de r, θ, nt seront nulles, c'est-à-dire que l'on pourra considérer ces trois quantités comme constantes en différentiant les intégrales (3).

La première des équations (c) donne de cette manière

$$r[\cos(\theta - \omega)de + e\sin(\theta - \omega)d\omega] = (1 - e^2)da - 2ae\,de,$$

d'où, par l'élimination de r au moyen de la même équation,

$$(6)\quad \begin{cases} \sin(\theta - \omega)e\,d\omega \\ \quad = \frac{da}{a}[1 + e\cos(\theta - \omega)] - \frac{de}{1 - e^2}[2e + (1 + e^2)\cos(\theta - \omega)]. \end{cases}$$

La seconde des équations (c) et l'équation (d) donnent aussi, u étant considéré comme une fonction de a, e, ε, ω

$$(1 - e\cos u)da - a\cos u\,de + ae\sin u\,du,$$
$$d\varepsilon - d\omega + \sin u\,de - (1 - e\cos u)du = 0,$$

d'où, par l'élimination de du,

$$(1 - e\cos u)^2 da + a(e - \cos u)de + ae\sin u(d\varepsilon - d\omega) = 0;$$

et enfin, en éliminant $\sin u$ et $\cos u$ à l'aide des équations (b),

$$(7)\qquad \frac{(1-e^2)\,da}{1+e\cos(\theta-\omega)} - a\cos(\theta-\omega)\,de + \frac{ae\sin(\theta-\omega)}{\sqrt{1-e^2}}(d\varepsilon - d\omega).$$

En vertu des équations (c), (f), (4), (5), $\frac{dr}{dt}$, $\frac{r\,d\theta}{dt}$ ayant les mêmes valeurs, que ρ soit nul ou non, ou que a, e, ε, ω soient variables ou non, les équations (1) doivent être respectivement identiques aux différentielles des équations (a), d'où

$$(8)\quad \left\{\begin{aligned} -\mu\, d\frac{1}{a} &= -2\rho\left(\frac{dr^2+r^2\,d\theta^2}{dt^2}\right)ds = -2\rho\left[\mu\left(\frac{2}{r}-\frac{1}{a}\right)\right]ds,\\ d\sqrt{\mu a(1-e^2)} &= -\rho r^2\frac{d\theta\, ds}{dt} = -\rho\sqrt{\mu a(1-e^2)}\,ds,\end{aligned}\right.$$

d'où, en remplaçant r par sa valeur (c) en fonction de $\theta-\omega$,

$$(9)\quad \left\{\begin{aligned} da &= -\frac{2\rho a}{1-e^2}[1+2e\cos(\theta-\omega)+e^2]\,ds,\\ de &= -2\rho[e+\cos(\theta-\omega)]\,ds.\end{aligned}\right.$$

Enfin les équations (6) et (7) donnent, en ayant égard à ces valeurs,

$$(10)\quad \left\{\begin{aligned} d\varepsilon &= 2\rho\,\frac{e\sin(\theta-\omega)\left[\sqrt{1-e^2}-e^2-e\cos(\theta-\omega)\right]}{[1+e\cos(\theta-\omega)]\left(1+\sqrt{1-e^2}\right)}\,ds,\\ e\,d\omega &= -2\rho\sin(\theta-\omega)\,ds.\end{aligned}\right.$$

La valeur de l'élément d'arc d'ellipse que l'on devra substituer dans les équations est

$$(11)\qquad ds = \frac{a(1-e^2)\sqrt{1+2e\cos(\theta-\omega)+e^2}}{[1+e\cos(\theta-\omega)]^2}\,d\theta.$$

En supposant que ρ soit assez petit pour que l'on puisse en négliger les puissances supérieures à la première, on intégrera ces équations en y considérant a, e, ε, ω comme des constantes; et quand ρ sera donné en fonction de r et par suite de θ, on en déduira par des quadratures ou des développements en séries les valeurs variables de a, e, ε, ω, qui devront être substituées dans les équations du mouvement elliptique.

Examen du cas où l'excentricité est très-petite. — En négligeant e et e^2 devant l'unité, il vient

$$(12)\quad \left\{\begin{array}{ll} da = -2\rho a^2 d\theta, & de = -2\rho a \cos(\theta-\omega)\,d\theta, \\ d\varepsilon = \rho a e \sin(\theta-\omega)\,d\theta, & e\,d\omega = -2\rho a \sin(\theta-\omega)\,d\theta. \end{array}\right.$$

Si l'on désigne par la caractéristique δ les parties variables des grandeurs correspondantes, on a, en intégrant,

$$(13)\quad \left\{\begin{array}{rl} \delta a = & -2\rho a^2\theta, \\ \delta e = & -2\rho a \sin(\theta-\omega), \\ \delta\varepsilon = & -2\rho a e \cos(\theta-\omega), \\ e\,\delta\omega = & 2\rho a \cos(\theta-\omega). \end{array}\right.$$

En appelant δn la variation de n ou de $\sqrt{\frac{\mu}{a^3}}$, on a

$$\delta n = -\frac{3\sqrt{\mu}}{2a^2\sqrt{a}}\,\delta a,$$

ou

$$(14)\quad \delta n = 3\rho a n\theta.$$

La résistance d'un milieu très-rare sur le mouvement d'une planète très-peu excentrique aurait donc pour effet de faire décroître indéfiniment la distance moyenne, d'augmenter le mouvement moyen et de produire, dans chacune des quantités e, ω, ε, une inégalité dont la période est la même que la révolution de cette planète. Le mouvement angulaire s'accélérerait de plus en plus en même temps que la vitesse v, car on a très-sensiblement $v = an$. En vertu de cette diminution continuelle de la distance moyenne a, qui s'élèverait à $4\pi\rho a^2$ à chaque révolution, la planète finirait nécessairement par atteindre la surface du Soleil. S'il existe dans l'espace un milieu très-rare qui influe sur le mouvement des astres, c'est sur les comètes que cette influence peut être sensible, à cause de la petitesse de leur masse et parce que, toutes choses égales d'ailleurs, le coefficient ρ varie en raison inverse de la masse du mobile. On n'a reconnu, jusqu'à présent, aucune trace d'une résistance d'un pareil milieu, sur le mouvement des comètes à retour périodique, à l'exception toutefois de celle de Encke, dont on explique quelques petites irrégularités, en admettant l'existence d'un milieu interplanétaire très-rare.

On peut expliquer la chute des aérolithes en supposant qu'à une époque très-reculée ils circulaient autour de la Terre comme des satellites, dans la partie la plus raréfiée de notre atmosphère; la distance moyenne, au centre de la Terre, d'un aérolithe allant constamment en diminuant, et d'autant plus rapidement que la densité de l'air est plus grande, il arrive naturellement un moment où le mobile vient rencontrer la surface de la Terre.

Si nous admettons que les aérolithes soient les fragments d'un satellite qui se serait brisé, ce sont les fragments les moins denses qui ont dû tomber les premiers sur la Terre.

CHAPITRE III.

MOUVEMENT D'UN POINT MATÉRIEL SUR UNE COURBE FIXE.

23. *Considérations générales.* — Lorsqu'un point matériel se meut sur une courbe fixe plane ou gauche, sous l'action d'une ou de plusieurs forces, cette courbe, par sa rigidité, détruit, neutralise l'action de toute force qui lui est normale, dont la direction est située du même côté du centre de courbure ou du côté opposé, selon que le mobile parcourt la convexité ou la concavité de la courbe. Cette composante constitue ce que l'on appelle une *pression* sur la courbe.

Il suit de là que la rigidité de la courbe produit sur le mobile le même effet qu'une force normale N égale et contraire à la résultante des pressions, et à laquelle on donne le nom de *réaction* de la courbe.

On voit ainsi que l'on est ramené à considérer le point mobile comme entièrement libre, en le supposant sollicité, indépendammen des forces qui agissent sur lui, par la réaction de la courbe, dont la grandeur et la direction seront données par la solution du problème.

Soient

$$x = F(z), \quad y = f(z)$$

les équations de la courbe. Une relation indépendante de la réaction de la courbe entre le temps et les coordonnées du mobile suffira pour exprimer chacune de ces dernières en fonction de temps, et le mouvement du point matériel sera dès lors complétement déterminé. Le principe des forces vives fournit cette relation, et, en appelant v_0 la vitesse du mobile à l'instant où l'on commence à estimer le travail des forces, v la vitesse à un instant quelconque, X, Y, Z les composantes parallèles à trois axes coordonnées de la résultante des forces qui sollicitent le mobile, on a

$$\frac{mv^2 - mv_0^2}{2} = \int (X dx + Y dy + Z dz).$$

Lorsque $X dx + Y dy + Z dz$ ne sera pas une différentielle exacte, on pourra toujours, à l'aide de quadrature, déterminer les valeurs du travail total correspondant à des valeurs de z équidistantes, et la même méthode permettra de calculer le temps; le problème peut ainsi être considéré comme résolu.

Soient

ρ le rayon de courbure de la courbe;

R_n la composante, suivant ce rayon, de la résultante R des forces qui sollicitent le mobile, en la considérant comme positive ou négative, selon qu'elle tend à éloigner ou à rapprocher le mobile du centre de courbure;

R_b la composante de R suivant la binormale [1];

N_n, N_b les composantes, suivant ρ et la binormale, de la pression totale exercée sur la courbe, égales et opposées aux mêmes composantes de la réaction de la courbe.

On a, en exprimant les conditions d'équilibre entre R, la force d'inertie et la réaction de la courbe

$$N_n = \pm \left(m\frac{V^2}{\rho} + R_n \right), \quad N_b = R_b,$$

en prenant le signe + ou le signe —, selon que le point mobile se mouvra sur la convexité ou sur la concavité de la courbe. La composante R_b déterminera en grandeur et en sens la composante binormale de la pression.

Le mouvement sur la courbe ne sera possible qu'autant que l'on obtiendra pour N_n une valeur positive, ce qui aura toujours lieu, notamment lorsque, le mobile étant assujetti à se mouvoir sur la concavité de la courbe, la composante R_n tendra à éloigner le mobile du centre de courbure. Si dans les mêmes circonstances R_n vient à changer de sens, le point

---

[1] Nous rappellerons que la *binormale* est l'axe du plan osculateur.

matériel continuera à se mouvoir sur la courbe tant que cette composante sera inférieure à la force centrifuge; mais, à partir du moment où il y aura égalité entre ces deux forces et où, à l'instant suivant, la première surpassera la seconde, le mobile s'éloignera de la courbe, se mouvra librement sous l'action de R avec la vitesse qu'il possédait en quittant la courbe.

Le mouvement sur la convexité de la courbe ne sera possible qu'autant que la composante R_n sera négative ou tendra à rapprocher le mobile du centre de courbure, et que son intensité sera supérieure à celle de la force centrifuge; et si, ces deux forces devenant égales, la seconde surpasse la première, à l'instant suivant, le mobile quittera la courbe et se mouvra librement dans des conditions analogues à celles que nous avons indiquées plus haut.

24. *Du mouvement du pendule simple dans un milieu résistant.* — Soient

l la longueur du pendule;
θ l'angle qu'il forme avec la verticale, qui doit être considéré comme positif ou négatif, selon que le pendule se trouve d'un côté ou de l'autre de la verticale de suspension;
mgR la résistance du milieu.

On a évidemment

$$l\frac{d^2\theta}{dt^2} = -g\sin\theta - gR$$

ou, en posant $\frac{g}{l} = k^2$,

$$\frac{d^2\theta}{dt^2} = -k^2(\sin\theta + R).$$

Comme nous ne considérerons que le cas des oscillations d'une faible amplitude, nous réduirons cette formule à la suivante :

$$\frac{d^2\theta}{dt^2} = -k^2(\theta + R). \tag{1}$$

Pour fixer les idées, nous supposerons qu'à l'origine du temps θ est négatif, $\frac{d\theta}{dt}$, $\frac{d^2\theta}{dt^2}$ étant alors positifs.

(*a*). *Hypothèse d'une résistance proportionnelle à la vitesse.* — Lorsqu'il s'agit de mouvements très-lents, l'expérience paraît indiquer que la résistance d'un milieu est proportionnelle à la simple vitesse pour un corps sphérique de petites dimensions. Admettons cette hypothèse et posons $R = \beta \frac{d\theta}{dt}$, β étant une constante.

L'équation (1) devient

$$(2) \qquad \frac{d^2\theta}{dt^2} + k^2\beta \frac{d\theta}{dt} + k^2\theta = 0,$$

et a pour intégrale

$$\theta = \left(A \cos k \sqrt{1 - \frac{k^2\beta^2}{4}}\, t + B \sin k \sqrt{1 - \frac{k^2\beta^2}{4}}\, t\right) e^{-\frac{k^2\beta t}{2}},$$

A et B étant deux constantes arbitraires. Or, si l'on désigne par α la valeur absolue de l'amplitude initiale, on a $\theta = -\alpha$, $\frac{d\theta}{dt} = 0$ pour $t = 0$; et, par suite,

$$(3) \quad \theta = -\alpha \left(\cos k \sqrt{1 - \frac{k^2\beta^2}{4}}\, t + \frac{1}{2} \frac{k\beta}{\sqrt{1 - \frac{k^2\beta^2}{4}}} \sin k \sqrt{1 - \frac{k^2\beta^2}{4}}\, t\right) e^{-\frac{k^2\beta t}{2}};$$

d'où

$$(4) \qquad \frac{d\theta}{dt} = \frac{\alpha k e^{-\frac{k^2\beta t}{2}}}{\sqrt{1 - \frac{k^2\beta^2}{4}}} \sin k \sqrt{1 - \frac{k^2\beta^2}{4}}\, t.$$

Ces deux dernières formules feront connaître à un instant quelconque la position du pendule et sa vitesse angulaire.

A la fin de chaque oscillation, on a $\frac{d\theta}{dt} = 0$, ce qui a lieu toutes les fois que $k \sqrt{1 - \frac{k^2\beta^2}{4}}\, t$ est un multiple de π; d'où il suit que les oscillations sont isochrones comme dans le vide, que la durée de chacune d'elles est

$$(5) \qquad T = \frac{\pi}{k \sqrt{1 - \frac{k^2\beta^2}{4}}} = \frac{\pi}{\sqrt{1 - \frac{g}{l}\frac{\beta^2}{4}}} \sqrt{\frac{l}{g}},$$

et se trouve ainsi augmentée par la résistance du milieu dans le rapport de 1 à $\sqrt{1-\frac{g}{l}\frac{\beta^2}{4}}$. Quant aux amplitudes des oscillations, elles diminuent continuellement à cause de l'exponentielle $e^{-\frac{k^2\beta t}{2}}$.

Désignons par α_n l'amplitude de la $n^{\text{ième}}$ oscillation ou posons $\theta=(-1)^{n+1}\alpha_n$ pour $t=n\mathrm{T}$; nous aurons

$$(6)\qquad \alpha_n=\alpha e^{-\frac{n\pi k\beta}{2\sqrt{1-\frac{k^2\beta^2}{4}}}};$$

de sorte que les amplitudes successives décroissent en suivant une progression géométrique dont la raison est $e^{-\frac{\pi k\beta}{2\sqrt{1-\frac{k^2\beta^2}{4}}}}$.

Tout ce qui précède suppose que $\sqrt{1-\frac{k^2\beta^2}{4}}$ est réel; autrement les sinus et cosinus seraient remplacés par des exponentielles. Or la condition $k\beta<2$ ou $\beta\sqrt{\frac{g}{l}}<2$ sera toujours remplie eu égard à la petitesse de β, à moins que l'on ne prenne des pendules extrêmement courts.

Borda a reconnu, par une expérience exécutée dans l'air, que, lorsque α ne dépasse pas $\frac{1}{3}$ de degré, les oscillations décroissent lentement en progression géométrique, et que l'amplitude ne se réduirait qu'aux $\frac{2}{3}$ environ après 1800 oscillations. On a donc, en supposant $n=1800$,

$$e^{-900\pi\frac{k\beta}{\sqrt{1-\frac{k^2\beta^2}{4}}}}=\frac{2}{3},$$

ou tout simplement, vu la petitesse de β,

$$e^{-900\pi k\beta}=\frac{2}{3};$$

d'où

$$k\beta=0{,}00014.$$

On voit, par suite, que la valeur de T diffère extrêmement peu de celle

$$T = \pi \sqrt{\frac{l}{g}},$$

qui correspond au mouvement dans le vide.

Mais, lorsque les amplitudes sont plus grandes que $\frac{1}{3}$ de degré, ce qui a lieu notamment dans les chronomètres fixes, où l'étendue des demi-oscillations varie de 4 à 8 degrés, l'observation montre qu'elles ne décroissent plus en progression géométrique; de sorte qu'il est nécessaire de faire une autre hypothèse sur la loi de la résistance, que nous supposerons dans ce qui suit proportionnelle au carré de la vitesse.

(*b*). *Hypothèse d'une résistance proportionnelle au carré de la vitesse.* — Dans ce cas, nous pourrons poser

$$R = \gamma \frac{d\theta^2}{dt^2},$$

γ étant une quantité très-petite; l'équation (1) deviendra alors

$$(7) \qquad \frac{d^2\theta}{dt^2} = -k^2\left(\theta + \gamma \frac{d\theta^2}{dt^2}\right).$$

Nous supposerons, comme cela a lieu dans la réalité, que la constante γ est assez petite pour que l'on puisse en négliger les puissances supérieures à la seconde, et nous poserons en conséquence [1]

$$\theta = \theta_0 + \gamma\theta_1 + \gamma^2\theta_2.$$

---

[1] On peut obtenir facilement une intégrale première de l'équation (7) en posant

$$u = \frac{d\theta^2}{dt^2}, \quad \text{d'où} \quad \frac{d^2\theta}{dt^2} = \frac{1}{2}\frac{du}{d\theta},$$

de sorte qu'il vient

$$\frac{du}{d\theta} + 2k^2\gamma u = -2k^2\theta,$$

équation linéaire dont l'intégrale est

$$u = \frac{d\theta^2}{dt^2} = \frac{1}{2k^2\gamma} - \theta + Ce^{2k^2\gamma\theta},$$

C étant une constante que l'on détermine par la condition $\frac{d\theta}{dt} = 0$, $\theta = -\alpha$, pour $t = 0$.

En substituant cette expression dans l'équation (7) et identifiant les termes multipliés par les mêmes puissances de γ, on trouve

$$(8)\quad \begin{cases} \dfrac{d^2\theta_0}{dt^2} = -k^2\theta_0, \\ \dfrac{d^2\theta_1}{dt^2} = -k^2\left(\theta_1 + \dfrac{d\theta_0^2}{dt^2}\right), \\ \dfrac{d^2\theta_2}{dt^2} = -k^2\left(\theta_2 + 2\,\dfrac{d\theta_0\,d\theta_1}{dt^2}\right); \end{cases}$$

et l'on satisfera aux conditions du problème en exprimant que, pour $t = 0$, on a

$$\theta_0 = -\alpha,\quad \frac{d\theta_0}{dt} = 0;$$

$$\theta_1 = 0,\quad \frac{d\theta_1}{dt} = 0;$$

$$\theta_2 = 0,\quad \frac{d\theta_2}{dt} = 0.$$

La première des équations (8) donne d'abord

$$(9)\quad \theta_0 = -\alpha\cos kt,\quad \frac{d\theta_0}{dt} = -\alpha k\sin kt,$$

et la deuxième devient, par suite,

$$\frac{d^2\theta_1}{dt^2} = -k^2\left(\theta_1 + \frac{\alpha^2k^2}{2} - \frac{\alpha^2k^2}{2}\cos 2kt\right),$$

équation linéaire dont l'intégrale est

$$(10)\quad \theta_1 = -\frac{\alpha^2k^2}{2}\left(1 + \frac{1}{3}\cos 2kt\right) + \mathrm{M}\cos kt + \mathrm{N}\sin kt,$$

M et N désignant deux constantes arbitraires, qui, étant déterminées par les conditions relatives aux limites, donnent

$$(11)\quad \theta_1 = \alpha^2k^2\left(-\frac{1}{2} - \frac{1}{6}\cos 2kt + \frac{2}{3}\cos kt\right)$$

La troisième des équations (8) donne, en vertu des conditions qu'elle doit remplir et en négligeant le cube de α,

$$\theta_2 = 0.$$

On a donc, aux termes près du troisième ordre en γ,

$$(12) \qquad \theta = -\frac{\alpha^2 k^2 \gamma}{2} - \left(\alpha - \frac{2}{3}\alpha^2 k^2 \gamma\right)\cos kt - \frac{\alpha^2 k^2 \gamma}{6}\cos 2kt.$$

Cette formule montre que la première valeur de t après zéro, qui annule $\frac{d\theta}{dt}$, est $T = \frac{\pi}{k}$, de sorte que la durée de l'oscillation est la même que si la résistance n'existait pas.

L'amplitude α_1 de la partie ascendante de l'oscillation est

$$\alpha_1 = \alpha - \frac{4}{3}\gamma\alpha^2 k^2.$$

On aurait de même, pour l'amplitude de la demi-oscillation suivante,

$$\alpha_2 = \alpha_1 - \frac{4}{3}\gamma\alpha_1^2 k^2,$$

et ainsi de suite.

La résistance supposée n'altère donc pas l'isochronisme, mais elle réduit successivement les amplitudes.

Si l'on néglige le carré de γ, les amplitudes décroissent en progression arithmétique, et le nombre des oscillations exécutées, depuis l'origine du temps jusqu'au moment où le mouvement sera anéanti, sera la plus grande solution entière de l'inégalité

$$n < \frac{3}{4}\,\frac{1}{\gamma k^2 \alpha}.$$

La durée de la partie ascendante de l'oscillation ne différera de $\frac{1}{2}\,\frac{\pi}{k}$ que d'une quantité de l'ordre γ, de sorte qu'en faisant $\theta = 0$ dans l'équation (12) et $kt = \frac{\pi}{2}$ dans les termes en γ, on aura pour calculer cette durée

$$\cos kt = -\frac{\alpha k^2 \gamma}{3},$$

d'où

$$t = \left(\frac{\pi}{2} + \frac{\alpha}{3}k^2\gamma\right)\sqrt{\frac{l}{g}}.$$

La résistance augmente donc la durée de la demi-oscillation

descendante, comme on devait le prévoir, et diminue, par conséquent, de la même quantité celle de la demi-oscillation ascendante suivante, ce qui est dû à la réduction que subit son amplitude.

Les considérations qui précèdent sont applicables au mouvement du balancier des montres et chronomètres, rendu isochrone d'après les règles posées par M. Phillips.

(*c*) *Hypothèse d'une résistance constante.* — Lorsque le pendule est monté sur couteaux, il éprouve, par suite du frottement, une résistance très-sensiblement constante pour les petites amplitudes, de même que le balancier des montres est obligé de vaincre une résistance constante due à la viscosité des huiles. Il n'est donc pas sans intérêt d'examiner l'influence d'une pareille résistance sur le mouvement du pendule.

Posons en conséquence

$$R = \beta,$$

β étant une constante. L'équation (1) devient

$$\frac{d^2\theta}{dt^2} = -k^2(\theta + \beta),$$

d'où l'on déduit immédiatement

$$(13) \qquad \left\{ \begin{aligned} \theta + \beta &= -k(\alpha - \beta)\cos kt, \\ \frac{d\theta}{dt} &= k(\alpha - \beta)\sin kt. \end{aligned} \right.$$

La première valeur de t après $t = 0$, qui annule la vitesse angulaire, est

$$(14) \qquad T = \frac{\pi}{k},$$

de sorte que la résistance considérée n'altère pas la durée de l'oscillation.

Mais en appelant α_1 la valeur correspondante de θ, c'est-à-dire l'amplitude de la demi-oscillation ascendante de l'oscillation considérée, la première des formules (13) donne

$$\alpha_1 = \alpha - 2\beta.$$

Il est clair que la durée de l'oscillation suivante sera encore donnée par la formule (14), et que l'amplitude de la partie ascendante sera

$$\alpha_2 = \alpha_1 - 2\beta = \alpha - 2.2\beta,$$

et ainsi de suite.

Il suit de là que la résistance constante n'altère pas la durée des oscillations, que le mouvement reste isochrone, mais que les amplitudes successives diminuent en progression arithmétique dont la raison est 2β; de sorte qu'au bout d'un certain temps elles seront complétement anéanties. Le nombre n d'oscillations que le pendule exécutera depuis l'origine du temps jusqu'au moment où tout mouvement aura cessé sera la plus grande solution entière de l'inégalité

$$n < \frac{\alpha}{2\beta}.$$

(*d*) *Hypothèse des deux résistances précédentes réunies.* — Dans ce cas on a

$$\frac{d^2\theta}{dt^2} = -k^2\left(\theta + \beta + \gamma\,\frac{d\theta^2}{dt^2}\right),$$

et l'on voit que les résultats auxquels on doit parvenir se déduisent de ceux du cas (*b*), en y changeant θ et $-\alpha$ en $\theta + \beta$ et $-\alpha + \beta$. Il nous paraît complétement inutile d'écrire les formules résultantes; l'essentiel à constater est que l'isochronisme n'est pas altéré.

Les amplitudes vont en diminuant suivant une loi dont on trouvera facilement l'expression analytique.

CHAPITRE IV.

MOUVEMENT D'UN POINT MATÉRIEL SUR UNE SURFACE.

25. Lorsqu'un point matériel, soumis à l'action d'une ou de plusieurs forces, est assujetti à se mouvoir sur une surface fixe, cette surface par sa rigidité détruit l'action de toute force qui lui est normale, agissant de la concavité vers la convexité ou réciproquement, selon que le mobile décrit la concavité ou la convexité de la surface.

La rigidité de la surface produit donc sur le mobile le même effet qu'une force normale N égale et contraire à la résultante des composantes normales des forces qui agissent sur ce mobile, à laquelle on donne le nom de *réaction* de la surface.

On est ainsi ramené à considérer le point mobile comme entièrement libre, en le supposant sollicité, indépendamment des forces qui agissent sur lui, par la réaction de la surface, dont la grandeur sera donnée par la solution du problème. Soit

$$z = f(x, y) \tag{1}$$

l'équation de la surface. Le mouvement du point sera complétement déterminé si l'on parvient à établir deux relations entre le temps et les coordonnées de ce point indépendantes de la réaction de la surface, et même il suffit que l'une de ces relations contienne le temps. Le principe des forces vives fournit immédiatement l'une de ces équations et donne

$$\frac{m(v - v_0^2)}{2} = \int (X\,dx + Y\,dy + Z\,dz), \tag{2}$$

et, dans le cas où le second membre sera une intégrale exacte, on pourra exprimer v ou $\frac{ds}{dt}$ en fonction de x, y, z.

Soient

ρ le rayon de courbure de la trajectoire;

θ l'angle formé par le plan osculateur à la courbe avec le plan tangent à la surface;

Γ le rayon de courbure de la section normale à la surface menée suivant la direction de v;

F_t, F_n les composantes, suivant le plan tangent et la normale à la surface, de la résultante F des forces qui sollicitent le mobile;

φ l'angle formé par F_t avec v.

On a, d'après le théorème de Meusnier,

$$\rho = \Gamma \sin\theta.$$

La force centrifuge $\frac{mv^2}{\rho}$ donne les composantes

$$m\frac{v^2}{\rho}\sin\theta = m\frac{v^2}{\Gamma}, \quad m\frac{v^2}{\rho}\cos\theta = m\frac{v^2}{\Gamma}\cot\theta,$$

suivant la normale et la perpendiculaire à v comprise dans le plan tangent; et, comme F doit faire équilibre à N et à la force d'inertie, il en résulte les relations

$$N = \pm\left(m\frac{v^2}{\Gamma} + F_n\right),$$

$$(3) \qquad m\frac{v^2}{\Gamma}\cot\theta = F_t \sin\varphi;$$

on a aussi

$$m\frac{dv}{dt} = F_t \cos\varphi,$$

qui n'est autre chose que la différentielle de l'équation (2).

Dans la première, on prendra le signe + ou le signe —, selon que le mobile se trouvera sur la concavité ou la convexité de la surface; et, de plus, on considérera F_n comme positif ou négatif, selon que cette composante sera de même sens que la composante $m\frac{v^2}{\Gamma}$ de la force centrifuge ou de sens contraire. On discuterait ici, comme dans le cas d'une courbe fixe, les conditions auxquelles $m\frac{v^2}{\Gamma}$ et F_n doivent satisfaire pour que le mouvement sur la surface soit possible.

Nous ferons remarquer que la pression sur la surface est indépendante de l'inclinaison du plan osculateur de la trajectoire sur le plan tangent et ne varie qu'en raison de la grandeur et de la direction de la vitesse v.

L'équation (3) ou la suivante

$$(3') \qquad m\frac{v^2}{\rho}\sqrt{1-\frac{\rho^2}{\Gamma^2}} = F_t \sin\varphi,$$

transformée en conséquence, donnera la relation entre x, y, z, qu'il s'agit d'obtenir. En effet, en considérant la vitesse comme déterminée en direction par les cosinus $\frac{dx}{ds}, \frac{dy}{ds}, \frac{dz}{ds}$ des angles qu'elle forme avec les trois axes coordonnés, on trouvera $F_t \sin\varphi$ en fonction de ces cosinus et de X, Y, Z, et Γ en fonction des mêmes cosinus et de x, y, z; d'ailleurs ρ s'exprime, comme on le sait, en fonction des dérivées premières et secondes des coordonnées, de sorte que le tout se réduit à des substitutions.

Dans le cas d'un potentiel, v pouvant s'exprimer indépendamment du temps, on aura une équation du second ordre entre x, y et z, ou tout simplement entre x et y, en éliminant z à l'aide de la relation (1). L'intégrale de cette équation, jointe à l'équation de la surface, déterminera complétement la forme de la trajectoire. Enfin le principe des forces vives permettra de calculer les coordonnées x, y, z en fonction du temps.

Cette manière d'opérer conduisant à des calculs assez compliqués, nous lui en substituerons une autre beaucoup plus simple, que nous donnerons ci-après.

On remarquera, d'après la formule (3), que si $F_t = 0$, ou $\varphi = 0$, c'est-à-dire si la résultante des forces qui sollicitent le mobile est normale à la surface, ou est constamment comprise dans le plan normal passant par la direction de la vitesse, on a $\theta = 90^\circ$; le plan osculateur est constamment normal à cette surface dont la trajectoire est, par suite, une ligne géodésique. Dans le premier cas, le mouvement est uniforme. S'il y a un potentiel, il est clair que le mouvement jouit des mêmes propriétés, relativement aux surfaces de niveau, que si le mobile était complétement libre sous l'action de la force F.

26. *Équations générales du mouvement d'un point sur une surface dans le cas d'un potentiel.* — Soient

x, y, z les coordonnées du mobile m au bout du temps t;
v la vitesse;
X, Y, Z les composantes parallèles aux axes de la résultante des forces qui sollicitent le mobile;
N la réaction de la surface sur m.

Posons, pour abréger,

$$\Delta_1 = \left(\frac{dF}{dx}\right)^2 + \left(\frac{dF}{dy}\right)^2 + \left(\frac{dF}{dz}\right)^2.$$

Les équations du mouvement sont

$$(4)\qquad \left\{\begin{aligned} m\frac{d^2x}{dt^2} &= X \pm \frac{dF}{dx}\frac{N}{\sqrt{\Delta_1}},\\ m\frac{d^2y}{dt^2} &= Y \pm \frac{dF}{dy}\frac{N}{\sqrt{\Delta_1}},\\ m\frac{d^2z}{dt^2} &= Z \pm \frac{dF}{dz}\frac{N}{\sqrt{\Delta_1}}.\end{aligned}\right.$$

Le double signe correspond aux deux sens de la normale, et le calcul fera connaître à chaque instant le signe qu'il conviendra de prendre.

En éliminant N entre ces trois équations, on en obtiendra deux autres qui, jointes à l'équation de la surface

$$(5)\qquad F(x, y, z) = 0,$$

feront connaître x, y, z en fonction du temps, et par suite la valeur et le sens de N.

Les calculs, généralement impraticables, se simplifieront dans le cas d'un potentiel $f(x, y, z)$. On a d'abord, d'après le principe des forces vives, l'intégrale première

$$mv^2 = 2f(x, y, z) + C, \tag{6}$$

C étant une constante arbitraire.

D'autre part, des équations (4) on déduit

$$(7)\quad \begin{cases} m\dfrac{d^2y}{dt^2}dx - m\dfrac{d^2x}{dt^2}dy = Y\,dx - X\,dy \pm \dfrac{N}{\sqrt{\Delta_1}}\left(\dfrac{dF}{dy}dx - \dfrac{dF}{dx}dy\right), \\ m\dfrac{d^2z}{dt^2}dx - m\dfrac{d^2x}{dt^2}dz = Z\,dx - X\,dz \pm \dfrac{N}{\sqrt{\Delta_1}}\left(\dfrac{dF}{dz}dx - \dfrac{dF}{dx}dz\right). \end{cases}$$

Mais en différentiant l'identité $\dfrac{dy}{dx} = \dfrac{\frac{dy}{dt}}{\frac{dx}{dt}}$, par rapport à t, on trouve

$$d\frac{dy}{dx} = \frac{\dfrac{d^2y}{dt^2}dx - \dfrac{d^2x}{dt^2}dy}{\dfrac{dx^2}{dt^2}},$$

d'où

$$\frac{d^2y}{dt^2}dx - \frac{d^2x}{dt^2}dy = v^2\frac{dx^2}{ds^2}d\frac{dy}{dx},$$

et de même

$$\frac{d^2z}{dt^2}dx - \frac{d^2x}{dt^2}dz = v^2\frac{dy^2}{ds^2}d\frac{dz}{dx}.$$

Les équations (3) deviennent ainsi

$$mv^2\frac{dx^2}{ds^2}d\frac{dy}{dx} = Y\,dx - X\,dy \pm \frac{N}{\sqrt{\Delta_1}}\left(\frac{dF}{dy}dx - \frac{dF}{dx}dy\right),$$

$$mv^2\frac{dy^2}{ds^2}d\frac{dz}{dx} = Z\,dx - X\,dy \pm \frac{N}{\sqrt{\Delta_1}}\left(\frac{dF}{dz}dx - \frac{dF}{dx}dz\right);$$

et, en éliminant N entre elles et mv^2 au moyen de la relation (6), on obtient une équation indépendante du temps, qui jointe à l'équation de la surface détermine la trajectoire.

27. *Du pendule à oscillations elliptiques.* — Considérons un pendule simple, dans le vide, peu écarté de la verticale de suspension, auquel on imprime une vitesse non comprise dans le plan vertical, de telle manière que le fil reste tendu; son extrémité, en projection horizontale, décrira une certaine courbe autour de la projection horizontale du point de suspension; cette courbe, renfermée dans un espace limité, présentera nécessairement une succession alternative de points pour lesquels les rayons vecteurs seront, en même temps que l'angle d'écart, maximum et minimum; en chacun de ces points, la vitesse de la masse du pendule sera horizontale.

Dans ce qui suit, nous considérerons comme instant initial celui qui correspond à un maximum quelconque.

Soient (*fig.* 22, p. 78)

l la longueur OB du pendule;
θ l'angle BOA qu'il forme avec la verticale OA du point O;
v la vitesse de son extrémité B au bout du temps t;
D la projection de B sur OA;
φ l'angle azimutal du plan AOB avec un plan vertical fixe Cm_v;
θ_0, v_0 les valeurs initiales de θ et v, θ_0 étant supposé un maximum, et par suite la direction de v_0 horizontale;
$k^2 = \frac{g}{l}$.

Le principe des forces vives donne

$$\frac{v^2 - v_0^2}{2g} = l(\cos\theta - \cos\theta_0).$$

Le mouvement de la droite OB peut être considéré comme résultant de deux rotations, l'une $\frac{d\varphi}{dt}$ autour de OA, l'autre $\frac{d\theta}{dt}$ autour de la perpendiculaire en O au plan AOB. Il résulte de là que la vitesse v a pour composantes

$$\text{BD}\frac{d\varphi}{dt} = l\sin\theta\frac{d\varphi}{dt}, \quad l\frac{d\theta}{dt},$$

la première étant perpendiculaire au plan AOB, et la seconde comprise dans ce plan. On a ainsi

$$v^2 = l^2\left(\sin^2\theta\frac{d\varphi^2}{dt^2}+\frac{d\theta^2}{dt^2}\right),$$

et l'équation ci-dessus devient

$$(1)\qquad \sin^2\theta\frac{d\varphi^2}{dt^2}+\frac{d\theta^2}{dt^2}=2k^2(\cos\theta-\cos\theta_0+\omega^2),$$

en posant pour simplifier

$$\frac{v_0^2}{l^2}=2k^2\omega^2,$$

d'où

$$(\alpha)\qquad v_0 = k\omega l\sqrt{2}.$$

Le point B n'étant soumis qu'à l'action de la pesanteur et à la tension du fil dirigée de B vers O, le principe des aires reçoit ici son application en projection sur le plan horizontal relativement au point C, ce qui donne

$$l^2\sin^2\theta\frac{d\varphi}{dt}=v_0 l\sin\theta_0,$$

ou

$$(2)\qquad \sin^2\theta\frac{d\varphi}{dt}=k\omega\sqrt{2}\sin\theta_0.$$

En éliminant $\frac{d\varphi}{dt}$ entre les équations (1) et (2) on trouve facilement

$$(3)\qquad dt=\mp\frac{\sin\theta\,d\theta}{k\sqrt{2}\sqrt{-(\cos\theta-\cos\theta_0)(\cos^2\theta+\omega^2\cos\theta+\omega^2\cos\theta_0-1)}}.$$

Comme dt est essentiellement positif, il faudra prendre le signe $-$ ou le signe $+$ selon que $\sin\theta\,d\theta$ sera négatif ou positif, ou que $\cos\theta$ croîtra ou décroîtra. A partir de l'instant initial, il faudra donc prendre le signe $-$ jusqu'au moment où $\frac{d\theta}{dt}$ s'annulera de nouveau.

En faisant successivement $x=1$ et $x=-1$ dans le premier membre de l'équation

$$x^2+\omega^2x+\omega^2\cos^2\theta_0-1=0,$$

on obtient des résultats de signes contraires; elle a, par suite, une racine qui, en valeur absolue, est inférieure à l'unité, ce qui devait être, puisqu'elle doit donner le cosinus d'une valeur minimum θ_1 de θ; soit x_2 l'autre racine, nous aurons

$$x_2 = -(\omega^2 + \cos\theta_1) = \frac{\omega^2 \cos\theta_0 - 1}{\cos\theta_1}, \tag{4}$$

d'où

$$\omega^2 = \frac{\sin^2\theta_1}{\cos\theta_0 + \cos\theta_1}, \tag{5}$$

$$x_2 = -\frac{1 + \cos\theta_0 \cos\theta_1}{\cos\theta_0 + \cos\theta_1}. \tag{6}$$

Les formules (2) et (3) deviennent, par suite,

$$dt = \mp \frac{\sin\theta\, d\theta}{k\sqrt{2}\sqrt{(\cos\theta - \cos\theta_0)(\cos\theta_1 - \cos\theta)\left(\cos\theta + \dfrac{1 + \cos\theta_0 \cos\theta_1}{\cos\theta_0 + \cos\theta_1}\right)}}, \tag{7}$$

$$d\varphi = k\sqrt{2}\,\frac{\sin\theta_0 \sin\theta_1}{\sqrt{\cos\theta_0 + \cos\theta_1}}\,\frac{dt}{\sin^2\theta}. \tag{8}$$

Supposons maintenant que θ_0 soit assez petit pour que l'on puisse en négliger les puissances supérieures à la quatrième; on reconnaît facilement que

$$\cos\theta - \cos\theta_0 = \frac{\theta_0^2 - \theta^2}{2}\left(1 - \frac{\theta^2 + \theta_0^2}{3.4}\right),$$

$$\cos\theta + \frac{1 + \cos\theta_0 \cos\theta_1}{\cos\theta_0 + \cos\theta_1} = 2\left(1 - \frac{\theta^2}{4}\right),$$

$$\sin\theta = \theta\left(1 - \frac{\theta^2}{2.3}\right);$$

et l'équation (7) se réduit à

$$\left\{\begin{aligned} dt &= \frac{\theta\left(1 - \dfrac{\theta^2}{2.3}\right)\left(1 - \dfrac{\theta_0^2 + \theta_1^2 + 5\theta^2}{3.4}\right)^{-\frac{1}{2}} d\theta}{\mp k\sqrt{(\theta_0^2 - \theta^2)(\theta^2 - \theta_1^2)}} \\ &= \frac{1}{k}\left(1 + \frac{\theta_0^2 + \theta_1^2}{24}\right)\frac{\theta\, d\theta}{\mp\sqrt{(\theta_0^2 - \theta^2)(\theta^2 - \theta_1^2)}} \\ &\quad + \frac{1}{24k}\,\frac{\theta^3\, d\theta}{\mp\sqrt{(\theta_0^2 - \theta^2)(\theta^2 - \theta_1^2)}}. \end{aligned}\right. \tag{9}$$

Il vient donc, en intégrant entre les limites θ_0 et θ ([1]),

$$(10)\quad \begin{cases} t = \dfrac{1}{2k}\left(1 + \dfrac{\theta_0^2 + \theta_1^2}{16}\right) \arc\cos\left(\dfrac{2\theta^2 - \theta_0^2 - \theta_1^2}{\theta_0^2 - \theta_1^2}\right) \\ \quad \pm \dfrac{1}{48k}\sqrt{(\theta_0^2 - \theta^2)(\theta^2 - \theta_1^2)}. \end{cases}$$

On se rappellera qu'il faudra prendre le signe + ou le signe —, selon qu'il s'agira du passage d'un maximum à un minimum ou d'un minimum à un maximum. Les durées t_1 et T du passage d'un maximum au minimum et au maximum suivants s'obtiendront en supposant respectivement $\theta = \theta_1$, $\theta = \theta_0$ dans la formule précédente, ce qui donne

$$t_1 = \frac{1}{2k}\left(1 + \frac{\theta_0^2 + \theta_1^2}{16}\right)\pi = \frac{\pi}{2}\left(1 + \frac{\theta_0^2 + \theta_1^2}{16}\right)\sqrt{\frac{l}{g}},$$

$$(11)\quad T = \frac{1}{k}\left(1 + \frac{\theta_0^2 + \theta_1^2}{16}\right)\pi = \pi\sqrt{\frac{l}{g}}\left(1 + \frac{\theta_0^2 + \theta_1^2}{16}\right).$$

La première de ces durées est donc moitié de la seconde.

([1]) On a

$$\int \frac{\theta\, d\theta}{\mp\sqrt{(\theta_0^2 - \theta^2)(\theta^2 - \theta_1^2)}} = \frac{1}{2}\int \frac{d.\theta^2}{\mp\sqrt{-\left(\theta^2 - \dfrac{\theta_0^2 + \theta_1^2}{2}\right)^2 + \left(\dfrac{\theta_0^2 - \theta_1^2}{2}\right)^2}}$$

$$= \frac{1}{2}\arc\cos\frac{2\theta^2 - \theta_0^2 - \theta_1^2}{\theta_0^2 - \theta_1^2};$$

$$\int \frac{\theta^3\, d\theta}{\mp\sqrt{(\theta_0^2 - \theta^2)(\theta^2 - \theta_1^2)}} = \frac{1}{2}\int \frac{\theta^2\, d.\theta^2}{\mp\sqrt{-\left(\theta^2 - \dfrac{\theta_0^2 + \theta_1^2}{2}\right)^2 + \left(\dfrac{\theta_0^2 - \theta_1^2}{2}\right)^2}}.$$

En posant

$$\theta^2 - \frac{\theta_0^2 + \theta_1^2}{2} = z,$$

la dernière intégrale devient

$$\frac{1}{2}\int \frac{d.z^2}{\mp\sqrt{-z^2 + \left(\dfrac{\theta_0^2 - \theta_1^2}{2}\right)^2}} + \frac{\theta_0^2 + \theta_1^2}{4}\int \frac{dz}{\mp\sqrt{-z^2 + \left(\dfrac{\theta_0^2 - \theta_1^2}{2}\right)^2}}$$

$$= \pm\sqrt{-z^2 + \left(\frac{\theta_0^2 - \theta_1^2}{2}\right)^2} + \frac{\theta_0^2 + \theta_1^2}{4}\arc\cos\frac{z}{\dfrac{\theta_0^2 - \theta_1^2}{2}}$$

$$= \pm\sqrt{(\theta_0^2 - \theta^2)(\theta^2 - \theta_1^2)} + \frac{\theta_0^2 + \theta_1^2}{4}\arc\cos\frac{2\theta^2 - \theta_0^2 - \theta_1^2}{\theta_0^2 - \theta_1^2}.$$

En supposant $\theta_1 = 0$, on retombe sur la valeur connue de T relative au pendule à oscillations planes. L'isochronisme des révolutions est donc moins satisfaisant que celui des oscillations planes du pendule, puisque le terme correctif $\frac{\theta_0^2 + \theta_1^2}{16}$ est supérieur à celui $\frac{\theta_0^2}{16}$, qui est relatif au pendule ordinaire dont l'écart maximum est θ_0.

Si dans l'équation (10) on néglige les termes du second ordre par rapport à l'unité, on a les formules

$$(\beta) \qquad \left\{ \begin{aligned} \cos 2kt &= \frac{2\theta^2 - \theta_0^2 - \theta_1^2}{\theta_0^2 - \theta_1^2}, \\ \theta^2 &= \theta_0^2 \cos^2 kt + \theta_1^2 \sin^2 kt. \end{aligned} \right.$$

qui sont celles que l'on trouve dans les traités de Mécanique rationnelle. En portant cette valeur de θ^2 dans le second terme de la formule (10), de manière à continuer l'approximation adoptée, on a

$$2kt = \left(1 + \frac{\theta_0^2 + \theta_1^2}{16}\right) \operatorname{arc\,cos} \frac{2\theta^2 - \theta_0^2 - \theta_1^2}{\theta_0^2 - \theta_1^2} - \frac{1}{48}(\theta_0^2 - \theta_1^2) \sin 2kt.$$

Nous donnons au terme en $\sin 2kt$ le signe $+$, parce que, d'après la formule précitée, ce terme doit être positif de $\theta = \theta_0$ à $\theta = \theta_1$, ou pour $kt < \frac{\pi}{2}$, et négatif de $\theta = \theta_1$ à $\theta = \theta_0$, etc. Il vient donc

$$\left(1 - \frac{\theta_0^2 + \theta_1^2}{16}\right) \cos\left[2kt - \frac{1}{48}(\theta_0^2 - \theta_1^2) \sin 2kt\right] = \frac{2\theta^2 - \theta_0^2 - \theta_1^2}{\theta_0^2 - \theta_1^2},$$

d'où

$$\left(1 - \frac{\theta_0^2 + \theta_1^2}{16}\right) \left[\cos 2kt + \frac{1}{48}(\theta_0^2 - \theta_1^2) \sin 2kt\right] = \frac{2\theta^2 - \theta_0^2 - \theta_1^2}{\theta_0^2 - \theta_1^2},$$

et enfin

$$(\gamma) \qquad \left\{ \begin{aligned} \theta^2 = {} & \left(\theta_0^2 - \frac{\theta_0^4 - \theta_1^4}{32}\right) \cos^2 kt + \left(\theta_1^2 + \frac{\theta_0^4 - \theta_1^4}{32}\right) \sin^2 kt \\ & + \frac{1}{96}(\theta_0^2 - \theta_1^2)^2 \sin 2kt. \end{aligned} \right.$$

Occupons-nous maintenant de la détermination de l'angle φ en fonction de θ.

Les équations (8) et (9) donnent, par l'élimination de dt,

$$d\varphi = \sqrt{2}\,\frac{\sin\theta_0 \sin\theta_1}{\sqrt{\cos\theta_0 + \cos\theta_1}}\,\frac{1}{\sin^2\theta}\left[\frac{\theta\, d\theta}{\mp\sqrt{-\left(\theta^2 - \frac{\theta_0^2+\theta_1^2}{2}\right)^2 + \left(\frac{\theta_0^2-\theta_1^2}{2}\right)^2}} + \frac{1}{24}\,\frac{\theta^3\, d\theta}{\mp\sqrt{-\left(\theta^2 - \frac{\theta_0^2-\theta_1^2}{2}\right)^2 + \left(\frac{\theta_0^2-\theta_0^2}{2}\right)^2}}\right],$$

ou, en négligeant les termes du quatrième ordre,

$$(12)\quad \left\{ d\varphi = \theta_0\theta_1\left[\frac{d\theta}{\mp\theta\sqrt{-\left(\theta^2 - \frac{\theta_0^2+\theta_1^2}{2}\right)^2 + \left(\frac{\theta_0^2-\theta_1^2}{2}\right)^2}} + \frac{3}{8}\,\frac{\theta\, d\theta}{\mp\sqrt{-\left(\theta^2 - \frac{\theta_0^2+\theta_1^2}{2}\right)^2 + \left(\frac{\theta_0^2-\theta_1^2}{2}\right)^2}}\right], \right.$$

d'où, en intégrant de θ_0 à θ (¹),

$$(13)\qquad \varphi = \operatorname{arc\,tang}\frac{\theta_1}{\theta_0}\sqrt{\frac{\theta_0^2-\theta^2}{\theta^2-\theta_0^2}} + \frac{3}{16}\,\theta_0\theta_1 \arccos\frac{2\theta^2-\theta_0^2-\theta_1^2}{\theta_0^2-\theta_1^2}.$$

Lorsque l'on néglige le second terme de cette équation, on trouve

$$(\varepsilon)\qquad \theta^2 = \frac{\theta_0^2\theta_1^2}{\theta_0^2\sin^2\varphi + \theta_1^2\cos^2\varphi}.$$

(¹) Nous avons trouvé plus haut l'intégrale du second terme de cette expression. Pour obtenir celle du premier, posons

$$(\delta)\qquad \theta^2 - \frac{\theta_0^2+\theta_1^2}{2} = \frac{\theta_0^2-\theta_1^2}{2}\cos u.$$

L'angle u croîtra respectivement de o à π et de π à 2π, lorsque θ décroîtra de θ_0 à θ_1, et croîtra ensuite de θ_1 à θ_0. On devra donc prendre, dans l'expression

$$\operatorname{tang}\frac{u}{2} = \pm\sqrt{\frac{\theta_0^2-\theta^2}{\theta^2-\theta_1^2}},$$

déduite de la formule précédente, le signe + ou le signe −, selon que θ dé-

Si l'on a égard à la première des formules (β), ce terme se réduit à

$$(\eta) \qquad \frac{3}{8}\theta_0\theta_1 kt.$$

La seconde approximation de θ s'obtient évidemment en remplaçant dans la formule (ε) φ par

$$(\lambda) \qquad \varphi' = \varphi - \frac{3}{8}\theta_0\theta_1 kt,$$

ce qui donne

$$(14) \qquad \theta^2 = \frac{\theta_0^2\theta_1^2}{\theta_1^2\sin^2\varphi' + \theta_0^2\cos^2\varphi'}.$$

Soit r le rayon vecteur de la courbe décrite par la projection horizontale de l'extrémité du pendule, et qui est très-sensiblement égal à $l\theta$, on a

$$r^2 = \frac{l^2\theta_0^2\theta_1^2}{\theta_0^2\sin^2\varphi' + \theta_1^2\cos^2\varphi'},$$

équation polaire d'une ellipse rapportée à son centre, dont l'angle polaire est φ', et les deux demi-axes $l\theta_0$, $l\theta_1$; mais φ' est l'angle que forme un rayon vecteur avec une droite qui tourne dans le sens du mouvement avec une vitesse angulaire

$$\frac{3}{8}\theta_0\theta_1 k = \frac{3}{8}\theta_0\theta_1\sqrt{\frac{g}{l}} = \frac{3}{8}\frac{\pi\theta_0\theta_1}{T}.$$

---

croîtra ou croîtra. L'intégrale dont il s'agit devient ainsi

$$\frac{1}{2}\int\frac{du}{\frac{\theta_0^2-\theta_1^2}{2}\cos u + \frac{\theta_0^2+\theta_1^2}{2}} = \frac{1}{2}\int\frac{du}{(\theta_0^2-\theta_1^2)\cos^2\frac{u}{2}+\theta_1^2}$$
$$= \frac{1}{\theta_0\theta_1}\,\text{arc tang}\,\frac{\theta_1}{\theta_0}\,\text{tang}\,\frac{u}{2}$$
$$= \frac{1}{\theta_0\theta_1}\,\text{arc tang}\,\frac{\theta_1}{\theta_0}\sqrt{\frac{\theta_0^2-\theta^2}{\theta^2-\theta_0^2}}.$$

D'autre part nous avons trouvé

$$\int\frac{\theta\,d\theta}{\mp\sqrt{-\left(\theta^2-\frac{\theta_0^2+\theta_1^2}{2}\right)^2+\frac{(\theta_0^2-\theta_1^2)^2}{2}}} = \text{arc cos}\,\frac{2\theta^2-\theta_0^2-\theta_1^2}{\theta_0^2-\theta_1^2}.$$

On voit donc, en définitive, que *la courbe décrite est une ellipse dont le plan tourne autour de son centre dans le sens du mouvement pendulaire avec la vitesse angulaire*

$$\frac{3}{8}\theta_0\theta_1\sqrt{\frac{g}{l}}.$$

On explique ainsi un phénomène physique, dont la théorie admise dans les Traités de Mécanique et qui revient, en définitive, à la considération géométrique du n° 72 de la Ire Partie, ne peut rendre compte, parce que l'approximation n'est pas poussée assez loin; de sorte que l'on arrive en vertu de l'équation (ε) à une ellipse fixe, ce qui est contraire aux faits observés.

En supposant $\theta = \theta_1$ dans l'équation (13), on obtient pour l'angle formé par deux rayons vecteurs maximum et minimum consécutifs

$$\frac{\pi}{2}\left(1+\frac{3}{8}\theta_0\theta_1\right).$$

28. *Petites oscillations d'un point pesant en équilibre stable sur une surface fixe.* — Soient

O le point le plus bas de la surface où le point matériel est en équilibre stable. En écartant très-peu de cette position le point m et lui imprimant ensuite une vitesse très-petite, il décrira une courbe dont la forme dépendra des conditions initiales du mouvement;

Ox, Oy les traces horizontales des plans principaux sur le plan tangent en O, Oz étant la normale en ce point;

ρ, ρ' les rayons de courbure correspondants, en donnant à chacun d'eux le signe qui convient au sens de la courbure;

N la réaction normale de la surface.

La surface, pour une très-petite étendue autour de O, peut, comme on le sait, être représentée par l'équation

$$2z = \frac{x^2}{\rho} + \frac{y^2}{\rho'};$$

d'où, en négligeant les termes du second ordre en $x, y, \frac{dx}{dt}, \ldots,$

$$\cos(N, x) = -\frac{x}{\rho},$$

$$\cos(N, y) = -\frac{y}{\rho},$$

$$\cos(N, z) = 1.$$

Mais on a

$$\frac{d^2x}{dt^2} = -N\cos(N, x) = -N\frac{x}{\rho}.$$

$$\frac{d^2y}{dt^2} = -N\cos(N, y) = -N\frac{y}{\rho},$$

$$\frac{d^2z}{dt^2} = -g + N\cos(N, z) = -g + N.$$

On peut donc supposer $N = g$ dans les deux premières de ces équations, ce qui donne

$$\frac{d^2x}{dt^2} = -\frac{g}{\rho}x,$$

$$\frac{d^2y}{dt^2} = -\frac{g}{\rho'}y;$$

d'où

$$x = M\cos t\sqrt{\frac{g}{\rho}} + N\sin t\sqrt{\frac{g}{\rho}},$$

$$y = M'\cos t\sqrt{\frac{g}{\rho'}} + N'\sin t\sqrt{\frac{g}{\rho'}},$$

M, N, M', N' étant des constantes dépendant de l'état initial du point m.

Supposons, par exemple, que, pour $t = 0$, y étant nul, la vitesse soit perpendiculaire à Ox ou que $\frac{dx}{dt} = 0$, on a $N = 0$. $M' = 0$ et

$$x = M\cos t\sqrt{\frac{g}{\rho}},$$

$$y = N'\sin t\sqrt{\frac{g}{\rho'}}.$$

En éliminant entre ces deux équations, on aura celle de la

projection horizontale de la courbe décrite. Si $\rho = \rho'$, on se trouve dans les conditions du pendule, et l'on a

$$\left(\frac{x}{M}\right)^2 + \left(\frac{y}{N'}\right)^2 = 1,$$

équation qui représente une ellipse, ce qui est conforme à ce que l'on a obtenu au numéro précédent.

29. *Principe de la moindre action.* — Proposons-nous de déterminer, dans le cas d'un potentiel, quelle est, parmi toutes les courbes qui passent par deux points A et B, soit dans l'espace, soit sur une surface, celle sur laquelle le mouvement d'un point mobile allant de A en B, sous l'action de forces données, satisfait à la condition de rendre minimum l'intégrale $\int mv\,ds$, m étant la masse, v la vitesse, s le chemin parcouru.

Si l'on considère la quantité de mouvement comme une force, on voit qu'il s'agit de rendre minimum le travail total de cette quantité entre les deux points A et B.

Le problème dont il s'agit dépend essentiellement du calcul des variations; on peut cependant en donner une solution par des considérations géométriques, comme nous allons le faire voir.

Remarquons, en premier lieu, qu'un arc quelconque mm' de la courbe cherchée doit satisfaire à la condition ci-dessus; car, s'il en était autrement, on pourrait remplacer mm' par l'arc mnm' satisfaisant à cette condition, et l'intégrale $\int v\,ds$ serait moindre pour la courbe Amnm'B que pour la première, ce qui serait contraire à ce que nous avons supposé.

1° *Le point peut décrire une courbe quelconque dans l'espace.* — Soient (*fig.* 35)

F la résultante des forces extérieures qui agissent sur le mobile;

mn, nm' deux éléments consécutifs de la courbe;

KH, K'H' les surfaces de niveau passant par m, n;

v, $v' = v + dv$ les vitesses suivant mn, nm'.

On voit d'abord que mnm' est compris dans le plan normal, à la surface K'H' passant par la droite mm'; car, pour un point n_1 situé dans le plan tangent, dont la projection sur le plan nor-

Fig. 35.

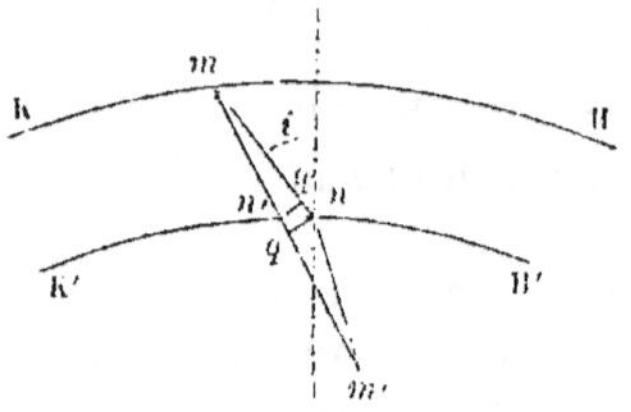

mal est n, on a évidemment

$$v.mn_1 + v'.n_1m' > v.mn + v'.nm'.$$

Soient

n' un point, infiniment voisin de n, de l'intersection de la surface K'H' avec le plan normal;

q, q' les projections de n, n' sur $m'n'$, mn;

i, i' les angles formés par mn, nm' avec la normale en n.

On a, pour exprimer que $v.mn + v'.nm'$ est un minimum,

$$v.mn' + v'.n'm' - v.mn - v'.nm' = 0$$

ou

$$v.nq' = v'.n'q;$$

or

$$v.nq' = nn'\sin i, \quad v.n'q = nn'\sin i',$$

par suite

$$v\sin i = v'\sin i',$$

ce qui exprime que la vitesse estimée dans le plan tangent reste la même dans deux éléments successifs du temps, ou que l'accélération du mobile due à la résultante R de F et de la réaction N de la courbe est normale à la surface de niveau correspondante. En vertu du principe des forces vives, le travail de R doit être égal à celui de F, et l'on a ainsi $R\,d\sigma = F\,d\sigma$, $d\sigma$ étant la portion de la normale à la surface de niveau déterminée par une surface de niveau infiniment voisine; d'où $R = F$, $N = 0$.

Donc *l'intégrale* $\int mv\,ds$ *est un minimum lorsque le mobile partant de* A *pour arriver à* B *se meut librement sous l'action des forces qui le sollicitent.*

2° *Le point mobile est assujetti à rester sur une surface.* — Le raisonnement que l'on vient de faire s'applique encore ici, en supposant que KH, K'H' soient les projections, sur le plan tangent à la surface fixe, des intersections de cette surface avec les surfaces de niveau. La composante de l'accélération du mobile dans le plan tangent est donc normale à la courbe K'H'. D'où il suit que, entre deux points donnés A, B de la surface fixe, l'intégrale $\int mv\,ds$ a une plus petite valeur, quand le mobile se meut librement sur cette surface sous l'action des forces extérieures auxquelles il est soumis, que lorsqu'on l'assujettit à parcourir toute autre courbe tracée sur la surface.

CHAPITRE V.

PRINCIPES GÉNÉRAUX DE LA MÉCANIQUE.

§ I. — *Des systèmes matériels.*

30. *Considérations générales sur les systèmes matériels et la constitution des corps.* — Un *corps* est un assemblage de *molécules*, ou points matériels, maintenues à distance par des forces qui, émanant de chacune d'elles, agissent sur les autres.

D'après le principe de l'égalité entre l'action et la réaction, ces forces dirigées suivant la droite qui joint leurs points d'application sont, deux à deux, égales et de sens contraire.

On comprend ainsi pourquoi il n'existe pas dans la nature de corps mathématiquement solides ou invariables de forme, pourquoi les corps sont plus ou moins flexibles, extensibles ou compressibles sous l'action de forces extérieures; mais comme les corps solides n'éprouvent en général que des changements de forme insensibles, on peut d'abord, comme première approximation, les considérer comme des systèmes invariables.

Nous avons déjà vu que les corps célestes s'attirent proportionnellement à leurs masses et en raison inverse du carré de la distance, en négligeant toutefois leurs dimensions par rapport à cette distance; on a été conduit à étendre cette propriété aux derniers éléments de la matière, et c'est ainsi que l'on considère la pesanteur comme la résultante des attractions exercées par toutes les molécules de la Terre sur chaque molécule des corps placés à sa surface.

Ces attractions, qui se manifestent même à de grandes distances, lorsque les corps ont des masses considérables, sont complétement négligeables par rapport aux autres actions mutuelles appelées *actions moléculaires,* dont l'intensité est très-considérable à des distances extrêmement faibles, et décroît très-rapidement lorsque la distance augmente.

Pour expliquer les différents états des corps, on admet que les molécules des corps sont soumises également à des répulsions mutuelles dues au calorique, qui décroissent aussi quand la distance augmente, quoique cette hypothèse ne soit plus d'accord avec les idées qui prévalent maintenant sur la nature de la chaleur, comme nous le verrons en *Thermodynamique;* mais on peut la conserver en considérant, si l'on veut, les répulsions dont il s'agit comme des forces fictives capables de produire les effets observés.

Il nous suffit maintenant d'avoir égard à la résultante des actions attractives et répulsives exercées sur une molécule par chacune des autres. Si l'on appelle m, m' les masses de deux molécules, r leur distance, on est conduit, par un raisonnement semblable à celui du n° 8, à représenter par $mm'f(r)$ l'action mutuelle totale de ces deux molécules, $f(r)$ étant une certaine fonction de la distance indépendante des masses et qui nous est inconnue. Dans les solides, l'action totale d'une molécule sur une autre est attractive, et c'est ce qui donne lieu à la *cohésion* et à l'*élasticité;* mais dès que l'on a fait éprouver à ces corps des extensions ou compressions même très-faibles par rapport à leurs dimensions propres, ou que l'on a écarté ou rapproché les molécules constituantes de quantités extrêmement petites par rapport à leurs intervalles, ces forces attractives n'étant plus suffisantes pour neutraliser l'action des forces extérieures, la rupture se produit.

On conçoit que l'on puisse assigner une limite r_1 à la distance au delà de laquelle un point matériel d'un corps n'exerce plus d'action appréciable sur un autre point m' de ce corps; de sorte que les actions mutuelles exercées par les molécules du corps sur m se réduisent à celles qui sont comprises dans la sphère de rayon r_1 et de centre m, qui a reçu le nom de *sphère d'activité.* Relativement à m, on peut faire abstraction de toute la partie du corps extérieure à la sphère d'activité.

Dans les liquides, les actions moléculaires mutuelles résultantes sont à peu près nulles, quoique attractives; dans les gaz, elles sont répulsives.

31. *Masse d'un système matériel.* — La masse d'un système matériel est la somme des masses des points qui le constituent.

Soit V le volume d'un corps dont la masse est M; ce corps est *homogène* si, en chacun de ses points, la masse comprise sous l'unité de volume est *constante;* cette masse, représentée par le rapport $\frac{M}{V} = D$, est ce que l'on appelle la *densité* du corps. Si donc on connaît la densité d'un corps, on en aura la masse en multipliant le volume par cette densité.

32. *Hypothèse sur la continuité des corps.* — Nous n'apprécions que des corps dont les dimensions sont tellement grandes, par rapport aux distances intermoléculaires, que l'on peut supposer leurs volumes divisés en parties assez petites pour que, tout en renfermant un grand nombre de molécules, on puisse les regarder comme des éléments de volume, ce qui revient à considérer, d'une manière abstraite, la matière comme continue.

Un corps est *hétérogène* lorsque la densité varie d'un élément de volume à un autre.

33. *De la pression dans les systèmes matériels.* — Concevons un plan indéfini PP_1, qui divise en deux parties (A) et (A′) un système de points matériels, et dans ce plan un élément superficiel ω; soient m, m' deux points matériels appartenant respectivement à (A) et (A′), choisis de telle manière que la droite mm' traverse ω. La masse m sera soumise, comme nous l'avons vu, de la part de la masse m', à l'action d'une certaine force attractive ou répulsive dirigée suivant mm'; toutes les forces moléculaires pareilles provenant de (A′), traversant ω et supposées transportées parallèlement à elles-mêmes en un point O de cet élément, auront une certaine résultante que l'on pourra représenter par $p\omega$, et qui est ce que l'on nomme la *pression élémentaire* exercée par (A′) sur l'élément ω; la quantité p ou la *pression sur ω rapportée à*

l'unité de surface est ce que l'on appelle tout simplement la *pression* au point O du plan PP_1. La pression p peut se décomposer en deux autres forces, dont l'une p_n est dirigée, suivant la normale ON, au plan PP_1, et l'autre p_t, dite *tangentielle,* est comprise dans ce plan.

On voit de suite que la pression élémentaire $p\omega$ n'est autre chose que l'effort extérieur que l'on devrait exercer sur ω, sans changer les conditions de (A), si l'on venait à supprimer la portion de (A') qui agit moléculairement à travers cet élément; il est clair d'ailleurs, par suite de l'égalité deux à deux et de sens contraire des actions mutuelles des molécules telles que m, m', que la pression exercée par (A) sur (A') en O est égale à p et de sens contraire.

Si les molécules de (A) et (A') sont symétriquement groupées autour de la direction de ON, on dit que le système matériel est *isotrope* par rapport à cette droite; il est clair que dans ce cas $p_t = o$ ou que la pression est normale à PP_1.

Si, quelle que soit l'orientation de ON, on observe la même symétrie, le corps est *isotrope* autour du point O, et la pression est constante, quelle que soit l'orientation de l'élément ω, et de plus normale à cet élément.

34. *Corps solides.* — Dans un corps solide à l'état naturel, qu'il soit isotrope ou non, homogène ou non homogène, et qui n'est soumis à aucune force extérieure, la pression sur tout élément plan passant par un point quelconque de ce corps est nécessairement nulle. Sous l'action de forces extérieures, il se développe, en chaque point de la masse, des pressions normales et tangentielles, variables avec l'orientation de l'élément superficiel ω passant par ce point, et également variables d'un point à un autre pour une même orientation.

Ces pressions, lorsque l'intensité des forces extérieures n'atteint pas la limite au delà de laquelle la constitution d'un corps serait altérée, ne sont que des résultantes élastiques dont nous n'avons pas à nous occuper quant à présent. Nous ferons toutefois remarquer qu'il peut arriver que p_n ne soit pas dirigée suivant la portion de la normale comprise dans (A), ou que la pression normale devienne négative, ou encore qu'elle devienne une *traction;* c'est ce qui a lieu notamment lorsqu'on soumet un fil métallique, fixé par une extrémité, à l'action d'un poids adapté à l'autre extrémité.

Si deux corps solides (A) et (A') soumis à des forces extérieures sont en contact, et si l'on considère l'un de leurs points de contact *a*, la surface de contact autour de ce point doit avoir une certaine étendue, quoique ayant des dimensions très-petites, par suite de la compressibilité de la matière; cette surface peut, sans erreur appréciable, être considérée comme se confondant avec le plan tangent commun aux deux surfaces supposées indéformables.

Si nous désignons par P la résultante des pressions élémentaires $p\omega$ exercées par (A) sur (A') ou, si l'on veut, l'action du premier de ces corps sur le second, cette force se décompose en deux, l'une P_n dirigée suivant la normale commune, l'autre P_t comprise dans le plan tangent. La composante tangentielle détermine ce que l'on appelle le *frottement*, lorsqu'il y a glissement ou tendance au glissement de (A') sur (A) [1].

---

[1] On peut se rendre compte de la manière suivante de la déformation éprouvée par deux corps homogènes en contact, qui ne tendent pas à glisser l'un sur l'autre, en considérant le cas de deux sphères O, O' (*fig.* 36) de même nature, de rayon R, R', le premier étant supposé plus petit que le second ; soit J

Fig. 36.

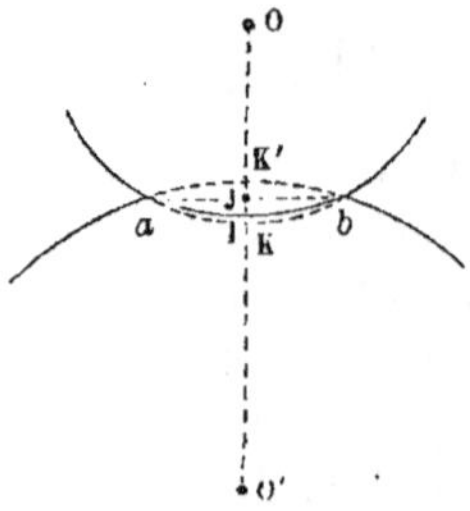

le centre du petit cercle *ab*. Le contact aura lieu suivant une petite calotte sphérique *aIb*, qui opposera sa convexité au point O'; la pression sur un élément de la base $d\omega$ de cette calotte, exercée par la sphère O', peut être considérée comme étant proportionnelle à la différence des ordonnées de la calotte sphérique *aKb*, de rayon R, et de *aIb*, c'est-à-dire à la portion *h* de la

Nous verrons plus tard que, dans un grand nombre de cas, on peut, comme première approximation, négliger P_t devant P_n, et c'est ce que l'on suppose en Mécanique rationnelle. Nous supposerons donc, jusqu'à nouvel ordre, que l'action mutuelle de (A) et (A') est dirigée suivant la normale commune en ce point.

Une surface fixe sur laquelle un point matériel est assujetti à se mouvoir ne pouvant être que la surface d'un corps solide, on comprend pourquoi nous avons supposé *à priori* que la *réaction* d'une pareille surface sur le point mobile lui est nor-

---

parallèle à OO' limitée par ces deux surfaces. Nous la représenterons par $\mu h d\omega$, μ étant une constante. La somme de toutes les pressions semblables, qui sont toutes sensiblement parallèles, ou la pression totale exercée par la sphère O' sur la sphère O, sera, par suite,

$$P = \mu \int h\, d\omega = \mu \,\text{vol.}\, aKbI = \mu(\text{vol.}\, aKb - \text{vol.}\, aIb).$$

Or les volumes aKb, aIb sont évidemment proportionnels à $\pi \overline{aJ}^2 \times JK$, $\pi \overline{aJ}^2 \times IJ$; de sorte qu'en appelant λ une autre constante on peut écrire tout simplement

$$P = \lambda \overline{aJ}^2 (JK - IJ).$$

Or

$$\overline{aJ}^2 = JK(2R - JK) = 2R.JK,$$

en négligeant la très-petite longueur JK devant $2R$; ρ étant le rayon de aIb, on a de même

$$\overline{aJ}^2 = 2\rho IJ$$

et

$$P = \frac{\lambda \overline{aJ}^4}{2}\left(\frac{1}{R} - \frac{1}{\rho}\right).$$

On trouverait de la même manière, pour la pression exercée par la sphère O sur la sphère O',

$$P = \frac{\lambda \overline{aJ}^4}{2}\left(\frac{1}{\rho} + \frac{1}{R'}\right),$$

d'où

$$\frac{1}{\rho} = \frac{1}{2}\left(\frac{1}{R} - \frac{1}{R'}\right),$$

ce qui exprime que la courbure de la surface de contact est la demi-différence des courbures des deux sphères. Si $R = R'$, on a $\rho = \infty$, comme cela devait être.

male. Une ligne fixe est en général l'intersection des surfaces de deux corps solides, et sa réaction, sur un point assujetti à la parcourir, lui est normale, puisqu'elle est la résultante des réactions des deux surfaces.

35. *Des liquides.* — Les liquides, comme nous l'avons déjà fait remarquer, sont des assemblages de molécules douées d'une plus ou moins grande mobilité et qui se déplacent sous l'action de faibles efforts. Les liquides se divisent en deux classes : 1° ceux qui ne peuvent subsister sans être soumis à une pression exercée par des corps étrangers sur la surface qui les limite, exemples : l'eau, l'éther, etc.; 2° ceux qui peuvent au contraire exister dans le vide : telles sont les huiles fixes; ces derniers sont généralement visqueux, tandis que les premiers sont très-fluides.

La compressibilité est extrêmement faible dans les liquides, c'est-à-dire que pour produire des diminutions relativement petites des intervalles intermoléculaires il faut développer des pressions énormes. Mais comme, en définitive, la densité en chaque point de la masse n'éprouve, dans les phénomènes ordinaires, que des variations insensibles, on peut la considérer comme constante; d'où cette dénomination, trop absolue, de *fluides incompressibles* donnée aux liquides.

Si, dans certaines conditions d'équilibre, un liquide est isotrope, l'isotropie ne doit pas cesser d'avoir lieu lorsque, en faisant intervenir d'autres forces, il s'établit un nouvel état d'immobilité de ses molécules. De sorte que, dans un liquide, la pression est normale à l'élément plan correspondant, et est la même pour tous les éléments passant par le même point. C'est ce qui constitue le *principe de l'égalité de pression* dans tous les sens dû à Pascal. Mais, à l'état de mouvement, la symétrie des molécules autour d'un même point n'existant plus, il se développe des composantes tangentielles donnant lieu à des *frottements.* C'est à des composantes de même nature, développées lorsqu'on cherche à produire un dérangement dans le système moléculaire, qu'est due ce que l'on appelle la *viscosité,* à peu près nulle dans certains liquides, mais qui est loin d'être négligeable dans d'autres.

36. *Des gaz.* — Les gaz permanents sont soumis à la loi de Mariotte, c'est-à-dire que, lorsque la température est constante, la pression varie en raison inverse du volume. Pour la température, ils suivent la loi de Gay-Lussac.

A l'état de repos, les gaz sont isotropes et le principe de Pascal leur est applicable. Quand ils sont en mouvement, il se produit dans leur masse des composantes tangentielles comme dans les liquides.

37. *Des états intermédiaires.*— Lorsqu'on soumet un corps solide à une température suffisamment élevée, ou il devient immédiatement liquide sans transition, ainsi que cela a lieu pour la glace, ou il n'arrive à cet état qu'en passant graduellement par tous les intermédiaires entre les états solide et liquide, ce qui a lieu généralement pour les métaux. Tous ces intermédiaires constituent ce que l'on appelle l'*état pâteux*. D'abord la matière n'est pas suffisamment fluide pour qu'une impression produite sur sa surface par un corps étranger disparaisse complétement quand le contact avec ce corps vient à cesser; mais, à une température suffisamment élevée, on obtient un liquide visqueux qui jouit des propriétés énoncées plus haut.

Les vapeurs n'obéissent aux lois des gaz permanents que lorsque, sous la même pression, elles sont portées à une température supérieure à celle qui correspond au point de saturation. On peut expliquer ce fait en considérant la vapeur saturée comme formée par un gaz permanent contenant dans sa masse un système cloisonné semblable à celui que l'on obtient en soufflant au moyen d'un chalumeau dans de l'eau de savon ou une dissolution de glycérine. A mesure que l'on élève la température, la pression restant constante, l'eau des cloisons se vaporise et finit par disparaître.

A l'état d'équilibre de température, l'isotropie doit être admise pour les corps pâteux et les vapeurs provenant de corps homogènes, comme pour les liquides et les gaz.

38. Théorèmes de M. Bertrand.— Les systèmes matériels en mouvement, quelle que soit leur nature, jouissent de deux propriétés curieuses que nous croyons devoir faire connaître ici.

1° *Dans un système moléculaire en mouvement, il existe à chaque instant et en chaque point de la masse un ou trois éléments plans dont les molécules se transportent dans un temps infiniment petit dans un plan parallèle à cet élément.*

En admettant qu'un pareil élément ω existe au point A, rapporté à trois axes rectangulaires Ox, Oy, Oz, soient

x, y, z ses coordonnées;
α, β, γ les angles que forme sa normale N avec ces axes;
U la composante de la vitesse V suivant cette droite, qui, par hypothèse, est la même pour tous les points de ω;
u, v, w les projections de V sur Ox, Oy, Oz.

Nous aurons

$$U = u\cos\alpha + v\cos\beta + w\cos\gamma.$$

Si les coordonnées $x+\xi$, $y+\eta$, $z+\zeta$ se rapportent à un point quelconque de ω, on a, pour exprimer que N est perpendiculaire à cet élément,

$$\xi\cos\alpha + \eta\cos\beta + \zeta\cos\gamma = 0,$$

et comme la vitesse U a la même valeur pour le point et A, il faut, en négligeant les secondes puissances de ξ, η, ζ, que

$$\frac{dU}{dx}\xi + \frac{dU}{dy}\eta + \frac{dU}{dz}\zeta = 0,$$

d'où, pour les équations du problème, entre les inconnues α, β, γ,

$$\frac{\frac{dU}{dx}}{\cos\alpha} = \frac{\frac{dU}{dy}}{\cos\beta} = \frac{\frac{dU}{dz}}{\cos\gamma},$$

ou

$$(1)\quad \left\{\begin{aligned} &\frac{\cos\alpha\frac{du}{dx} + \cos\beta\frac{dv}{dx} + \cos\gamma\frac{dw}{dx}}{\cos\alpha} \\ &= \frac{\cos\alpha\frac{du}{dy} + \cos\beta\frac{dv}{dy} + \cos\gamma\frac{dw}{dy}}{\cos\beta} \\ &= \frac{\cos\alpha\frac{du}{dz} + \cos\beta\frac{dv}{dz} + \cos\gamma\frac{dw}{dz}}{\cos\gamma} = S, \end{aligned}\right.$$

S désignant une inconnue auxiliaire. Pour que ces trois équations soient compatibles, il faut que

$$(2)\quad \left\{\begin{aligned} &\left(\frac{du}{dx}-S\right)\left(\frac{dv}{dy}-S\right)\left(\frac{dw}{dz}-S\right)\\ &\quad-\left(\frac{du}{dx}-S\right)\frac{dv}{dz}\frac{dw}{dy}-\left(\frac{dv}{dy}-S\right)\frac{dw}{dx}\frac{du}{dz}\\ &\quad-\left(\frac{dw}{dz}-S\right)\frac{du}{dy}\frac{dv}{dx}+\frac{du}{dy}\frac{dv}{dz}\frac{dw}{dx}+\frac{du}{dz}\frac{dv}{dx}\frac{dw}{dy}=0. \end{aligned}\right.$$

Cette équation en S étant du troisième degré aura une ou trois racines réelles à chacune desquelles correspondra une solution du problème.

Supposons maintenant que l'on prenne le plan xOy parallèle à la direction de l'élément que détermine la racine ou l'une des racines réelles de l'équation (2). Les équations (1) devant être vérifiées par $\gamma=0$, $\alpha=\beta=90°$, il faut que

$$\frac{dw}{dx}=0,\quad \frac{dw}{dy}=0;$$

l'équation (2) est alors satisfaite par

$$S=\frac{dw}{dz},$$

valeur qui correspond au plan xOy, et ses deux autres racines sont

$$(3)\qquad S=\frac{1}{2}\left(\frac{du}{dx}+\frac{dv}{dy}\right)\pm\sqrt{\frac{1}{4}\left(\frac{du}{dx}-\frac{dv}{dy}\right)^2+\frac{du}{dy}\frac{dv}{dx}},$$

et seront toujours réelles lorsque $\dfrac{du}{dy}$ et $\dfrac{dv}{dx}$ seront de même signe.

Si les trois éléments qui satisfont à la question sont rectangulaires, on peut prendre les plans coordonnés parallèles à leurs directions, et, comme les équations (1) doivent être vérifiées par $\alpha=90°$, $\beta=90°$, $\gamma=0$, il faut que les dérivées partielles de chaque composante de la vitesse par rapport à l'une et l'autre des deux autres coordonnées soient nulles, de sorte que $u\,dx+v\,dy+w\,dz$ est une différentielle exacte des coordonnées.

2° *Du mouvement estimé dans le plan de l'élément.*

Supposons que l'on fasse coïncider le plan xOy avec celui de ω.

Soient

m la molécule qui se trouve au point A, dont les coordonnées sont x, y;

$x+\xi$, $y+\eta$ celles d'une autre molécule m' qui traverse en même temps l'élément ω;

θ l'inclinaison de la droite mm' sur Ox, définie par $\tang\theta = \frac{\eta}{\xi}$.

Au bout du temps dt les coordonnées de m, m' sont devenues

$$x + u\,dt, \quad y + v\,dt;$$

$$x+\xi+\left(u+\frac{du}{dx}\xi+\frac{du}{dy}\eta\right)dt, \quad y+\eta+\left(v+\frac{dv}{dx}\zeta+\frac{dv}{dy}\eta\right)dt,$$

et $\tang\theta$,

$$\frac{\eta+\left(\frac{dv}{dx}\xi+\frac{dv}{dy}\eta\right)dt}{\xi+\left(\frac{du}{dx}\xi+\frac{du}{dy}\eta\right)dt} = \tang\theta\left[1+\left(\frac{dv}{dy}-\frac{du}{dx}-\frac{du}{dy}\tang\theta\right)dt\right]+\frac{dv}{dx}dt.$$

Donc

$$\frac{d\tang\theta}{dt} = \frac{1}{\cos^2\theta}\frac{d\theta}{dt} = \left(\frac{dv}{dy}-\frac{du}{dx}\right)\tang\theta - \frac{du}{dy}\tang^2\theta + \frac{dv}{dx},$$

et

$$(4) \qquad \frac{d\theta}{dt} = \cos^2\theta\frac{dv}{dx} + \sin\theta\cos\theta\left(\frac{dv}{dy}-\frac{du}{dx}\right) - \frac{du}{dy}\sin^2\theta.$$

Posant

$$\frac{d\theta}{dt} = \frac{1}{\pm R^2}, \quad X = R\cos\theta; \quad Y = R\sin\theta,$$

il vient

$$X^2\frac{dv}{dx} + XY\left(\frac{dv}{dy}-\frac{du}{dx}\right) - Y^2\frac{du}{dy} = \pm 1,$$

équation qui représente une ellipse ou deux hyperboles, dont X et Y sont les coordonnées et R le rayon vecteur.

Dans le premier cas, toutes les droites issues du centre de

l'ellipse tournent dans le même sens; dans le second, les vitesses angulaires sont nulles pour les asymptotes, et de sens contraires pour les molécules situées dans deux angles adjacents formés par ces droites; mais alors les racines de l'équation (3) sont réelles; de sorte qu'il existe un parallélépipède élémentaire, dont les faces pour un déplacement infiniment petit restent parallèles à elles-mêmes.

39. *Du centre de masse ou de gravité.* — Soient

$x, y, z, x', y', z', \ldots$ les coordonnées parallèles à trois axes rectangulaires Ox, Oy, Oz des points matériels $m, m', \ldots$ d'un système dont la masse totale est

$$M = m + m' + \ldots = \Sigma m;$$

x_1, y_1, z_1 les coordonnées d'un point G déterminées par les équations

$$(1) \quad \begin{cases} Mx_1 = mx + m'x' + \ldots = \Sigma mx, \\ My_1 = my + m'y' + \ldots = \Sigma my, \\ Mz_1 = mz + m'z' + \ldots = \Sigma mz. \end{cases}$$

Supposons que l'on veuille rapporter G, m, m',... à trois axes parallèles aux premiers, et soit a l'abscisse de la nouvelle origine, on a identiquement

$$Ma = am + am' + \ldots,$$

et, par suite,

$$M(x_1 - a) = m(x - a) + m'(x' - a) = \ldots = \Sigma m(x - a),$$

d'où il suit que, pour les nouveaux axes, le point G jouit encore de la propriété exprimée par les équations (1) qui ont servi à le déterminer.

Il en est encore de même quelle que soit l'orientation des axes autour du point O; car concevons que ce point soit sollicité par des forces $m.\overline{Om}$, $m'.\overline{Om'}, \ldots$, dirigées de O vers $m, m' \ldots$ La projection de leur résultante R sur Ox, par exemple, étant Σmx ou Mx_1, il s'ensuit que G est situé sur la direction de R à une distance de l'origine donnée par

$$r_1 = \frac{R}{M}.$$

Ainsi donc, quel que soit le choix des axes coordonnés, les équations (1) définissent un point unique auquel on a donné le nom de *centre de masse ou de gravité*. On verra plus loin d'où vient cette dernière dénomination.

Les produits tels que mx, $m'x'$,... sont ce que l'on appelle les *moments* des masses m, m',... par rapport au *plan des moments* zOy; Mx_1 est aussi le *moment, par rapport au même plan, du centre de gravité du système où l'on supposerait toute la masse concentrée.*

Si les masses m, m',... sont toutes situées dans un même plan ou sur une même droite, leur centre de gravité est situé dans ce plan ou sur cette droite. Cela résulte immédiatement des équations (1), en supposant que l'on fasse coïncider xOy ou Oz avec le plan ou la droite.

Les mêmes équations montrent aussi que : *pour les systèmes semblables et semblablement situés, les centres de gravité sont des points homologues.*

40. *Centre de gravité de deux systèmes dont on connaît les centres de gravité respectifs. — Construire le centre de gravité d'un système.* — Supposons que l'on connaisse les centres de gravité G_1, G_2 de deux systèmes matériels de masses $M_1 = \Sigma m_1$, $M_2 = \Sigma m_2$, et que l'on veuille déterminer le centre de gravité G de la masse totale $M = M_1 + M_2$. Pour simplifier, nous ferons coïncider G_1 avec l'origine O et G_1G_2 avec Ox; la première des équations (1) donne immédiatement

$$M.GG_1 = M_2.G_2G_1,$$

d'où, en remplaçant M par sa valeur,

$$M_1.GG_1 = M_2.GG_2;$$

c'est-à-dire que le centre de gravité G divise la distance des points G_1, G_2 en raison inverse des masses où elles peuvent être censées concentrées.

Pour construire le centre de gravité du système m, m', m'',..., on peut donc s'y prendre ainsi qu'il suit : on divisera la distance mm', au point a, en deux segments ma, am' proportionnels à m' et m; a sera le centre de gravité de $m+m'$; on divisera de même am'' en deux segments ab, bm'' proportionnels à m'' et $m+m'$; b sera le centre de gravité de $m+m'+m''$, et ainsi de suite jusqu'au moment où l'on sera arrivé au centre de gravité de tout le système.

Ce mode de composition ne diffère en rien de celui des rotations de même sens autour d'axes parallèles (36, Ire Partie).

41. *Propriétés mécaniques du centre de gravité.* — Par la différentiation, la première des équations (1) donne les suivantes :

$$(2)\qquad \begin{cases} M\dfrac{dx_1}{dt} = \Sigma m\dfrac{dx}{dt}, \\ M\dfrac{d^2x_1}{dt^2} = \Sigma m\dfrac{d^2x}{dt^2}, \end{cases}$$

qui expriment que, en projection sur un axe, la somme des quantités de mouvement ou des forces d'inertie des différents éléments du système matériel est égale à la quantité de mouvement ou à la force d'inertie du centre de gravité où toute la masse serait concentrée, ce qui signifie en d'autres termes que :

1° *Si l'on transporte parallèlement à elles-mêmes au centre de gravité les quantités de mouvement ou les forces d'inertie du système, leur résultante est la quantité de mouvement ou la force d'inertie du centre de gravité où toute la masse serait concentrée.*

La première des équations (2), mise sous la forme

$$(3)\qquad \Sigma m\frac{d}{dt}(x-x_1)=0,$$

exprime que, en projection sur un axe, la somme des quantités de mouvement de m, m',..., dues à leurs vitesses relatives par rapport au centre de gravité, est constamment nulle; ou encore que :

2° *Les quantités de mouvement des éléments du système, dues à leurs vitesses relatives par rapport au centre de gravité, considérées comme les forces transportées parallèlement à elles-mêmes à ce centre, s'y font équilibre.*

Soient

z_0, z'_0,... les distances respectives à un plan horizontal des masses *m*, *m'*,..., supposées soumises uniquement à l'action de la pesanteur au bout du temps *t*;

z, *z'*,... ce que deviennent les distances à une autre époque.

Entre les deux époques les travaux développés par la pesanteur sur *m*, *m'*,... seront

$$mg(z - z_0),\quad m'g(z' - z'_0),\ldots,$$

et leur somme ou le travail total développé sur toute la masse par la pesanteur,

$$g(\Sigma mz - \Sigma mz_0) = g[Mz_1 - M(z_1)_0] = Mg[z_1 - (z_1)_0],$$

$(z_1)_0$, z_1 étant les coordonnées du centre de gravité de M aux deux instants précités. Le produit M*g* est, pour un motif que nous ferons connaître ultérieurement, ce que l'on appelle le *poids total* du système. Donc :

3° *Le travail développé par la pesanteur sur un système matériel est le même que si toute sa masse s'était concentrée en son centre de gravité.*

Supposons que, à un instant quelconque, M se compose de deux parties M_1 et M_2; que, à un autre instant, M puisse être considéré comme se composant de deux autres parties M'_1, M'_2 respectivement équivalentes aux précédentes, mais de manière que les centres de gravité de M_1 et M'_1 coïncident. On reconnaît sans peine, en prenant les moments par rapport à un plan horizontal, que, *dans l'intervalle considéré, le travail dû à la pesanteur agissant sur* M *est le même que si* M_2 *était venu se transporter en* M'_2.

4° *La somme des forces vives d'un système matériel est égale à la force vive du centre de gravité où toute la masse serait concentrée, augmentée de la somme des forces vives dues au mouvement relatif du système par rapport à ce centre.* (Théorème attribué à Kœnig.)

Soient *x'*, *y'*, *z'* les coordonnées de la masse *m* par rapport à trois axes mobiles G*x'*, G*y'*, G*z'* passant par le centre de gravité, et qui restent constamment parallèles aux trois axes fixes. On a

$$x = x_1 + x', \quad y = y_1 + y', \quad z = z_1 + z',$$
$$\frac{dx}{dt} = \frac{dx_1}{dt} + \frac{dx'}{dt}, \quad \frac{dy}{dt} = \frac{dy_1}{dt} + \frac{dy'}{dt}, \quad \frac{dz}{dt} = \frac{dz_1}{dt} + \frac{dz'}{dt};$$

d'où, pour la force vive du système,

$$\Sigma m\left(\frac{dx^2}{dt^2} + \frac{dy^2}{dt^2} + \frac{dz^2}{dt^2}\right)$$
$$= M\left(\frac{dx_1^2}{dt^2} + \frac{dy_1^2}{dt^2} + \frac{dz_1^2}{dt^2}\right) + 2\frac{dx_1}{dt}\Sigma m\frac{dx'}{dt} + \ldots + \Sigma m\left(\frac{dx'^2}{dt^2} + \frac{dy'^2}{dt^2} + \frac{dz'^2}{dt^2}\right)$$

Soient

V la vitesse du point m;
W la vitesse relative par rapport au centre de gravité;
V_1 la vitesse de ce centre.

En remarquant que $\Sigma m x' = 0$, d'où $\Sigma m \dfrac{dx'}{dt} = 0, \ldots$, l'équation ci-dessus devient

$$\Sigma m V^2 = MV_1^2 + \Sigma m W^2,$$

résultat conforme à l'énoncé.

42. *Moments d'inertie.* — La somme des produits des masses des molécules, qui constituent un système matériel, par les carrés de leurs distances respectives à un axe, est ce que l'on appelle le *moment d'inertie du système par rapport à l'axe.*

Les moments d'inertie jouant un rôle très-important en Mécanique, nous allons dès à présent en étudier les principales propriétés.

43. *Relations entre les moments d'inertie par rapport à deux axes parallèles.* — Soient (*fig.* 37)

Oz, $O'z'$ deux axes parallèles;
$OO'x$ la perpendiculaire abaissée d'un point O de Oz sur $O'z'$;
Oy la perpendiculaire en O au plan des deux axes;

n la projection d'un point m du système matériel sur le plan yOx;
np la perpendiculaire abaissée de n sur Ox;
$nO = r$, $nO' = r'$ les distances de n ou m à Oz, $O'z'$;
$a = OO'$, $Op = x$;
$M = \Sigma m$ la masse totale du système;
x_1, x les coordonnées, parallèles à Ox, du centre de gravité de cette masse et du point m.

Fig. 37.

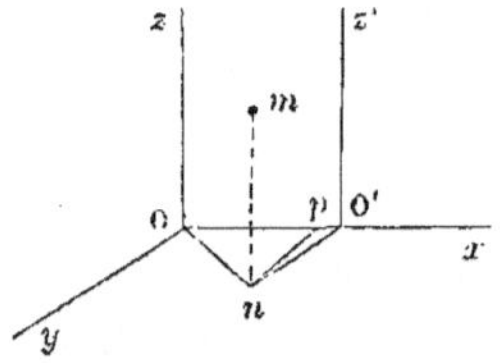

Le triangle OnO' donne

$$r'^2 = r^2 + a^2 - 2ax.$$

En multipliant cette égalité par la masse m et faisant la somme des équations analogues à celle qui est ainsi obtenue, pour tous les points du système, on trouve

$$\Sigma mr'^2 = \Sigma mr^2 + Ma^2 - 2a\Sigma mx = \Sigma mr^2 + Ma^2 - 2Max_1.$$

De sorte que, si l'on connaît le moment d'inertie Σmr^2 autour d'un axe Oz, on pourra facilement calculer le moment d'inertie par rapport à un axe quelconque $O'z'$ parallèle au précédent.

Si Oz passe par le centre de gravité du système, on a $x_1 = 0$; par suite

$$\Sigma mr'^2 = \Sigma mr^2 + Ma^2.$$

Ainsi donc : *le moment d'inertie d'un système matériel par rapport à un axe est égal au moment d'inertie relatif à un axe parallèle au premier, passant par le centre de gravité, augmenté du produit de la masse totale par le carré de la distance des deux axes.*

Il suit de là que le plus petit des moments d'inertie par rapport aux axes parallèles à une direction déterminée correspond à celui de ces axes qui passe par le centre de gravité.

Soient

I, I', I'' les moments d'inertie du système par rapport aux axes Oz, $O'z'$, $O''z''$ parallèles à une même direction, dont le premier est censé passer par le centre de gravité;

a', a'' les distances respectives de Oz à $O'z'$ et $O''z''$.

On a

$$I' = I + Ma'^2,$$
$$I'' = I + Ma''^2;$$

d'où

$$I' = I'' + M(a'^2 - a''^2),$$

formule qui permet d'obtenir directement l'un des moments d'inertie I' et I'', connaissant l'autre.

44. *Relations entre les moments d'inertie autour d'axes passant par un même point.* — On voit, d'après ce qui précède, que le problème relatif à la recherche des moments d'inertie se ramène à déterminer le moment d'inertie d'un corps par rapport à un axe quelconque OU (*fig.* 38), passant

Fig. 38.

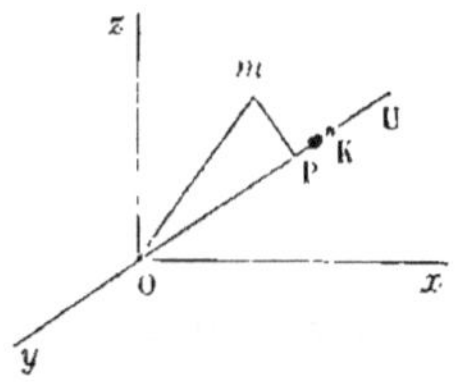

par un point fixe O, en fonction des angles α, β, γ qu'il forme avec trois axes fixes rectangulaires Ox, Oy, Oz passant par le même point et d'autres éléments, dépendant de la forme et de la nature du corps, dont le calcul fera seul connaître les expressions.

Soient x, y, z les coordonnées d'une molécule m du corps, et $mP = r$ sa distance à l'axe OU; on a

$$\begin{aligned} r^2 = \overline{Om}^2 - \overline{OP}^2 &= x^2 + y^2 + z^2 - (x\cos\alpha + y\cos\beta + z\cos\gamma)^2 \\ &= x^2\sin^2\alpha + y^2\sin^2\beta + z^2\sin^2\gamma - 2\cos\alpha\cos\beta\, xy \\ &\quad - 2\cos\alpha\cos\gamma\, xz - 2\cos\beta\cos\gamma\, yz. \end{aligned}$$

En multipliant par la masse m et ajoutant membre à membre les équations semblables établies pour tous les points du système, on trouve pour le moment cherché

$$(1)\quad \begin{cases} \Sigma mr^2 = \sin^2\alpha\,\Sigma mx^2 + \sin^2\beta\,\Sigma my^2 + \sin^2\gamma\,\Sigma mz^2 - 2\cos\alpha\cos\beta\,\Sigma mxy \\ \qquad - 2\cos\alpha\cos\gamma\,\Sigma mxz - 2\cos\beta\cos\gamma\,\Sigma myz. \end{cases}$$

Posons

$$A = \Sigma m(y^2 + z^2),$$
$$B = \Sigma m(x^2 + z^2),$$
$$C = \Sigma m(x^2 + y^2),$$
$$D = \Sigma mxy, \quad E = \Sigma mxz, \quad F = \Sigma myz.$$

Les trois premières de ces quantités, que l'on peut supposer connues de même que les trois autres, sont les moments d'inertie du corps par rapport à Ox, Oy, Oz.

On reconnaît facilement que

$$\Sigma mx^2 = \frac{B + C - A}{2},$$
$$\Sigma my^2 = \frac{A + C - B}{2},$$
$$\Sigma mz^2 = \frac{A + B - C}{2},$$

et en remarquant, par exemple, que

$$\sin^2\beta + \sin^2\gamma - \sin^2\alpha = 2\cos^2\alpha,$$

l'équation (1) devient

$$(2)\quad \begin{cases} \Sigma mr^2 = A\cos^2\alpha + B\cos^2\beta + C\cos^2\gamma - 2D\cos\alpha\cos\beta \\ \qquad - 2E\cos\alpha\cos\gamma - 2F\cos\beta\cos\gamma. \end{cases}$$

Portons sur la direction OU, à partir du point O, une longueur

$$OK = \rho = \frac{1}{\sqrt{\Sigma mr^2}},$$

et soient

$$\xi = \rho\cos\alpha, \quad \eta = \rho\cos\beta, \quad \zeta = \rho\cos\gamma$$

les coordonnées du point K; la formule (2) donne, en y introduisant ces coordonnées en remplacement des cosinus des angles,

$$(3)\qquad A\xi^2 + B\eta^2 + C\zeta^2 - 2D\xi\eta - 2E\xi\zeta - 2F\eta\zeta = 1,$$

équation qui représente un ellipsoïde rapporté à son centre, et qui a reçu le nom d'*ellipsoïde central.*

En supposant que l'on fasse coïncider les axes coordonnés avec les diamètres principaux de l'ellipsoïde, il vient

$$(4)\qquad A\xi^2 + B\eta^2 + C\zeta^2 = 1.$$

Il existe donc pour chacun des points du système matériel *trois directions rectangulaires pour lesquelles les sommes des produits des masses des molécules, par leurs coordonnées prises deux à deux, sont nulles.*

Ces trois axes, qui sont ceux de l'ellipsoïde central, ont reçu le nom d'*axes principaux d'inertie;* les moments d'inertie correspondants sont les *moments principaux d'inertie du corps.*

Pour que Oz soit un axe d'inertie principal, sans qu'il en soit de même de Ox et Oy, il faut que l'équation (3) ne renferme, parmi les doubles produits, que le terme en $\eta\zeta$, ou que

$$\Sigma m\xi\zeta = 0,\quad \Sigma m\xi\eta = 0,$$

c'est-à-dire que les sommes des produits de la masse de chacun des points matériels par sa coordonnée correspondant à l'axe considéré et par chacune des deux autres soient nulles.

Considérons une tranche du système ayant dz pour épaisseur, perpendiculaire à Oz, de masse m', et soient x'_1, y'_1 les coordonnées de son centre de gravité parallèles à Ox, Oy; nous aurons pour cette tranche

$$\Sigma mxz = z\Sigma mx = zm'x'_1,$$
$$\Sigma myz = z\Sigma my = zm'y'_1,$$

et pour tout le corps

$$\Sigma mxz = \Sigma m'zx'_1,$$
$$\Sigma myz = \Sigma m'zy'_1.$$

On voit ainsi que le calcul de ces deux quantités est ramené à celui de la courbe matérielle formée par les centres de gravité des tranches où les masses correspondantes seraient concentrées.

Si l'on connaît les axes et les moments principaux d'inertie pour le point O, le moment d'inertie par rapport à un axe de direction quelconque passant par la même origine sera, d'après l'équation (2),

$$(5) \qquad \Sigma mr^2 = A\cos^2\alpha + B\cos^2\beta + C\cos^2\gamma.$$

Supposons $A > B > C$, nous aurons

$$(6) \qquad \begin{cases} \Sigma mr^2 = A - (A-B)\cos^2\beta - (A-C)\cos^2\gamma \\ \qquad\;\; = C + (A-C)\cos^2\alpha + (B-C)\cos^2\beta, \end{cases}$$

ce qui montre que ce moment d'inertie est compris entre le plus grand et le plus petit des moments principaux d'inertie.

Si deux moments d'inertie principaux sont égaux, l'ellipsoïde principal est de révolution autour du troisième axe et les moments d'inertie sont égaux pour tous les axes compris dans le plan des premiers.

Lorsque les trois moments sont égaux, l'ellipsoïde central est une sphère et les moments d'inertie ont la même valeur pour tous les axes passant par l'origine.

45. *Les axes principaux d'inertie en un point d'un axe principal du centre de gravité sont parallèles à ceux qui passent par ce centre.* — En effet, si l'on considère, par exemple, un point de Oz situé à la distance c du centre de gravité O, on a, par hypothèse, $\Sigma mzy = 0$, puis

$$\Sigma m(z-c)y = \Sigma mzy - c\Sigma my = 0,$$

et de même

$$\Sigma m(z-c)x = 0,$$

ce qui démontre le théorème énoncé.

46. — *Points pour lesquels tous les moments d'inertie sont égaux.* — Supposons, comme précédemment, que Ox, Oy, Oz soient les axes principaux d'inertie relatifs au centre de gravité O, et soient a, b, c les coordonnées parallèles à ces axes de l'un O' des points cherchés, $O'x'$, $O'y'$, $O'z'$ les parallèles en O' aux mêmes axes.

On a, par hypothèse,

$$\Sigma mx = \Sigma my = \Sigma mz = \Sigma mxy = \Sigma mxz = \Sigma myz = 0.$$

Or, pour que $O'x'$, $O'y'$, $O'z'$ soient des axes principaux d'inertie pour le point O', il faut que

$$\Sigma m(x-a)(y-b) = \Sigma m(x-a)(z-c) = \Sigma m(y-b)(z-c) = 0,$$

ce qui, en développant les calculs et d'après les formules précédentes, exige que

$$ab = ac = bc = 0, \tag{7}$$

ou que deux des coordonnées a, b, c soient nulles.

Supposons que l'on ait

$$b = 0, \quad c = 0,$$

ou que le point O' se trouve sur Ox.

Les trois moments principaux d'inertie relatifs au point O' devant être égaux, il vient

$$A = B + Ma^2 = C + Ma^2, \tag{8}$$

ce qui exige que

$$B = C, \quad A > B \text{ ou } C.$$

Dans ces conditions, la formule (8) donne

$$a = \pm\sqrt{\frac{A - C}{M}}.$$

Ainsi il existe dans un système deux points pour lesquels tous les moments d'inertie sont égaux, lorsque deux des moments d'inertie principaux relatifs au centre de gravité sont égaux, et que le troisième est le plus grand. Ces deux points sont symétriquement situés par rapport au centre de gravité, et sont placés sur l'axe principal passant par ce centre et pour lequel le moment d'inertie est plus grand.

47. *Rayon de gyration.* — Pour simplifier certaines formules, il arrive que l'on représente un moment d'inertie I par l'expression

$$I = MK^2,$$

K étant une longueur que l'on déterminera lorsque l'on connaîtra I, et qui a reçu le nom de *rayon de gyration.*

APPENDICE AU § I.

I. — Détermination du centre de gravité des corps homogènes.

Dans les corps homogènes, les volumes qui sont proportionnels aux masses pouvant être substitués à ces dernières, on est ramené à déterminer les *centres de gravité des volumes des corps.*

Si la surface d'un volume a un plan diamétral, le centre de gravité du volume est situé dans ce plan. Cela tient à ce que le volume peut être décomposé en couples d'éléments cylindriques perpendiculaires au plan, de même base et de même hauteur, situés de part et d'autre du plan qui renferme ainsi le centre de gravité de leur ensemble. Il suit de là que, *si le système a deux ou trois plans diamétraux, leur intersection est le centre de gravité du corps.*

Si un volume à surface continue ou polyédrique est doué d'un centre, ce point est le centre de gravité du volume : car ce volume peut se décomposer en couples d'éléments coniques équivalents, opposés par le sommet, déterminés par une droite qui se mouvrait autour du centre de figure qui est ainsi le centre de gravité de chaque couple. On voit ainsi que le centre de gravité d'un parallélépipède se trouve au point de rencontre de ses diagonales, et que celui d'une sphère ou d'un ellipsoïde se trouve au centre de figure.

Si un volume peut être divisé en tranches infiniment minces par des plans parallèles à une direction donnée, de manière que les centres de gravité des sections correspondantes se trouvent sur une droite, le centre de gravité des tranches ou du volume considéré sera situé aussi sur cette droite.

Si l'on conçoit que le volume V d'un corps, dont on veut déterminer le centre de gravité, soit décomposé en parallélépipèdes élémentaires dont les arêtes soient parallèles à trois axes fixes rectangulaires, on a

$$V = \int\int\int dx\, dy\, dz.$$

En prenant les moments par rapport aux plans coordonnés, les coordonnées x_1, y_1, z_1 du centre de gravité de V_1 seront déterminées par les relations

$$V x_1 = \int\int\int x\, dx\, dy\, dz,$$
$$V y_1 = \int\int\int y\, dx\, dy\, dz,$$
$$V z_1 = \int\int\int z\, dx\, dy\, dz.$$

Centre de gravité d'une ligne. — Considérons un volume terminé par une surface canal dont l'aire ω du profil générateur soit infiniment petite, et soit s la longueur de l'arc de la ligne directrice correspondant au volume. On a

$$dV = \omega\, ds, \quad V = \omega s,$$

$$x_1 = \frac{1}{s} \int x\, ds,$$

$$y_1 = \frac{1}{s} \int y\, ds,$$

$$z_1 = \frac{1}{s} \int z\, ds.$$

x_1, y_1, z_1 sont les coordonnées de ce que l'on peut appeler le centre de gravité de la ligne directrice. On est ainsi conduit à considérer les *centres de gravité des lignes*.

D'après les observations que nous avons faites plus haut relativement à la symétrie, le centre de gravité d'une droite se trouve en son milieu, et celui du contour d'un parallélogramme au point de rencontre de ses diagonales.

EXEMPLES.

1° *Centre de gravité du contour d'un triangle.* — Joignons les milieux m, n, p (*fig.* 39) des trois côtés AB, BC, AC du triangle ABC; le centre de gravité q des deux côtés AB, BC est déterminé par

$$\frac{mq}{nq} = \frac{\mathrm{BC}}{\mathrm{AB}} = \frac{mp}{np},$$

d'où

$$\frac{mq}{nq} = \frac{mp}{np},$$

ce qui prouve que la droite pq, sur laquelle se trouve le centre de gravité du périmètre, est la bissectrice de l'angle mpn;

Fig. 39.

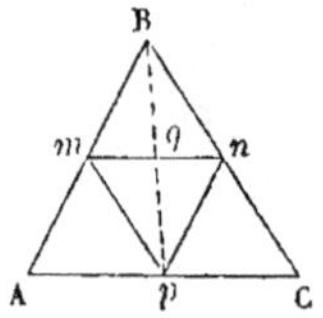

ce point coïncide ainsi avec le centre du cercle inscrit dans le triangle mpn.

2° *Centre de gravité d'un arc de cercle.* — Ce centre se trouve évidemment sur le rayon Ox mené au milieu de cet arc. Soient

R le rayon;
φ l'angle formé avec Ox par un rayon quelconque Om;
$2\varphi_1$ l'angle au centre de l'arc;
$c = 2\mathrm{R}\sin\varphi_1$ la corde de l'arc.

On a

$$x = \mathrm{R}\cos\varphi;$$

d'où

$$x_1 = \frac{\mathrm{R}^2}{s}\int_{-\varphi_1}^{\varphi_1}\cos\varphi\, d\varphi = \frac{2\,\mathrm{R}^2\sin\varphi_1}{s} = \frac{\mathrm{R}c}{s},$$

expression qu'il est facile d'interpréter géométriquement.

3° *Centre de gravité d'un arc d'hélice.* — Le plan perpendiculaire aux génératrices du cylindre, mené au milieu de l'arc de l'hélice, renferme le centre de gravité cherché; car l'arc peut être décomposé en éléments égaux situés de part et d'autre du plan et à égale distance de ce plan; et, comme ces éléments sont proportionnels à leurs projections sur le plan, il s'ensuit que le centre de gravité de l'arc d'hélice coïncide avec celui de l'arc correspondant de la section droite du cylindre déterminé par le plan ci-dessus.

Centre de gravité d'une surface.

Considérons un corps terminé par deux surfaces parallèles distantes de la quantité infiniment petite ε, et soit $d\sigma$ un élément superficiel de la surface extérieure.

On peut prendre

$$dV = \varepsilon d\sigma, \quad \text{d'où} \quad V = \varepsilon\sigma,$$

et l'on a

$$x_1 = \frac{1}{\sigma}\int x\, d\sigma,$$

$$y_1 = \frac{1}{\sigma}\int y\, d\sigma,$$

$$z_1 = \frac{1}{\sigma}\int z\, d\sigma.$$

x_1, y_1, z_1 sont aussi ce que l'on peut appeler les coordonnées du centre de gravité de la surface σ.

Il est évident, par les mêmes raisons de symétrie que celles que nous avons données plus haut pour les volumes et les lignes, que le centre de gravité de l'aire d'un parallélogramme se trouve au point de rencontre de ses diagonales.

Exemples.

1° *Centre de gravité d'un triangle.* — Soit I le milieu du côté AC opposé au sommet B; BI renferme les centres de gravité des parallélogrammes inscrits obtenus en menant des parallèles équidistantes à AC, et à leurs intersections avec AB et BC, des parallèles à cette même droite BI. Il en est, par suite, de même du centre de gravité du triangle, qui est la limite du système de ces parallélogrammes, lorsque leur hauteur diminue indéfiniment.

Donc *le centre de gravité de l'aire d'un triangle est le point de rencontre des médianes, et divise, par conséquent, ces médianes au tiers de leurs longueurs, à partir de chaque côté.*

Si l'on s'imagine que les sommets soient formés par trois masses égales, le centre de gravité de deux quelconques d'entre elles sera situé au milieu du côté correspondant, et leur centre de gravité commun sur la droite qui va de ce milieu au sommet opposé, centre de la troisième; d'où il suit que *le centre de gravité d'un triangle est le centre des moyennes distances des trois sommets.*

On reconnaît sans peine que *le centre de gravité de la projection d'un triangle sur un plan est la projection du centre de gravité de ce triangle.*

2° *Centre de gravité d'un trapèze.* — Soient (*fig.* 40)

Fig. 40.

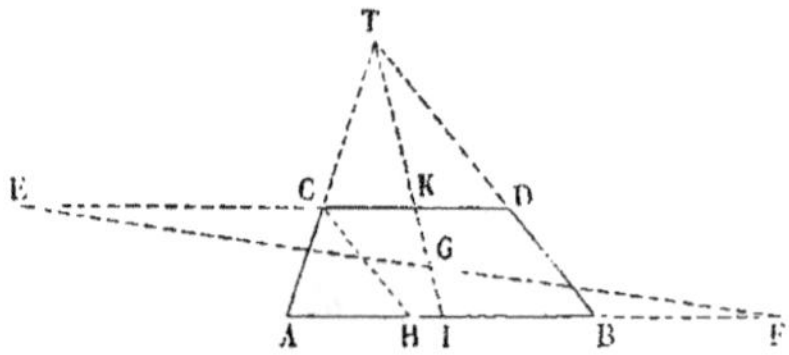

AB = B la base inférieure;

CD = b la base supérieure;

h la hauteur du trapèze ABCD;

G le centre de gravité du trapèze qui se trouve évidemment sur la droite KI joignant les milieux des côtés AB et CD, et qui passe par l'intersection T des droites AC et BD prolongées;

x, y les distances de G aux droites AB et CD.

Menons par le point C une parallèle à DB limitée en H à la base AB. En prenant les moments des aires de ce trapèze d'une part, du triangle ACH et du parallélogramme CHBD de l'autre, par rapport à la base inférieure AB, on trouve

$$\frac{(B+b)}{2}hx = (B-b)\frac{h}{2}\frac{h}{3} + bh\frac{h}{2} = \frac{h^2}{6}(B+2b).$$

Pour la base CD, on a de même

$$\frac{(B+b)}{2}hy = \frac{h^2}{6}(2B+b),$$

d'où

$$\frac{x}{y} = \frac{B + 2b}{2B + b}.$$

Pour déterminer G portons, sur les prolongements respectifs de AB et de DC, BF $= b$, CE $=$ B, la droite EF coupera IK au centre de gravité G du trapèze : c'est ce qui résulte de la similitude des triangles EGK et IGF.

3° *Centre de gravité d'un quadrilatère* ABCD (*fig.* 41). — Menons la diagonale BD, qui décompose la figure en deux

Fig. 41.

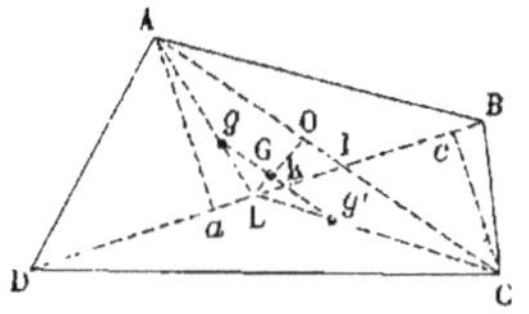

triangles ABD, BCD de même base BD, et dont les médianes AL et CL contiennent les centres de gravité g, g' de ces triangles; de sorte que l'on a

$$gL = \frac{1}{3}AL, \quad g'L = \frac{1}{3}CL.$$

Traçons la seconde diagonale AC coupant en I la première, qui est elle-même coupée en K par gg'. Le centre de gravité G du quadrilatère devant diviser la distance gg' en parties réciproquement proportionnelles aux aires des triangles ABD, BCD, qui sont entre elles comme leurs hauteurs Aa, Cc, relatives à la base commune BD, ou comme gK est à g'K, on reconnaîtra sans peine que l'on déterminera le point G en portant la longueur gK de g' en G sur gg' pour obtenir le centre de gravité demandé.

Maintenant, soit O l'intersection de la diagonale AC avec le prolongement de LG ; on voit de suite que CO $=$ AI, LG $= \frac{1}{3}$LO. Le point O défini par l'égalité de AO et de CI a reçu de Poncelet le nom de *point de section sous-contraire* de la diagonale AC. On a donc ce théorème :

Le centre de gravité d'un quadrilatère est situé à l'inter-

section des droites qui joignent le milieu de chaque diagonale avec le point de section sous-contraire de l'autre diagonale, et ce centre est situé sur chacune de ces droites, au tiers de la longueur, à partir des milieux respectifs.

4° *Centre de gravité d'une aire polygonale ou d'un polyèdre quelconque.* — On obtiendra le centre de gravité d'une aire polygonale en décomposant cette aire en triangles, dont on déterminera les centres de gravité respectifs; puis, en appliquant à leur ensemble le théorème des moments par rapport à des axes si l'aire est plane, ou à des plans coordonnés s'il en est autrement, on déterminera les coordonnées du centre de gravité général. On opérera de la même façon pour un polyèdre en le décomposant en tétraèdres.

Méthode par recoupements. — Nous avons vu comment on détermine graphiquement le centre de gravité d'un triangle, par le recoupement de ses médianes. Il est évident que l'on peut construire de même le centre de gravité d'un polygone, si l'on joint par une droite le centre de gravité d'un triangle, déterminé par deux côtés consécutifs du polygone, avec le centre de gravité du surplus de l'aire totale; cette droite et toutes ses analogues s'entrecouperont naturellement au centre de gravité de l'aire dont il s'agit.

Quand le polygone plan est dans l'espace, la même construction, exécutée en projection sur un plan quelconque, fait également connaître la projection du centre de gravité de l'aire, en se rappelant que les aires en projection sont proportionnelles à celles qui leur correspondent dans l'espace. On déduit aussi de là un moyen de déterminer graphiquement le centre de gravité de cette aire par ceux de ses projections sur deux plans.

De ce que la projection du centre de gravité d'une section plane quelconque d'un prisme sur le plan d'une section droite est le centre de gravité de l'aire de cette dernière, il résulte que *le lieu géométrique des centres de gravité de toutes les sections planes faites dans un prisme ou cylindre quelconque est une droite parallèle aux arêtes ou génératrices.*

Volume d'un tronc de prisme ou de cylindre. — Décomposons le volume en deux troncs par un plan perpendiculaire aux arêtes, et considérons l'un de ces troncs partiels. Soient

$d\omega$ un élément superficiel de la troncature ω;
$d\omega'$ sa projection sur la base;
z la distance de ces deux éléments;
α l'angle que forme la troncature avec la base.

On a

$$d\omega' = d\omega \cos\alpha,$$

et pour l'expression du volume

$$\int z d\omega' = \cos\alpha \int z d\omega = \omega \cos\alpha z_1 = \omega' z_0,$$

z_1 étant la distance à la base du centre de gravité de la troncature. *Le volume du tronc de prisme ou de cylindre droit est donc égal au produit de sa base par la distance de son centre de gravité à celui de la troncature.*

Soient z'_1 l'équivalent de z_1 pour le second tronc partiel, ω' l'aire de la section droite : le volume total sera $\omega'(z_1 + z'_1)$, c'est-à-dire que *le volume d'un tronc de prisme ou de cylindre est égal au produit de l'aire de sa section droite par la distance des centres de gravité de ses bases.*

Formules relatives à une aire plane limitée par un contour continu. — Soient

y' et y'' les ordonnées du contour correspondant à l'abscisse x en fonction de laquelle elles sont censées connues;
Ω l'aire qu'il détermine.

Le centre de gravité de l'élément $(y' - y'')dx$ ayant pour ordonnée $\frac{y' + y''}{2}$, on voit que

$$y_1 = \frac{1}{2\Omega} \int (y'^2 - y''^2)\,dx,$$

et l'on a une formule semblable pour déterminer x_1. Dans le cas d'un secteur ou d'un segment de cercle, il sera plus simple d'employer les coordonnées polaires.

S'il s'agit d'un secteur ou d'un segment de l'aire d'une ellipse définie par l'équation $\frac{x^2}{a^2}+\frac{y^2}{b^2}=1$, on est ramené au cas du cercle d'un rayon égal à l'unité, en posant $x=a\xi$, $y=b\eta$, puisque alors on a

$$\xi^2+\eta^2=1,$$

et par suite

$$y_1=\frac{ab^2}{2\Omega}\int(\eta'^2-\eta''^2)d\xi.$$

Du centre de gravité des volumes.

EXEMPLES.

1° *Le centre de gravité d'un prisme ou d'un cylindre quelconque est au milieu de la droite qui joint les centres de gravité de ses bases.* — Pour s'en convaincre, il suffit de remarquer que l'on peut considérer le prisme comme composé d'une infinité de tranches infiniment minces déterminées par des plans parallèles aux bases de même hauteur, et dont les centres de gravité respectifs sont situés sur une droite au milieu de laquelle se trouve par suite le centre de gravité du solide.

2° *Centre de gravité d'un tétraèdre* ABCD (*fig.* 42). — Joignons le centre de gravité O de la base ABC au sommet opposé D. L'intersection *o* de la droite DO avec le plan d'une

Fig. 42.

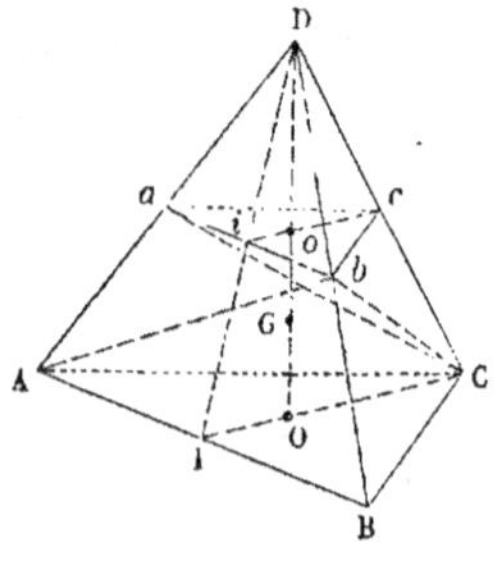

section quelconque *abc*, parallèle à la base, est le centre de gravité de cette section : c'est ce qui résulte de la similitude des triangles.

Toutes les tranches prismatiques infiniment minces de même épaisseur, parallèles à la base ABC dont les arêtes sont parallèles à DO, dans lesquelles on peut décomposer le tétraèdre, ayant leurs centres de gravité situés sur DO, il s'ensuit que cette droite passe par le centre de gravité cherché. Donc :

Le centre de gravité G *d'un tétraèdre est l'intersection des quatre droites qui joignent les sommets aux centres de gravité des faces respectivement opposées, au quart de chacune d'elles à partir de la face.* On reconnaît aussi que : 1° G *se trouve à l'intersection des quatre droites qui joignent deux à deux les milieux des arêtes opposées du tétraèdre;* 2° *la distance de* G *à une face quelconque est égale au quart de la hauteur du sommet opposé au-dessus de cette face;* 3° *le centre de gravité d'un tétraèdre, considéré en projection sur un plan quelconque, s'obtient par l'intersection des droites qui joignent les milieux des projections des arêtes opposées;* 4° *ce point est le centre de gravité de quatre boules égales dont les centres coïncideraient avec les sommets du tétraèdre,* et par suite *le centre des moyennes distances des quatre sommets.*

S'il s'agit d'une pyramide à base quelconque, on peut la considérer comme l'ensemble de tétraèdres de même sommet ayant pour bases les triangles dans lesquels on peut décomposer la base de la pyramide. Or le centre de gravité de chacun de ces tétraèdres est situé à la même hauteur au-dessus du plan de leurs bases, c'est-à-dire *au quart de la hauteur de la pyramide;* donc les centres de gravité de tous les tétraèdres sont situés dans un plan parallèle à cette base, ainsi que leur centre de gravité de leur ensemble. On voit, de plus, que ce centre est situé sur la droite qui joint le sommet de la pyramide au centre de gravité de la base, en concevant que le volume soit décomposé, parallèlement à sa base, en tranches infiniment minces.

Ces mêmes conséquences s'étendent évidemment au cône. Donc :

Le centre de gravité d'une pyramide ou d'un cône quelconque est situé sur la droite qui joint le sommet au centre de gravité de la base, et au quart de cette droite à partir de la base.

On reconnaîtra sans peine que, en projection sur un plan quelconque, le centre de gravité de la pyramide ou du cône peut se déterminer en traçant la droite qui joint la projection du sommet avec le centre de gravité de la projection de la base, et la divisant au quart à partir de ce dernier point.

3° *Centre de gravité d'un tronc de pyramide ou de cône à bases parallèles quelconques.* — Le centre de gravité du tronc (*fig.* 42) se trouve évidemment sur la droite qui joint les centres de gravité O et o des deux bases ABC, abc; de sorte que tout se réduit à déterminer le rapport $\frac{x}{y}$ des distances du centre de gravité du tronc à la base inférieure et à la base supérieure.

Considérons d'abord le cas d'un tronc de pyramide à bases triangulaires. Soient

B la base inférieure,
b la base supérieure,
H la hauteur.

Supposons que le volume soit décomposé en trois tétraèdres :

Le tétraèdre ABCb, dont le volume est $\frac{1}{3}$BH et la distance du centre de gravité à la base inférieure $\frac{1}{4}$H; le tétraèdre abcC dont $\frac{1}{3}b$H est le volume, et la distance du centre de gravité à la base $\frac{3}{4}$H; le tétraèdre abCA dont $\frac{1}{3}\mathrm{H}\sqrt{\mathrm{B}b}$ est le volume et dont la distance $\frac{2}{4}$H, du centre de gravité à la base inférieure, est la moyenne des distances de ses sommets à cette base. En prenant les moments par rapport au plan ABC, on a

$$(\mathrm{B}+b+\sqrt{\mathrm{B}b})\frac{\mathrm{H}}{3}x = \frac{\mathrm{BH}}{3}\frac{\mathrm{H}}{4}+\frac{b\mathrm{H}}{3}\frac{3\mathrm{H}}{4}+\frac{\mathrm{H}}{3}\sqrt{\mathrm{B}b}\frac{2\mathrm{H}}{4},$$

ou

$$(\mathrm{B}+b+\sqrt{\mathrm{B}b})x = \frac{\mathrm{H}}{4}(\mathrm{B}+3b+2\sqrt{\mathrm{B}b}).$$

En prenant les moments par rapport à la base supérieure, on aurait de même

$$(B + b + \sqrt{Bb})y = \frac{H}{4}(3B + b + 2\sqrt{Bb}),$$

d'où

$$\frac{x}{y} = \frac{B + 3b + 2\sqrt{Bb}}{b + 3B + 2\sqrt{Bb}}.$$

Considérons maintenant un tronc de pyramide à bases quelconques, dont je désigne par A la base inférieure, et par a la base supérieure, et supposons qu'on le décompose en troncs de pyramides triangulaires, au moyen de plans menés par l'une des arêtes latérales, et passant par toutes les autres. Les bases inférieure et supérieure de chaque tronc de pyramide triangulaire étant respectivement proportionnelles à A et a, il s'ensuit que les centres de gravité de ces troncs partiels, et par suite le centre de gravité du tronc total, se trouvent dans un plan, parallèle aux bases, qui divise la hauteur dans le rapport

$$\frac{x}{y} = \frac{A + 3a + 2\sqrt{Aa}}{a + 3A + 2\sqrt{Aa}}.$$

La position du centre de gravité du tronc, sur la droite qui joint ceux de ces bases parallèles, est donc parfaitement déterminée.

Ce résultat s'étend évidemment à un tronc de cône à bases parallèles quelconques.

S'il s'agit, en particulier, d'un tronc de cône à bases circulaires, et si R et r sont les rayons des bases, on a

$$\frac{x}{y} = \frac{R^2 + 3r^2 + 2Rr}{r^2 + 3R^2 + 2Rr}.$$

4° *Centre de gravité d'un polyèdre quelconque.* — On imaginera le polyèdre divisé en tétraèdres ayant un sommet commun; puis on se servira du théorème des moments en observant que les ordonnées des centres de gravité de ces tétraèdres sont des fonctions connues de celles de leurs sommets.

5° *Formules relatives à un solide terminé par une surface continue.*

Soient z', z'' les valeurs de z, correspondant à x et y.

Le centre de gravité du prisme élémentaire $(z' - z'')dx\,dy$, ayant pour ordonnée $\frac{z' + z''}{2}$, il vient, en désignant par $V = \iint (z'^2 - z''^2)dx\,dy$ le volume total,

$$z_1 = \frac{1}{2V}\iint (z'^2 - z''^2)dx\,dy.$$

On aura deux formules analogues pour déterminer x_1 et y_1. S'il s'agit d'un secteur ou d'un segment sphérique, il sera plus simple d'employer les coordonnées sphériques.

Les cas semblables de l'ellipsoïde représenté par l'équation

$$\frac{x^2}{a^2} + \frac{y^2}{b^2} + \frac{z^2}{c^2} = 1$$

se ramèneront aux précédents, en posant

$$x = a\xi, \quad y = b\eta, \quad z = c\zeta;$$

ce qui donne

$$\xi^2 + \eta^2 + \zeta^2 = 1$$

et

$$z_1 = \frac{abc^2}{2V}\iint (\zeta'^2 - \zeta''^2)d\xi\,d\eta.$$

6° *Théorèmes relatifs à la mesure des surfaces et des volumes de révolution.* — Soit ds un élément du périmètre de la section méridienne d'une surface de révolution, correspondant à la distance r à l'axe de révolution Oz. L'aire de la surface latérale du tronc de cône engendré par ds étant

$$2\pi r\,ds,$$

il vient, pour l'aire de la surface totale de révolution,

$$S = 2\pi \int r\,ds.$$

Or $\int r\,ds$ est le moment du périmètre de la section méridienne par rapport à Oz. Si donc on appelle σ ce périmètre, r_1 la distance de son centre de gravité à l'axe, on a

$$S = 2\pi r_1 \sigma;$$

ce qui exprime que *l'aire d'une surface de révolution est égale au produit du périmètre de la section méridienne multipliée par la circonférence décrite par son centre de gravité.*

Soient

$d\omega$ un élément superficiel de la section méridienne, situé à la distance r de l'axe;

Ω l'aire totale de cette section;

r_1 la distance de son centre de gravité à l'axe.

On voit, de la même manière, que le volume du solide a pour expression

$$V = \int 2\pi r d\omega = 2\pi r_1 \Omega.$$

Donc :

Le volume d'un solide de révolution a pour mesure le produit de l'aire de la section méridienne par la circonférence que décrit son centre de gravité autour de l'axe de révolution.

Connaissant le centre de gravité et le périmètre d'une ligne plane, le centre de gravité de l'aire qu'elle comprend, on trouvera facilement l'expression de la surface ou du volume engendré par cette ligne ou cette aire en tournant autour d'un axe compris dans son plan; et, réciproquement, connaissant la surface ou le volume, on pourra déterminer la position du centre de gravité du périmètre ou de l'aire de la section méridienne.

On trouvera ainsi le volume et la surface du tore et de la sphère, le volume de l'ellipsoïde, la surface de la zone, le volume du segment sphérique, etc.

Extension des théorèmes précédents aux surfaces canal et aux volumes correspondants. — On sait que ces surfaces sont engendrées par un périmètre plan qui se meut normalement à une courbe directrice que l'un de ses points est assujetti à parcourir, de manière qu'un même rayon du profil coïncide constamment avec la binormale de la directrice. Il est clair que les théorèmes ci-dessus s'appliquent à deux positions consécutives du profil générateur que l'on peut considérer comme tournant autour de la perpendiculaire au plan osculateur de la directrice menée en son centre de courbure. On déduit de là que la surface et le volume, correspondant à un certain déplacement, seront respectivement égaux aux produits du périmètre et de l'aire du profil par le chemin parcouru par leurs centres de gravité.

II. — Calcul des moments d'inertie des corps homogènes.

Soit dv un élément de volume du corps dont ρ est la densité. On pourra poser $m = \rho dv$, et l'on aura

$$\Sigma m x^2 = \rho \int x^2 dv, \quad \Sigma m y^2 = \rho \int y^2 dv, \quad \Sigma m z^2 = \rho \int z^2 dv,$$
$$\Sigma m xy = \rho \int xy dv, \quad \Sigma m yz = \rho \int yz dv, \quad \Sigma m xz = \rho \int xz dv.$$

Ces six quantités permettent de déterminer l'ellipsoïde central, d'où le moment d'inertie par rapport à un axe quelconque passant par l'origine, et par suite par rapport à un axe parallèle à ce dernier.

Si l'on veut employer les coordonnées rectilignes, on prendra

$$dv = dx\,dy\,dz.$$

Dans certaines circonstances, il sera plus simple d'exprimer x, y, z en coordonnées polaires ou semi-polaires.

On peut, pour simplifier l'écriture, faire abstraction de la constante ρ, ce qui revient à déterminer les centres de gravité relatifs aux volumes, sauf à rétablir ensuite ce facteur dans les applications.

Détermination des moments d'inertie de quelques corps homogènes.

1° *Parallélépipède rectangle homogène.* — Les axes d'inertie principaux passant par le centre de gravité étant évidemment parallèles aux arêtes, nous sommes ramené à calculer les moments d'inertie par rapport à chacune des trois arêtes passant par un sommet pour déterminer l'ellipsoïde d'inertie relatif au centre de gravité, et par suite en un point quelconque.

Soient a, b, c les arêtes parallèles à Ox, Oy, Oz passant par le sommet O, et soit Oz l'axe par rapport auquel on veut déterminer le moment d'inertie; il vient

$$I_z = \rho \int\int\int (x^2+y^2)\,dx\,dy\,dz = \rho \int\int (x^2+y^2)\,dx\,dy \int_0^c dz$$
$$= \rho c \left(\int x^2 dx \int_0^b dy + \int dx \int_0^b y^2 dy \right)$$
$$= \rho c \left(b \int_0^a x^2 dx + \frac{b^3}{3} \int_0^a dx \right) = \rho \frac{abc}{3}(a^2+b^2) = \frac{M}{3}(a^2+b^2).$$

On a de même

$$I_x = \frac{M}{3}(b^2+c^2), \quad I_y = \frac{M}{3}(a^2+c^2).$$

2° *Sphère.* — Soit I le moment d'inertie du solide par rapport à un diamètre; on a

$$I = \Sigma m(y^2+z^2) = \Sigma m(x^2+z^2) = \Sigma m(x^2+y^2),$$

d'où

$$3I = 2\Sigma m(x^2+y^2+z^2) = 2\Sigma m r^2,$$

r étant la distance de la masse m au centre de la sphère.

Pour calculer cette somme, concevons que l'on décompose la sphère en couches sphériques concentriques de rayon variable r et d'épaisseur dr; la portion de la somme précédente relative à cette couche sera

$$\rho\, 4\pi r^2 dr . r^2,$$

d'où, en appelant R le rayon de la sphère,

$$I = \frac{2}{3} 4\pi\rho \int_0^R r^4 dr = \frac{8}{15} R^2 \rho \pi R^3 = \frac{2}{5} MR^3;$$

le rayon de gyration sera ainsi

$$\frac{R}{5}\sqrt{10}.$$

3° *Ellipsoïde.* — Soit

$$\frac{x^2}{a^2} + \frac{y^2}{b^2} + \frac{z^2}{c^2} = 0$$

l'équation de l'ellipsoïde rapporté à ses axes, qui sont aussi des axes principaux d'inertie, et proposons-nous de déterminer le moment d'inertie du corps par rapport à l'un de ces axes, Oz par exemple; nous aurons

$$I_z = \rho \iiint (x^2 + y^2)\,dx\,dy\,dz.$$

Posant

$$x = ax', \quad y = by', \quad z = cz';$$

il vient

$$x'^2 + y'^2 + z'^2 = 1,$$

par suite

$$I_z = abc \iiint \rho (a^2 x'^2 + b^2 y'^2)\,dx'\,dy'\,dz',$$

ou

$$I_z = abc\,(a^2 \iint \rho\, x'^2\,dx'\,dy'\,dz' + b^2 \iint \rho\, y'^2\,dx'\,dy'\,dz').$$

Mais, comme chacune des deux intégrales auxquelles on est ramené n'est autre chose que la moitié du moment d'inertie de la sphère d'un rayon égal à l'unité par rapport à un diamètre, il vient

$$I_z = \frac{1}{5}(a^2 + b^2)\,\frac{4}{3}\pi\rho abc = \frac{1}{5}M(a^2 + b^2),$$

et, de même,

$$I_x = \frac{1}{5}M(b^2 + c^2),$$

$$I_y = \frac{1}{5}M(a^2 + c^2).$$

4° *Solide de révolution.* — Considérons une tranche perpendiculaire à l'axe de révolution Oz, d'épaisseur dz et de rayon r_1, et soient r et dr le rayon et la largeur des couronnes circulaires dans lesquelles on peut décomposer la tranche.

Le moment d'inertie relatif à cette tranche sera

$$\rho\,dz \int 2\pi r\,dr . r^2 = \frac{1}{2}\rho\,dz\,\pi r_1^4,$$

et pour tout le corps

$$I = \frac{1}{2}\pi\rho \int_0^l r_1^4\,dz,$$

l étant la longueur de l'axe, en supposant l'origine placée en l'un des sommets; on effectuera l'intégration après avoir remplacé r_1 par sa valeur

$$r_1 = \varphi(z),$$

donnée par l'équation du méridien; on est ainsi ramené à une intégrale simple.

5° *Solide creux.* — Si l'on veut déterminer le moment d'inertie d'un solide creux, on fera la différence du solide considéré comme plein et de la partie creuse supposée remplie de la même matière.

6° *Cas spécial des cylindres. — Moment d'inertie des aires planes. — Exemples :* Soient

Ox, Oy deux axes rectangulaires compris dans la base d'un prisme ou cylindre droit de section Ω et de hauteur h;
Oz la perpendiculaire en O au plan xOy;
$d\omega$ un élément de la section droite.

Nous avons évidemment

$$(1)\quad \begin{cases} I_x = \int\int d\omega\, dz\,(y^2+z^2) = h\int y^2\, d\omega + \frac{h^3}{3}\Omega, \\ I_y = \int\int d\omega\, dz\,(x^2+z^2) = h\int x^2\, d\omega + \frac{h^3}{3}\Omega, \\ I_z = h\int d\omega\;(x^2+y^2) = I_x + I_y - \frac{2}{3}h^3\Omega. \end{cases}$$

Ces moments d'inertie dépendent, comme on le voit, des deux intégrales

$$\int y^2 d\omega,\quad \int x^2 d\omega,$$

que l'on peut, par analogie, appeler les *moments d'inertie* de la section Ω par rapport aux axes Ox, Oy, leur somme étant le moment d'inertie de cette même section par rapport à Oz.

Dans le cas d'un cylindre de hauteur très-petite h, on a, aux termes du troisième ordre près,

$$I_x = h\int y^2 d\omega,\quad I_y = h\int x^2 d\omega,\quad I_z = I_x + I_y.$$

Si, d'autre part, Ox, Oy sont les axes principaux de l'intersection de l'ellipsoïde central de ce cylindre avec le plan xOy, on a

$$\int xyh\,d\omega = 0 \quad \text{ou} \quad \int xy\,d\omega = 0, \quad \int zxh\,d\omega = h^2 \int x\,d\omega, \quad \int zyh\,d\omega = h^2 \int y\,d\omega.$$

Les deux dernières de ces quantités devant être considérées comme nulles, puisqu'elles sont de second ordre, il s'ensuit que Ox, Oy, Oz sont en même temps les trois axes principaux du prisme élémentaire et de sa section.

L'*ellipse principale* d'une aire plane en un point donné est la trace sur son plan de l'ellipsoïde central.

La considération des aires planes devant nous être utile dans d'autres circonstances, nous allons donner quelques exemples de leur détermination.

1° *Rectangle.* — Plaçons l'origine O au centre du rectangle parallèlement aux côtés duquel nous dirigerons les axes Ox, Oy.

Soient a, b les longueurs des côtés parallèles à ces deux directions; on a

$$I_y = \int x^2\,d\omega = \int_{-\frac{a}{2}}^{\frac{a}{2}} x^2 b\,dx = \frac{a^3 b}{12};$$

de même

$$I_x = \frac{ab^3}{12},$$

d'où

$$I_z = \frac{ab}{12}(a^2 + b^2).$$

On aura les moments d'inertie qui se rapportent à un point quelconque de l'aire en faisant l'application du théorème du n° **43**.

2° *Aire du cercle.* — Soient

O le centre du cercle;

R son rayon;

$r = \sqrt{z^2 + y^2}$ la distance à O de l'un quelconque de ses points.

On a évidemment

$$I_x = I_y = \frac{I_z}{2};$$

comme on peut prendre $d\omega = 2\pi r dr$, il vient

$$I_z = \int_0^R r^2 2\pi r dr = \frac{\pi R^4}{2},$$

d'où

$$I_x = I_y = \frac{\pi R^4}{4}.$$

Les moments d'inertie relatifs à une zone circulaire s'obtiendront en faisant la différence des moments semblables pour le cercle extérieur et le cercle intérieur.

3° *Ellipse*, $\frac{x^2}{a^2} + \frac{y^2}{b^2} = 1$. — Posons

$$x = ax', \quad y = by', \quad x'^2 + y'^2 = 1,$$

nous aurons

$$I_y = \int x^2 dx dy = a^3 b \int x'^2 dx' dy'.$$

Mais la dernière intégrale n'est autre chose que le moment d'inertie par rapport à Oy d'un cercle d'un rayon égal à l'unité; il vient donc

$$I_y = \frac{\pi a^3 b}{4}.$$

On a de même

$$I_x = \frac{\pi a b^3}{4};$$

d'où

$$I_z = \frac{\pi ab}{4}(a^2 + b^2).$$

§ II. — *Théorèmes généraux.*

48. Considérons un système de points matériels sollicités par des forces extérieures et par leurs actions mutuelles, obligé ou non à décrire des courbes ou surfaces fixes. C'est ce que nous appellerons, selon le cas, un système libre ou soumis à des conditions de liaison.

Soient

$m, m', \ldots$ les masses de ces différents points matériels;

$(x, y, z), (x', y', z'), \ldots$ leurs coordonnées relatives à trois axes rectangulaires fixes Ox, Oy, Oz.

Les forces extérieures, les actions mutuelles et les liaisons donneront lieu à une résultante agissant sur m, et dont nous désignerons par X_1, Y_1, Z_1 les projections sur les trois axes.

Mais le point m, supposé soumis à l'action de cette résultante, peut être maintenant considéré comme libre, et l'on a, d'après le n° **16**,

$$\left(X_1 - m\frac{d^2x}{dt^2}\right)\delta x + \left(Y_1 - m\frac{d^2y}{dt^2}\right)\delta y - \left(Z_1 - m\frac{d^2z}{dt^2}\right)\delta z = 0,$$

quels que soient les déplacements δx, δy, δz.

Pour les autres points, on établira des relations analogues; en les ajoutant et donnant à Σ la signification ordinaire de somme, il vient

$$(1)\quad \sum m\left(\frac{d^2x}{dt^2}\delta x + \frac{d^2y}{dt^2}\delta y + \frac{d^2z}{dt^2}\delta z\right) = \Sigma(X_1\delta x + Y_1\delta y + Z_1\delta z).$$

Posons $X_1 = X + X_f + X_l$, en désignant respectivement par X, X_f, X_l les composantes suivant Ox, relatives à m, dues aux forces extérieures, aux forces moléculaires et aux actions normales produites par les liaisons, et servons-nous du même mode de représentation pour les axes Oy et Oz, ainsi que pour les points m', m'', ... Soient

r la distance des points m et m';

$mm'f(r)$ la fonction de la distance proportionnelle aux masses qui représente l'action mutuelle de m et m' (*fig.* 43), considérée comme positive ou négative, selon que cette action est répulsive ou attractive;

Fig. 43.

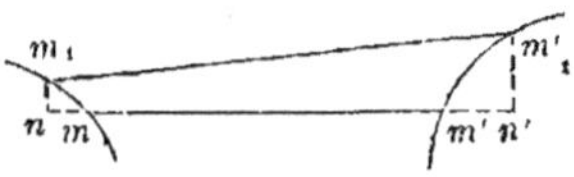

m_1, m'_1 les positions m et m' à la suite du déplacement;

n, n' les projections de ces deux points sur la droite r.

On a

$$mn + m'n' = \delta r.$$

Les actions mutuelles de m et m' donnent le travail élémentaire

$$mm'f(r)\,\overline{mn} + mm'f(r)\,\overline{m'n'} = mm'f(r)\,\delta r.$$

Remarque. — Ce travail étant nul en même temps que δr, il s'ensuit qu'il y a égalité entre les travaux élémentaires de deux forces égales dirigées suivant une même droite et appliquées en deux points m, m' de cette droite, dont la distance reste constante.

Revenons à la question qui nous occupe; nous aurons, pour la somme des travaux virtuels moléculaires dans tout le système,

$$\Sigma(X_f\,\delta x + Y_f\,\delta y + Z_f\,\delta z) = \text{Som}\, mm'f(r)\,\delta r,$$

en désignant par le symbole Som la somme des produits, tels que $mm'f(r)\delta r$, dans lesquels les masses élémentaires du système entrent deux à deux.

L'équation (1) se réduit, par suite, à la suivante :

$$(2)\left\{\begin{aligned}&\sum m\left(\frac{d^2x}{dt^2}\,\delta x + \frac{d^2y}{dt^2}\,\delta y + \frac{d^2z}{dt^2}\,\delta z\right)\\ &\quad = \Sigma(X\delta x + Y\delta y + Z\delta z) + \Sigma(X_l\delta x + Y_l\delta y + Z_l\delta z) + \text{Som}\, mm'f(r)\,\delta r.\end{aligned}\right.$$

49. *Équation des forces vives.* — Supposons que l'on fasse coïncider le mouvement virtuel avec le mouvement réel, ou que l'on suppose $\delta x = dx$, $\delta y = dy$, $\delta z = dz$, le second terme du second membre sera identiquement nul, puisqu'il n'est dû qu'à des forces qui, par hypothèse, sont normales aux chemins réellement parcourus. Il vient alors

$$\begin{aligned}&\sum m\left(\frac{d^2x}{dt^2}\,dx + \frac{d^2y}{dt^2}\,dy + \frac{d^2z}{dt^2}\,dz\right)\\ &\quad = \Sigma(X\,dx + Y\,dy + Z\,dz) + \text{Som}\, mm'f(r)\,\delta r.\end{aligned}$$

Or le premier membre de cette formule n'est autre chose que la moitié de la différentielle du carré de la vitesse

$$v^2 = \frac{dx^2}{dt^2} + \frac{dy^2}{dt^2} + \frac{dz^2}{dt^2}.$$

On a donc, en intégrant,

$$(3)\quad \sum \frac{mv^2 - mv_0^2}{2} = \Sigma \int (X\,dx + Y\,dy + Z\,dz) + \operatorname{Som} mm' \int f(r)\,dr,$$

v_0 désignant la vitesse que possède m à l'instant correspondant à la limite inférieure des intégrales.

On appelle *force vive* d'un système matériel la somme des produits des masses des points qui le constituent par les carrés de leurs vitesses.

La formule (3) exprime ainsi que *le demi-accroissement de la force vive d'un système libre ou non est égal au travail correspondant développé par les forces extérieures et intérieures.*

S'il s'agit d'un corps solide qui, dans un grand nombre de cas, peut être considéré comme invariable, on peut négliger la somme des travaux moléculaires. Il en est de même pour les systèmes articulés formés de pièces solides, en faisant abstraction des frottements.

Pour que l'intégration de l'équation (3) puisse se faire, il faut que $\Sigma(X\,dx + Y\,dy + Z\,dz)$ soit la différentielle exacte d'une fonction des coordonnées $x, y, z, x', y', z', \ldots$; c'est ce qui aura lieu notamment lorsque les forces extérieures résulteront d'attractions ou répulsions exercées par des centres fixes, fonctions des distances des points $m, m', \ldots$ à ces centres. L'intégrale du travail moléculaire qui s'obtiendrait immédiatement si l'on connaissait la forme de la fonction $f(r)$ étant également une fonction des coordonnées, il s'ensuit que, dans le cas considéré, la force vive redevient la même chaque fois que les éléments du système matériel repassent par les mêmes positions, ce qui constitue ce que l'on appelle quelquefois le *principe de la conservation des forces vives.*

Si la pesanteur est la seule force extérieure qui agisse sur le système, en appelant M la masse totale, z_1 la distance de son centre de gravité à un plan horizontal, considérée comme positive ou négative selon qu'elle est située au-dessous ou au-dessus de ce plan, $(z_1)_0$ la valeur de cette ordonnée correspondant aux vitesses v_0, on a (41)

$$\sum \frac{mv^2 - mv_0^2}{2} = Mg[z_1 - (z_1)_0] - \operatorname{Som} mm' \int f(r)\,dr.$$

50. *Principe du travail virtuel.* — Pour que tous les points du système restent en repos, il faut et il suffit, d'après l'équation (2), que, pour tout déplacement, on ait

$$(4)\quad \Sigma(X\delta x+Y\delta y+Z\delta z)+\Sigma(X_l\delta x+Y_l\delta y+Z_l\delta z)+\text{Som}\,mm'f(r)\delta r=0.$$

On conçoit que les équations des lignes et surfaces fixes puissent être combinées entre elles de manière à obtenir un même nombre d'équations distinctes renfermant chacune les coordonnées de plusieurs points. Nous supposerons donc, pour plus de généralité, que, entre les coordonnées des n points du système, on ait les k conditions

$$(5)\qquad L_1=0,\quad L_2=0,\ldots,\quad L_k=0,$$

en vertu desquelles k coordonnées sont fonction des $3n-k$ autres, qui sont ainsi des variables indépendantes.

Si nous ne considérons que des déplacements compatibles avec les liaisons, on a

$$\Sigma(X_l\delta x+Y_l\delta y+Z_l\delta z)=0,$$

et l'équation (4) se réduit à la suivante :

$$(6)\qquad \Sigma(X\delta x+Y\delta y+Z\delta z)+\text{Som}\,mm'f(r)\,\delta r=0.$$

Or de

$$r^2=(x-x')^2+(y-y')^2+(z-z')^2$$

on tire

$$r\delta r=(x-x')(\delta x-\delta x')+(y-y')(\delta y-\delta y')+(z-z')(\delta z-\delta z'),$$

et l'équation précédente peut, par suite, se mettre sous la forme

$$(7)\qquad \Sigma(X_1\delta x+Y_1\delta y+Z_1\delta z)=0.$$

Mais on a aussi

$$(8)\qquad \begin{cases} \dfrac{dL_1}{dx}\delta x+\dfrac{dL_1}{dy}\delta y+\dfrac{dL_1}{dz}\delta z+\dfrac{dL_1}{dx'}\delta x'+\ldots=0,\\ \dfrac{dL_2}{dx}\delta x+\ldots\ldots\ldots\ldots=0,\\ \ldots\ldots\ldots\ldots\ldots\ldots,\\ \dfrac{dL_k}{dx}\delta x+\ldots\ldots\ldots\ldots=0,\end{cases}$$

équations qui permettront de déterminer k variations en fonction des autres; en substituant leurs valeurs dans l'équation (7) et égalant à zéro les coefficients des variations restantes, on obtiendra $3n - k$ conditions, qui devront être satisfaites pour qu'il y ait équilibre; de plus, elles seront suffisantes pour assurer l'équilibre; car, puisque le travail élémentaire est nul pour tous les déplacements possibles, il ne pourrait acquérir au bout d'un temps très-court qu'une force vive du second ordre ou nulle; de sorte que tous les éléments matériels du système doivent rester en repos. On obtiendra donc toutes les conditions d'équilibre en considérant seulement les déplacements virtuels compatibles avec les conditions de liaison.

Si $\Sigma(\mathrm{X}dx + \mathrm{Y}dy + \mathrm{Z}dz)$ est la différentielle exacte des coordonnées de $m, m', m'', \ldots$, il en est de même de

$$\Sigma(\mathrm{X}dx + \mathrm{Y}dy + \mathrm{Z}dz) + \mathrm{Som}\, mm' f(r)\, dr,$$

et, en désignant par φ l'intégrale de cette expression, qui est ce que l'on appelle un *potentiel*, la condition (6) se réduit à

$$\delta\varphi = 0,$$

ce qui exprime que, pour qu'il y ait équilibre, *il faut que le potentiel soit un maximum ou un minimum relativement à toutes les variables indépendantes.*

Dans le cas d'un corps solide libre ou d'un système de corps solides réagissant les uns sur les autres, le travail moléculaire dû aux actions au contact étant nul, lorsque l'on néglige le frottement, le potentiel φ ne se rapporte qu'aux forces extérieures.

51. *Des équations d'équilibre d'un système libre résultant de l'hypothèse d'un déplacement compatible avec sa solidité.* — Le système étant libre, on peut concevoir que chacun de ses points subisse un déplacement virtuel quelconque, et, en supposant que son déplacement ait lieu comme si le tout formait un système invariable, on obtiendra des conditions indépendantes des actions mutuelles, puisque $\delta r = 0$. Ces conditions sont indispensables pour assurer l'équilibre,

et seraient suffisantes pour les corps solides s'ils étaient véritablement invariables. On peut toujours les considérer comme tels, lorsque la déformation qu'ils éprouvent sous l'action des forces extérieures est devenue permanente; mais, comme cette déformation est toujours relativement très-faible, on peut, dans la plupart des cas, en faire abstraction, et supposer ainsi que le solide est un système invariable.

Dans l'hypothèse actuelle, l'équation (6) devient tout simplement

$$\Sigma(X\delta x + Y\delta y + Z\delta z) = 0.$$

Nous savons que le mouvement le plus général d'un corps solide se compose d'une translation et d'une rotation autour d'un axe passant par un point fixe quelconque, que nous prendrons pour l'origine des coordonnées. Pour que le travail virtuel soit nul, quels que soient les déplacements translatoire et rotatoire, il suffit d'exprimer qu'il l'est pour trois translations et trois rotations rectangulaires, considérées indépendamment les unes des autres.

En supposant successivement constante chacune des variations δx, δy, δz et les deux autres nulles, on trouve, en supprimant le déplacement qui se trouve en facteur,

$$(9) \qquad \Sigma X = 0, \quad \Sigma Y = 0, \quad \Sigma Z = 0,$$

équations d'équilibre, dites *de translation*, et qui expriment que les forces extérieures transportées parallèlement à elles-mêmes en un même point s'y font mutuellement équilibre.

Considérons maintenant une rotation $\delta\omega$ autour de Ox, suivant le sens convenu, de la gauche vers la droite pour l'observateur ayant les pieds en O, on voit de suite que

$$\delta x = 0, \quad \delta y = -z\delta\omega, \quad \delta z = y\delta\omega,$$

d'où

$$(10) \qquad \begin{cases} \Sigma(yZ - zY) = 0, \\ \text{et de même} \\ \Sigma(zX - xZ) = 0, \\ \Sigma(xY - yX) = 0. \end{cases}$$

Ces équations d'équilibre, dites *de rotation*, expriment que la somme des moments par rapport au point O des forces extérieures, en projection sur chacun des trois plans coordonnés, est nulle.

Elles sont encore susceptibles d'une autre interprétation. Soient, en effet,

$O\mathfrak{M}$, $O\mathfrak{M}'$,... les droites qui représentent les moments des forces extérieures qui sollicitent m, m',...;
$O\mathfrak{M}_x$, $O\mathfrak{M}_y$, $O\mathfrak{M}_z$ les projections de $O\mathfrak{M}$ sur Ox, Oy, Oz.

Ces équations expriment que

$$\Sigma O\mathfrak{M}_x = 0, \quad \Sigma O\mathfrak{M}_y = 0, \quad \Sigma O\mathfrak{M}_z = 0;$$

ou encore, en appelant *moment total* des forces extérieures qui sollicitent le système la résultante géométrique $O\mathfrak{M}$ ou $\mathfrak{M}$ des droites $O\mathfrak{M}$, $O\mathfrak{M}'$, ..., que le moment total est nul.

Nous remarquerons, en outre, que les conditions (10) sont satisfaites en vertu des relations (9) pour tout autre point que le point O, ce que l'on voit de suite en transportant l'origine au point dont les coordonnées sont $x = a$, $y = b$, $z = c$.

D'après le numéro précédent, les conditions (9) et (10) sont suffisantes pour assurer l'équilibre d'un corps solide.

52. *Équations d'équilibre d'un système matériel à liaisons.* — Soit n le nombre des points m, m', m'', ... du système. Si nous comprenons dans les X, Y, Z les composantes correspondantes des forces extérieures et moléculaires, nous aurons, pour tous les déplacements compatibles avec les conditions de liaison, l'équation

$$\Sigma(X\delta x + Y\delta y + Z\delta z) = 0. \tag{11}$$

Soient, comme au n° 50,

$$L_1 = 0, \quad L_2 = 0, \ldots, \quad L_k = 0$$

les équations de liaisons.

Les $3n$ projections sur les trois axes des déplacements de m, m',..., compatibles avec les conditions de liaison, devront satisfaire aux k équations

$$(12)\quad \begin{cases} \dfrac{dL_1}{dx}\delta x + \dfrac{dL_1}{dy}\delta y + \dfrac{dL_1}{dz}\delta z + \dfrac{dL_1}{dx'}\delta x' + \ldots = 0, \\ \dfrac{dL_2}{dx}\delta x + \ldots\ldots\ldots\ldots\ldots\ldots\ldots\ldots = 0, \\ \ldots\ldots\ldots\ldots\ldots\ldots\ldots\ldots\ldots\ldots\ldots\ldots, \\ \dfrac{dL_k}{dx}\delta x + \ldots\ldots\ldots\ldots\ldots\ldots\ldots\ldots = 0, \end{cases}$$

ce qui permettra de déterminer k de ces projections en fonction des autres, et, en substituant leurs valeurs dans l'équation (11), puis égalant à zéro les coefficients des variations restantes, on obtiendra $3n - k$ équations, qui seront celles de l'équilibre.

Pour faire l'élimination dont il s'agit, on peut ajouter à l'équation (11) les équations (12) multipliées respectivement par les indéterminées $\lambda_1, \lambda_2, \ldots, \lambda_k$, et égaler à zéro les coefficients des variations; on trouve ainsi

$$(13)\quad \begin{cases} X + \lambda_1 \dfrac{dL_1}{dx} + \lambda_2 \dfrac{dL_2}{dx} + \ldots + \lambda_k \dfrac{dL_k}{dx} = 0, \\ Y + \lambda_1 \dfrac{dL_1}{dy} + \lambda_2 \dfrac{dL_2}{dy} + \ldots + \lambda_k \dfrac{dL_k}{dy} = 0, \\ Z + \lambda_1 \dfrac{dL_1}{dz} + \ldots\ldots\ldots\ldots\ldots\ldots = 0, \\ X' + \lambda_1 \dfrac{dL_1}{dx'} + \ldots\ldots\ldots\ldots\ldots\ldots = 0, \\ \ldots\ldots\ldots\ldots\ldots\ldots\ldots\ldots\ldots\ldots; \end{cases}$$

et, pour obtenir les relations cherchées, on n'aura plus qu'à éliminer, entre ces équations, les λ_i dont on pourra ensuite déterminer les valeurs.

Si nous considérons, par exemple, le point m, dont les équations d'équilibre sont les trois premières de celles qui précèdent, on voit que ces trois équations sont les mêmes que si le point, étant complétement libre, était, non-seulement sollicité par des forces extérieures **X, Y, Z,** mais encore par des forces dépendant de $L_1, L_2, \ldots$, et qui sont ce que l'on appelle les *forces équivalentes aux liaisons* pour le point considéré.

Les composantes parallèles à Ox, Oy, Oz de la force correspondant à la liaison $L_i = 0$ étant

$$\lambda_i \frac{dL_i}{dx}, \quad \lambda_i \frac{dL_i}{dy}, \quad \lambda_i \frac{dL_i}{dz},$$

on voit que cette force est normale à la surface représentée par l'équation

$$L_i = 0,$$

dans laquelle x, y, z sont seuls considérés comme variables.

53. *De la stabilité de l'équilibre d'un système matériel.* — Pour que l'équilibre d'un système matériel soit *stable*, il faut que, si l'on imprime à ses éléments, aussi peu éloignés que l'on voudra des positions qui conviennent à l'équilibre, des vitesses également aussi faibles que l'on voudra, les déplacements par rapport aux positions ci-dessus persistent à rester très-petits.

Reportons-nous au n° 50, et considérons le cas où les forces extérieures et intérieures ont un potentiel $\varphi(x, y, z, \ldots)$ dans lequel nous supposerons que l'on ait remplacé un certain nombre de coordonnées par leurs valeurs données par les équations de liaison, en fonction des autres $x, y, z, \ldots$, qui restent ainsi indépendantes. Nous savons que l'équilibre correspond en général à un maximum ou à un minimum de cette fonction; nous allons démontrer que dans le premier cas l'équilibre est stable.

Soient

$a, b, c, a', \ldots$ les valeurs de $x, y, z, x', \ldots$ dans la position d'équilibre;

$x_0 = a + \xi_0$, $y_0 = b + \eta_0$, $z_0 = c + \zeta_0$, $x'_0 = a' + \xi'_0, \ldots$ ce que sont les coordonnées de ces points, quand on a dérangé très-peu le système de sa position d'équilibre, en imprimant à $m, m', \ldots$ les vitesses très-petites $v_0, v'_0, \ldots$;

$x=a+\xi$, $y=b+\eta$, $z=c+\zeta$, $x'=a'+\xi',\ldots$ ce que deviennent les coordonnées, et $v, v',\ldots$ les vitesses de $m, m',\ldots$ à un instant quelconque.

On a

$$\tfrac{1}{2}\Sigma mv^2 - \tfrac{1}{2}\Sigma mv_0^2 = \varphi(a+\xi,\ b+\eta,\ c+\zeta+\ldots) - \varphi(a+\xi_0,\ b+\eta_0,\ c+\zeta_0+\ldots).$$

Posant

$$\varphi(a+\xi,\ b+\eta,\ c+\zeta,\ldots) = \varphi(a,\ b,\ldots) - \Psi(\xi,\ \eta,\ \zeta+\ldots),$$

la fonction Ψ étant nulle pour $\xi=0$, $\eta=0$, $\zeta=0,\ldots$, il vient

$$\tfrac{1}{2}\Sigma mv^2 = \tfrac{1}{2}\Sigma mv_0^2 - \Psi(\xi,\ \eta,\ \zeta,\ldots) + \Psi(\xi_0,\ \eta_0,\ \zeta_0,\ldots).$$

Puisque $\varphi(a, b, c,\ldots)$ est un maximum, $\Psi(\xi, \eta, \zeta,\ldots)$ doit être constamment positif tant que $\xi, \eta, \zeta,\ldots$ auront des valeurs numériques respectivement inférieures à certaines limites positives $\xi_1, \eta_1, \zeta_1,\ldots$. Si, comme on peut le supposer, les valeurs de $\xi_0, \eta_0, \zeta_0,\ldots$ sont plus petites que ces limites, $\xi, \eta, \zeta,\ldots$ resteront pendant un certain temps inférieurs aux mêmes limites.

Soit A la plus petite valeur que puisse prendre $\Psi(\xi, \eta, \zeta,\ldots)$, lorsqu'on attribue à $\xi, \eta, \zeta,\ldots$ divers systèmes de valeurs très-petites telles que l'une au moins de ces variables soit égale en valeur absolue à sa limite, et admettons que l'on ait fait en sorte que

$$\tfrac{1}{2}\Sigma mv_0^2 + \Psi(\xi_0,\ \eta_0,\ \zeta_0,\ldots) < A;$$

si $\xi, \eta, \zeta,\ldots$ ne restaient pas constamment au-dessous de $\xi_1, \eta_1, \zeta_1,\ldots$, comme ce sont des fonctions continues du temps, il faudrait qu'à un certain instant une ou plusieurs de ces variables devinssent numériquement égales à leurs limites respectives sans qu'aucune des autres eût dépassé la sienne, et à cet instant on aurait

$$\Psi(\xi,\ \eta,\ \zeta,\ldots) \geqq A,$$

d'où

$$\tfrac{1}{2}\Sigma mv_0^2 - \Psi(\xi,\ \eta,\ \zeta,\ldots) + \Psi(\xi_0,\ \eta_0,\ \zeta_0) \leqq 0,$$

par suite

$$\Sigma mv^2 < 0,$$

ce qui est absurde. Les variables restent donc constamment très-petites, et par suite l'équilibre est stable.

Considérons en particulier un système de corps solides réagissant les uns sur les autres, ou en général un système dans lequel le travail des actions moléculaires serait nul, uniquement soumis à l'action de la pesanteur. Soient P et Z son poids total et l'ordonnée verticale de son centre de gravité, nous aurons

$$\varphi = PZ.$$

Pour que l'équilibre soit stable, il faut donc que Z soit un maximum, c'est-à-dire que le centre de gravité soit le plus bas possible.

Nous examinerons plus loin le cas où φ est un minimum.

54. *Des équations du mouvement d'un système matériel.* — Les équations d'équilibre établies ci-dessus se transformeront en équations du mouvement, en introduisant, parmi les composantes des forces, les composantes correspondantes des forces d'inertie. Ainsi, dans le cas d'un corps solide libre, les équations du mouvement seront fournies par les formules (9) et (10) du n° 51, qui deviennent

$$(14)\quad \sum\left(X - m\frac{d^2x}{dt^2}\right) = 0,\quad \sum\left(Y - m\frac{d^2y}{dt^2}\right) = 0,\quad \sum\left(Z - m\frac{d^2z}{dt^2}\right) = 0,$$

$$(15)\quad \left\{\begin{aligned} &\sum\left[y\left(Z - m\frac{d^2z}{dt^2}\right) - z\left(Y - m\frac{d^2y}{dt^2}\right)\right] = 0,\\ &\sum\left[z\left(X - m\frac{d^2x}{dt^2}\right) - x\left(Z - m\frac{d^2z}{dt^2}\right)\right] = 0,\\ &\sum\left[x\left(Y - m\frac{d^2y}{dt^2}\right) - y\left(X - m\frac{d^2x}{dt^2}\right)\right] = 0.\end{aligned}\right.$$

Ces équations, dans lesquelles les actions mutuelles disparaissent, feront partie de celles qui sont relatives au mouvement d'un système entièrement libre.

S'il s'agit d'un système à liaisons, on obtiendra toutes les équations du mouvement en remplaçant X par $X - m\frac{d^2x}{dt^2}$,

Y par $Y - m\frac{d^2y}{dt^2}, \ldots$ dans les formules (13) du n° 52, qui deviennent

$$X - \frac{d^2x}{dt^2} + \lambda_1 \frac{dL_1}{dx} + \lambda_2 \frac{dL_2}{dx} + \ldots = 0,$$
$$Y - \frac{d^2y}{dt^2} + \lambda_1 \frac{dL_1}{dy} + \lambda_2 \frac{dL_2}{dy} + \ldots = 0,$$
$$\ldots\ldots\ldots\ldots\ldots\ldots\ldots\ldots\ldots\ldots$$

L'équation (11) du même numéro donne

$$\sum\left[\left(X - m\frac{d^2x}{dt^2}\right)\delta x + \left(Y - m\frac{d^2y}{dt^2}\right)\delta y + \left(Z - m\frac{d^2z}{dt^2}\right)\delta z\right] = 0,$$

et dans le cas d'un potentiel φ, ou lorsque

$$X = \frac{d\varphi}{dx}, \quad Y = \frac{d\varphi}{dy}, \quad Z = \frac{d\varphi}{dz}, \quad X' = \frac{d\varphi}{dx'}, \ldots,$$

on a

$$(16) \qquad \sum m\left(\frac{d^2x}{dt^2}\delta x + \frac{d^2y}{dt^2}\delta y + \frac{d^2z}{dt^2}\delta z\right) = \delta\varphi(x, y, z, x', \ldots).$$

55. *Principe du mouvement du centre de gravité d'un système libre.* — En désignant par x_1, y_1, z_1 les coordonnées du centre de gravité de la masse totale M, nous avons vu (41) que

$$\Sigma m \frac{d^2x}{dt^2} = M\frac{d^2x_1}{dt^2},$$

et les équations (14) du numéro précédent donnent, par suite,

$$(17) \qquad \left\{\begin{aligned} M\frac{d^2x_1}{dt^2} &= \Sigma X, \\ M\frac{d^2y_1}{dt^2} &= \Sigma Y, \\ M\frac{d^2z_1}{dt^2} &= \Sigma Z. \end{aligned}\right.$$

Or ce sont les équations du mouvement d'un point libre de masse M; donc : *le centre de gravité d'un système matériel libre se meut comme un point matériel où la masse totale serait concentré, et qui serait directement sollicité par toutes les forces agissant extérieurement sur ce système.*

De sorte que les problèmes que nous avons résolus sur le mouvement d'un point pesant n'ont pas le caractère abstrait que l'on pourrait leur attribuer *à priori*, et se rapportent au mouvement du centre de gravité d'un corps pesant, quelles que soient d'ailleurs sa forme et son étendue.

Si le système n'est soumis qu'à ses actions mutuelles, le centre de gravité est animé d'un mouvement rectiligne et uniforme, ce qui constitue ce que l'on appelait autrefois le *principe de la conservation du mouvement du centre de gravité*, qui est notamment applicable : 1° au centre de gravité d'un projectile qui éclate, du système d'une arme à feu du projectile et de la charge; 2° au système solaire en faisant abstraction des attractions exercées sur ses différents éléments par les étoiles fixes, etc.

56. *Équations du mouvement d'un système matériel libre relatives à une rotation virtuelle, en le considérant comme formant un système invariable.* — Les équations (15) donnent

$$(18)\quad \left\{\begin{aligned} &\sum m\left(y\frac{d^2z}{dt^2} - z\frac{d^2y}{dt^2}\right) = \Sigma(yZ - zY),\\ &\sum m\left(z\frac{d^2x}{dt^2} - x\frac{d^2z}{dt^2}\right) = \Sigma(zX - xZ),\\ &\sum m\left(x\frac{d^2y}{dt^2} - y\frac{d^2x}{dt^2}\right) = \Sigma(xY - yX).\end{aligned}\right.$$

Pour abréger, désignons par $\mathfrak{M}$ ou $O\mathfrak{M}$ la droite qui représente le moment résultant des forces extérieures ou l'axe des moments de ces forces, et par $\mathfrak{M}_x$, $\mathfrak{M}_y$, $\mathfrak{M}_z$ ses projections sur Ox, Oy, Oz ; les équations précédentes deviennent

$$(19)\quad \left\{\begin{aligned} &\sum\left(y\frac{d^2z}{dt^2} - z\frac{d^2y}{dt^2}\right) = \mathfrak{M}_x,\\ &\sum\left(z\frac{d^2x}{dt^2} - x\frac{d^2z}{dt^2}\right) = \mathfrak{M}_y,\\ &\sum\left(x\frac{d^2y}{dt^2} - y\frac{d^2x}{dt^2}\right) = \mathfrak{M}_z.\end{aligned}\right.$$

Ces équations sont susceptibles des interprétations géométriques suivantes :

1° *Interprétation relative à l'axe du moment des quantités de mouvement.* — Soient

v_{yz} la projection de la vitesse de m sur le plan des yz;
p_{yz} sa distance à l'origine O des coordonnées.

En se reportant au n° 53 de la 1re Partie, on a

$$\sum m\left(y\frac{dz}{dt}-z\frac{dy}{dt}\right)=\Sigma m v_{yz}p_{yz}.$$

Or

$$\sum m\left(y\frac{d^2z}{dt^2}-z\frac{d^2y}{dt^2}\right)=\frac{d}{dt}\sum m\left(y\frac{dz}{dt}-z\frac{dy}{dt}\right),$$

par suite

$$(20)\qquad\left\{\begin{aligned}&\frac{d}{dt}\Sigma m v_{yz}p_{yz}=\mathfrak{M}_x,\\&\frac{d}{dt}\Sigma m v_{zx}p_{zx}=\mathfrak{M}_y,\\&\frac{d}{dt}\Sigma m v_{xy}p_{xy}=\mathfrak{M}_z.\end{aligned}\right.$$

Or, si l'on compose les axes des moments, par rapport au point O, des quantités de mouvement de m, m',..., on obtient une résultante que nous désignerons par Q, et en appelant Q_x sa projection sur Ox, l'expression précédente devient

$$(\alpha)\qquad\left\{\begin{aligned}&\frac{d}{dt}Q_x=\mathfrak{M}_x,\\&\text{et de même}\\&\frac{d}{dt}Q_y=\mathfrak{M}_y,\\&\frac{d}{dt}Q_z=\mathfrak{M}_z.\end{aligned}\right.$$

D'après ce que nous avons vu, les formules (α) expriment que : *le moment des forces extérieures est représenté en grandeur et en direction par la vitesse de l'extrémité de l'axe du moment résultant des quantités de mouvement ou par l'accélération de l'axe du moment considéré comme une simple vitesse.*

Ce théorème permet de simplifier notablement un certain nombre de questions de Mécanique, comme nous le verrons plus loin.

2° *Interprétation relative aux aires.* — Nous avons vu aussi (53, Ire Partie) que

$$(y\,dz - z\,dy)$$

n'est autre chose qne le double de la projection $b_x\,dt$ sur l'axe Ox de la droite $\overline{Ob}\,dt$ ou $b\,dt$, qui représente l'aire décrite dans le temps dt par le rayon vecteur mené de l'origine au point m.

Les équations (19) deviennent ainsi

$$(\beta)\qquad \begin{cases} 2\dfrac{d}{dt}\Sigma m b_x = \mathfrak{M}_x, \\ 2\dfrac{d}{dt}\Sigma m b_y = \mathfrak{M}_y, \\ 2\dfrac{d}{dt}\Sigma m b_z = \mathfrak{M}_z. \end{cases}$$

Portons, à partir du point O sur les directions de Ob, Ob',..., des longueurs respectivement proportionnelles aux produits mb, mb',..., nous obtiendrons une résultante OB que nous pourrons représenter par MB, M étant la masse totale du système, et B ce que l'on peut appeler la *vitesse aréolaire moyenne*. Nous aurons

$$(\gamma)\qquad \begin{cases} 2M\dfrac{dB_x}{dt} = \mathfrak{M}_x, \\ 2M\dfrac{dB_y}{dt} = \mathfrak{M}_y, \\ 2M\dfrac{dB_z}{dt} = \mathfrak{M}_z. \end{cases}$$

Or, si l'on considère OB comme une vitesse, ces formules expriment que sa dérivée géométrique ou *l'accélération aréolaire moyenne, multipliée par le double de la masse totale, représente en grandeur et en direction le moment des forces extérieures qui agissent sur le système.*

Puisque $\overline{b} = \overline{b_x} + \overline{b_y} + \overline{b_z}$ est une vitesse aréolaire, le produit mb pourrait être désigné sous le nom de quantité de *mou-*

vement aréolaire, de même que $m\frac{db}{dt}$ serait *une force aréolaire*. Les équations (β) exprimeraient alors que la résultante des forces aréolaires représente, en grandeur et en direction, l'axe, réduit à moitié, du moment des forces extérieures.

3° *Principe des aires.* — Supposons que le système ne soit sollicité par aucune force extérieure; les équations (β) donneront, en désignant par C_x, C_y, C_z, des constantes,

$$(\delta)\qquad \left\{\begin{array}{l} \Sigma m b_x = C_x, \\ \Sigma m b_y = C_y, \\ \Sigma m b_z = C_z; \end{array}\right.$$

ce qui exprime que la somme géométrique des droites qui représentent les produits des masses par les aires décrites dans l'unité de temps par leurs rayons vecteurs est constante en grandeur et en direction. C'est, en résumé, ce que l'on appelle le *principe des aires* qui, comme on vient de le voir, n'est qu'un cas particulier d'un théorème bien plus général.

En appelant $C = \sqrt{C_x^2 + C_y^2 + C_z^2}$ la somme géométrique $\overline{C_x} + \overline{C_y} + \overline{C_z}$, nous avons

$$\Sigma \overline{mb} = \overline{C}.$$

Les angles α, β, γ donnés par

$$\cos\alpha = \frac{C_x}{C}, \quad \cos\beta = \frac{C_y}{C}, \quad \cos\gamma = \frac{C_z}{C}$$

détermineront la position de la normale à *un plan fixe*, sur lequel évidemment *la somme des produits des masses par les aires décrites dans l'unité de temps est maximum*.

Ce plan a reçu de Laplace le nom de *plan invariable*.

57. *Théorème relatif au mouvement d'un système libre par rapport à son centre de masse supposé fixe.* — Concevons que l'on imprime au système matériel un mouvement de translation égal et contraire à celui de son centre de masse G. Ce centre sera ramené au repos; mais, en appelant φ son accélération à un instant quelconque, il faudra, dans le mouve-

ment relatif que prendra le système par rapport à G, tenir compte, indépendamment des forces extérieures, des forces $-m\varphi$, $-m'\varphi$,... de direction contraire à φ agissant sur m, m',....

Soient φ_x, φ_y, φ_z les composantes de φ parallèles à trois axes rectangulaires G_x, G_y, G_z passant par le point G, on a

$$\Sigma mx = 0, \quad \Sigma my = 0, \quad \Sigma mz = 0,$$

d'où

$$\Sigma my\varphi_z = 0, \quad \Sigma mz\varphi_y = 0,$$

et

$$\Sigma(mz\varphi_y - my\varphi_z) = 0,$$

et l'on aurait deux équations analogues relatives aux axes Oy et Oz. On voit ainsi que les forces $m\varphi_x$, $m\varphi_y$, $m\varphi_z$,... ne produisent aucun effet sur le mouvement de rotation autour du point G du système considéré comme invariable.

Donc : *les théorèmes des moments, des aires, etc., subsistent par rapport au centre de gravité comme s'il était fixe.*

Il suit de là que *le mouvement dû à l'action de forces extérieures d'un corps solide se compose de deux mouvements : 1° l'un de translation du centre de masse; 2° l'autre de rotation autour de ce centre considéré comme fixe* (¹).

Remarque. — Supposons qu'au lieu de ramener au repos le centre de masse du système on y ramène l'un quelconque de ses points m; en faisant passer les plans coordonnés par ce point et désignant par l'indice 1 les coordonnées qui se rapportent au centre de gravité, on aura par exemple

$$\Sigma mz = Mz_1, \quad \Sigma m\varphi_y z = M\varphi_y z_1,$$

d'où

$$\Sigma m(\varphi_y z - \varphi_z y) = M(\varphi_y z_1 - \varphi_z y_1),$$

ce qui signifie que l'on devra tenir compte du moment de la force $M\varphi$, de direction contraire à l'accélération de m, considérée comme appliquée au centre de masse.

(¹) On arrive au même résultat au moyen des équations (18), en transportant les coordonnées parallèlement à elles-mêmes au centre de masse et en ayant égard aux relations (17).

58. *Théorèmes relatifs aux quantités de mouvement et aux impulsions des forces dans le mouvement d'un système libre.* — De l'équation

$$\Sigma m \frac{d^2x}{dt^2} = \Sigma X$$

on déduit, en désignant par l'indice o les quantités qui se rapportent à l'instant considéré comme initial

$$\Sigma\left[m\frac{dx}{dt} - m\left(\frac{dx}{dt}\right)_0\right] = \Sigma \int X\,dt.$$

1° Donc, *en projection sur un axe, l'accroissement des quantités de mouvement est égal à la somme des impulsions des forces extérieures.*

Soient v_0, v les vitesses correspondant aux temps t_0 et t. La résultante géométrique $\overline{mv} - \overline{mv_0}$, que nous désignons par mu, est ce que l'on peut appeler la *quantité de mouvement gagnée*, puisque mv est égal à mv_0 augmentée géométriquement de mu; de la même manière $\overline{mv_0} - \overline{mv} = -\overline{mu}$ peut être désigné sous le nom de *quantité de mouvement perdue.*

L'indice χ indiquant la projection d'une longueur sur un axe $O\chi$, il vient

$$\Sigma mu_x = \Sigma \int X\,dt,$$
$$\Sigma mu_y = \Sigma \int Y\,dt,$$
$$\Sigma mu_z = \Sigma \int Z\,dt.$$

Nous savons (13) construire l'impulsion totale de X, Y, Z, dont nous représenterons les composantes par

$$\int X\,dt = X',$$
$$\int Y\,dt = Y',$$
$$\int Z\,dt = Z';$$

nous aurons par suite

$$(21)\qquad \begin{cases} \Sigma mu_x = \Sigma X', \\ \Sigma mu_y = \Sigma Y', \\ \Sigma mu_z = \Sigma Z', \end{cases}$$

ou

$$(22)\qquad \begin{cases} \Sigma(X' - mu_x) = 0, \\ \Sigma(Y' - mu_y) = 0, \\ \Sigma(Z' - mu_z) = 0; \end{cases}$$

en d'autres termes :

2° *Les résultantes des quantités de mouvement perdues et des impulsions des forces se font équilibre sur un même point.*

La première des équations (20) du n° 56 donne

$$\Sigma m v_{yz} p_{yz} - \Sigma m (v_{yz} p_{yz})_0 = \Sigma \int \mathfrak{M}_x dt. \tag{23}$$

On a des équations semblables relativement aux axes Oy, Oz; or, si OQ est le moment total des quantités de mouvement mv, $m'v'$,..., et OQ_0 celui de mv_0, $m'v_0$,..., on pourra considérer QQ_0 comme étant le *moment gagné* des quantités de mouvement, de sorte que ces équations exprimeront que le moment gagné des quantités de mouvement représente, en grandeur et en direction, le moment total des impulsions des forces.

Soient

u_{yz} la projection de u sur le plan yz;

q_{yz} sa distance au point O;

$\int \mathfrak{M}_x dt = \mathfrak{M}'_x$ le moment par rapport à Ox de l'impulsion totale des forces extérieures qui sollicitent le point m.

Supposons que, par des circonstances particulières, comme nous en ferons connaître ultérieurement, les positions des points du système n'ont pas varié d'une manière appréciable dans un intervalle où les vitesses ont éprouvé des changements notables en grandeur et en direction. On est ramené à considérer v comme la résultante de deux vitesses simultanées v_0 et u dont le point m serait animé; de sorte que l'on a

$$v_{yz} p_{yz} = (v_{yz} p_{yz})_0 + u_{yz} q_{yz},$$

par suite

$$\Sigma m u_{yz} q_{yz} = \Sigma \mathfrak{M}'_x.$$

Or le premier membre de cette équation n'est autre chose que le moment de la quantité de mouvement gagnée mu par rapport à Ox; en appelant μ le moment de mu par rapport au point O, μ_x la projection de l'axe de ce moment sur O_x, il vient

$$\left\{\begin{aligned} \Sigma(\mathfrak{M}'_x - \mu_x) &= 0, \\ \Sigma(\mathfrak{M}'_y - \mu_y) &= 0, \\ \Sigma(\mathfrak{M}'_z - \mu_z) &= 0, \end{aligned}\right. \tag{24}$$

ce qui signifie que :

3° *Lorsque les éléments matériels d'un système n'éprouvent pas de déplacements appréciables, le mouvement total par rapport au point O des impulsions des forces extérieures et des quantités de mouvement perdues est nul.*

De ce théorème, du précédent et du n° **51**, on conclut que :

4° *Pour un système libre dans les conditions ci-dessus énoncées, les impulsions des forces extérieures et les quantités de mouvement perdues se font constamment équilibre sur le système considéré comme invariable.*

Corollaire. — Si le système n'est soumis à aucune force extérieure, les quantités de mouvement gagnées ou perdues se font équilibre sur le système.

59. *Théorème de M. Yvon Villarceau.* — Si l'on ajoute les équations (1) du n° **12** relatives au mouvement d'un point, respectivement multipliées par x, y, z, on obtient

$$(25)\qquad m\left(x\frac{d^2x}{dt^2}+y\frac{d^2y}{dt^2}+z\frac{d^2z}{dt^2}\right)=Xx+Yy+Zz.$$

Mais on a

$$\frac{d}{dt}m\left(x\frac{dx}{dt}+y\frac{dy}{dt}+z\frac{dz}{dt}\right)=\frac{dx^2+dy^2+dz^2}{dt^2}+x\frac{d^2x}{dt^2}+y\frac{d^2y}{dt^2}+z\frac{d^2z}{dt^2},$$

ou, en appelant v la vitesse et r la distance de m à l'origine O des coordonnées,

$$\frac{d}{dt}r\frac{dr}{dt}=v^2+x\frac{d^2x}{dt^2}+y\frac{d^2y}{dt^2}+z\frac{d^2z}{dt^2},$$

et l'équation (25) devient

$$(26)\qquad mv^2=\frac{m}{2}\frac{d^2r^2}{dt^2}-(Xx+Yy+Zz).$$

Si m fait partie d'un système matériel, on aura, en faisant la somme des équations semblables établies pour tous les points du système,

$$(27)\qquad \Sigma mv^2=\frac{1}{2}\Sigma m\frac{d^2r^2}{dt^2}-\Sigma(Xx+Yy-Zz).$$

Cette équation, où les X, Y, Z comprennent, bien entendu, les actions moléculaires, qui constitue le théorème de M. Villarceau, est tout à fait distincte de celle des forces vives, puisqu'elle fait connaître la force vive à un instant donné, et non l'accroissement de la force vive au bout d'un intervalle déterminé.

Considérons la portion du second terme du second membre à laquelle donnent lieu les actions mutuelles. Soient r la distance des molécules m, m', et $mm'f(r)$ leur action mutuelle positive ou négative, selon qu'elle est attractive ou répulsive; on a respectivement pour m et m'

$$Xx = -mm'f(r)\frac{x'-x}{r}x, \quad X'x' = -mm'f(r)\frac{x-x'}{r}x',$$

d'où

$$Xx + X'x' = -mm'f(r)\frac{(x-x')^2}{r}.$$

On trouverait des expressions analogues relativement aux deux autres axes, de sorte que l'action mutuelle de m, m' donne le terme

$$-mm'\frac{f(r)}{r}[(x-x')^2+(y-y')^2+(z-z')^2] = -mm'f(r)r.$$

Si donc on considère maintenant les X, Y, Z comme se rapportant exclusivement aux forces extérieures, l'équation (26) devient

$$(28) \qquad \Sigma mv^2 = \frac{1}{2}\Sigma m\frac{d^2\mathfrak{r}^2}{dt^2} + \Sigma mm'f(r)r - \Sigma(Xx+Yy+Zz).$$

Le terme $Xx+Yy+Zz$ n'étant autre chose que le travail de la force R, dont les projections sont X, Y, Z pour un déplacement virtuel de m égal et parallèle à $\mathfrak{r}$, on peut encore écrire

$$(29) \qquad \Sigma mv^2 = \frac{1}{2}\Sigma m\frac{d^2\mathfrak{r}^2}{dt^2} + \Sigma mm'f(r)r - \Sigma R\mathfrak{r}\cos(R,\mathfrak{r}).$$

Remarques. — 1° L'équation (26) s'applique évidemment au mouvement du centre de gravité où toute la masse serait concentrée (55), en observant que les actions mutuelles disparaissent.

2° La même équation a lieu aussi dans le mouvement relatif de la masse par rapport à son centre de gravité; c'est ce que l'on reconnaît en rapportant m, m', ... à trois axes parallèles aux premiers passant par ce point, en ayant égard à la remarque précédente et au théorème de Kœnig (41).

Examen d'un cas particulier. — Supposons que le système matériel ne soit soumis qu'à l'action d'une pression p uniformément répartie sur sa surface, et que l'origine O se trouve dans l'intérieur de la masse; soient $d\omega$ un élément de cette surface et N sa normale, nous aurons

$$\Sigma R \mathfrak{r} \cos(R, \mathfrak{r}) = -p \int \mathfrak{r} \cos(N, \mathfrak{r})\, d\omega,$$

l'intégrale s'étendant à la surface entière. Or $\frac{\mathfrak{r} \cos(N, \mathfrak{r})}{3} d\omega$ n'est autre chose que le volume du cône ayant son sommet en O et $d\omega$ pour base; de sorte qu'en appelant V le volume du système, l'expression précédente se réduit à $-3pV$ et l'équation (29) à la suivante

$$(30) \qquad \Sigma m v^2 = \frac{1}{2} \Sigma m \frac{d^2 \mathfrak{r}^2}{dt^2} + \Sigma m m' f(r) r + 3pV,$$

qui nous sera utile plus tard.

Corollaire. — *Théorème de Clausius relatif à la moyenne force vive d'un système.* — Considérons un système matériel animé d'un mouvement tel, que les positions et les vitesses des éléments qui le constituent restent comprises entre certaines limites, et proposons-nous de déterminer la moyenne force vive du système pour un intervalle compris entre les époques t_0 et t. L'équation (27) donne

$$\frac{1}{t - t_0} \sum \int_{t_0}^{t} m v^2\, dt$$
$$= \frac{1}{2(t - t_0)} \sum m \left[\frac{d\mathfrak{r}^2}{dt} - \left(\frac{d\mathfrak{r}^2}{dt} \right)_{t = t_0} \right] - \frac{1}{t - t_0} \int_{t_0}^{t} (Xx + Yy + Zz)\, dt.$$

Le premier terme du second membre de cette équation devient nul à la fin de chaque période, lorsque le mouvement est périodique; si le mouvement n'est pas régulièrement périodique, ce terme ne devient pas régulièrement nul; mais, comme il le devient de temps en temps et que de plus il est affecté du coefficient $\frac{1}{t - t_0}$, il devient insensible lorsque $t - t_0$ devient suffisamment grand.

En ne considérant que la moyenne force vive et la moyenne des valeurs de Xx, Yy, Zz, il vient

$$\frac{1}{2}\sum mv^2 = -\frac{1}{2}\Sigma(Xx + Yy + Zz).$$

M. Clausius, qui est arrivé à cette relation avant que M. Y. Villarceau n'eût établi son théorème, a donné au second membre le nom de *viriel*.

60. *De la similitude en Mécanique.* — Deux systèmes matériels (S) et (S'), formés de corps solides réagissant les uns sur les autres, sont en mouvement; ils sont composés de masses élémentaires correspondantes $m, m', \ldots$ dont le rapport est constant. Soit

$$\frac{m'}{m} = \beta.$$

Ces points sont, au bout de temps proportionnels, les points homologues de deux systèmes semblables. Posons donc

$$\frac{t'}{t} = \varepsilon, \quad \frac{x'}{x} = \frac{y'}{y} = \alpha;$$

α, ε, de même que β, étant des constantes; x, y, z les coordonnées de m au bout du temps t; x', y', z' celles de m' au bout du temps correspondant t'. Les droites qui représentent les forces extérieures F, F', agissant sur m, m', forment elles-mêmes, au bout des temps t et t', deux systèmes semblables; soit

$$\frac{F'}{F} = \gamma,$$

γ étant une nouvelle constante.

Proposons-nous de déterminer la condition que doivent remplir les coefficients de proportionnalité pour que les choses aient lieu comme nous l'avons admis.

On a pour (S) et (S')

$$(a)\quad \sum m\left(\frac{d^2x}{dt^2}\,\delta x+\frac{d^2y}{dt^2}\,\delta y+\frac{d^2z}{dt^2}\,\delta z\right)=\Sigma\,(X\delta x+Y\delta y+Z\delta z),$$

$$(b)\quad \sum m\left(\frac{d^2x'}{dt^2}\,\delta x'+\frac{d^2y'}{dt^2}\,\delta y'+\frac{d^2z'}{dt^2}\,\delta z'\right)=\Sigma\,(X'\delta x'+Y'\delta y'+Z'\delta z').$$

Cette dernière équation devient, eu égard aux conditions que nous nous sommes imposées et remarquant que $\frac{X'}{X}=\frac{Y'}{Y}=\ldots=\gamma$,

$$\frac{\alpha\beta}{\gamma\varepsilon^2}\sum m\left(\frac{d^2x}{dt^2}\,\delta x+\frac{d^2y}{dt^2}\,\delta y+\frac{d^2z}{dt^2}\,\delta z\right)=\Sigma\,(X\delta x+Y\delta y+Z\delta z).$$

Pour que cette équation soit compatible avec (a), il faut que

$$\frac{\alpha\beta}{\gamma\varepsilon^2}=1,$$

d'où

$$(1)\qquad \varepsilon=\sqrt{\frac{\alpha\beta}{\gamma}}.$$

On voit sans peine que le rapport des vitesses est donné par la formule

$$(2)\qquad \eta=\frac{\alpha}{\varepsilon}=\sqrt{\frac{\alpha\gamma}{\beta}}.$$

Applications.

1° *Si deux points de même masse m, m', sans vitesse initiale, sont attirés par un centre fixe* O *proportionnellement à la* $n^{\text{ième}}$ *puissance de la distance, ces deux points seront à des distances proportionnelles du point* O *après des temps dont le rapport sera* $\left(\frac{\mathrm{O}m'}{\mathrm{O}m}\right)^{\frac{1-n}{2}}$. (Théorème d'Euler.)

On a, en effet,

$$\beta=1,\quad \alpha=\frac{\mathrm{O}m'}{\mathrm{O}m},\quad \gamma=\alpha^n;$$

d'où, d'après la formule (1),

$$\varepsilon=\alpha^{\frac{1-n}{2}}.$$

2° *Si deux pendules simples, de longueurs l et l', oscillent respectivement sous l'influence des gravités respectives g et g', en supposant qu'ils soient écartés d'un même angle de la verticale, les temps qu'ils mettront à exécuter leurs oscillations ou à parcourir des arcs semblables seront dans le rapport de $\sqrt{\frac{l}{g}}$ à $\sqrt{\frac{l'}{g'}}$.*

Car

$$\alpha = \frac{l'}{l}, \quad \beta = 1, \quad \gamma = \frac{g'}{g},$$

et la formule (1) conduit immédiatement au résultat énoncé.

Le théorème de la similitude en Mécanique, dû à Newton, pourrait recevoir d'heureuses applications dans l'établissement des machines, en se proposant, par exemple, de faire une réduction d'une machine type dans des rapports déterminés.

§ III. — *Des petits mouvements d'un système de points matériels.*

61. *Équations des petits mouvements d'un système à liaison.* — Considérons un système matériel assujetti à des liaisons, en équilibre stable sous l'action de forces dépendant d'un potentiel φ.

Si l'on fait subir aux points du système de petits déplacements en leur imprimant de petites vitesses, ils exécuteront chacun, par rapport à sa position d'équilibre, une série de petits mouvements que nous nous proposons d'étudier.

Nous avons (54)

$$(1) \qquad \sum m \left(\frac{d^2x}{dt^2}\delta x + \frac{d^2y}{dt^2}\delta y + \frac{d^2z}{dt^2}\delta z + \frac{d^2x'}{dt^2}\delta x' + \ldots \right) = \delta\varphi.$$

Soient

$s_1, s_2, \ldots$ celles des k coordonnées, au moyen desquelles on peut exprimer toutes les autres, ou encore k autres variables au moyen desquelles on peut exprimer toutes les coordonnées, en satisfaisant aux équations de liaison;

$\alpha_1, \alpha_2, \ldots$ les valeurs de ces variables qui correspondent à l'équilibre.

Posons

$$s_1 = \alpha_1 + \chi_1, \quad s_2 = \alpha_2 + \chi_2, \ldots.$$

Nous supposerons que les déplacements χ_i sont assez petits pour que l'on puisse en négliger les puissances supérieures à la première; les coordonnées seront alors des fonctions linéaires des χ_i et pourront être représentées par

$$(2) \qquad \begin{cases} x = x_0 + a_1\chi_1 + a_2\chi_2 + \ldots, \\ y = y_0 + b_1\chi_1 + b_2\chi_2 + \ldots, \\ z = z_0 + c_1\chi_1 + c_2\chi_2 + \ldots, \\ x' = x'_0 + a'_1\chi_1 + \ldots, \\ \ldots\ldots\ldots\ldots\ldots\ldots \end{cases}$$

a_i, b_i, c_i, $a'_i, \ldots$ étant des quantités connues, ainsi que les valeurs x_0, y_0, $z_0, \ldots$ de x, y, $z, \ldots$ lors de l'équilibre.

Si l'on porte les expressions (2) dans l'équation (1), on trouve

$$(3) \qquad \begin{cases} \left(A_1 \dfrac{d^2\chi_1}{dt^2} + A_{1,2}\dfrac{d^2\chi_2}{dt^2} + A_{1,3}\dfrac{d^2\chi_3}{dt^2} + \ldots\right)\delta\chi_1 \\ \quad + \left(A_{1,2}\dfrac{d^2\chi_1}{dt^2} + A_2\dfrac{d^2\chi_2}{dt^2} + A_{2,3}\dfrac{d^2\chi_3}{dt^2} + \ldots\right)\delta\chi_2 + \ldots = \delta\varphi, \end{cases}$$

en posant

$$(4) \qquad A_i = \Sigma m(a_i^2 + b_i^2 + c_i^2), \quad A_{ij} = \Sigma m(a_i a_j + b_i b_j + c_i c_j).$$

Si l'on développe $\varphi(\alpha_1 + \chi_1, \alpha_2 + \chi_2, \ldots)$ suivant les puissances ascendantes des petites quantités $\chi_1, \chi_2, \chi_3, \ldots$, les termes du premier ordre sont nuls en vertu de l'équilibre supposé pour $\chi_1 = 0$, $\chi_2 = 0, \ldots$, et l'on a, en s'en tenant aux termes du second ordre,

$$(5) \qquad \begin{cases} \varphi(\alpha_1 + \chi_1, \alpha_2 + \chi_2, \ldots) \\ \quad = \varphi(\alpha_1, \alpha_2, \ldots) + \dfrac{1}{2}\left(\dfrac{d^2\varphi}{d\alpha_1^2}\chi_1^2 + \dfrac{d^2\varphi}{d\alpha_2^2}\chi_2^2 + \ldots \right. \\ \qquad\qquad \left. + 2\dfrac{d^2\varphi}{d\alpha_1 d\alpha_2}\chi_1\chi_2 + 2\dfrac{d^2\varphi}{d\alpha_2 d\alpha_3}\chi_2\chi_3 + \ldots\right), \end{cases}$$

d'où

$$\delta\varphi = \left(\frac{d^2\varphi}{d\alpha_1^2}\chi_1 + \frac{d^2\varphi}{d\alpha_1 d\alpha_2}\chi_2 + \frac{d^2\varphi}{d\alpha_1 d\alpha_3}\chi_3 + \ldots\right)\delta\chi_1 + \ldots.$$

L'équation (3) donne par suite, en identifiant les coefficients des $\delta\chi_i, \ldots$,

$$(6)\quad \begin{cases} A_1 \dfrac{d^2\chi_1}{dt^2} + A_{1,2}\dfrac{d^2\chi_2}{dt^2} + \ldots \\ \quad = \dfrac{d^2\varphi}{d\alpha_1^2}\chi_1 + \dfrac{d^2\varphi}{d\alpha_1 d\alpha_2}\chi_2 + \dfrac{d^2\varphi}{d\alpha_1 d\alpha_3}\chi_3 + \ldots, \\ A_{1,2}\dfrac{d^2\chi_1}{dt^2} + A_2\dfrac{d^2\chi_2}{dt^2} + \ldots \\ \quad = \dfrac{d^2\varphi}{d\alpha_1 d\alpha_2}\chi_1 + \dfrac{d^2\varphi}{d\alpha_2^2}\chi_2 + \dfrac{d^2\varphi}{d\alpha_2 d\alpha_3}\chi_3 + \ldots. \\ \ldots\ldots\ldots\ldots\ldots\ldots\ldots\ldots \end{cases}$$

Ces équations seront satisfaites par des valeurs de la forme

$$(7)\quad \chi_1 = h_1 \sin\sqrt{\rho}(t+\varepsilon),\quad \chi_2 = h_2\sin\sqrt{\rho}(t+\varepsilon),\quad \chi_3 = h_3\sin\sqrt{\rho}(t+\varepsilon),$$

$h_1, h_2, \ldots, \rho, \varepsilon$ étant des constantes, et l'on aura

$$(8)\quad \begin{cases} \rho(A_1 h_1 + A_{1,2}h_2 + \ldots) + \dfrac{d^2\varphi}{d\alpha_1^2}h_1 + \dfrac{d^2\varphi}{d\alpha_1 d\alpha_2}h_2 + \dfrac{d^2\varphi}{d\alpha_1 d\alpha_3}h_3 + \ldots = 0, \\ \rho(A_{1,2}h_1 + A_2 h_2 + \ldots) + \dfrac{d^2\varphi}{d\alpha_1 d\alpha_2}h_1 + \dfrac{d^2\varphi}{d\alpha_2^2}h_2 + \ldots\ldots\ldots\ldots = 0, \\ \ldots\ldots\ldots\ldots\ldots\ldots\ldots\ldots\ldots\ldots \end{cases}$$

En éliminant les $k-1$ rapports $\dfrac{h_2}{h_1}, \dfrac{h_3}{h_1}, \ldots$ entre ces équations, on obtiendra une équation en ρ du degré k, dont toutes les racines devront être réelles, positives et inégales; car autrement il entrerait dans les expressions de $\chi_1, \chi_2, \ldots$ des exponentielles ou des termes croissant avec le temps; mais alors les déplacements ne resteraient plus très-petits, et l'équilibre, contrairement à ce que l'on a supposé, ne serait pas stable.

A chaque valeur de ρ correspondra un système de valeurs déterminées de $\dfrac{h_2}{h_1}, \dfrac{h_3}{h_1}, \ldots$ et deux arbitraires h_1, ε. Soient ρ, $\rho', \ldots$ les racines de l'équation en ρ; en donnant les mêmes accents aux arbitraires correspondantes, le système de valeurs

$$(9)\quad \begin{cases} \chi_1 = h_1 \sin\sqrt{\rho}\,(t+\varepsilon) + h'_1 \sin\sqrt{\rho'}\,(t+\varepsilon') + \ldots, \\ \chi_2 = h_2 \sin\sqrt{\rho}\,(t+\varepsilon) + h'_2 \sin\sqrt{\rho'}\,(t+\varepsilon') + \ldots, \\ \ldots\ldots\ldots\ldots\ldots\ldots\ldots\ldots\ldots\ldots\ldots\ldots \end{cases}$$

renfermant $2k$ constantes arbitraires sera la solution générale des équations (6). Les arbitraires se détermineront par les conditions que $\chi_1, \chi_2, \ldots, \frac{d\chi_1}{dt}, \frac{d\chi_2}{dt}, \ldots$ aient des valeurs données pour $t = 0$.

62. *Stabilité et instabilité de l'équilibre.* — Si dans l'expression de la demi-force vive $\frac{1}{2}\sum m\left(\frac{dx^2}{dt^2} + \frac{dy^2}{dt^2} + \frac{dz^2}{dt^2}\right)$ on remplace $x, y, z, \ldots$ par leurs valeurs (2), en ayant égard aux relations (4), on trouve pour résultat

$$\frac{1}{2}\sum\left(A_i \frac{d\chi_i^2}{dt} + A_{ij}\frac{d\chi_i}{dt}\frac{d\chi_j}{dt}\right).$$

Appelons T le résultat de la substitution de h_i, h_j à $\frac{d\chi_i}{dt}$, $\frac{d\chi_j}{dt}$, ou posons

$$T = \frac{1}{2}\sum\left(A_i h_i^2 + A_{ij} h_i h_j\right).$$

Si V est le résultat de la substitution de h_i et h_j à χ_i, χ_j; dans le second membre du développement (3) de φ, on a

$$V = \frac{1}{2}\sum\left[\frac{d^2\varphi}{d\alpha_i} h_i^2 + \frac{d^2\varphi\, h_i h_j}{d\alpha_i\, d\alpha_j}\right].$$

Les équations (6) peuvent se mettre sous la forme suivante :

$$\rho\frac{dT}{dh_1} + \frac{dV}{dh_1} = 0,$$

$$\rho\frac{dT}{dh_2} + \frac{dV}{dh_2} = 0,$$

$$\rho\frac{dT}{dh_3} + \frac{dV}{dh_3} = 0,$$

$$\ldots\ldots\ldots\ldots$$

Si l'on ajoute les équations respectivement multipliées par h_1, h_2, h_3,..., et que l'on remarque que T et V sont des fonctions homogènes du second degré de ces quantités, on obtient

$$\rho T + V = 0,$$

d'où

$$\rho = -\frac{T}{V}.$$

A des valeurs réelles de ρ doivent correspondre des valeurs réelles de h_1, h_2, h_3,...; la fonction T, par sa nature, est essentiellement positive; pour que les valeurs de ρ soient positives, il faut donc que V soit négatif pour des valeurs suffisamment petites de $\chi_1, \chi_2, \ldots$, et par suite pour les valeurs respectives $h_1, h_2, \ldots$ qui sont du même ordre de grandeur, ou encore que, lors de l'équilibre, le potentiel soit un maximum; dans ce cas, les intégrales seront de la forme (9) et les déplacements resteront très-petits; en d'autres termes, l'équilibre sera stable, résultat auquel nous sommes déjà arrivé d'une autre manière.

Si $\varphi(\alpha_1, \alpha_2, \ldots)$ est un minimum, les valeurs de ρ sont négatives, c'est-à-dire que les déplacements χ_1, χ_2,... seront représentés par des sommes d'exponentielles et ne pourront pas, par suite, rester très-petits; d'où il suit que, lorsque le *potentiel* est un *minimum*, l'équilibre est instable.

63. *Principe de la coexistence des petites oscillations.* — On voit, en se reportant aux formules (9), que le mouvement général du système matériel est le résultat de la composition des mouvements oscillatoires partiels, correspondant respectivement à chacune des valeurs de ρ.

Considérons en particulier celui de ces derniers qui dépend de la valeur ρ, nous aurons

$$\chi_1 = h_1 \sin\sqrt{\rho}\,(t+\varepsilon),$$
$$\chi_2 = h_2 \sin\sqrt{\rho}\,(t+\varepsilon),$$
$$\chi_3 = h_3 \sin\sqrt{\rho}\,(t+\varepsilon),$$
$$\cdots\cdots\cdots\cdots\cdots$$

Si, d'après les conditions initiales du mouvement, le système de vibrations considéré est unique, c'est-à-dire si les h_i sont nuls, tous les points du système reviendront en même temps et périodiquement à leurs positions d'équilibre.

Revenant au cas général, lorsque les durées des oscillations simples $\frac{2\pi}{\sqrt{\rho}}$, $\frac{2\pi}{\sqrt{\rho'}}$, ... seront commensurables, le système matériel reviendra au même état au bout de chaque intervalle de temps égal à la plus longue.

64. *Principe de la superposition des petits mouvements.* — Supposons que, pour certaines données initiales

$$\chi_1 = \alpha_1, \quad \chi_2 = \alpha_2, \quad \chi_3 = \alpha_3, \ldots,$$
$$\frac{d\chi_1}{dt} = a_1, \quad \frac{d\chi_2}{dt} = a_2, \quad \frac{d\chi_3}{dt} = a_3, \ldots,$$

le mouvement soit défini par les intégrales

$$\chi_1 = \xi_1, \quad \chi_2 = \xi_2, \quad \chi_3 = \xi_3, \quad \chi'_1 = \xi'_1, \ldots;$$

que, pour d'autres conditions initiales

$$\chi_1 = \beta_1, \quad \chi_2 = \beta_2, \ldots,$$
$$\frac{d\chi_1}{dt} = b_1, \quad \frac{d\chi_2}{dt} = b_2, \ldots,$$

on ait

$$\chi_1 = \eta_1, \quad \chi_2 = \eta_2, \ldots,$$

et ainsi de suite.

Pour les données initiales, qui sont respectivement les sommes des précédentes,

$$\chi_1 = \alpha_1 + \beta_1 + \ldots, \quad \chi_2 = \alpha_2 + \beta_2 + \ldots,$$
$$\frac{d\chi_1}{dt} = a_1 + b_1 + \ldots, \quad \frac{d\chi_2}{dt} = a_2 + b_2 + \ldots,$$

le mouvement sera représenté par les sommes des intégrales ci-dessus,

$$\chi_1 = \xi_1 + \eta_1 + \ldots, \quad \chi_2 = \xi_2 + \eta_2 + \ldots,$$

car ces dernières expressions vérifient les équations différentielles linéaires du mouvement, et se réduisent aux valeurs initiales données lorsqu'on y fait $t=0$.

Ce théorème, d'après lequel les petits mouvements se superposent sans se nuire, permet de donner l'explication d'un grand nombre de faits relatifs aux ondulations des liquides, à l'acoustique, à la lumière, etc.

65. *Introduction de forces constantes. — Superposition des effets.* — Supposons qu'au lieu d'avoir abandonné le système matériel à lui-même, après lui avoir fait subir un petit rangement, on y ait introduit de nouvelles forces constantes en grandeur et en direction, capables toutefois de ne produire que des déplacements très-petits.

On voit qu'il suffira d'augmenter de constantes $\frac{d^2x}{dt^2}, \frac{d^2y}{dt^2},\ldots$ dans l'équation (1), ou $\frac{d^2\chi_1}{dt^2}, \frac{d^2\chi_2}{dt^2},\ldots$ dans les équations (3), ou enfin d'introduire des constantes A, B, C,... dans les équations (6), qui, résolues par rapport aux $\frac{d^2\chi_i}{dt^2}$, donneront des résultats de la forme

$$(10)\quad \left\{\begin{aligned} \frac{d^2\chi_1}{dt^2} &= A + p_1\chi_1 + p_2\chi_2 + p_3\chi_3 + \ldots, \\ \frac{d^2\chi_2}{dt^2} &= B + q_1\chi_1 + q_2\chi_2 + q_3\chi_3 + \ldots, \\ \frac{d^2\chi_3}{dt^2} &= C + r_1\chi_1 + r_2\chi_2 + r_3\chi_3 + \ldots, \\ &\ldots\ldots\ldots\ldots\ldots\ldots\ldots\ldots, \end{aligned}\right.$$

A, B, C, ..., p_1, p_2, p_3,..., q_1, q_2, q_3,... étant des coefficients connus.

Mais si l'on pose

$$\chi_1 = u_1 + a_1, \quad \chi_2 = u_2 + a_2, \ldots,$$

a_1, a_2, a_3,... étant des constantes déterminées par les équations

$$\begin{aligned} A + p_1 a_1 + p_2 a_2 + \ldots &= 0, \\ B + q_1 a_1 + q_2 a_2 + \ldots &= 0, \\ \ldots\ldots\ldots\ldots\ldots\ldots&\ldots, \end{aligned}$$

les équations (10) deviennent

$$\frac{d^2 u_1}{dt^2} = p_1 u_1 + p_2 u_2 + \ldots,$$

$$\ldots\ldots\ldots\ldots\ldots\ldots\ldots\ldots,$$

et l'on voit que u_1, u_2, ... ne sont autre chose que les valeurs de χ_1, χ_2, ..., correspondant à l'équilibre après l'introduction des nouvelles forces; on a d'ailleurs

$$\frac{du_1}{dt} = \frac{d\chi_1}{dt} \quad \ldots,$$

d'où l'on déduit que les vitesses sont les mêmes par rapport à l'un ou l'autre état d'équilibre et l'on peut encore énoncer ce théorème :

Lorsque, dans un système dérangé très-peu d'une position d'équilibre stable, on introduit des forces très-petites, constantes en grandeur et en direction, le mouvement de chaque point matériel par rapport à sa nouvelle position d'équilibre est le même que celui qui est relatif à sa première position d'équilibre, si les circonstances initiales sont identiques dans l'un et l'autre cas.

On voit aussi sans peine que *le mouvement du système est le résultat de la superposition de deux autres; l'un correspondant à l'état initial sans l'introduction des nouvelles forces, l'autre à l'introduction de ces forces, sans déplacement ni vitesse à l'origine du temps.*

Aux deux théorèmes précédents, on peut ajouter le suivant, qui n'est pas moins évident :

Les mouvements produits par les divers groupes de forces, dans lesquels on peut décomposer les nouvelles forces, se composeront entre eux géométriquement.

66. *Remarque relative au cas où le système se meut dans un milieu résistant.* — En ne considérant que le cas où les vitesses des éléments matériels du système sont très-faibles, nous pourrons considérer la résistance du milieu sur chaque élément comme proportionnelle à sa vitesse; ce qui nous conduit à remplacer, dans les seconds membres des équa-

tions (10), A, B, C,... par des sommes de termes proportionnels à $\frac{d\xi}{dt}$, $\frac{d\eta}{dt}$, ... et à poser

$$(11)\quad \left\{\begin{array}{l} \dfrac{d^2\chi_1}{dt^2} = p_1\chi_1 + p_2\chi_2 + \ldots + D_1\dfrac{d\chi_1}{dt} + D_2\dfrac{d\chi_2}{dt} + \ldots \\ \ldots\ldots\ldots\ldots\ldots\ldots\ldots\ldots\ldots\ldots\ldots\ldots, \end{array}\right.$$

les coefficients D_i étant des constantes.

On satisfera à ces équations en posant

$$(12)\quad \left\{\begin{array}{l} \chi_1 = h_1 e^{-\omega_1 t}\sin\sqrt{\rho}\,(t+\varepsilon) + h'_1 e^{-\omega' t}\sin\sqrt{\rho'}\,(t+\varepsilon') + \ldots, \\ \chi_2 = h_2 e^{-\omega t}\sin\sqrt{\rho}\,(t+\varepsilon) + \ldots, \end{array}\right.$$

ω, ω',... étant des constantes de l'ordre de D_1, D_2,..., c'est-à-dire des quantités très-petites si le milieu est très-rare, et dont on pourra négliger les puissances supérieures à la première.

En faisant d'abord abstraction de la résistance du milieu, c'est-à-dire en supposant $D_1 = 0$, $D_2 = 0$,..., $\omega = 0$, $\omega' = 0$,..., on déterminera les valeurs de ρ, $\frac{h_2}{h_1}$, $\frac{h_3}{h}$, ... En substituant ensuite les expressions (12) dans les équations (11), on aura des équations linéaires en ω, ω',... qui permettront de déterminer ces inconnues.

67. *Formules de Cauchy.* — Dans ce qui précède, nous n'avons considéré qu'un système composé d'un nombre limité d'éléments matériels assujetti à des liaisons, en comprenant dans un même potentiel les forces extérieures et les actions mutuelles. Quoique la loi que suivent ces dernières nous soit complétement inconnue, on peut, comme nous allons le voir, arriver à des conséquences générales très-importantes.

Si un système matériel sans liaisons, comprenant sous un très-petit volume un grand nombre de molécules, comme cela a lieu pour les corps de la nature, n'éprouve que de très-petits déplacements, on peut, sans faire aucune hypothèse sur la loi des actions mutuelles, réduire à trois équations aux différentielles partielles les équations des petits mouvements, en y introduisant des constantes qui ne dépendent que du groupement moléculaire du corps en équilibre sous l'action de forces extérieures déterminées.

Soient, à l'état d'équilibre,

x, y, z les coordonnées, par rapport à trois axes rectangulaires fixes Ox, Oy, Oz, d'une molécule de masse m_0;

X, Y, Z les composantes parallèles à ces axes de l'accélération due aux forces extérieures qui agissent sur m_0;

r la distance de m_0 à une autre molécule m dont les coordonnées sont $x+h$, $y+h$, $z+h$;

$mm_0 f(r)$ l'action mutuelle de m, m_0 (30).

Nous aurons, pour exprimer que m_0 est en équilibre, en posant $\varphi(r) = \frac{f(r)}{r}$,

$$(1)\quad \begin{cases} X + \Sigma m\varphi(r)\,h = 0, \\ Y + \Sigma m\varphi(r)\,k = 0, \\ Z + \Sigma m\varphi(r)\,l = 0. \end{cases}$$

Soient, à l'état de mouvement, $x+u$, $y+v$, $z+w$, les coordonnées de m_0. Les coordonnées correspondantes de m, en s'arrêtant aux termes du second ordre, seront

$$x + h + u + \frac{du}{dx}h + \frac{du}{dy}k + \frac{du}{dz}l$$
$$+ \frac{1}{2}\left(\frac{d^2u}{dx^2}h^2 + \frac{d^2u}{dy^2}k^2 + \frac{d^2u}{dz^2}l^2 + \frac{2d^2u}{dx\,dy}hk + \frac{2d^2u}{dx\,dz}hl + \frac{2d^2u}{dy\,dz}kl\right)$$
$$\ldots\ldots\ldots\ldots\ldots\ldots\ldots\ldots,$$

ou

$$x + h + u + \delta u,$$
$$\ldots\ldots\ldots,$$

en posant, pour abréger,

$$(2)\quad \begin{cases} \delta u = \frac{du}{dx}h + \frac{du}{dy}k + \frac{du}{dz}l \\ \qquad + \frac{1}{2}\left(\frac{d^2u}{dx^2}h^2 + \frac{d^2u}{dy^2}k^2 + \frac{d^2u}{dz^2}l^2 + \frac{2d^2u}{dx\,dy}hk\right. \\ \qquad\qquad \left. + \frac{2d^2u}{dx\,dz}hl + \frac{2d^2u}{dy\,dz}kl\right) \\ \ldots\ldots\ldots\ldots\ldots\ldots\ldots\ldots \end{cases}$$

Si $r+\delta r$ est ce qu'est devenue la distance r, nous aurons, au lieu des équations (1), les suivantes :

$$X - \frac{d^2 u}{dt^2} + \Sigma m \varphi (r + \delta r)(h + \delta u) = 0,$$

$$\dots\dots\dots\dots\dots\dots\dots\dots,$$

en supposant que X, Y, Z n'aient pas varié d'une manière appréciable pendant le mouvement.

Il vient donc

$$\frac{d^2 u}{dt^2} = \Sigma m \varphi (r + \delta r)(h + \delta u) - \Sigma m \varphi (r) h,$$

$$\dots\dots\dots\dots\dots\dots\dots\dots,$$

et l'on a, aux secondes puissances près des déplacements,

$$\varphi(r + \delta r) = \varphi(r) + \varphi'(r)\,\delta r,$$

d'où

$$\frac{d^2 u}{dt^2} = \Sigma m [\varphi(r)\,\delta u + \varphi'(r) h \delta r];$$

puis

$$\delta r = \sqrt{(h+\delta u)^2 + (k+\delta v)^2 + (l+\delta w)^2} - \sqrt{h^2+k^2+l^2}$$
$$= \frac{h\delta u + k\delta v + l\delta w}{r},$$

et, par suite,

$$(3) \quad \left\{ \begin{array}{l} \dfrac{d^2 u}{dt^2} = \sum m \left[\varphi(r)\,\delta u + \dfrac{\varphi'(r)}{r} h (h\delta u + k\delta v - l\delta w) \right], \\ \dots\dots\dots\dots\dots\dots\dots\dots \end{array} \right.$$

On obtiendra donc enfin les équations du mouvement en remplaçant dans ces dernières δu, δv, δw par leurs valeurs (2).

Si nous considérons en particulier le cas d'un corps homogène, comme des molécules de même masse m sont groupées symétriquement autour de m_0, on a

$$\Sigma m \varphi(r)\, h = 0, \quad \Sigma m \varphi(r)\, k = 0, \quad \Sigma m \varphi(r)\, h = 0,$$
$$\Sigma m \varphi(r)\, hk = 0, \quad \Sigma m \varphi(r)\, hl = 0, \quad \Sigma m \varphi(r)\, kl = 0,$$
$$\sum m \frac{\varphi'(r)}{r} h^3 k = 0 \dots\dots\dots\dots$$

De sorte qu'en posant

$$(4)\quad \begin{cases} A = \frac{1}{2}\sum m\varphi(r)\,h^2 = \frac{1}{2}\sum m\varphi(r)\,k^2 = \frac{1}{2}\sum m\varphi(r)\,l^2, \\ B = \frac{1}{2}\sum m\frac{\varphi'(r)}{r}\,h^4 = \frac{1}{2}\sum m\frac{\varphi'(r)}{r}\,k^4 = \frac{1}{2}\sum m\frac{\varphi'(r)}{r}\,l^4, \\ C = \frac{1}{2}\sum m\frac{\varphi'(r)}{r}\,h^2k^2 = \frac{1}{2}\sum m\frac{\varphi'(r)}{r}\,h^2l^2 = \frac{1}{2}\sum m\frac{\varphi'(r)}{r}\,k^2l^2, \end{cases}$$

les équations (3) deviennent

$$(5)\quad \begin{cases} \frac{d^2u}{dt^2} = (A+B)\frac{d^2u}{dx^2} + (A+C)\frac{d^2u}{dy^2} + (A+C)\frac{d^2u}{dz^2} \\ \qquad + 2C\frac{d^2v}{dx\,dy} + 2C\frac{d^2w}{dx\,dz} \\ \ldots\ldots\ldots\ldots\ldots\ldots\ldots\ldots \end{cases}$$

Mais il existe, entre B et C, une relation résultant de ce que les constantes sont indépendantes de l'orientation des axes parallèles à Ox, Oy, Oz, passant par m_0.

Soient, en effet,

α, β, γ les angles de l'axe des z avec de nouveaux axes;
h', k', l' les coordonnées relatives à ces axes et correspondant à h, k, l.

On a

$$l = h'\cos\alpha + k'\cos\beta + l'\cos\gamma,$$

$$B = \frac{1}{2}\sum m\frac{\varphi'(r)}{r}\,l^4 = B(\cos^4\alpha + \cos^4\beta + \cos^4\gamma)$$
$$+ 6C(\cos^2\alpha\cos^2\beta + \cos^2\alpha\cos^2\gamma + \cos^2\beta\cos^2\gamma),$$

et, comme

$$\cos^2\alpha + \cos^2\beta + \cos^2\gamma = 1,$$

$$1 - \cos^4\alpha - \cos_4\beta - \cos^4\gamma = 2(\cos^2\alpha\cos_2\beta + \cos^2\alpha\cos^2\gamma\cos^2\beta\cos^2\gamma),$$

il vient

$$B = 3C.$$

Si nous substituons à B' sa valeur, et que nous posions

$$2A = \mu - \lambda, \quad 2C = \mu + \lambda,$$

$$\theta = \frac{du}{dx} + \frac{dv}{dy} + \frac{dw}{dz},$$

et en général

$$\Delta^2 F = \frac{d^2F}{dx^2} + \frac{d^2F}{dy^2} + \frac{d^2F}{dz^2},$$

$\Delta^2 F$ étant ce que Lamé appelle le paramètre différentiel du second ordre de la fonction F, les équations (5) prendront la orme simple

$$(6)\quad \begin{cases} \dfrac{d^2u}{dt^2} = (\lambda+\mu)\dfrac{d\theta}{dx} + \mu\Delta^2 u, \\[2mm] \dfrac{d^2v}{dt^2} = (\lambda+\mu)\dfrac{d\theta}{dy} + \mu\Delta^2 v, \\[2mm] \dfrac{d^2w}{dt^2} = (\lambda+\mu)\dfrac{d\theta}{dz} + \mu\Delta^2 w. \end{cases}$$

Le volume élémentaire $dx\,dy\,dz$ est devenu, à la suite du déplacement,

$$\left(dx + \frac{du}{dx}dx\right) \times \left(dy + \frac{dv}{dy}dy\right) \times \left(dz + \frac{dw}{dz}\right)$$
$$= dx\,dy\,dz\left(1 + \frac{du}{dx} + \frac{dv}{dy} + \frac{dw}{dz}\right),$$

et il a aussi éprouvé une augmentation relative égale à θ qui représente ainsi la *dilatation cubique* au point m_0.

En ajoutant les trois équations (6) respectivement différentiées par rapport à x, y, z, on obtient

$$\frac{d^2\theta}{dt^2} = (\lambda + 2\mu)\left(\frac{d^2\theta}{dx^2} + \frac{d^2\theta}{dy^2} + \frac{d^2\theta}{dz^2}\right),$$

pour l'équation du second ordre, à laquelle satisfait la dilatation cubique.

CHAPITRE VI.

STATIQUE.

§ I. — *De la réduction des forces appliquées à un corps solide.*

68. Nous rappellerons que les conditions d'équilibre d'un corps solide

$$\Sigma X = 0, \quad \Sigma Y = 0, \quad \Sigma Z = 0,$$

$$(1) \qquad \Sigma(Yz - Zy) = 0, \quad \Sigma(Zx - Xz) = 0, \quad \Sigma(Xy - Yx) = 0$$

expriment que : 1° le travail virtuel des forces qui le sollicitent est nul pour tout déplacement du corps; 2° ces forces, transportées parallèlement à elles-mêmes en un point, s'y font équilibre; 3° les axes des moments des forces extérieures ont une résultante nulle.

Supposons, en particulier, que toutes les forces soient comprises dans un même plan que nous prendrons pour plan des xy; on a

$$Z = 0, \quad z = 0,$$

et les équations d'équilibre se réduisent aux trois suivantes :

$$\Sigma X = 0, \quad \Sigma Y = 0, \quad \Sigma(Xy - Yx) = 0.$$

69. *Forces équivalentes.* — Si un système (S) de forces F, F',... agissant sur un solide, donne, quel que soit le déplacement virtuel, le même travail virtuel qu'un autre système composé des forces F_1, F'_1,... qui viendrait à être applique au même corps, on peut évidemment remplacer le premier système par le second, et l'on dit alors que *les deux systèmes sont équivalents.*

Il faut donc et il suffit, pour que deux systèmes soient équivalents, qu'ils donnent lieu à une même résultante des forces transportées parallèlement à elles-mêmes en un même point et au même moment résultant en grandeur et en direction.

Il arrive souvent que, pour simplifier des questions de statique, on est conduit à substituer à un système de forces un autre système moins compliqué.

Au point de vue physique, pour que le second système soit admissible, il faut que ses différentes forces soient appliquées en des points du solide; mais on peut également admettre un Système qui ne remplit pas cette dernière condition, en supposant que les points d'application de ces forces soient reliés géométriquement au corps, d'une manière invariable, par des droites, puisque ces forces, quoique fictives, du moins en ce qui concerne un certain nombre d'entre elles, donnent dans les équations (1) des termes équivalents à ceux qui proviennent des forces auxquelles elles sont substituées.

On peut dire aussi que *deux systèmes de forces sont équivalents lorsque, en changeant seulement le sens des forces de l'un d'eux, il fait équilibre à l'autre.*

Nous allons étudier les principales propriétés des systèmes équivalents.

1° *Deux forces égales* F, F′ *de même intensité, dirigées suivant la même droite, mais en des points différents dont la distance est constante, sont équivalentes;* car, d'après une remarque faite au n° 48, ces deux forces donnent lieu au même travail virtuel. On peut donc dire que *l'on peut considérer une force comme appliquée à un point quelconque de sa direction pourvu que ce point soit invariablement lié au corps.*

2° *Forces concourantes.* — Des forces F, F′, F″, ..., appliquées à un corps solide, dont les directions concourent à un point, peuvent donc être considérées comme appliquées en ce point supposé lié invariablement au corps. Elles peuvent être, par suite, remplacées par leur résultante quand même sa direction ne rencontrerait pas le corps; cette résultante peut être elle-même remplacée par un groupe de forces appliquées en un point quelconque de sa direction, soumis à la condition ci-dessus énoncée, et dont elle serait la somme géométrique.

3° *Résultante de forces parallèles.*

(*a*) *Cas où toutes les forces sont de même sens. — Poids total d'un corps.* — Supposons que l'on prenne l'axe Oz parallèle à la direction des forces $F, F', \ldots$; en transportant ces forces parallèlement à elles-mêmes au point O, elles ont une résultante

$$R = \Sigma F, \tag{a}$$

égale à leur somme. Elles ne donnent des moments que par rapport à Ox et Oy, et ces moments sont

$$\left\{\begin{array}{l} \mathfrak{M}_x = \Sigma F y, \\ \mathfrak{M}_y = -\Sigma F x. \end{array}\right. \tag{b}$$

Si nous considérons $F, F', \ldots$ comme les masses de points matériels placés aux points d'application de ces forces, nous savons qu'il existe un point relié invariablement au corps, dont les coordonnées sont

$$x_1 = \frac{\Sigma F x}{\Sigma F}, \quad y_1 = \frac{\Sigma F y}{\Sigma F}, \quad z_1 = \frac{\Sigma F z}{\Sigma F},$$

et qui n'est autre chose que le centre G de ces masses, dont la situation ne dépend que de la grandeur de $F, F', \ldots$ et de la position de leurs points d'application.

On déduit de là

$$\left\{\begin{array}{l} \mathfrak{M}_x = R y_1, \\ \mathfrak{M}_y = -R x_1. \end{array}\right. \tag{c}$$

Les formules (*a*) et (*c*) montrent que les forces $F, F', \ldots$ peuvent être remplacées par une force unique ou résultante R, égale à leur somme, parallèle et de même sens, dont la direction passe par le point G que nous savons déterminer.

En changeant la direction de $F, F', \ldots$, la résultante restera la même en grandeur, et sa direction passera toujours par le point G, qui a reçu pour ce motif le nom de *centre des forces parallèles*, et que l'on pourra à l'occasion considérer comme son point d'application.

On peut supposer que les points d'application des forces soient les intersections de leurs directions avec un plan déterminé; alors on voit de suite que leur composition revient à celle des rotations de même sens (36, Ire Partie). Il est également visible, d'après cette analogie, qu'une force ne peut se décomposer que d'une seule manière en deux ou trois autres parallèles à sa direction et que, si l'on se donne plus de trois points d'application des composantes, la décomposition est indéterminée.

Pour un même lieu et pour un corps de faibles dimensions, relativement à celles de la Terre, comme ceux que l'on observe à sa surface, les poids des différents éléments matériels qui constituent ce corps, étant proportionnels à leurs masses et parallèles entre eux, donnent lieu à une résultante verticale égale à leur somme ou au produit de la masse totale par l'accélération de la gravité, et dont la direction passe constamment par le centre de masse, quelle que soit la position du corps; c'est ce qui fait donner au centre de masse le nom de *centre de gravité*. Le *poids total* d'un corps solide est ainsi la somme des poids de ses éléments matériels.

Il peut arriver que la direction de ce poids ne rencontre pas le corps, comme cela aura lieu notamment pour un anneau maintenu horizontalement.

On comprend maintenant ce que c'est que l'unité de force adoptée dans les applications de la Mécanique, le kilogramme, qui est le poids total d'un décimètre cube d'eau distillée à son maximum de densité.

Application au double mouvement d'un corps solide. — Concevons que l'on imprime à tous les éléments matériels d'un corps solide de masse M un mouvement de translation égal et contraire à celui de l'un de ses points m ainsi ramené au repos. L'accélération translatoire $-\varphi$, égale et contraire à celle du point m, donnera lieu aux forces d'inertie parallèles, $m\varphi$, $m'\varphi, \ldots$, dont la résultante $M\varphi$ passera par le centre de gravité G du corps; de sorte que l'on sera ramené à considérer *le corps comme tournant autour du point m considéré comme fixe, sollicité par les forces extérieures et par une force d'inertie égale et contraire à celle de toute la masse concentrée au centre de gravité, due à l'accélération absolue du point m.* Ce qui est conforme à ce que nous avons obtenu à la fin du n° 59.

(*b*) *Cas où les forces sont de sens contraire.* — On déterminera la résultante R, R_1 des deux groupes F, F′,... et F_1, F'_1,... pour chacun desquels les forces sont de même sens, mais sont de sens contraire de l'un à l'autre groupe. On est donc ramené à examiner le cas de deux forces parallèles et de sens contraire; supposons $R_1 > R$.

Soient O, O_1 les points d'application de R, R_1. La résultante de ces forces transportées parallèlement à elles-mêmes en un point quelconque est

$$\mathcal{R} = R_1 - R;$$

mais on voit qu'il existe au delà du point O_1 par rapport à O, sur la droite OO_1, un point A, déterminé par la relation

$$OA = \frac{R_1}{R_1 - R} OO_1,$$

d'où

$$\mathcal{R} . OA = R_1 . OO_1.$$

Si l'on suppose que la force $\mathcal{R}$ soit appliquée au point A, cette dernière relation exprime que le moment de $\mathcal{R}$ par rapport à O est égal à celui de R_1, en remarquant que les distances de ce point à $\mathcal{R}$ et R_1 sont proportionnelles à OA, OO_1; d'où il suit que les forces R, R_1 ont une résultante $\mathcal{R}$ et qu'elles se composent comme deux rotations de sens contraire autour d'axes parallèles.

La décomposition d'une force en deux autres de sens contraire, parallèles à sa direction, appliquées à des points donnés, compris dans un plan passant par cette force d'un même côté de laquelle ils sont situés, se ramène également à celle d'une rotation en deux autres de sens contraire autour d'axes parallèles au sien, avec lequel ils sont situés dans un même plan.

Le point d'application A de la résultante $\mathcal{R}$, étant indépendant de la direction R, R_1, est aussi un centre de forces parallèles.

(*c*) *Couples.* — La composition précédente ne peut plus s'effectuer lorsque les forces sont égales; car on arriverait à une résultante nulle située à l'infini, ce qui n'est pas susceptible d'interprétation.

Le système de deux forces parallèles égales et de sens contraire F, F_1 a reçu de Poinsot le nom de *couple*.

Un couple ne donne évidemment aucun élément dans les trois premières équations d'équilibre ou de translation ; il n'a d'influence que dans les équations d'équilibre de rotation, et nous sommes conduit à l'étudier à ce point de vue d'une manière spéciale.

Soient A, A_1 les points où la perpendiculaire abaissée d'un point C du plan du couple rencontre la direction des forces F et F_1. Que le point C soit placé entre les directions des forces F et F_1 ou au delà de l'une d'elles par rapport à l'autre, on reconnaît sans peine que la somme des moments des deux forces F, F_1 a pour expression $F.AA_1$ et qu'elle est ainsi indépendante de la position du centre des moments.

La distance AA_1 s'appelle le *bras de levier du couple.*

Considérons maintenant le même couple dans l'espace et soient

C le centre des moments (*fig.* 44);

A, A_1 les points de rencontre des directions de F et F_1 avec le plan normal à la direction de ces deux forces mené par le point C.

Fig. 44.

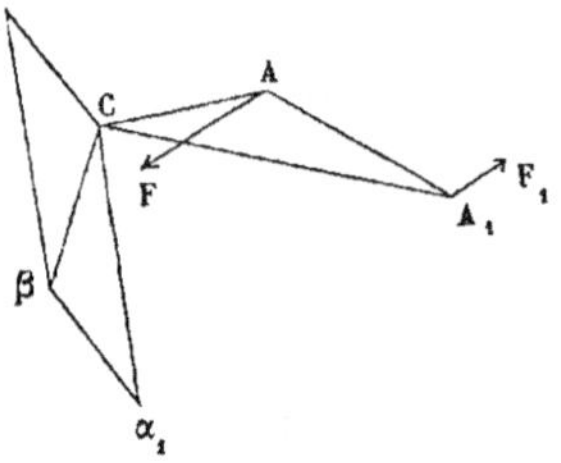

Le moment des forces du couple par rapport au point C est la résultante géométrique Cβ des deux axes Cα, $Cα_1$ des moments de F et F_1, tracés en ayant égard aux directions opposées de ces deux forces.

Mais on voit immédiatement, par la similitude des triangles Cαβ et CAA_1, que ce moment n'est autre chose que

$$F.AA_1;$$

en d'autres termes, *le moment résultant des forces d'un couple par rapport à un point quelconque est constant et égal au produit de l'intensité de ses forces par leur distance, et l'axe du moment est perpendiculaire au plan du couple.* On comprend ainsi comment ce produit a reçu le nom de *moment du couple.*

Les théorèmes suivants deviennent évidents par ce qui précède.

1° Un couple peut être transformé en un autre, de même moment, situé dans le même plan.

2° Un couple peut être orienté d'une manière quelconque dans son plan, et ce plan peut être transporté parallèlement à lui-même.

3° La composition et la décomposition des axes des moments des couples s'effectuent suivant les règles indiquées pour les moments des forces.

70. *Interprétation des équations de l'équilibre au moyen des couples.* — Soient

O le centre des moments;

OA la perpendiculaire abaissée du point O sur la direction de l'une des forces F qui sollicitent le corps.

Supposons le point O relié invariablement et géométriquement au corps; appliquons en O deux forces F_1 et $-F_1$ égales à F et de sens contraire, mais dont la première a le même sens que F. Rien n'est changé aux conditions d'équilibre, mais on peut maintenant considérer ce système de forces comme composé de la force $F_1 = F$ appliquée en O, et d'un couple que nous représenterons par $(F, -F_1)$ ou $(F, -F)$.

Ce mode de transformation d'une force en un couple et en une force qui lui est égale en grandeur et en direction, et supposée appliquée en un point du corps ou qui lui est invariablement relié, se traduit, pour la simplicité du langage, par l'expression : *transporter une force parallèlement à elle-même en un point donné.*

Les axes des couples se composant comme ceux des moments, tout groupe de forces, en les transportant parallèlement à elles-mêmes en un point quelconque O, se réduit à une résultante appliquée à ce point et à un couple. Les conditions d'équilibre du corps se réduisent, par suite, à ce qui suit : la résultante des forces extérieures, transportée parallèlement à elle-même en un même point, et celle des axes des moments des couples doivent être séparément nulles.

On déduit également de ce qui précède que :

1° *Deux couples ne peuvent se détruire, c'est-à-dire se faire équilibre, qu'autant qu'ils sont compris dans un même plan ou dans des plans parallèles et qu'ils ont des moments égaux mais de sens contraire ;*

2° *Une force et un couple ne peuvent donner une résultante unique qu'autant qu'ils sont situés dans un même plan ; cette condition est d'ailleurs suffisante pour qu'il en soit ainsi ;*

Car en transportant la force — R, égale et opposée à la force R et qui doit faire équilibre au couple (F, — F), au point d'application A de la force F, il en résulte une autre force — R, appliquée en ce point, et un couple qui ne pourra détruire le précédent qu'autant qu'il sera situé dans son plan, ce qui exige qu'il en soit de même de la force R.

3° *Un groupe de forces peut se réduire à une infinité de systèmes de deux forces non situées dans le même plan.*

Supposons, en effet, que le couple (F, — F) soit transporté parallèlement à lui-même, de manière que la résultante R rencontre la direction de la force F au point A. Ces deux forces donnent une résultante R′, non située dans le même plan que — F; mais comme on peut transformer d'une infinité de manières le couple dans son plan, pourvu que son moment ne change pas, il en résulte que les résultantes R′ et — F peuvent varier également d'une infinité de manières en grandeur et en direction.

Remarque. — Dans tous les cas, on peut faire en sorte que les directions des deux forces soient perpendiculaires entre elles.

Soient, en effet, R_n, R_p les composantes de R, respectivement normale au plan du couple et comprise dans ce plan, la résultante $\overline{R}_p + \overline{F} - \overline{F}$ et R_n seront comprises perpendiculaires entre elles.

4° *Deux forces, non situées dans le même plan, n'ont pas de résultante unique ;*

Car en transportant l'une des forces parallèlement à elle-même en un point de la direction de l'autre, on obtient une résultante et un couple non compris dans le même plan qui ne peuvent se détruire;

5° *Trois forces* F, F′, F″, *non situées dans le même plan, peuvent avoir une résultante unique.*

En effet, en transportant F′ et F″ parallèlement à elles-mêmes en un point A de la direction de F, il est possible que l'axe du couple résultant soit perpendiculaire à la résultante de F, F′, F″ supposées appliquées en ce point A;

6° *On peut obtenir un centre de réduction tel, que le couple et la résultante auxquels se ramène un système de forces soient perpendiculaires entre eux.*

En effet, on peut faire en sorte que le bras de levier du couple (F, — F) coïncide avec l'intersection du plan (P) de ce couple et du plan (P′), qui est perpendiculaire à la résultante R; le couple peut se décomposer en deux autres, l'un (F′, — F′), compris dans le plan (P′), et l'autre dans le plan perpendiculaire à ce dernier mené par le bras de levier. Ce dernier couple donnera avec R une résultante perpendiculaire au plan du précédent.

Remarque. — Soient

φ l'angle formé par les plans des couples (F, — F) et (F′, — F′) dont nous venons de parler;

G, M les moments de ces couples.

On a

$$M = G \cos\varphi,$$

ce qui prouve que (F′, — F′) est le couple de réduction, dont le moment est minimum [1].

[1] La théorie des couples a donné lieu, de la part de plusieurs savants, à des théorèmes très-intéressants au point de vue géométrique. Nous nous bornerons à énoncer le suivant, qui est de M. Chasles, et dont la démonstration ne présente aucune difficulté :

Le volume du tétraèdre construit sur le groupe indéterminé formé par la résultante et le couple résultant auxquels tout système de forces peut se ramener est constant.

71. *Application de la composition des forces concourantes au calcul de l'attraction due à la gravitation des sphères et de quelques autres corps.*

1° *Attraction d'une courbe sphérique homogène, extrêmement mince sur un point extérieur.* — Soient (*fig.* 45)

Fig. 45.

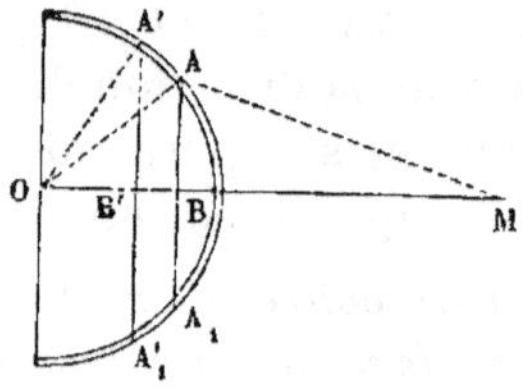

e l'épaisseur infiniment petite de la couche;
R le rayon de l'une ou l'autre de ses surfaces;
ρ sa densité;
$m = 4\pi R^2 e\rho$ sa masse;
M la masse du point matériel;
a la distance MO de ce point au centre O de la sphère;
AA_1, $A'A'_1$ deux plans perpendiculaires à OM infiniment voisins, déterminant dans la surface extérieure une zone élémentaire ayant pour hauteur BB'. Les cônes normaux à la surface, menés par les circonférences AA_1, $A'A'_1$, détacheront dans la couche un anneau circulaire ayant deux dimensions infiniment petites et dont nous chercherons d'abord l'attraction sur M;
$AM = z$;
$MB = x$, d'où $BB' = dx$.

Le volume de l'anneau étant égal au produit de la surface de la zone par e, il vient pour la masse correspondante

$$\rho 2\pi R e\, dx.$$

Appelons μ la masse d'un point matériel de l'anneau situé, par exemple, en A, l'attraction de μ sur M, dirigée de M vers A, sera

$$f\frac{M\mu}{z^2},$$

f étant un coefficient constant dont nous avons donné la signification dans un autre Chapitre.

La résultante des actions semblables pour tous les points de l'anneau étant évidemment dirigée de M vers O, en raison de symétrie, et par suite égale à la somme des projections de ces actions sur MO, on a

$$\sum f \frac{M\mu}{z^2} \frac{MB}{z} = fM \frac{x}{z^3} \Sigma\mu,$$

ou, comme $\Sigma\mu$ n'est autre chose que la masse de l'anneau, il vient

$$2\pi c \rho f M \frac{R}{z^3} x\, dx = f \frac{Mm}{2R} \frac{x\, dx}{z^3};$$

or

$$R^2 = a^2 + z^2 - 2ax,$$

d'où

$$dx = z \frac{dz}{a}.$$

L'expression ci-dessus devient par suite

$$(\alpha) \qquad f \frac{Mm}{4Ra^2} \left[dz + (a^2 - R^2) \frac{dz}{z^2} \right];$$

et pour avoir l'attraction totale de la couche, il faut l'intégrer entre les limites $z = a - R$, $z = a + R$, et l'on trouve sans peine pour résultat

$$f \frac{Mm}{a^2}.$$

On voit ainsi que *l'attraction de la couche sur un point extérieur est la même que si toute sa masse était concentrée en son centre.*

Il est manifeste que cette attraction est égale et directement contraire à celle du point sur la couche.

2° *Attraction d'une sphère composée de couches concentriques homogènes sur un point extérieur.* — Puisque le théorème précédent a lieu pour chacune des couches de la sphère, il se trouve établi pour la masse totale.

3° *Attraction mutuelle de deux sphères composées de couches concentriques homogènes.* — D'après une remarque faite plus haut, pour déterminer l'attraction d'une sphère sur chacun des points de l'autre, on peut supposer que sa masse M est concentrée en son centre; mais alors on est ramené au cas précédent, et l'on peut dire que :

Deux sphères composées de couches concentriques homogènes s'attirent comme si leurs masses étaient concentrées en leurs centres respectifs.

4° *Attraction d'une sphère creuse composée de couches homogènes concentriques sur un point intérieur.* — Si l'on considère l'une des couches supposées réduites à une épaisseur extrêmement petite, l'attraction s'obtiendra en intégrant l'expression (α) entre les limites $R - a$ et $R + a$, et l'on trouve un résultat nul.

D'où il suit que l'attraction de la couche totale proposée sur un point intérieur est nulle, ou que le point se trouve en équilibre dans l'intérieur de la sphère creuse.

Ce théorème, dû à Newton, n'est qu'un cas particulier du suivant :

5° *Une couche homogène d'épaisseur quelconque, terminée par deux ellipsoïdes semblables concentriques, semblablement placés, n'exerce aucune attraction sur un point, et par suite sur un corps situé dans son intérieur.* — Concevons un cône d'ouverture infiniment petite mesurée par l'élément $d\omega$ de la surface de la sphère d'un rayon égale à l'unité, ayant pour sommet le point m; il déterminera dans la couche deux segments exerçant sur le point m deux actions directement opposées. Soit r la distance du point m à un point quelconque de l'un de ces segments, on pourra décomposer ce dernier en éléments de volumes tels que $r^2\, d\omega\, dr$, dont la masse donnera lieu à l'attraction

$$m\rho\,\frac{r^2\, d\omega\, dr}{r^2} = m\rho\, d\omega\, dr.$$

En intégrant par rapport à r, et en appelant u l'épaisseur du segment dans le sens de r, on trouve pour l'attraction qu'il exerce sur m

$$fm\rho u\, d\omega;$$

et comme l'épaisseur u est la même pour les deux segments, on voit que leurs actions sur m se neutralisent, et, par suite, le point m se trouve en équilibre dans l'intérieur de la couche.

Il est visible que la proposition que nous venons de démontrer subsiste encore pour un solide composé de couches concentriques homogènes, comprises chacune entre deux ellipsoïdes semblables, mais dont la densité peut varier de l'une à l'autre.

6° *Application à la théorie de l'électricité.* — Considérons un ellipsoïde électrisé positivement; si, d'après l'hypothèse admise, on assimile l'électricité à la matière et qu'on la suppose répandue à la surface de manière à y former une couche plus ou moins épaisse, il faut, pour l'équilibre, que les attractions de cette couche sur l'électricité de signe contraire de chaque molécule intérieure se neutralisent.

On satisfait à cette condition en supposant que la surface extérieure de la couche est semblable à celle du corps; mais alors les épaisseurs du fluide au sommet sont proportionnelles aux axes correspondants. Lorsque l'un des axes est beaucoup plus long que les autres, l'épaisseur et, par suite, la tension électrique à l'un de ses sommets y est très-grande et devient infinie si l'ellipsoïde se transforme en un paraboloïde; ce qui veut dire que l'équilibre est rompu et que l'électricité doit se répandre à l'extérieur. On explique ainsi le pouvoir des pointes en assimilant la pointe à un ellipsoïde très-allongé.

7° *Attraction d'une sphère composée de couches concentriques homogènes sur un point intérieur.* — D'après ce qui précède, cette attraction se réduit à celle des couches intérieures à la surface sphérique passant par ce point.

8° *Application à la pesanteur à la surface de la Terre.* — Si l'on fait abstraction de la force centrifuge, le poids d'un corps à la surface de la Terre n'est autre chose que la résultante des actions qu'elle exerce sur les différents points de ce corps. Considérons la Terre comme sphérique en négligeant l'aplatissement aux pôles, et soient M la masse de la Terre, R son rayon, ρ sa densité moyenne, g l'accélération de la pesanteur, nous aurons

$$M = \tfrac{4}{3}\pi\rho R^3, \quad g = f\frac{M}{R^2} = \tfrac{4}{3}f\pi\rho R.$$

D'après ce qui précède, cette formule est également applicable à un point compris dans l'intérieur de la Terre situé à une distance R de son centre de gravité, et l'on voit ainsi que dans l'intérieur de la Terre la pesanteur croît comme la distance au centre. Toutefois, il ne faut pas perdre de vue que cette conclusion est subordonnée à l'hypothèse d'une densité uniforme de la Terre, ce qui n'a pas lieu en réalité; mais, si l'on veut faire entrer en ligne de compte la variation de densité des couches, on entre dans le domaine de la Mécanique céleste, et l'on sort ainsi des limites que nous nous sommes assignées.

9° *Attraction d'un corps de forme quelconque sur un point matériel qui en est très-éloigné.* — Soient

M' la masse du corps;
m l'un de ses points matériels;
G son centre de gravité;
M la masse du point attiré;
a la distance GM;
Gz, Gy deux droites rectangulaires comprises dans un plan mené en G perpendiculairement à GM, pris pour axe des x.

Nous avons

$$(\beta)\qquad \Sigma mx = 0,\quad \Sigma my = 0,\quad \Sigma mz = 0,$$

en appelant x, y, z les coordonnées du point m.

Nous supposerons que a est assez grand par rapport aux dimensions du corps pour que l'on puisse négliger devant l'unité les rapports $\frac{x^2}{a^2}$, $\frac{y^2}{a^2}$, $\frac{z^2}{a^2}$, de sorte que nous aurons

$$\frac{1}{\overline{\mathrm{M}m}^3} = [(a-x)^2 + y^2 + z^2]^{-\frac{3}{2}} = \frac{1}{a^3}\left(1 + \frac{3x}{a}\right).$$

Les composantes suivant les trois axes Ox, Oy, Oz de l'attraction de m sur M sont

$$f\mathrm{M}m\frac{a-x}{\overline{\mathrm{M}m}^3} = \frac{f\mathrm{M}m}{a^2}\left(1 + \frac{2x}{a}\right),$$

$$f\mathrm{M}m\frac{y}{\overline{\mathrm{M}m}^3} = \frac{f\mathrm{M}m}{a^3}y,$$

$$f\mathrm{M}m\frac{z}{\overline{\mathrm{M}m}^3} = \frac{f\mathrm{M}m}{a^3}z.$$

Pour avoir les composantes X, Y, Z de l'attraction totale du corps sur M, il faut faire respectivement les sommes des précédentes pour tous les points de ce corps. Mais on voit de suite, en vertu des relations (β), que l'on a

$$X = \frac{MM'}{a^2}, \quad Y = 0, \quad Z = 0.$$

Donc :

L'attraction d'un corps, quelle que soit sa forme, sur un point qui en est fort éloigné, est à très-peu près la même que si toute la masse de ce corps était concentrée en son centre de gravité.

En employant le même raisonnement que pour l'attraction des sphères, on a aussi cet énoncé :

10° *Deux corps très-éloignés l'un de l'autre, quelle que soit leur forme, s'attirent comme si leurs masses se trouvaient concentrées en leurs centres de gravité respectifs.*

11° *Remarque relative au système planétaire.* — Le Soleil, les planètes et les satellites, pouvant être considérés à peu près comme formés de couches sphériques homogènes concentriques, attirent les corps extérieurs de la même manière que si leurs masses se trouvaient concentrées en leurs centres. L'erreur commise est du même ordre de grandeur que la différence entre la surface de l'astre considéré et celle de la sphère pour un point attiré de la surface et pour un point plus éloigné; elle est, d'après l'article précédent, du même ordre que le produit de la différence ci-dessus par le carré du rapport du rayon du corps attirant à la distance de son centre au point attiré.

Les corps s'attirent donc très-sensiblement comme si leur masse était concentrée en leur centre, non-seulement parce qu'ils sont fort éloignés relativement à leurs propres dimensions, mais encore parce que leur figure diffère peu de celle de la sphère.

Pour plus de développements sur ce sujet, je renverrai à mon Traité élémentaire de Mécanique céleste.

72. *Réduction des forces centrifuges d'un corps tournant autour d'un axe fixe.* — Considérons, en premier lieu, une

tranche cylindrique homogène d'une épaisseur infiniment petite, tournant autour d'un axe perpendiculaire à ses bases. Il est clair que nous sommes ramené à étudier ce qui a lieu dans un plan.

Soient

O le centre de rotation;
ω la vitesse angulaire;
r la distance d'un point matériel de masse m au point O;
r_1 la distance de O au centre de gravité G de la tranche.

Les forces centrifuges $m\omega^2 r$ des éléments de la tranche étant dirigées suivant r et proportionnelles à mr, il s'ensuit (39) qu'elles ont une résultante unique, passant par le centre de gravité G, et qui a pour expression

$$\omega^2 M r_1;$$

en d'autres termes, *les forces centrifuges se réduisent à une force unique, qui n'est autre que la force centrifuge du centre de gravité où toute la masse serait concentrée.* Il est clair que ce théorème estégalement applicable à un cylindre homogène tournant autour d'un axe parallèle à ses génératrices.

Considérons maintenant un corps de forme quelconque, fini dans le sens parallèle à l'axe de rotation.

Soient

Ox l'axe de rotation;
ω la vitesse angulaire qui sera censée avoir lieu de la gauche vers la droite pour l'observateur placé suivant Ox, en ayant les pieds en O;
Oy, Oz deux droites rectangulaires comprises dans un plan perpendiculaire à Ox, entraîné dans le mouvement de rotation du corps;
m la masse d'un élément matériel du corps, ayant pour coordonnées x, y, z;
x_1, y_1, z_1 les coordonnées des centres de gravité du corps dont nous désignerons par M la masse totale;
R_y, R_z les composantes suivant O_y, O_z des forces centrifuges transportées parallèlement à elles-mêmes au point O;
$\mathfrak{M}_y$, $\mathfrak{M}_z$ les moments de ces mêmes forces par rapport à O_y, O_z.

Nous avons

$$\begin{aligned}
R_y &= \Sigma\omega^2 my = \omega^2 M y_1,\\
R_z &= \Sigma\omega^2 mz = \omega^2 M z_1,\\
\mathfrak{M}_y &= -\Sigma\omega^2 mzx = -\omega^2\Sigma mzx,\\
\mathfrak{M}_z &= \Sigma\omega^2 myx = \omega^2\Sigma myx.
\end{aligned}$$

On voit ainsi que :

1° *La résultante des forces centrifuges, transportées parallèlement à elles-mêmes en un même point, est la même que celle du centre de gravité du corps où toute la masse serait concentrée.*

2° *Si l'axe de rotation est un axe principal d'inertie, les forces centrifuges se réduisent à la force centrifuge du centre de gravité où toute la masse serait concentrée.*

3° *Lorsque l'axe de rotation est un axe principal d'inertie passant par le centre de gravité, les forces centrifuges s'entre-détruisent.*

73. *Composition des forces d'inertie tangentielles d'un solide tournant autour d'un axe fixe.* — Conservons les notations précédentes, et désignons de plus par $\mathfrak{M}_x$ le moment total de ces forces par rapport à l'axe de rotation, par r la distance de m à l'axe de rotation, par I le moment d'inertie du corps relatif à cet axe. Nous aurons évidemment

$$\begin{aligned}
R_y &= \sum mz\frac{d\omega}{dt} = Mz_1\frac{d\omega}{dt},\\
R_z &= -\sum my\frac{d\omega}{dt} = -My_1\frac{d\omega}{dt},\\
\mathfrak{M}_y &= \sum my\frac{d\omega}{dt}x = \frac{d\omega}{dt}\sum myx.\\
\mathfrak{M}_z &= \sum mz\frac{d\omega}{dt}x = \frac{d\omega}{dt}\sum mzx,\\
\mathfrak{M}_x &= -\frac{d\omega}{dt}\sum mr^2 = -I\frac{d\omega}{dt}.
\end{aligned}$$

Ces formules montrent que le premier des théorèmes du numéro précédent existe également pour les forces d'inertie tangentielles.

On voit également que *les forces d'inertie se réduisent à un couple perpendiculaire à l'axe de rotation lorsque cet axe est un axe principal passant par le centre de gravité du corps.*

§ II. — *De l'équilibre des corps gênés par des obstacles.*

74. *Généralités sur les corps gênés par des obstacles.* — Si un solide se meut dans des conditions telles, que par son contact avec des corps fixes il ne soit susceptible de se déplacer que d'une certaine manière, il suffit (50), pour établir les conditions d'équilibre des forces qui le sollicitent, d'exprimer que la somme de leurs travaux virtuels est nulle pour tous les déplacements dont le solide est susceptible. Nous allons examiner les principaux cas qui se présentent, en rappelant que le corps peut être considéré comme libre, en tenant compte des réactions normales des corps directeurs.

75. *Équilibre d'un solide qui ne peut subir qu'un déplacement de translation.* — Un pareil déplacement est défini par les trajectoires supposées données de trois points A, A', A'' du solide ; ces courbes sont identiques, mais situées de manière que les tangentes aux points correspondants sont parallèles.

Soient

Ax la tangente à la courbe que A est assujetti à décrire, menée, si l'on veut, dans le sens du déplacement virtuel;

Ay, Az deux axes rectangulaires dont le plan est perpendiculaire à Ax;

R_x, R_y, R_z les projections sur les droites Ax, Ay, Az de la résultante R des forces extérieures qui sollicitent le corps;

$\mathfrak{M}_x$, $\mathfrak{M}_y$, $\mathfrak{M}_z$ les moments de ces forces par rapport aux mêmes axes;

N, N', N'' les réactions des courbes sur A, A', A''. Nous désignerons la projection de chacune de ces forces sur l'un des trois axes par la même lettre munie d'un indice indiquant l'axe de projection. Ainsi N_x sera la projection de N sur Ox;

(x', y', z'), (x'', y'', z'') les coordonnées de A', A''.

Le plan zOy, normal à la courbe décrite par le point A, est parallèle aux plans normaux semblables en A′A″, puisque les éléments décrits simultanément sont parallèles, de sorte que l'on a

$$N_x = 0, \quad N'_x = 0, \quad N''_x = 0.$$

Il vient, par suite,

$$(1) \quad \begin{cases} R_x = 0, \\ R_y + N_y + N'_y + N''_y = 0, \\ R_z + N_z + N'_z + N''_z = 0. \end{cases}$$

$$(2) \quad \begin{cases} N'_z y' + N''_z y'' - N'_y z' - N''_y z'' + \mathfrak{M}_x = 0, \\ -N'_z x' - N''_z x'' + \mathfrak{M}_y = 0, \\ N'_y x' + N''_y x'' + \mathfrak{M}_z = 0. \end{cases}$$

La première des équations (1), comme on devait s'y attendre, en vertu du principe du travail virtuel, exprime la seule condition nécessaire, pour que les forces extérieures se fassent équilibre sur le corps.

Pour déterminer les six composantes des réactions, nous n'avons que cinq équations. Les pressions sur les guides seraient donc indéterminées, ce qui en réalité ne peut pas être. Cette indétermination apparente est due à ce que l'on n'a pas fait intervenir, dans la question, la compressibilité de la matière. Cette observation est applicable dans plusieurs autres circonstances où nous ne ferons que la rappeler.

Cas particulier. — *Solide posé sur un plan.* — Ici le solide peut éprouver, parallèlement au plan d'appui (P), un déplacement translatoire dans toutes les directions.

Supposons que le solide s'appuie sur le plan (P) par un nombre n de faces d'une étendue assez faible pour qu'on puisse les supposer réduites à des points $A_1, A_2, \ldots, A_n$, donnant lieu aux réactions normales $N_1, N_2, \ldots, N_n$. Ces réactions auront une résultante $M = (N_1 + N_2 + \ldots + N_n)$ dont la direction rencontrera le plan (P) en un point intérieur à celui des polygones formés par $A_1, \ldots A_n$ qui enveloppe tous les autres, comme cela résulte du mode de composition des forces parallèles et de même sens. Cette résultante devant faire équilibre aux forces extérieures agissant sur le solide, on voit que les forces extérieures doivent se réduire à une résultante unique R, perpendiculaire au plan (P), et dont la direction rencontre ce plan dans l'intérieur du polygone défini ci-dessus.

La résultante R étant donnée ainsi que sa position par rapport aux points $A_1, \ldots, A_n$, il est clair que les valeurs $N_1, \ldots, N_n$ devraient pouvoir se déterminer. Cette détermination peut avoir lieu dans le cas de trois points d'appui, puisque nous avons vu qu'une force ne peut se décomposer que d'une seule manière en trois forces parallèles à sa direction et passant par trois points donnés; mais s'il y a plus de trois points d'appui, la décomposition est indéterminée, ce qui tient à la cause que nous avons signalée plus haut.

Nous verrons dans un autre Chapitre, au moins dans un cas particulier, comment on peut théoriquement faire disparaître l'indétermination relative à la répartition des pressions, lors même que le nombre des points d'appui est assez grand pour que l'on puisse le considérer comme infini, ainsi qu'on peut le supposer dans un grand nombre de cas.

76. *Équilibre d'un solide assujetti à tourner autour d'un axe fixe.* — On détermine un axe fixe dans un corps, en le terminant par deux cylindres identiques de révolution autour de cet axe, appelés *tourillons*, qui s'engagent dans des *coussinets*, cylindres creux de même rayon ou d'un rayon un peu plus grand, engagés dans des montures fixes ou *paliers*.

Tout déplacement parallèle à l'axe est rendu impossible par le contact, avec les paliers, de saillies annulaires ou *épaulements*, ménagées à la naissance des tourillons.

Si nous supposons que les réactions de chaque coussinet et de son palier aient une résultante passant par un point déterminé de l'axe, nous pourrons par la pensée supprimer ces guides, en les remplaçant par ce point supposé fixe et capable de réagir, sa réaction n'étant autre chose que la résultante ci-dessus.

Prenons l'un des points fixes A pour origine des coordonnées et pour axe des x la direction de la droite qui joint A à l'autre point fixe A'.

Soient

Ay, Az deux droites rectangulaires comprises dans un plan perpendiculaire à AA';

a la distance AA';

N, N' les réactions des points A, A'; nous distinguerons, comme précédemment, leurs composantes parallèles à chacun des axes, par l'indice correspondant.

Nous attribuerons à R et $\mathfrak{M}$ les mêmes significations qu'au numéro précédent.

Le principe du travail virtuel donne pour la condition nécessaire et suffisante relative à l'équilibre

$$\mathfrak{M}_x = 0. \tag{1}$$

Pour déterminer N, N', nous avons

$$\left\{\begin{array}{l} N_x + N'_x + R_x = 0, \\ N_x + N'_y + R_x = 0, \\ N_z + N'_z + R_z = 0, \\ -N'_z a + \mathfrak{M}_y = 0, \\ N'_y a + \mathfrak{M}_z = 0. \end{array}\right. \tag{2}$$

Nous obtenons ainsi cinq équations qui permettent de déterminer N_y, N'_y, N_z, N'_z, et la somme $N_x + N'_x$, dont les deux éléments restent indéterminés, ce qui s'explique de la même manière que ci-dessus.

Remarque. — Supposons que, en outre de sa faculté de tourner autour de AA', le corps puisse glisser le long de cet axe, on a

$$N_x = 0, \quad N'_x = 0,$$

et il faut, pour l'équilibre, que l'on ait

$$R_x = 0,$$

avec la condition

$$\mathfrak{M}_x = 0.$$

Cette observation est notamment applicable au cas d'une tige prismatique posée sur un biseau, sollicitée par différentes forces, et qui constitue ce que l'on appelle le *levier*.

77. *Équilibre d'un solide assujetti à tourner autour d'un point fixe.* — On peut réaliser un point *fixe* dans un corps en le munissant d'une sphère saillante (*rotule*) qui s'engage dans une sphère creuse fixe de même diamètre, ou qui est assujettie à rester tangente à trois sphères fixes. La résultante des réactions des corps directeurs passe par le centre de la première sphère, qui reste fixe, et l'on peut faire abstraction des guides en supposant ce point capable de réagir, et de détruire toute force sur la direction de laquelle il se trouverait.

Le seul déplacement virtuel possible ne pouvant résulter que d'une rotation autour d'un axe de direction arbitraire passant par le point fixe O, les conditions d'équilibre se réduisent à celles des moments des forces extérieures pris par rapport à trois axes rectangulaires Ox, Oy, Oz passant par ce point, et sont

$$\mathfrak{M}_x = 0, \quad \mathfrak{M}_y = 0, \quad \mathfrak{M}_z = 0.$$

Le point O doit détruire la résultante R des forces extérieures supposées transportées parallèlement à elles-mêmes en ce point. La force — R, égale et contraire à R, est donc celle que l'on devra appliquer en O pour que l'on puisse considérer le solide comme complétement libre, c'est-à-dire la réaction du point fixe, dont les composantes parallèles à Ox, Oy, Oz sont ainsi connues.

§ III. — *Des conditions d'équilibre des systèmes articulés.*

78. *Un système articulé* est un ensemble de pièces solides réunies les unes aux autres par des points ou des axes fixes, de telle manière que le déplacement de l'une de ces pièces entraîne la déformation de la figure géométrique qu'affecte le système. Ces points et axes fixes, comme nous l'avons déjà dit, sont respectivement réalisés au moyen de sphères et cylindres saillants (*articulations*), dont une pièce est munie, s'engageant dans une sphère ou cylindre en creux de même rayon, ménagé dans la pièce adjacente.

Déterminer : 1° les relations qui doivent exister entre les forces qui agissent sur les différentes pièces d'un système articulé pour qu'il puisse prendre une forme d'équilibre; 2° cette forme d'équilibre : tel est le problème que nous avons en vue de résoudre.

En nous plaçant à un point de vue général, nous supposerons que les forces qui agissent sur chacun des éléments matériels de chaque pièce dépendent, en grandeur et en direction, des coordonnées de cet élément par rapport à trois axes rectangulaires fixes, telles que des attractions ou répulsions qui seraient dues à des centres fixes. La résultante de ces forces et le couple résultant pour chaque pièce dépendront ainsi de la position, par rapport aux axes ci-dessus, de trois droites rectangulaires fixées dans la pièce dont il s'agit.

79. *Équilibre d'un polygone articulé plan.* — Concevons un système dont chaque pièce soit reliée à la suivante par un axe de direction constante; les pièces intermédiaires auront chacune deux articulations, et chacune des pièces extrêmes en aura une ou deux suivant les cas.

Les conditions d'équilibre d'un pareil système se ramènent évidemment à celles de sa projection et des projections des forces qui sollicitent ses différents éléments sur un plan perpendiculaire à la direction des axes; on est conduit par suite à considérer l'équilibre du polygone formé par les droites qui joignent successivement les traces des articulations. Chaque côté est sollicité par les projections des forces qui agissent sur la pièce correspondante, et chacun des côtés extrêmes est une droite fixe dans le corps correspondant.

1° *Cas où le système est libre.* — Soient

$A_1, A_2, \ldots, A_n$ les n sommets du polygone;

$A_0 A_1$, $A_n A_{n+1}$ deux droites fixes dans les pièces extrêmes du système;

x_p, y_p les coordonnées du sommet A_p;

l_p la longueur du $p^{\text{ième}}$ côté;

N_p l'action mutuelle, au $p^{\text{ième}}$ sommet, des $p^{\text{ième}}$ et $p+1^{\text{ième}}$ côtés;

N_{px}, N_{py} ses projections sur deux axes fixes Ox, Oy.

Chaque côté peut être considéré comme libre sous l'action des forces extérieures qui le sollicitent et des réactions de ses articulations, et l'on a trois équations pour exprimer qu'il est en équilibre, par suite $3(n+1)$ équations d'équilibre pour tout le polygone. Si l'on élimine les $2n$ inconnues N_{px}, N_{py}, il reste $n+3$ équations que l'on peut établir immédiatement de la manière suivante :

En prenant respectivement les moments des forces qui sollicitent $A_{n+1}A_n$, $A_{n+1}A_nA_{n-1}$, $A_{n+1}A_n \ldots A_1$ par rapport à A_n, $A_{n-1}, \ldots A_1$, et les moments pour le polygone tout entier par rapport au point O, on obtient $n+1$ équations, qui, ajoutées aux deux équations de translation de toutes les forces extérieures agissant sur le système, nous donnent bien $n+3$ équations indépendantes des N_p.

Les $n-1$ équations de liaison

$$l_2 = \sqrt{(x_1-x_2)^2+(y_1-y_2)^2}, \ldots, \; l_{n-1} = \sqrt{(x_{n-1}-x_n)^2+(y_{n-1}-y_n)^2},$$

jointes aux équations précédentes, nous donnent en tout $2n+2$ équations entre les $2n$ coordonnées des sommets et les inclinaisons A_0A_1, A_nA_{n+1} sur Ox, qui entrent implicitement dans les équations d'équilibre, de sorte que le problème est en général déterminé.

Si les forces sont indépendantes du choix des axes coordonnés, on peut se donner arbitrairement les coordonnées de deux sommets, et deux conditions doivent être satisfaites.

2° *L'une des pièces extrêmes est assujettie à tourner autour d'un axe ou point fixe* A_0. — Nous placerons en ce point l'origine des coordonnées.

En prenant, comme plus haut, les moments par rapport à A_n, $A_{n-1}, \ldots A_0$, nous aurons $n+1$ équations d'équilibre indépendantes des réactions des articulations, et ce sont les seules, car les équations de translation renferment les inconnues N_{0x}, N_{0y}, qu'elles déterminent.

Nous devons ajouter, à celles du cas précédent, l'équation de liaison

$$l_1 = \sqrt{x_1^2+y_1^2};$$

soient n équations de liaison, et enfin $2n+1$ équations entre $2n$ coordonnées et l'inclinaison de $A_n A_{n+1}$ sur $A_0 x$, et le problème est encore déterminé.

3° *Chacune des pièces extrêmes est assujettie à tourner autour d'un point fixe.* — Faisons passer l'axe de x par les deux points fixes A_0, A_{n+1}, en prenant le premier pour origine des coordonnées : les $n+1$ équations d'équilibre ci-dessus subsistent, mais renferment les inconnues $N_{n+1,x}$, $N_{n+1,y}$, et en les éliminant il nous reste $n-1$ équations. Or nous avons aussi $n+1$ équations de liaison, et enfin en tout $2n$ équations entre les $2n$ coordonnées des sommets intermédiaires, dont les positions seront par suite complétement déterminées.

80. *Équilibre d'un système articulé quelconque.* — Concevons un système de pièces à articulations successives comme le précédent, en admettant que ces articulations puissent être des points fixes ou des axes fixes, ces derniers étant toutefois orientés de manière que le système puisse se déformer.

Supposons d'abord qu'il n'y ait que des points fixes, et rapportons tout le système à trois axes coordonnés Ox, Oy, Oz. La force N_p sera déterminée par les composantes N_{px}, N_{py}, N_{pz} parallèles à ces axes.

Si le système est libre, nous aurons $n-1$ équations de liaison. Chaque pièce donnant six équations d'équilibre, nous aurons $6(n+1)$ équations entre lesquelles nous éliminerons les $3n$ inconnues N_{px}, N_{py}, N_{pz}, ce qui réduit ces équations à $3n+6$, et nous avons en tout $4n+5$ équations.

Mais nous avons fait remarquer (78) que les forces extérieures agissant sur la pièce $A_p A_{p+1}$ dépendent généralement de l'orientation de deux axes rectangulaires en A_p, fixes dans cette pièce et perpendiculaires à $A_p A_{p+1}$, ce qui nous donne un angle indéterminé pour chacune des pièces intermédiaires et trois pour les côtés extrêmes.

Nous avons ainsi, en général, $n-1+6=n+5$ angles et $3n$ ordonnées; en tout, $4n+5$ inconnues entre autant d'équations, et le problème est en général déterminé.

Mais si l'une des pièces intermédiaires est un solide de révolution autour de la droite qui joint ses articulations, on a une indéterminée de moins, et, dans le cas où il en serait de même de toutes les pièces, on aurait $4n + 5$ équations entre $3n$ coordonnées et les quatre angles qui définissent les directions de A_0A_1, A_nA_{n+1}; $n + 1$ conditions devront donc être remplies.

Lorsque l'une A_0A_1 des pièces extrêmes est assujettie à tourner autour d'un point fixe A_0, où l'on peut placer l'origine des coordonnées, on a deux angles de moins à déterminer pour A_0A_1; mais on a de plus les trois composantes de la réaction de A_0, soit en définitive une inconnue de plus, comme nous avons aussi une équation de liaison de plus. Le problème est donc encore généralement déterminé. L'étude du cas où chacun des côtés extrêmes a un point fixe ne présente aucune difficulté.

Examinons maintenant ce qui peut résulter de la substitution d'un axe ab à un point fixe A_p, a, b étant les deux points fixes qui définissent cet axe. En exprimant que ab, aA_{p-1}, bB_{p-1}, aA_{p-1}, bB_{p+1} sont des longueurs connues, on obtient cinq équations de liaison, tandis que dans le cas d'un point fixe on n'en avait que deux ; le nombre des équations de liaison se trouve ainsi augmenté de trois unités. Mais, au lieu d'une réaction N_p en A_p, nous en avons deux aux points a, b, d'où trois inconnues de plus qui se réduisent à deux, attendu que la somme des composantes de ces dernières réactions suivant la droite ab intervient seule dans ce calcul ; de sorte que, en définitive, le remplacement d'un point par un axe fait intervenir une équation de plus.

En général, la solution du problème de l'équilibre d'un système articulé présente des difficultés de calcul pour ainsi dire inextricables, même dans le cas relativement simple d'un polygone pesant, compris dans un plan vertical, dont les extrémités fixes se trouvent à la même hauteur, dont les côtés sont égaux et au milieu desquels les résultantes des actions de la pesanteur seraient appliquées.

81. *Des systèmes à liaisons complètes.* — On dit qu'un système est à *liaisons complètes* lorsqu'un déplacement de l'une de ses pièces entraîne un déplacement complétement défini pour chacune des autres ; en d'autres termes, lorsque le mouvement de l'un des points du système détermine le mouvement de tous les autres sur des courbes parfaitement définies.

Les conditions d'équilibre d'un pareil système s'obtiendront en exprimant que le travail élémentaire des forces extérieures est nul, pour le seul déplacement géométrique dont le système est susceptible.

La balance ordinaire, le système du balancier, bielles, manivelles et du parallélogramme de Watt, les coulisses de Stephenson, de Gooch, etc., sont évidemment des systèmes à liaisons complètes.

Nous allons donner quelques exemples de l'équilibre de systèmes de cette nature.

1° *Du genou.* — Cette machine se compose d'une manivelle AB (*fig.* 47) mobile autour de l'axe horizontal A; d'une

Fig. 46.

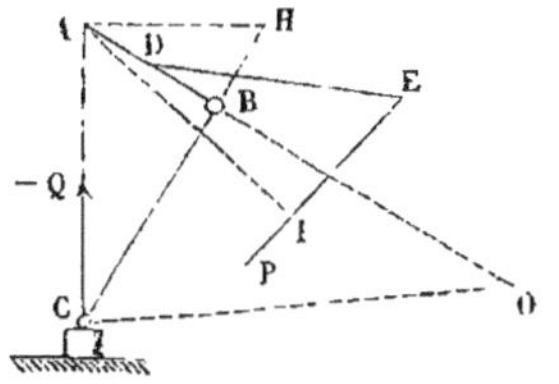

bielle BC articulée en B à cette manivelle, dont l'autre extrémité C est articulée à une pièce qui doit agir par compression sur un corps; l'articulation C est assujettie à glisser dans une rainure verticale dont l'axe passe par le point A. Une force P agit à l'extrémité E d'une pièce DE invariablement liée à AB et produit en C l'effort de compression Q; de sorte que P et la réaction −Q doivent se faire équilibre sur le système.

Soient

O l'intersection de la direction de AB avec la perpendiculaire à AC au point C, intersection qui est le centre instantané de BC;

I le pied de la perpendiculaire abaissée du point A sur la direction de P;

θ l'angle BAC.

Pour un déplacement virtuel $\delta\theta$ de AB, le travail de P est

$$P.AI.\delta\theta.$$

Le déplacement de B est

$$AB\,\delta\theta;$$

le déplacement angulaire de BC autour de O

$$\frac{AB\,\delta\omega}{BO};$$

le déplacement de C

$$\frac{AB.OC}{BO}\,\delta\theta = AH.\delta\theta,$$

AH étant la portion de la perpendiculaire en A à AC, limitée à la direction de BC : il faut donc pour l'équilibre que

$$P.AI\,\delta\theta = Q.AH.\delta\theta,$$

ou

$$P.AI = Q.AH.$$

Si la manivelle AB est très-petite par rapport à la bielle, on voit que la force P produit un effort de compression relativement considérable.

2° *Balance de Roberval.* — Cet appareil (*fig.* 47) se compose d'un parallélogramme articulé $AA'A_1A'_1$, dont les milieux B, B'

Fig. 47.

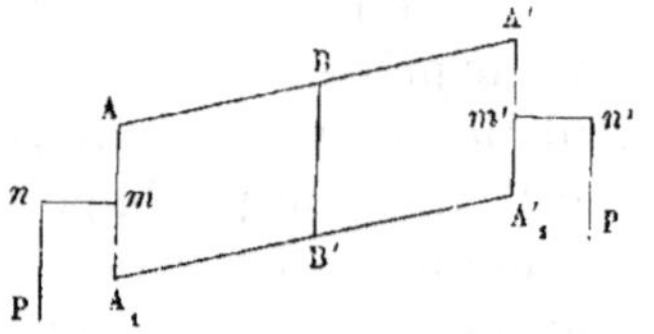

de deux côtés opposés sont des points fixes situés sur une même verticale; perpendiculairement aux deux autres côtés AA_1, $A'A'_1$ sont fixées deux tiges de longueurs égales ou inégales mn, $m'n'$, qui naturellement restent horizontales, quelle que soit la forme de la figure, et aux extrémités desquelles on accroche deux poids P et P'.

Pour un déplacement du système, si m ou n s'élève d'une certaine hauteur, m' ou n' s'abaisse de la même quantité, de sorte que pour l'équilibre il faut que $P = P'$. S'il en est ainsi, l'équilibre est indifférent, c'est-à-dire qu'il a constamment lieu quelle que soit la déformation que l'on fasse subir à la figure.

3° *Pont-levis à flèches.* — Cette construction (*fig.* 48) se compose essentiellement du tablier AA_1 et de la bascule B_1BC, ayant respectivement la faculté de tourner autour de deux axes horizontaux A, B.

Les deux sommets A_1 du tablier opposés à A sont reliés par des chaînes ou bielles aux extrémités de deux poutres appelées *flèches,* formant la partie extérieure de la bascule, de manière à déterminer un parallélépipède quand le tablier est horizontal, et il est clair que, quelle que soit la position du tablier, la figure ne cessera pas d'être un parallélépipède. Les flèches se prolongent de l'autre côté de l'axe B et forment les côtés latéraux d'un châssis faisant contre-poids, et qui peut recevoir des masses additionnelles.

Fig. 48.

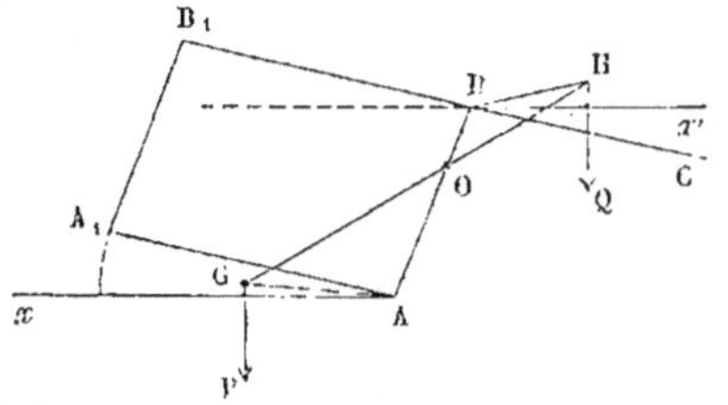

La condition que doit remplir le système est d'être en équilibre pour toutes les positions du tablier.

Nous pouvons supposer que le système est réduit à sa projection sur son plan vertical moyen.

Soient

G, H les centres de gravité du tablier et de la bascule dans une position quelconque;

P, Q les poids de ces deux pièces par rapport auxquels celui des chaînes est négligeable;

R, R′ les distances constantes respectives de G et H à A et B;

α, α' les angles que forment R, R′ avec AA_1, BC;

θ l'inclinaison de AA_1 et BC sur les horizontales Ax, Bx' des points A et B.

Pour qu'il y ait équilibre entre P et Q, il faut que, pour un déplacement angulaire virtuel $\delta\theta$ de AA_1 et BB_1, les travaux de ces deux forces pris en valeur absolue soient égaux, ou qu'il y ait égalité entre leurs moments par rapport à A et B, ou encore que

$$PR\cos(\theta-\alpha) = QR'\cos(\alpha'-\theta).$$

Comme cette relation doit avoir lieu quel que soit θ, il faut que $\alpha = \alpha'$, c'est-à-dire que AG et BH soient également inclinés sur AA_1 et BC; ces deux droites seront donc parallèles entre elles pour toutes les positions du système; et comme on a

$$PR = QR',$$

on voit que le centre de gravité O de tout le système se trouve en un point fixe de AB.

4° *Balance à bascule.* — Nous réduirons la figure à de simples lignes représentant les différents éléments de l'appareil en projection sur son plan vertical de symétrie.

Soient (*fig.* 49)

AA' le tablier sur lequel on pose le corps à peser;

D le point où le sommet d'un couteau fixé au tablier s'appuie sur un levier horizontal BD articulé en B à une tige verticale EB;

GE un levier horizontal mobile autour du point I et articulé en E avec EB;

FH une tige verticale articulée en F à GE, et en H au tablier.

Fig. 49.

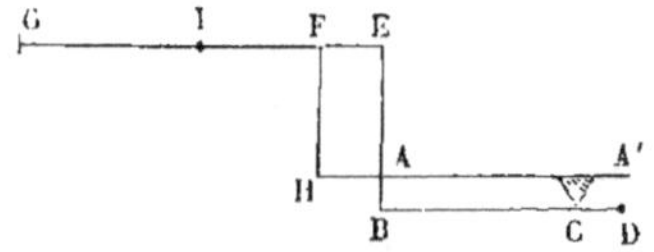

En G est suspendu un plateau destiné à recevoir le poids Q, qui doit faire équilibre au poids P du corps à peser.

Si $\delta\theta$ désigne un déplacement angulaire infiniment petit de BD, les déplacements correspondants du couteau C et de l'articulation B ou E seront respectivement $\delta\theta.\mathrm{CD}$, $\delta\theta.\mathrm{BD}$. Le déplacement angulaire autour de I étant $\frac{\delta\theta.\mathrm{BD}}{\mathrm{IE}}$, le déplacement vertical de F ou H sera

$$\delta\theta\frac{\mathrm{BD.IF}}{\mathrm{IE}}.$$

Pour que le tablier reste horizontal, il faut que ce dernier déplacement soit égal à celui $\delta\theta.\mathrm{BC}$ de C, ce qui exige que

$$\frac{\mathrm{BD}}{\mathrm{BC}}=\frac{\mathrm{IE}}{\mathrm{IF}},$$

condition à laquelle nous supposerons que le constructeur a satisfait. Mais les déplacements virtuels de G et du tablier étant $\delta\theta.\mathrm{IG}$, $\delta\theta.\mathrm{IF}$, il vient pour l'équilibre

$$\mathrm{P.IG}=\mathrm{Q.IF},$$

et le rapport $\frac{\mathrm{P}}{\mathrm{Q}}$ est constant.

On voit ainsi que si IF n'est, par exemple, que la dixième partie de IG, on pourra évaluer les poids P en employant des poids dix fois moins considérables.

§ IV. — *Polygones et courbes funiculaires.*

82. Un *fil* sera pour nous un corps homogène limité par une surface canal dont le profil générateur est assez petit pour que l'on puisse considérer comme nulle la résistance du corps à la flexion.

Les corps solides, sous l'action des forces extérieures, et avant que leur constitution physique en soit modifiée, ne pouvant éprouver que des variations relativement très-faibles dans leurs dimensions, nous sommes ramené, par approximation, à considérer un fil comme une ligne parfaitement *flexible* et *inextensible*.

Le plan normal en un point déterminé *m* d'une courbe étant un plan de symétrie pour les points de la courbe qui en sont peu éloignés, et le rayon de la sphère d'activité étant très-petit, on est conduit à considérer la résultante des actions moléculaires ou la *tension du fil* exercées par les molécules de l'une des portions du fil sur celles de l'autre comme étant normale au plan. Nous supposerons donc que la tension du fil est dirigée suivant la tangente à la courbe formée par le fil.

Les chaînes et les cordes d'une grande longueur, par rapport à leurs dimensions transversales, peuvent, par approximation, être assimilées à des fils.

83. *Forme d'équilibre d'un polygone funiculaire.* — Considérons un fil sollicité en différents points $A_1, \ldots, A_n$ par des forces $P_1, \ldots, P_n$, et par deux forces T_1, T_{n+1} agissant suivant la direction de ses deux brins extrêmes (*fig.* 50). La figure d'équilibre d'un pareil système est ce que l'on appelle un polygone *funiculaire*.

Fig. 50.

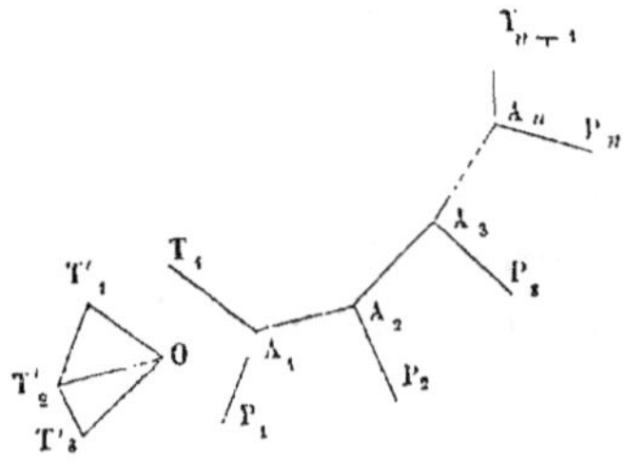

D'après le principe de l'égalité entre l'action et la réaction, les sommets A_p, A_{p+1} seront respectivement sollicités par deux forces égales T_{p+1} et contraires dirigées suivant le côté correspondant.

Pour que le fil soit en équilibre, il faut et il suffit que les forces telles que P_p fassent équilibre à T_p, T_{p+1}, ce qui exige qu'elles soient comprises toutes trois dans le plan déterminé par les deux côtés consécutifs aboutissant au point d'application A_p.

Concevons que l'on transporte parallèlement à elles-mêmes, en un point O, les tensions des côtés du polygone représentées par OT'_1, $OT'_2, \ldots$, il est clair que $T'_1T'_2$, par exemple, ne sera autre chose que P_1; de sorte que T_1 ou $\overline{OT'_1}$ étant donné en grandeur et en direction, on obtiendra T_2 ou $\overline{OT'_2}$ en grandeur et en direction, en menant par T'_1 une droite $\overline{T'_1 T'_2}$ égale et parallèle à P_1; connaissant T_2 on obtiendra T_3 de la même manière, et ainsi de suite; le dernier rayon vecteur partant du point O représentera T_{n+1}.

Il est clair que les tensions T_p, T_q doivent faire équilibre aux forces $P_p, \ldots, P_q$, et que, si le polygone funiculaire est plan, il est nécessaire pour l'équilibre que le dernier groupe de forces considéré comme agissant sur le système $A_p, \ldots, A_q$, supposé solide, ait une résultante qui passe par le point d'intersection des directions des tensions ci-dessus désignées et soit compris dans leur plan.

84. *Cas particulier où les forces sont parallèles. — Application à la détermination du centre de gravité d'un sytème.*

D'après les considérations précédentes, on voit de suite que le polygone est plan.

Supposons que l'on veuille déterminer la position du centre de gravité d'un système de corps dont les centres de gravité $G_1, G_2, \ldots, G_n$ sont compris dans un même plan vertical, et soient $P_1, \ldots, P_n$ les poids correspondants.

Par un point O (*fig.* 51) menons arbitrairement une droite sur laquelle nous prendrons une certaine longueur OT'_1, que

Fig. 51.

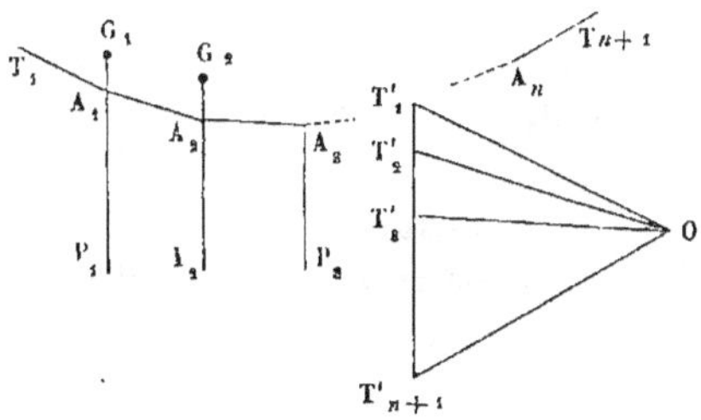

nous désignerons par T_1. Sur la verticale de T'_1 portons $\overline{T'_1 T'_2} = P_1$, et joignons $\overline{OT'_2}$. Prenons de même sur cette verticale $\overline{T'_1 T'_2} = P_2$, et ainsi de suite; nous arriverons ainsi à une dernière droite OT'_{n+1}.

Maintenant menons dans le plan des forces $P_1, P_n, \ldots$ la droite T_1A_1, parallèle à $\overline{OT'_1}$ jusqu'à sa rencontre A_1 avec la direction de P_1; $\overline{A_1A_2}$ parallèle à $\overline{OT'_1}$ jusqu'à sa rencontre avec P_2, et ainsi de suite, de manière à obtenir une dernière droite $A_n T_{n+1}$.

Nous constituerons ainsi un polygone funiculaire en équilibre, ce qui exige que les tensions $T_1, \ldots, T_{n+1}$ fassent équilibre aux forces $P_1, \ldots, P_n$. Il suit de là que la résultante de ces forces ou la verticale du centre de gravité passe par l'intersection B des directions de $A_1 T_1$, $A_n T_{n+1}$.

Si l'on fait une construction analogue en obliquant les forces d'un angle quelconque sur leur direction primitive, on obtient de la même manière une seconde ligne comprenant le centre de gravité cherché, qui sera par suite déterminé par l'intersection des deux lignes.

Les considérations précédentes sont notamment applicables à la recherche de la stabilité des voûtes.

85. *Application aux ponts suspendus.* — Nous supposerons, comme cela a lieu généralement, que les piliers qui soutiennent les câbles ou chaînes d'un pont suspendu ont la même hauteur ([1]).

On s'arrange toujours de manière que les tiges verticales, appelées *suspensoires,* reliant les câbles ou chaînes au tablier, soient également espacées, et que chacune d'elles supporte la même charge.

Chaque câble ou chaîne forme un polygone funiculaire plan dont nous allons étudier les propriétés.

Deux cas sont à distinguer :

1° *Le nombre des suspensoires est pair.*

Le nombre des côtés est impair, et celui du milieu A_0A_0 est horizontal.

Soient

$A_1, A_2, \ldots, A_n$ les sommets successifs à partir de A_0 de l'une des deux parties symétriques du polygone, le dernier étant censé correspondre au sommet d'un pilier;

([1]) L'un des remarquables ponts de Fribourg, celui du Gotteron, ne se trouve pas dans ces conditions; mais, d'après ce qui suit, on en fera facilement la théorie géométrique.

A_0x, A_0y l'horizontale et la verticale du point A_0;
l l'équidistance des suspensoires;
P la charge que supporte chacune d'elles;
T_0 la tension de A_0A_0;
T_p celle du côté $A_{p-1}A_p$;
$x_p = pl$, y_p les coordonnées du sommet A_p.

En prenant les moments par rapport au point A_p, pour exprimer que la portion $A_0A_1\ldots A_p$ du polygone est en équilibre, on a

$$(1) \qquad T_0 y_p = Pl + 2Pl + \ldots + pPl = Plp\left(\frac{p+1}{2}\right),$$

d'où, en supposant $p = n$,

$$(2) \qquad T_0 = \frac{Pln}{2y_n}(n+1),$$

y_n étant la hauteur du sommet des piliers, supposée donnée, au-dessus du côté horizontal. La tension T_0 se trouve ainsi déterminée, et la construction que nous avons donnée plus haut permettra de trouver en grandeur et en direction les tensions des autres côtés.

En remarquant que $x_p = pl$, et supprimant les indices, devenus inutiles, de x et y, il vient

$$(3) \qquad y = \frac{Px}{2T_0 l}(x+l),$$

équation qui représente une parabole passant par les sommets du polygone, et qu'il est facile de construire. Le tracé de cette parabole permet d'obtenir très-facilement la forme du câble mis en charge, et de déterminer par suite, *à priori*, la longueur qu'il convient de lui donner.

2° *Le nombre des suspensoires est impair.*

Le nombre des côtés étant pair, il y a un sommet au milieu du polygone dont la verticale est un axe de symétrie.

Soient

A_0, A_1, ..., A_n les sommets de l'une des parties symétriques du polygone, le dernier étant censé se trouver à la partie supérieure du pilier;

T_0 la tension du côté $A_0 A_1$;
T_p la tension de $A_p A_{p+1}$;
$A_0 x$, $A_0 y$ la verticale et l'horizontale de A_0;
$x_p = nl$, y_p les coordonnées de A_p.

Les tensions égales T_0, des deux côtés aboutissant au point A_0, faisant équilibre à la force P appliquée au même point, leur composante verticale est égale à $\frac{P}{2}$. Nous désignerons par T'_0 leur composante horizontale.

Cela posé, on peut considérer la portion $A_0 \ldots A_p$ du polygone comme libre, en la supposant sollicitée par les tensions T_0, T_p, en outre des forces qui sollicitent les sommets intermédiaires; on a ainsi, en prenant les moments par rapport au point A_p

$$(4) \qquad T'_0 y_p = Pl + P2l + \ldots + Ppl - \frac{P}{2} pl = \frac{Pl}{2} p^2,$$

d'où

$$(5) \qquad T'_0 = \frac{Pln^2}{2y_n}.$$

En exprimant p au moyen de x_p, puis supprimant les indices des coordonnées, l'équation (4) devient

$$y = \frac{P}{2lT'_0} x^2,$$

et représente une parabole passant par les sommets du polygone.

Les tensions des côtés se détermineront ainsi qu'on l'a dit plus haut.

86. *Équilibre d'une courbe funiculaire.* — Supposons que tous les éléments d'un fil soient sollicités par des forces de même ordre de grandeur que ces éléments, le fil affectera la forme d'une courbe continue que l'on pourra considérer comme un polygone funiculaire infinitésimal.

Soient

$ab = ds$, bc deux éléments consécutifs, dont le sommet commun b a pour coordonnées x, y, z;

$P\,ds$ la force qui agit en b, P étant une fonction connue de x, y, z;

T la tension suivant ab;

$T + \frac{dT}{ds}$ la tension suivant bc.

Il faut que les trois forces $-T$, $T + \frac{dT}{ds}$, $P\,ds$ se fassent équilibre, ce qui exige que la direction de $P\,ds$ ou P soit comprise dans le plan osculateur abc de la courbe.

1° *Expressions des composantes tangentielle et normale.* — Soient

P_t, P_n les composantes de P dirigées respectivement suivant la tangente, dans le sens de l'accroissement de l'arc, et le rayon de courbure en a;

$d\alpha$ l'angle de contingence correspondant;

$\rho = \frac{ds}{d\alpha}$ le rayon de courbure.

On voit que, pour l'équilibre, en faisant le même raisonnement que pour la décomposition de l'accélération en composantes normale et tangentielle, il faut que

$$\frac{dT}{ds}\,ds + P_t\,ds = 0,$$

$$T\,d\alpha + P_n\,ds = 0,$$

d'où

$$(1) \qquad \begin{cases} P_t + \dfrac{dT}{ds} = 0, \\ P_n + \dfrac{T}{\rho} = 0. \end{cases}$$

2° *Équations d'équilibre d'une courbe funiculaire rapportée à trois axes fixes.* — La projection de la tension T sur Ox est

$$T\frac{dx}{ds}.$$

La différence des projections, sur le même axe, de $T + \frac{dT}{ds}$ et T étant $\dfrac{d\,T\frac{dx}{ds}}{ds}\,ds$, il vient, en appelant X, Y, Z les composantes de P suivant Ox, Oy, Oz,

$$\frac{d\mathrm{T}\frac{dx}{ds}}{ds}ds + \mathrm{X}ds = 0,$$

ou

$$(2)\quad \begin{cases} \dfrac{d\mathrm{T}\frac{dx}{ds}}{ds} + \mathrm{X} = 0, \\ \text{et de même} \\ \dfrac{d\mathrm{T}\frac{dy}{ds}}{ds} + \mathrm{Y} = 0, \\ \dfrac{d\mathrm{T}\frac{dz}{ds}}{ds} + \mathrm{Z} = 0. \end{cases}$$

En éliminant T entre ces équations, on aura les équations différentielles de la courbe funiculaire.

Ces équations comprennent implicitement les relations (1), qui s'en déduisent par une transformation à laquelle nous ne nous arrêterons pas. Réciproquement les équations (1), jointes à la condition que le plan osculateur passe par la direction de P, sont équivalentes aux équations (2).

L'une des équations (1) ne renfermant pas la différentielle de T, on conçoit que dans certains cas, où l'on voit *à priori* que la courbe est plane, il puisse être plus avantageux d'en faire usage que d'avoir recours aux équations (2), comme nous le reconnaîtrons dans ce qui suit.

Si l'on remarque que

$$\mathrm{P}_t = \mathrm{X}\frac{dx}{ds} + \mathrm{Y}\frac{dy}{ds} + \mathrm{Z}\frac{dz}{ds},$$

la première des équations (1) prend la forme

$$(3)\qquad d\mathrm{T} + \mathrm{X}\,dx + \mathrm{Y}\,dy + \mathrm{Z}\,dz = 0,$$

et fera connaître la valeur de la tension lorsque

$$\mathrm{X}\,dx + \mathrm{Y}\,dy + \mathrm{Z}\,dz$$

sera une différentielle exacte; en portant la valeur de T dans deux des équations (2), on obtiendra les équations différentielles de la courbe.

Dans le cas où les forces extérieures sont normales à la courbe, on a $P_t = 0$, et, d'après la première des équations (1), la tension est constante.

Supposons qu'un fil soit tendu sur une surface sans être soumis à l'action d'aucune force extérieure, les seules forces qui agissent sur le fil, en dehors des deux tensions extrêmes, seront les réactions normales de la surface; la tension sera donc constante [1] et la courbe qu'affectera le fil sera une ligne géodésique de la surface, puisque, en chacun de ses points, son plan osculateur sera normal à cette surface.

87. *Équation de la chaînette.* — La *chaînette* est la courbe que forme un fil pesant dont le poids de l'unité de longueur est constant.

De même que les polygones funiculaires dont toutes les forces extérieures sont parallèles, la chaînette est comprise

---

[1] *Théorie des ponts-levis à contre-poids variables de Poncelet.* — Les chaînes (*fig.* 52) qui partent des deux angles du tablier AA_1, mobile autour de l'axe A, passent, en restant dans des plans verticaux, sur deux petites poulies identiques projetées en B, puis sur deux autres C également de même diamètre; elles sont terminées chacune par un contre-poids formé de deux systèmes identiques de pièces articulées ou *masselottes* DEF, DE_1F_1, qui partent de deux points fixes E, E_1 situés à la même hauteur.

Fig. 52.

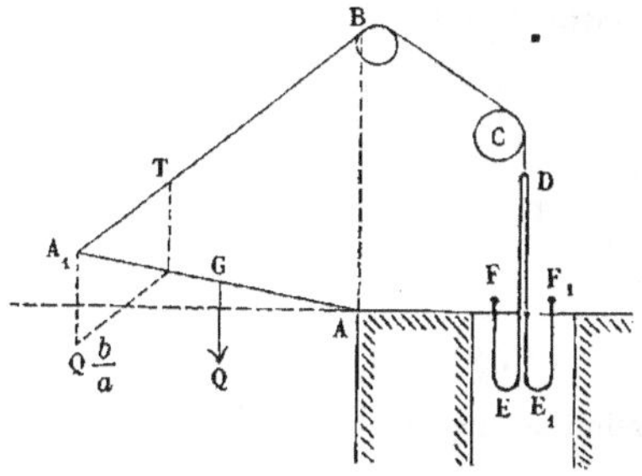

Il nous suffira de considérer l'un des deux systèmes de chaînes et de contre-poids, en supposant qu'il corresponde à la moitié Q du poids du tablier. Nous

dans un même plan vertical que nous prendrons pour plan des xy, la verticale Oy étant supposée dirigée en sens inverse de la pesanteur.

Soient

p le poids de l'unité de longueur du fil;

α l'inclinaison sur Ox de la tangente au point M de la courbe dont les coordonnées sont x et y.

---

négligerons le poids de la chaîne ABD, qui est relativement faible, et le rayon de la petite poulie B, qui est tangente à la verticale du point A.

Soient

G le centre de gravité du tablier qui se trouve sur la droite AA_1, en déterminant convenablement la position de l'axe A dans le tablier;

$AA_1 = a$, $GA = b$, $h = AB$;

T la tension de la chaîne AB, qui est censée agir au point A, et qui est égale à la tension du brin CD;

q le poids du mètre courant de chaque contre-poids;

l, L les longueurs A_1B, $DE = DE_1$, lorsque le tablier est horizontal;

x le raccourcissement qu'a éprouvé la chaîne lorsque le tablier occupe une position quelconque.

Comme les verticales de F, F_1 sont peu éloignées de celle de D, on peut faire abstraction des coudes E, E_1, de sorte que DE est devenu $\left(L - \frac{x}{2}\right)$; les poids de EF, E_1F_1 étant détruits par les points fixes F, F_1, on a

$$T = 2q\left(L - \frac{x}{2}\right).$$

Le poids Q se décompose en deux forces parallèles : l'une appliquée en A et qui est détruite, l'autre $Q\frac{b}{a}$, dont la résultante avec T doit passer par A pour qu'il y ait équilibre; on voit alors, par suite d'une similitude de triangles, que cette condition est exprimée par

$$T = Q\frac{b}{a}\frac{A_1B}{h} = Q\frac{b}{ah}(l - x),$$

d'où

$$Q\frac{b}{ah}(l - x) = 2q\left(L - \frac{x}{2}\right).$$

Pour que cette relation ait lieu, quel que soit x ou la portion du tablier, il faut que

$$q = Q\frac{b}{ah}, \quad L = \frac{l}{2},$$

ce qui détermine complétement les éléments du problème.

On a

$$\frac{1}{\rho}=\frac{d\alpha}{ds},\quad P_t=-p\sin\alpha,\quad P_n=-p\cos\alpha,$$

et les équations (1) deviennent

$$\frac{dT}{ds}=p\sin\alpha,\quad T\frac{d\alpha}{ds}=p\cos\alpha,$$

d'où

$$\frac{dT}{T}=\frac{\sin\alpha}{\cos\alpha}d\alpha,$$

$$T\cos\alpha=C,$$

C étant une constante. En portant la valeur de T déduite de cette équation dans la seconde des formules ci-dessus et posant $\frac{p}{C}=\frac{1}{m}$, on trouve

$$(a)\qquad \frac{d\alpha}{\cos^2\alpha}=\frac{ds}{m},$$

d'où

$$(b)\qquad s=m\tan\alpha,$$

en supposant que l'on mesure l'arc s à partir du point le plus bas A de la courbe par lequel nous ferons passer l'axe des y.

Nous avons maintenant $dx=ds\cos\alpha$, ou en vertu de la relation (a)

$$\frac{d\alpha}{\cos\alpha}=\frac{dx}{m}.$$

Si nous remarquons que $\cos\alpha=\cos^2\frac{\alpha}{2}-\sin^2\frac{\alpha}{2}$, cette formule se met facilement sous la forme

$$\left(\frac{1}{1+\tan\frac{\alpha}{2}}+\frac{1}{1-\tan\frac{\alpha}{2}}\right)d\tan\frac{\alpha}{2}=\frac{dx}{m},$$

d'où

$$\tan\frac{\alpha}{2}=\frac{e^{\frac{x}{m}}-e^{\frac{x}{m}}-1}{e^{\frac{x}{m}}+1},$$

$$\tan\alpha=\frac{dy}{dx}=\frac{1}{2}\left(e^{\frac{x}{m}}-e^{-\frac{x}{m}}\right),$$

et enfin pour l'équation de la chaînette

$$(c) \qquad y = \frac{m}{2}\left(e^{\frac{x}{m}} + e^{-\frac{x}{m}}\right),$$

sans introduire de constante arbitraire, ce qui revient à choisir convenablement l'origine des coordonnées sur la direction de Ay. L'ordonnée du point A est ainsi égale à m.

Si maintenant dans (a) nous remplaçons ds par $\frac{dy}{\sin\alpha}$, nous obtenons

$$\sin\alpha \frac{d\alpha}{\cos^2\alpha} = \frac{dy}{m},$$

d'où

$$(d) \qquad y\cos\alpha = m,$$

en remarquant que $y = m$ pour $\alpha = 0$; ce qui exprime que *la projection de l'ordonnée sur la normale est constante.*

On déduit de là un moyen très-simple pour construire la normale en un point M (*fig.* 53) de la courbe dont on connaît

Fig. 53.

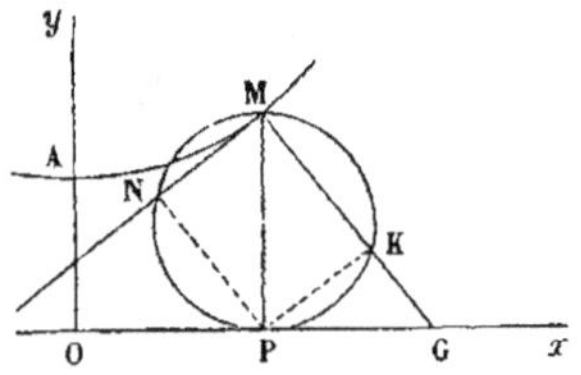

l'ordonnée MP. Il suffit pour cela de décrire une demi-circonférence sur cette ordonnée comme diamètre et de déterminer la direction MKG de la corde de cette demi-circonférence partant de M et égale à m.

Le triangle MPG donne

$$y^2 = m.\overline{\text{MG}},$$

d'où pour la normale

$$\text{MG} = \frac{y^2}{m}.$$

Des relations (a) et (d) on déduit pour l'expression du rayon de courbure

$$\rho = \frac{ds}{d\alpha} = \frac{m}{\cos^2\alpha} = \frac{y^2}{m},$$

et *le rayon de courbure est ainsi égal à la normale.*

En éliminant α entre (b) et (d), on trouve

$$s = \sqrt{y^2 - m^2} = m\mathrm{N},$$

N étant l'intersection de la tangente avec le cercle décrit sur l'ordonnée comme diamètre; le point N est ainsi un point de la développante de la chaînette, courbe à laquelle on a donné le nom de *tractrice.*

Si l'on remarque que l'équation (c) donne $y = m^2 \frac{d^2y}{dx^2}$, on a, pour l'aire AMOP,

$$\int y\,dx = m^2 \int \frac{d^2y}{dx^2}\,dx = m^2 \operatorname{tang}\alpha = ms.$$

Cette aire est donc équivalente au rectangle MKNP.

L'équation de la chaînette ne renfermant qu'un seul paramètre, il s'ensuit que *toutes les chaînettes sont des courbes semblables.*

La chaînette étant en équilibre stable, c'est, parmi toutes les courbes de même longueur passant par deux points fixes, celle dont le centre de gravité est le plus bas (53); ce que l'on démontre directement, du reste, par la méthode des variations.

88. *Forme d'équilibre d'un fil dont chaque élément est sollicité par une force verticale proportionnelle à la projection horizontale de cet élément.*

En désignant par p une constante, on a

$$\mathrm{P}\,ds = p\,dx = p\,ds\cos\alpha,$$

α ayant la même signification que ci-dessus; d'où

$$\mathrm{P} = p\cos\alpha, \quad \mathrm{P}_{,} = -p\sin\alpha\cos\alpha, \quad \mathrm{P}_{,,} = -p\cos^2\alpha.$$

Les équations (1) deviennent

$$\frac{dT}{ds} = p \sin\alpha \cos\alpha,$$

$$T\frac{d\alpha}{ds} = p \cos^2\alpha,$$

d'où l'on tire, comme pour la chaînette,

$$T\cos\alpha = C,$$

C étant une constante; la seconde des équations précédentes donne, par suite, en posant $\frac{p}{C} = \frac{1}{m}$,

$$\frac{d\alpha}{ds} = \frac{\cos^3\alpha}{m},$$

ou

$$\frac{d\alpha}{\cos^2\alpha} = \frac{dx}{m},$$

$$\tan\alpha = \frac{dy}{dx} = \frac{1}{m}x + C',$$

$$y = \frac{x^2}{2m} + C'x + C'',$$

C′ et C″ étant deux arbitraires.

Cette équation est celle d'une parabole du second degré, ce qui devait être d'après le n° 85, qui y conduit d'ailleurs, en supposant $\frac{P}{l}$ constante et $l = 0$.

On peut arriver géométriquement à ce résultat ainsi qu'il suit.

Considérons, en effet (*fig.* 54), une portion OM de la courbe

Fig. 54.

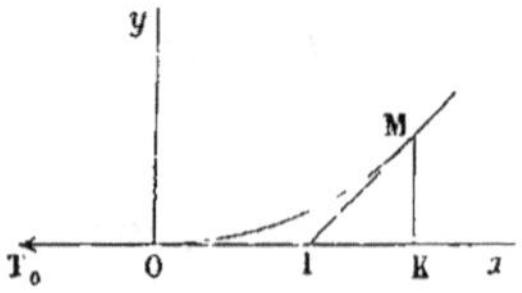

partant de son point le plus bas O; les tensions extrêmes T_0 et T en O et M, dont les directions se rencontrent en I, doivent faire équilibre à la force P.OK passant au milieu de l'abscisse OK; donc OI = KI, ce qui caractérise la parabole. On peut d'ailleurs le vérifier comme il suit; si l'on représente T par IM, les longueurs IK et MK représenteront respectivement T_0 et px; donc

$$\frac{MK}{IK} = \frac{px}{T_0},$$

d'où

$$y = \frac{p}{2T_0} x^2.$$

89. *Forme d'une voile de navire.* — Considérons une voile rectangulaire dont deux côtés opposés sont fixes et perpendiculaires à la direction du vent. La pression exercée par l'air sur chaque élément superficiel de la voile lui est normale, est proportionnelle à l'étendue de cet élément, au carré de la vitesse du vent et à une certaine fonction $\varphi(\alpha)$ de l'angle α formé par la vitesse avec la normale à l'élément.

Si donc on fait une section dans la voile par un plan perpendiculaire aux côtés fixes, on obtient une courbe dont les éléments sont sollicités par des forces normales proportionnelles à $\varphi(\alpha)$ et dont la tension est constante.

Si l'on prend l'axe des x perpendiculaire à la direction du vent, α sera égal à l'angle formé par la tangente à la courbe avec cet axe, et, en appelant m une constante, la seconde des équations (1) donne

$$\frac{1}{\rho} = \frac{d\alpha}{ds} = \frac{1}{m}\varphi(\alpha).$$

On admet généralement que $\varphi(\alpha) = \cos^2\alpha$, quoique cette hypothèse ne donne pas de résultats très-conformes à ceux de l'expérience, et, dans ce cas, on a

$$\frac{d\alpha}{ds} = \frac{1}{m}\cos^2\alpha,$$

d'où

$$m \operatorname{tang}\alpha = s,$$

et la courbe est ainsi une chaînette.

90. *Déterminer la forme d'équilibre d'un fil dont les extrémités sont attachées à deux points fixes* A, A', *situés sur une*

horizontale, et dont les éléments sont soumis à des pressions normales proportionnelles à leurs distances verticales à la droite AA′.

Cette courbe serait le profil transversal d'un vase formé par une toile dont les bords seraient fixés à deux tringles horizontales A, A′ (*fig.* 55), d'une assez grande longueur, par rapport à AA′, pour que le raccordement des extrémités n'ait pas d'influence sur sa forme dans sa région moyenne, et qui serait recouvert jusqu'au bord d'un liquide pesant.

Fig. 55.

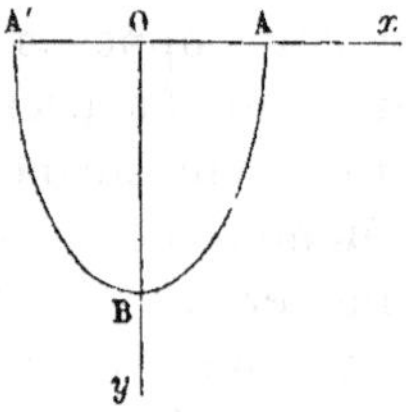

Prenons pour origine le milieu O de AA′, OA pour axe des x, et la verticale de O pour axe des y; si α désigne l'angle aigu formé par la tangente avec Ox, et si l'on mesure l'arc s à partir du point maximum B, et en désignant par ϖ une quantité donnée, nous aurons

$$T\frac{d\alpha}{ds} - \varpi y = 0,$$

équation dans laquelle T est une constante, comme nous l'avons établi plus haut.

En substituant $\frac{1}{2m^2} = \frac{\varpi}{T}$ à la constante T, on trouve

$$(a) \qquad \frac{d\alpha}{ds} = \frac{y}{2m^2},$$

d'où

$$\frac{d^2\alpha}{ds^2} = \frac{1}{2m^2}\frac{dy}{ds} = -\frac{1}{2m^2}\sin\alpha,$$

$$d\alpha\frac{d^2\alpha}{ds^2} = -\frac{1}{2m^2}\sin\alpha\, d\alpha,$$

$$(b) \qquad \frac{d\alpha^2}{ds^2} = \frac{1}{m^2}(\cos\alpha + k),$$

k étant une constante arbitraire. On déduit de là

$$(c)\qquad s = m\int_0^{\alpha} \frac{d\alpha}{\sqrt{\cos\alpha + k}};$$

on a ensuite

$$(d)\begin{cases} x = m\displaystyle\int_0^{\alpha} \frac{\cos\alpha\, d\alpha}{\sqrt{\cos\alpha + k}} = m\left(\int_0^{\alpha}\sqrt{\cos\alpha + k}\, d\alpha - k\int_0^{\alpha}\frac{d\alpha}{\sqrt{\cos\alpha + k}}\right), \\ y = -m\displaystyle\int \frac{\sin\alpha\, d\alpha}{\sqrt{\cos\alpha + k}} = 2m\left(\sqrt{\cos\alpha + k} + h\right), \end{cases}$$

h étant une nouvelle constante arbitraire.

L'arc s est ainsi représenté par une intégrale elliptique de première espèce, et x par l'ensemble de deux intégrales elliptiques de seconde et de première espèce.

Proposons-nous maintenant de déterminer les constantes. Appelons, à cet effet,

α_1 l'angle inconnu de la tangente en A avec Ox;
$2l$ la longueur du fil;
$2a$ la distance AA'.

Comme on a $y = 0$ pour $\alpha = \alpha_1$, de la comparaison des deux formules (a) et (b) on déduit

$$k = -\cos\alpha_1.$$

On a ensuite

$$l = m\int_0^{\alpha_1} \frac{d\alpha}{\sqrt{\cos\alpha - \cos\alpha_1}},$$

$$a = m\int_0^{\alpha_1} \sqrt{\cos\alpha - \cos\alpha_1}\, d\alpha + l\cos\alpha_1,$$

$$h = 0.$$

On a donc deux équations entre les inconnues α_1 et m, et le problème est complétement résolu.

91. *Forme d'équilibre d'un fil soumis à des pressions normales comprises dans un même plan et représentées par une fonction linéaire des coordonnées.* — D'après l'hypothèse et

en vertu des équations (1), nous pourrons écrire

$$\frac{1}{\rho} = \frac{d\alpha}{ds} = \frac{1}{2}(ax + by + c),$$

a, b, c étant des constantes. On déduit de là

$$\frac{d^2\alpha}{ds^2} = \frac{1}{2}\left(a\frac{dx}{ds} + b\frac{dy}{ds}\right) = \frac{1}{2}(a\cos\alpha + b\sin\alpha).$$

Multipliant par $d\alpha$ et intégrant, on trouve

$$(a) \qquad s = \int \frac{d\alpha}{\sqrt{a\sin\alpha - b\cos\alpha + k}},$$

k étant une arbitraire. On a ensuite

$$(b) \qquad \begin{cases} x = \displaystyle\int \frac{\cos\alpha\, d\alpha}{\sqrt{a\sin\alpha - b\cos\alpha + k}}, \\ y = \displaystyle\int \frac{\sin\alpha\, d\alpha}{\sqrt{a\sin\alpha - b\cos\alpha + k}}, \end{cases}$$

relations auxquelles on peut substituer les suivantes :

$$ax + by = 2\sqrt{a\sin\alpha - b\cos\alpha + k} + \text{const.}$$

$$ay - bx = \int \sqrt{a\sin\alpha - b\cos\alpha + k}\, d\alpha - k\int \frac{d\alpha}{\sqrt{a\sin\alpha - b\cos\alpha + k}},$$

de manière à ne faire dépendre les éléments de la question que d'intégrales elliptiques.

92. *Forme d'équilibre d'un fil animé d'un mouvement de rotation uniforme autour d'un axe auquel sont fixées ses deux extrémités.* — Chaque élément du fil n'étant sollicité que par la force centrifuge, la courbe est comprise dans un plan passant par l'axe et animé d'un mouvement de rotation uniforme.

Soient

$2a$ la distance des extrémités A, A′ du fil;

O son milieu pris pour origine, l'axe des y étant dirigé suivant OA et celui des x perpendiculairement à cette direction;

$2l$ la longueur du fil;

B le point de la courbe situé sur Ox où la tangente est parallèle à Oy;

$2qx = X$ la force centrifuge rapportée à l'unité de longueur de l'élément ds du fil, q étant une donnée de la question.

On a $Y = 0$, et la formule (3) et la seconde des équations (2) donnent

$$dT = -2q\,x\,dx,$$

$$\frac{d\mathrm{T}\frac{dy}{ds}}{ds} = 0;$$

d'où, en intégrant et désignant par C et C′ deux constantes arbitraires,

$$T = -q(x^2 - C^2),$$

$$T\frac{dy}{ds} = C';$$

par l'élimination de T entre ces deux relations, en se rappelant que $ds^2 = dx^2 + dy^2$, on trouve

$$\frac{dy}{dx} = \frac{C'}{\sqrt{q^2(x^2 - C^2)^2 - C'^2}}.$$

Désignons par x_1 l'inconnue OB; $\frac{dy}{dx}$ étant infini pour le point B, cette formule peut se mettre sous la forme

$$\frac{dy}{dx} = \frac{(x_1^2 - C^2)}{\sqrt{(x^2 - C^2)^2 - (x_1^2 - C^2)^2}},$$

d'où

$$y = (x_1^2 - C^2)\int_{x_1}^{x} \frac{dx}{\sqrt{(x^2 - C^2)^2 - (x_1^2 - C^2)^2}}.$$

Les constantes arbitraires x_1, C se détermineront par les conditions

$$a = (x_1^2 - C^2)\int_{x_1}^{0} \frac{dx}{\sqrt{(x^2 - C^2)^2 - (x_1^2 - C^2)^2}},$$

$$l = \int_{x_1}^{0} \sqrt{1 + \frac{dy^2}{dx^2}}\,dx.$$

L'intégrale qui représente y se ramène, comme on le sait, aux fonctions elliptiques.

Remarque. — Supposons que Oy soit vertical, et que l'on veuille tenir compte de la pesanteur, l'extrémité A′ du fil pouvant être libre; p étant une constante, l'équation (3) donnera

$$dT = -2qx\,dx + p\,dy,$$

d'où

$$T = -qx^2 + py + \text{const.};$$

mais il est plus simple de ne pas employer cette équation et de prendre pour variable l'inclinaison α de la tangente sur l'axe des x. Les deux premières équations (2) deviennent

$$\frac{dT\cos\alpha}{ds} = -2qx,$$

$$\frac{dT\sin\alpha}{ds} = p,$$

d'où

$$\frac{d^2T\cos\alpha}{ds^2} = -2q\cos\alpha,$$

$$T\sin\alpha = p(s + C),$$

C étant une constante; et enfin

$$\frac{pd^2(s+C)\cot\alpha}{ds^2} = -2q\cos\alpha$$

pour l'équation différentielle de la courbe.

93. *Expression de la tension lorsque la composante tangentielle des forces extérieures, supposées comprises dans un même plan, est proportionnelle à la composante normale.* — Soit $P_t = -fP_n$, f étant une constante, on a

$$\frac{dT}{ds} = fP_n,$$

$$T\frac{d\alpha}{ds} = -P_n,$$

d'où

$$\frac{dT}{T} = -f\,d\alpha,$$

$$T = T_0 e^{-f\alpha},$$

α étant l'angle compris entre les normales aux points correspondant aux pressions T, T_0 [1].

94. *Équations du mouvement d'une courbe funiculaire plane.* — Soient (*fig.* 56)

Fig. 56.

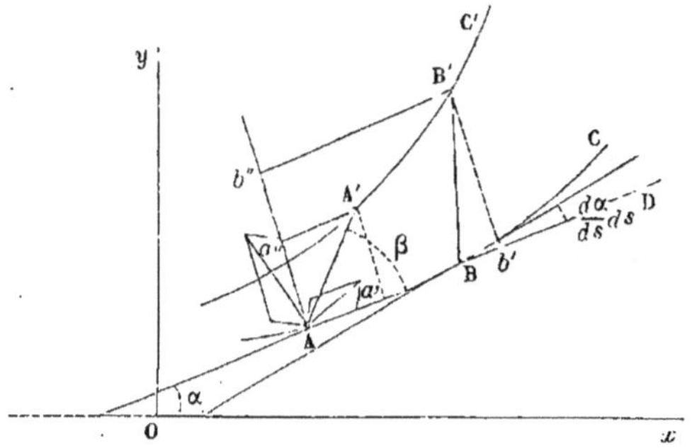

ABC, A'B'C' les formes qu'affecte la courbe au bout des temps t, $t+dt$;

$AB = ds$, A'B' deux éléments égaux et consécutifs de ces courbes;

$V = \frac{AA'}{dt}$, $V + \frac{dV}{ds}ds = \frac{BB'}{dt}$ les vitesses des points A et B;

u et v les composantes de V suivant la normale et la tangente à la courbe ABC;

β l'inclinaison de AA' sur AB;

α celle de la tangente AB sur Ox;

a', b' les projections de A' et B' sur cette tangente;

a'', b'' les projections de ces mêmes points sur la normale.

L'arc s limité au point A sera naturellement mesuré à partir d'un point déterminé de la courbe.

---

[1] Ce problème n'est autre chose que celui qui se rapporte à l'enroulement d'une corde sur un cylindre, f étant le coefficient de frottement. La tension résistante T décroît très-rapidement quand le nombre de tours de la corde sur le cylindre augmente.

En remarquant que BB′ fait avec le prolongement de AB l'angle $\beta + \frac{d\beta}{ds}ds + \frac{d\alpha}{ds}ds$, on a

$$
\begin{aligned}
\mathrm{A}a' &= \mathrm{V}\cos\beta\, dt = v\, dt,\\
\mathrm{B}b' &= \left(\mathrm{V} + \frac{d\mathrm{V}}{ds}ds\right)\cos\left(\beta + \frac{d\beta}{ds}ds + \frac{d\alpha}{ds}ds\right)dt\\
&= \mathrm{V}\cos\beta\, dt + \frac{d\mathrm{V}}{ds}\cos\beta\, ds\, dt - \mathrm{V}\sin\beta\left(\frac{d\beta}{ds} + \frac{d\alpha}{ds}\right)ds\, dt\\
&= v\, dt + \frac{dv}{ds}ds\, dt - u\frac{d\alpha}{ds}ds\, dt.
\end{aligned}
$$

Or, aux termes du troisième ordre près, on a

$$a'b' = \mathrm{A'B'} = \mathrm{AB}, \quad \text{d'où} \quad \mathrm{A}a' = \mathrm{B}b'$$

et

$$\frac{dv}{ds} - u\frac{d\alpha}{ds} = 0. \tag{1}$$

Nous avons maintenant

$$
\begin{aligned}
\mathrm{A}a'' &= \mathrm{V}\sin\beta\, dt = u\, dt,\\
\mathrm{A}b'' &= \left(\mathrm{V} + \frac{d\mathrm{V}}{ds}ds\right)\sin\left(\beta + \frac{d\beta}{ds}ds + \frac{d\alpha}{ds}ds\right)dt\\
&= \mathrm{V}\sin\beta\, dt + \left(\frac{d\mathrm{V}}{ds}\sin\beta + \mathrm{V}\cos\beta\frac{d\beta}{ds}\right)ds\, dt + \mathrm{V}\cos\beta\frac{d\alpha}{ds}ds\, dt\\
&= u\, dt + \left(\frac{du}{ds} + v\frac{d\alpha}{ds}\right)ds\, dt.
\end{aligned}
$$

L'angle que forme A′B′ avec AB étant égal à $\frac{d\alpha}{dt}dt$, on a

$$a''b'' = ds\frac{d\alpha}{dt}dt = \mathrm{A}b'' - \mathrm{A}a'',$$

d'où

$$\frac{du}{ds} + v\frac{d\alpha}{ds} - \frac{d\alpha}{dt} = 0. \tag{2}$$

Occupons-nous maintenant de la recherche des expressions des composantes tangente φ et normale ψ à la courbe funiculaire, de l'accélération du point A.

Des vitesses $v + \frac{dv}{dt}dt$, v suivant A′B′ et AB résultent les accélérations

$$\frac{dv}{dt} \text{ suivant AB,}$$

$$v\frac{d\alpha}{dt} \quad \text{»} \quad \text{A}b''.$$

Les vitesses $u + \frac{du}{dt}dt$, u normales à A′B′, AB, donnent de même les accélérations

$$\frac{du}{dt} \text{ suivant A}b'',$$

$$-u\frac{d\alpha}{dt} \quad \text{»} \quad \text{AB,}$$

d'où

$$(3) \qquad \begin{cases} \varphi = \dfrac{dv}{dt} - u\dfrac{d\alpha}{dt}, \\ \psi = \dfrac{du}{dt} + v\dfrac{d\alpha}{dt}. \end{cases}$$

Soient

T la tension de la corde en A;
ε la masse de l'unité de longueur de la corde;
$\varepsilon\Psi\,ds$, $\varepsilon\Phi\,ds$ les composantes normale et tangentielle à la courbe funiculaire des forces extérieures qui sollicitent AB.

Nous aurons, d'après des formules connues,

$$(4) \qquad \begin{cases} \dfrac{d\text{T}}{ds} + \varepsilon(\Phi - \varphi) = 0, \\ \text{T}\dfrac{d\alpha}{ds} + \varepsilon(\Psi - \psi) = 0, \end{cases}$$

d'où

$$\frac{d\text{T}}{ds}\frac{d\alpha}{ds} + \text{T}\frac{d^2\alpha}{ds^2} + \varepsilon\frac{d}{ds}(\Psi - \psi) = 0,$$

et par l'élimination de T

$$(5) \qquad (\Psi - \psi)\frac{d^2\alpha}{ds^2} + (\Phi - \varphi)\frac{d\alpha^2}{ds^2} - \frac{d}{ds}(\Psi - \psi)\frac{d\alpha}{ds} = 0.$$

Il vient donc enfin

$$(6)\quad \left\{ \begin{aligned} &\left(\Psi - \frac{du}{dt} - v\frac{d\alpha}{dt}\right)\frac{d^2\alpha}{ds^2} + \left(\Phi - \frac{dv}{dt} + u\frac{d\alpha}{dt}\right)\frac{d\alpha^2}{ds^2} \\ &\qquad - \frac{d}{ds}\left(\Psi' - \frac{du}{dt} - v\frac{d\alpha}{dt}\right)\frac{d\alpha}{ds} = 0. \end{aligned} \right.$$

On a donc à intégrer trois équations aux différentielles partielles simultanées (1), (2), (6) pour déterminer α, u, v en fonction de s et t; c'est, je crois, la forme la plus simple à laquelle on puisse ramener les équations du mouvement d'une corde.

On reconnaît sans difficulté que, pour éliminer u et v, il faut en général pousser jusqu'au sixième ordre la différentiation des équations précédentes. L'intégrale de α renfermera donc six fonctions arbitraires, et il faudra par conséquent six conditions pour les déterminer.

Les deux suivantes peuvent être appliquées dans toutes les circonstances,

$$(7)\qquad \alpha = f(s),\quad \frac{d\alpha}{dt} = f_1(s) \quad \text{pour } t = 0,$$

$f(s)$, $f_1(s)$ étant des fonctions connues de s.

Les quatre autres conditions dépendent de celles auxquelles sont soumises les extrémités de la portion considérée du fil.

Supposons que le fil soit terminé par deux masses M_0, M_1 censées condensées en leurs centres de gravité, la première, si l'on veut, se trouvant à l'origine de s.

Soient

φ_0, ψ_0 et φ_1, ψ_1 les valeurs de φ et ψ, correspondant à ces extrémités ou pour $s = 0$ et $s = s_1$, s_1 étant la longueur du fil;

$M_0\Phi'_0$, $M_0\Psi'_0$ et $M_1\Phi'_1$, $M_1\Psi'_1$ les composantes des forces extérieures qui sollicitent M_0 et M_1, suivant la normale et la tangente à la courbe;

T_0, T_1 les tensions de la courbe à sa jonction avec M_0, M_1.

Il faut que l'on ait

$$(8)\qquad \left.\begin{aligned} &\Psi'_0 - \psi_0 = 0, \\ &T_0 + M_0(\Phi'_0 - \varphi_0) = 0 \end{aligned}\right\} \text{pour } s = 0.$$

On a de même

$$(9)\qquad \left\{\begin{aligned} \Psi'_1 - \psi_1 &= 0 \\ -T_1 + M_1(\Phi'_1 - \varphi_1) &= 0 \end{aligned}\right\} \text{ pour } s = s_1.$$

Si la première extrémité de la corde est fixe, au lieu des conditions (8), on a les suivantes :

$$v' = 0, \quad u = 0 \quad \text{pour } s = 0.$$

Dans le cas où la seconde extrémité est fixe, il faut également substituer à (9) les conditions

$$v = 0, \quad u = 0 \quad \text{pour } s = s_1.$$

95. *Équations du mouvement très-lent d'une corde dont un point est fixe.* — Supposons que le mouvement soit assez lent pour qu'on puisse négliger les termes du second ordre en u, v, $\frac{d\alpha}{dt}$. L'équation (1) donne $\frac{dv}{ds} = 0$ et, comme un point de la corde est fixe, il faut que $v = 0$. L'équation (2) devient

$$(10)\qquad \frac{du}{ds} = \frac{d\alpha}{dt}.$$

Les équations (3) donnent

$$(11)\qquad \varphi = 0, \quad \psi = \frac{du}{dt}.$$

Enfin l'équation (6) se réduit à la suivante :

$$(12)\qquad \left\{\begin{aligned} &\left(\Psi - \frac{du}{dt}\right)\frac{d^2\alpha}{ds^2} + \Phi\frac{d\alpha^2}{ds^2} - \frac{d}{ds}\left(\Psi - \frac{du}{dt}\right)\frac{d\alpha}{ds} = 0 \\ &\text{ou} \\ &\left(\Psi - \frac{du}{dt}\right)\frac{d^2\alpha}{ds^2} + \Phi\frac{d\alpha^2}{ds^2} - \frac{d\Psi}{ds}\frac{d\alpha}{ds} + \frac{d^2\alpha}{dt^2}\frac{d\alpha}{ds} = 0. \end{aligned}\right.$$

96. *Du mouvement d'un fil pesant dont une extrémité est fixe et qui s'écarte peu de la verticale, terminé par une masse pesante* M. — Si le fil fixé au point O est faiblement écarté de la verticale, puis abandonné à lui-même sans vitesse initiale, u et v resteront du même ordre de grandeur que α, $\frac{d\alpha}{dt}$, dont

nous négligerons les secondes puissances. Nous aurons comme plus haut

$$\nu = 0, \quad \varphi = 0.$$

D'autre part,

$$\Phi = g\cos\alpha = g, \quad \Psi = -g\sin\alpha = -g\alpha,$$

et les équations (4) deviennent

$$(13) \qquad \frac{dT}{ds} + \varepsilon g = 0, \quad T\frac{d\alpha}{ds} - \varepsilon\left(g\alpha + \frac{du}{dt}\right) = 0;$$

mais, en vertu des conditions (9), on a

$$T_1 = M_1\Phi'_1 = M_1 g.$$

La première des équations (13) donne, par suite,

$$T = M_1 g + \varepsilon g(s_1 - s),$$

et la seconde, par l'élimination de T,

$$(14) \qquad [M + \varepsilon(s_1 - s)]\frac{d\alpha}{dt} = \varepsilon\left(\alpha + \frac{1}{g}\frac{du}{dt}\right);$$

à cette équation on devra joindre l'équation (10).

Le pendule partant du repos, on a $\frac{d\alpha}{dt} = 0$, $u = 0$ pour $t = 0$ et l'on satisfait à ces conditions et aux équations (10) et (14) en posant $u = u'\sin kt$, $\alpha = \alpha'\cos kt$, k étant une constante arbitraire, u' et α' deux fonctions de s qui seront déterminées par

$$(15) \qquad [M_1 + \varepsilon(s_1 - s)]\frac{d\alpha'}{ds} = \varepsilon\left(\alpha' + \frac{k}{g}u'\right), \quad \frac{du'}{ds} = -k\alpha'.$$

Il ne me paraît pas que l'on puisse obtenir, sous forme finie, les intégrales de ces équations; mais si l'on suppose que la masse εs_1 de la corde soit une très-faible fraction de M_1, qui ne dépasse pas, par exemple, $\frac{1}{20}$, on pourra, à $\frac{1}{40}$ près, remplacer $M_1 + \varepsilon(s_1 - s)$ par $M_1 + \frac{\varepsilon s_1}{2} = M$, et l'on aura, en posant $\frac{\varepsilon}{M} = \mu$,

$$(16) \qquad \frac{d\alpha'}{ds} = \mu\left(\alpha' + \frac{k}{g}u'\right), \quad \frac{du'}{ds} = -k\alpha'.$$

On satisfait à ces équations, ainsi qu'à la condition $u = 0$ pour $s = 0$, en posant

$$\alpha' = A\,(q' e^{q's} - q'' e^{q''s}),$$
$$u' = -\,kA\,(e^{q's} - q'' e^{q''s}),$$

A étant une constante arbitraire et q', q'' les racines de l'équation

$$q\,(q - \mu) = -\,\mu\,\frac{k^2}{g},$$

qui seront imaginaires lorsque $\frac{k^2}{g}$ sera supérieur à $\frac{\mu}{4}$.

Nous avons ainsi, comme intégrales particulières des équations (14) et (10),

$$(17)\qquad \begin{cases} \alpha = A\cos kt\,(q' e^{q's} - q'' e^{q''s}), \\ u = -\,kA\sin kt\,(e^{q's} - e^{q''s}). \end{cases}$$

On pourra ainsi représenter généralement α et u par des sommes d'expressions semblables pour toutes les valeurs imaginables réelles que l'on peut attribuer à k. Nous n'insisterons pas sur la détermination des constantes A devant résulter de la première des conditions (7) et des conditions (9), recherche qui ne conduit à aucun résultat intéressant.

Supposons que l'on veuille déterminer la forme initiale que doit affecter le fil pour qu'il exécute la même série d'oscillations qu'un pendule simple de longueur s_1 et soit α_1 la valeur initiale de α qui est censée correspondre à $s = s_1$, nous devrons supposer

$$k = \sqrt{\frac{g}{s_1}},$$

valeur qui sera généralement supérieure à $\frac{1}{2}\sqrt{\mu g}$; de sorte qu'en posant

$$\gamma = \sqrt{\mu\left(\frac{g}{s_1} - \frac{\mu}{4}\right)},$$

la première des équations (17) devient, en y supposant $t = 0$,

$$\alpha = Be^{\frac{\mu}{2}s}\left(\frac{\mu}{2}\sin\gamma s + \gamma\cos\gamma s\right),$$

B étant une constante que l'on déterminera connaissant l'écart initial α_0 correspondant à une valeur déterminée de s, soit pour $s = s_1$ par exemple, et il vient

$$(18) \qquad \alpha = \alpha_0 e^{\frac{\mu}{2}(s-s_0)} \frac{\left(\frac{\mu}{2}\sin\gamma s + \gamma\cos\gamma s\right)}{\frac{\mu}{2}\sin\gamma s_1 + \gamma\cos\gamma s_1}.$$

La forme définie par cette équation n'est pas celle qui résulte d'une traction horizontale très-petite $g\tau$, agissant sur le centre de gravité de M_1. En effet, en jetant un coup d'œil sur l'équation (14), on reconnaît que celle qui correspond au cas actuel est

$$Mg\frac{d\alpha}{ds} - \varepsilon' g(\alpha - \tau) = 0,$$

d'où

$$\alpha - \tau = (\alpha_1 - \tau)e^{\frac{\varepsilon}{M}(s-s_1)},$$

équation qui n'offre aucune analogie avec l'équation (17).

Le procédé employé par Foucault pour lancer son pendule, dans ses expériences du Panthéon, et qui consistait à brûler un fil retenant en équilibre la boule du pendule, n'était donc admissible que parce que la masse du fil de suspension était très-faible par rapport à celle de cette boule.

97. *Équations des petits mouvements d'une chaînette.* — Supposons Ox horizontal; on a

$$\Psi = -g\cos\alpha, \quad \Phi = -g\sin\alpha,$$

et

$$(19) \qquad \left(g\cos\alpha + \frac{du}{dt}\right)\frac{d^2\alpha}{ds^2} + 2g\sin\alpha\frac{d\alpha^2}{ds^2} - \frac{d^2\alpha}{dt^2}\frac{d\alpha}{ds} = 0.$$

En supposant $\frac{du}{dt} = 0$, $\frac{d^2\alpha}{dt^2} = 0$, on a, pour l'équation d'équilibre,

$$\cos\alpha\frac{d^2\alpha}{ds^2} + 2\sin\alpha\frac{d\alpha^2}{ds^2} = 0,$$

d'où

$$\frac{\frac{d^2\alpha}{ds^2}}{\frac{d\alpha}{ds}} + 2\frac{\sin\alpha}{\cos\alpha}\frac{d\alpha}{ds} = 0,$$

et, en désignant par c une constante,

$$(20)\qquad \frac{d\alpha}{ds} = \frac{\cos^2\alpha}{c}, \quad \frac{d^2\alpha}{ds^2} = -2\frac{\cos^3\alpha\sin\alpha}{c^2}.$$

Si Oy passe par le point le plus bas, on a la relation connue

$$(21)\qquad \tang\alpha = \frac{s}{c}.$$

Soit $\alpha + \delta\alpha$ ce que devient α pendant le mouvement; nous négligerons les termes du second ordre en u et $\delta\alpha$.

L'équation (19) donne

$$\left(-g\sin\alpha\,\delta\alpha + \frac{du}{dt}\right)\frac{d^2\alpha}{ds^2} + g\cos\alpha\frac{d^2\delta\alpha}{ds^2} + 2g\cos\alpha\,\delta\alpha\frac{d\alpha^2}{ds^2}$$
$$+ 4g\sin\alpha\frac{d\delta\alpha}{ds}\frac{d\alpha}{ds} - \frac{d^2\delta\alpha}{dt^2}\frac{d\alpha}{ds} = 0.$$

En développant les calculs on trouve finalement, en éliminant s au moyen des équations (20),

$$(22)\qquad \begin{cases} \cos\alpha\,\delta\alpha - \frac{1}{g}\sin\alpha\cos\alpha\frac{du}{dt} + \sin\alpha\cos^2\alpha\frac{d\delta\alpha}{d\alpha} \\ \qquad + \frac{1}{2}\frac{d^2\delta\alpha}{d\alpha^2}\cos^3\alpha - \frac{c}{2g}\frac{d^2\delta\alpha}{dt} = 0. \end{cases}$$

Il paraît à peu près impossible d'intégrer les équations aux différentielles partielles (10) et (22) dans le cas général.

Mais si la corde est assez tendue pour que l'angle α ne dépasse pas une vingtaine de degrés, on a approximativement

$$\delta\alpha + \frac{1}{2}\frac{d^2\delta\alpha}{d\alpha^2} - \frac{c}{2g}\frac{d^2\delta\alpha}{dt^2} = 0,$$

équation qui sera satisfaite par la suite

$$\delta\alpha = \sum A\cos(\alpha + \varepsilon)\sqrt{\frac{ck^2}{g} + 2}.\cos k(t + \tau),$$

A, ε, τ, k étant des constantes.

L'équation (10) donne par suite, en ayant égard à la première des relations (20),

$$\frac{du}{d\alpha} = \frac{c}{\cos^2\alpha}\,\frac{d\delta\alpha}{dt},$$

d'où

$$u = -c\sum \mathrm{A}k\sin(kt+\tau)\int \frac{\cos(\alpha+\varepsilon)\sqrt{\frac{ck^2}{g}+2}}{\cos^2\alpha}\,d\alpha + \varphi(t),$$

$\varphi(t)$ étant une fonction arbitraire du temps qui dépend de l'état initial de la corde. Il ne paraît pas que l'on puisse déterminer les intégrales de cette formule.

98. *Équations des petites oscillations d'un câble de pont suspendu.* — On admet, comme on le sait, que chaque élément du câble est sollicité par une force proportionnelle à sa projection horizontale, de sorte qu'en désignant par G une quantité connue, on a

$$\Phi = -\mathrm{G}\cos\alpha\sin\alpha, \quad \Psi = -\mathrm{G}\cos^2\alpha.$$

L'équation (12) devient

$$\left(\mathrm{G}\cos^2\alpha + \frac{du}{dt}\right)\frac{d^2\alpha}{ds^2} + 3\mathrm{G}\sin\alpha\cos\alpha\,\frac{d\alpha^2}{ds^2} - \frac{d^2\alpha}{dt^2}\,\frac{d\alpha}{ds} = 0.$$

Dans le cas de l'équilibre cette équation se réduit à

$$\frac{d^2\alpha}{ds^2} + 3\,\frac{\sin\alpha}{\cos\alpha}\left(\frac{d\alpha}{ds}\right)^2 = 0,$$

d'où, comme nous l'avons trouvé plus haut,

$$\frac{d\alpha}{ds} = \frac{\cos^3\alpha}{c}, \quad \frac{d^2\alpha}{ds^2} = -\frac{3\sin\alpha\cos^5\alpha}{c^2},$$

c étant une constante.

En supposant que les déplacements soient très-petits, et en opérant comme dans la question précédente, on arrive à l'équation

$$\frac{d^2\delta\alpha}{d\alpha^2} + 3\tang\alpha\,\frac{d\delta\alpha}{d\alpha} + \frac{3\delta\alpha}{\cos^2\alpha} - \frac{c}{\mathrm{G}\cos^5\alpha}\,\frac{d^2\delta\alpha}{dt^2} - \frac{3\tang\alpha}{\mathrm{G}\cos^2\alpha}\,\frac{du}{dt} = 0,$$

qui est encore très-compliquée; mais, en supposant que la flèche du câble soit suffisamment petite, cette équation se réduit à la suivante :

$$\frac{d^2\delta\alpha}{dx^2} + 3\,\delta\alpha - \frac{c}{G}\,\frac{d^2\delta\alpha}{dt^2} = 0,$$

à laquelle il est facile de satisfaire. On trouve ensuite u au moyen de l'équation (10).

CHAPITRE VII.

DU MOUVEMENT D'UN CORPS SOLIDE.

§ I. — *Mouvement d'un corps autour d'un axe fixe.*

99. Reprenons les notations et la figure du n° 76.

Soient

θ l'angle variable formé par deux plans passant par l'axe, l'un yOx de direction fixe, l'autre entraîné dans le mouvement du corps;

$\omega = \dfrac{d\theta}{dt}$ la vitesse angulaire au bout du temps t;

r la distance d'un point matériel m du corps à l'axe de rotation;

$I = \Sigma mr^2$ son moment d'inertie par rapport à cet axe.

L'indice o continuera à désigner les quantités correspondant à l'état initial.

L'équation du mouvement s'obtiendra en exprimant que les forces d'inertie font équilibre aux forces extérieures autour de l'axe de rotation.

La force centrifuge de m ne donnant aucun moment, le moment de la force d'inertie se réduit à celui de sa composante tangentielle; on a

$$-mr^2\frac{d\omega}{dt} = -mr^2\frac{d^2\theta}{dt^2};$$

d'où, pour la somme de tous les moments semblables,

$$-I\frac{d\omega}{dt} = -I\frac{d^2\theta}{dt^2}.$$

On a donc

$$(1) \qquad -\mathrm{I}\frac{d\omega}{dt} + \mathfrak{M}_x = 0 \quad \text{ou} \quad \mathrm{I}\frac{d^2\theta}{dt^2} - \mathfrak{M}_x = 0;$$

et le mouvement sera uniforme si $\mathfrak{M}_x = 0$.

En multipliant par $d\theta$ et intégrant, on a

$$(2) \qquad \frac{\mathrm{I}}{2}\left[\frac{d\theta^2}{dt^2} - \left(\frac{d\theta}{dt}\right)_0^2\right] = \int \mathfrak{M}_x \, d\theta,$$

ou

$$(3) \qquad \frac{\mathrm{I}}{2}(\omega^2 - \omega_0^2) = \mathfrak{T},$$

en appelant $\mathfrak{T}$ le travail total des forces. Cette dernière équation, qui n'est autre chose que celle des forces vives, aurait pu s'écrire immédiatement en remarquant que la force vive du système est

$$\Sigma m\omega^2 r^2 = \omega^2 \Sigma m r^2 = \mathrm{I}\omega^2.$$

Pour obtenir les pressions sur les axes, il faudra, dans les formules (2) du n° 76, mettre en évidence dans les R et $\mathfrak{M}$ les quantités correspondantes relatives aux forces d'inertie, ce qui donne

$$(4) \qquad \left\{\begin{array}{l} \mathrm{N}_x + \mathrm{N}'_x + \mathrm{R}_x = 0, \\ \mathrm{N}_y + \mathrm{N}'_y + \mathrm{R}_y + \omega^2 \mathrm{M} y_1 + \mathrm{M} z_1 \dfrac{d\omega}{dt} = 0, \\ \mathrm{N}_z + \mathrm{N}'_z + \mathrm{R}_z + \omega^2 \mathrm{M} z_1 - \mathrm{M} y_1 \dfrac{d\omega}{dt} = 0, \\ -\mathrm{N}'_z a + \mathfrak{M}_y - \omega^2 \Sigma m xz + \dfrac{d\omega}{dt}\Sigma m yx = 0, \\ \mathrm{N}'_y a + \mathfrak{M}_z + \omega^2 \Sigma m xy + \dfrac{d\omega}{dt}\Sigma m zx = 0; \end{array}\right.$$

d'où l'on déduira les composantes des pressions, sauf N_x et N'_x dont la somme pourra seule se déterminer, comme nous l'avons déjà fait remarquer dans le cas de l'équilibre.

100. *Axes permanents de rotation.* — Supposons que le corps solide ne soit soumis à aucune force extérieure, c'est-à-dire que les R et les $\mathfrak{M}$ soient nuls, et qu'au lieu d'avoir un axe fixe il n'y ait qu'un point fixe A, et proposons-nous de déterminer les conditions qui doivent être remplies pour que le mouvement, ayant commencé autour de l'axe Ax, continue comme si cet axe était fixe.

Il faut que les moments par rapport au point A soient nuls, et que le point A' de l'axe ne supporte par suite aucune pression, c'est-à-dire que

$$N'_x = 0, \quad N'_y = 0, \quad N'_z = 0.$$

L'équation (1) donne

$$\frac{d\omega}{dt} = 0,$$

d'où

$$\omega = \text{const.},$$

et les deux dernières équations (4)

$$\Sigma mxz = 0,$$
$$\Sigma mxy = 0;$$

ce qui exige que AA' soit un axe principal d'inertie du point A. Ainsi un corps solide jouit de cette propriété que si on rend fixe l'un de ses points et que, à un instant quelconque, il tourne autour de l'un des axes principaux d'inertie passant par ce point, sans qu'aucune force étrangère ne lui soit appliquée, le même corps continuera à tourner autour de cet axe comme s'il était fixe, et le mouvement de rotation sera uniforme. Les trois axes d'inertie passant par un point fixe sont appelés, pour ce motif, les axes *permanents de rotation*, relativement à ce point.

Si le centre de gravité de M est sur l'axe de rotation, on a

$$x_1 = 0, \quad y_1 = 0;$$

les trois premières équations (4) donnent alors

$$N_x = 0, \quad N_y = 0, \quad N_z = 0,$$

de sorte qu'il n'est pas nécessaire que ce point soit fixe. Donc :

Si un corps entièrement libre, qui n'est soumis à l'action d'aucune force extérieure, commence à tourner autour de l'un des axes d'inertie principaux passant par le centre de gravité, son mouvement continuera autour de cet axe avec une vitesse angulaire constante.

On comprend ainsi pourquoi ces trois axes sont souvent désignés sous le nom d'*axes naturels de rotation.*

101. *Du pendule composé dans le vide.* — On donne le nom de *pendule composé* à un corps solide uniquement soumis à l'action de la pesanteur et obligé à tourner autour d'un axe fixe horizontal Ox.

Prenons pour plan de la figure celui de la circonférence que décrit le centre de gravité G. Soient

O la trace verticale de l'axe;
Oz la verticale du point O;
l la distance GO;
θ l'angle GOz.

Le moment du poids Mg par rapport à O étant évidemment

$$\mathfrak{M}_x = -Mgl\sin\theta,$$

la formule (1) du n° 99 donne

$$(5) \qquad I\frac{d^2\theta}{dt^2} = -Mgl\sin\theta.$$

Si nous posons

$$\lambda = \frac{I}{Ml},$$

il vient

$$\frac{d^2\theta}{dt^2} = -\frac{g}{\lambda}\sin\theta.$$

Or cette formule se rapporte au mouvement d'un pendule simple de longueur λ, dont les oscillations seraient identiques à celles du pendule composé, et qui est désigné pour ce motif sous le nom de *pendule synchrone* de ce dernier système.

Soient I_0 le moment d'inertie du corps autour de la parallèle à l'axe de rotation, passant par le point G. Nous avons vu (43) que

$$I = I_0 + Ml^2,$$

d'où

$$\lambda = \frac{I_0}{Ml} + l. \tag{6}$$

On voit ainsi que la longueur du pendule synchrone est plus grande que la distance du centre de gravité du pendule composé à l'axe de suspension.

Si nous portons sur la direction de OG à partir de O la longueur $OO' = \lambda$, tous les points de l'horizontale projetée en O' oscilleront comme des pendules simples, c'est-à-dire comme s'ils étaient complétement indépendants du corps. Cette droite est ce que l'on appelle l'*axe d'oscillation* correspondant à l'axe de suspension Ox.

L'équation (6) peut encore s'écrire ainsi

$$(l - \lambda)\, l = \frac{I_0}{M},$$

ou

$$GO.GO' = \frac{I_0}{M}.$$

Cette formule étant symétrique par rapport à GO, GO', on en conclut que, si l'on remplace l'axe de suspension par l'axe d'oscillation, le premier axe deviendra l'axe d'oscillation du second. C'est ce qui constitue ce que l'on appelle la *réciprocité des axes de suspension et d'oscillation.*

Supposons qu'un corps étant donné on veuille le faire osciller successivement autour de différents axes. Soient

l la distance de l'un de ces axes au centre de gravité;
α, β, γ les angles que fait la direction de cet axe avec les axes principaux passant par le centre de gravité;
$A > B > C$ les moments d'inertie par rapport à ces derniers axes.

Nous aurons (44)

$$I_0 = A\cos^2\alpha + B\cos^2\beta + C\cos^2\gamma,$$

d'où

$$\lambda = l + \frac{A\cos^2\alpha + B\cos^2\beta + C\cos^2\gamma}{Ml}.$$

Cette longueur, par suite de la durée T de l'oscillation, peut rester la même pour une infinité de droites différentes, puisque l et deux des angles α, β, γ sont indéterminés.

Si l'on veut que λ ou T soit un minimum par rapport aux variables ci-dessus qui définissent l'orientation de l'axe, il faut que

$$\alpha = 90^\circ, \quad \beta = 90^\circ, \quad \gamma = 0,$$

ce qui donne

$$\lambda = \frac{Ml^2 + C}{Ml}.$$

Cette expression sera minimum par rapport à l pour

$$l = \sqrt{\frac{C}{M}},$$

et aura alors pour valeur

$$\lambda = 2\sqrt{\frac{C}{M}}.$$

102. *Du mouvement du pendule composé dans un milieu résistant.* — Les hypothèses admises (que nous ferons connaître plus loin en nous occupant de la dérivation des projectiles) relatives à la répartition, sur la surface d'un corps, de la résistance d'un milieu dans lequel il se meut, conduisent à représenter le moment total de la résistance sur un pendule composé par l'expression $\mu\left(\frac{d\theta}{dt}\right)^n$, μ étant un coefficient qui dépend de la forme du corps, et n une constante déterminée par l'expérience; on aura ainsi

$$I\frac{d^2\theta}{dt^2} = -Mlg\sin\theta - \mu\left(\frac{d\theta}{dt}\right)^n,$$

d'où

$$\frac{d^2\theta}{dt^2} = -\frac{g}{\lambda}\sin\theta - \frac{\mu}{MI}\left(\frac{d\theta}{dt}\right)^n;$$

ce qui n'est autre chose que la formule relative à un pendule simple de longueur λ, se mouvant dans un milieu résistant.

Nous n'avons donc rien à ajouter à ce que nous avons dit au n° 24, sur le mouvement du pendule simple dans un milieu dont la résistance est proportionnelle à la simple vitesse ou au carré de la vitesse.

103. *Applications diverses.* — 1° *Théorie de la machine d'Atwood.* — On sait que cette machine se compose en principe d'une poulie à axe horizontal dont la gorge reçoit un fil terminé par deux masses pesantes M et M'. Soient

I le moment d'inertie de la poulie;
R son rayon.

Supposons $M > M'$; négligeons la masse du fil, qui est très-petite par rapport à M, M', et conservons les notations précédentes.

On a, en vertu du principe général de la Mécanique,

$$R\delta\theta\left(Mg - MR\frac{d^2\theta}{dt^2}\right) - R\delta\theta\left(M'g + M'R\frac{d^2\theta}{dt^2}\right) - I\frac{d^2\theta}{dt^2}\delta\theta = 0,$$

d'où

$$\frac{d^2\theta}{dt^2} = \frac{Rg(M - M')}{I + (M + M')R^2}.$$

Le rapport de l'accélération $R\frac{d^2\theta}{dt^2}$ des deux masses à l'accélération de la pesanteur est donc proportionnel à la différence des masses, et est d'autant plus faible que leur somme et le moment d'inertie de la poulie sont plus grands.

2° *Du mouvement d'un treuil dont l'axe est horizontal, sur lequel passe un fil terminé par une masse pesante* M *et se trouve monté un régulateur à ailettes.* — Le régulateur se compose de tiges qui traversent l'axe en leur milieu, et qui sont terminées de part et d'autre par des surfaces planes perpendiculaires ou obliques à la direction du mouvement de leurs centres de gravité.

Nous supposerons que le moment dû à la résistance de l'air sur les ailettes est de la forme $K\frac{d\theta^2}{dt^2}$, K étant une constante, et nous aurons

$$\left(Mg - MR\frac{d^2\theta}{dt^2}\right)R\delta\theta - K\frac{d\theta^2}{dt^2}\delta\theta - I\frac{d^2\theta}{dt^2}\delta\theta = 0,$$

d'où

$$\frac{d^2\theta}{dt^2} = \frac{MgR}{I + MR^2} - \frac{K}{I + MR^2}\frac{d\theta^2}{dt^2}.$$

A l'inspection de cette équation, on voit que la loi du mouvement est la même que celle de la chute d'un corps pesant dans un milieu résistant (19).

3° *Un fil passant sur un treuil à axe horizontal est terminé d'une part par une masse pesante* **M**, *et de l'autre par une chaîne également pesante dont le développement vertical dans le sens de la pesanteur est limité par un plan horizontal fixe : déterminer la loi du mouvement.* — Supposons que le mouvement ait lieu dans le sens du poids Mg, le problème se résoudrait de la même manière dans le cas contraire. Soient

q le poids de l'unité de longueur de la chaîne;
x la longueur verticale développée de cette chaîne.

On a

$$\left(Mg - MR\frac{d^2\theta}{dt^2}\right)R\,\delta\theta - I\frac{d^2\theta}{dt^2}\delta\theta - \left(gqx + qxR\frac{d^2\theta}{dt^2}\right)R\,\delta\theta = 0,$$

d'où

$$\frac{d^2\theta}{dt^2} = \frac{Rg(M - qx)}{I + R^2(M + qx)}.$$

En appelant θ_0 la valeur de θ pour laquelle la chaîne serait complétement massée sur le plan horizontal, on a, évidemment,

$$x = R(\theta - \theta_0),$$

par suite

$$\frac{d^2\theta}{dt^2} = \frac{Rg(M + qR\theta_0 - qR\theta)}{I + R^2(M - qR\theta_0 + qR\theta)},$$

équation que l'on peut mettre sous la forme

$$\frac{d\theta^2}{dt^2} = a + \frac{b}{\alpha + \theta},$$

a, b, α étant des quantités connues. En multipliant par $d\theta$, intégrant et appelant C une constante arbitraire, on a

$$\frac{1}{2}\frac{d^2\theta}{dt^2} = a\theta + b\log C(\alpha + \theta),$$

d'où

$$t = \int\frac{d\theta}{\sqrt{2[a\theta + b\log C(\alpha + \theta)]}},$$

et le problème est résolu par une quadrature.

4° *Du mouvement d'une chaîne pesante comprise dans un plan vertical sur un double plan incliné à l'arête duquel il est normal.* — Soient

q la masse de l'unité de longueur de la chaîne dont l est la longueur;

x la longueur de la portion de la chaîne sur le plan incliné dans le sens duquel le mouvement est censé avoir lieu;

i l'inclinaison de ce plan sur l'horizon;

i' l'inclinaison du second plan incliné.

On reconnaît sans difficulté que l'on a

$$\left(qgx\sin i - qx\frac{d^2x}{dt^2}\right)\delta x - \left[qg(l-x)\sin i' + q(l-x)\frac{d^2x}{dt^2}\right]\delta x = 0,$$

d'où

$$\frac{d^2x}{dt^2} = \frac{g}{l}[x(\sin i + \sin i') - l\sin i'].$$

En multipliant par dx, intégrant et appelant C une constante arbitraire, on trouve

$$\frac{1}{2}\frac{dx^2}{dt^2} = \frac{g}{l}\left[\frac{x^2}{2}(\sin i + \sin i') - l\sin i' + \frac{C}{2}\right],$$

d'où

$$t\sqrt{\frac{g}{l}} = \int\frac{dx}{\sqrt{x^2(\sin i + \sin i') - 2l\sin i' + C}},$$

intégrale que l'on sait obtenir.

§ II. — *Mouvement de rotation autour d'un point fixe.*

104. *Équation du mouvement d'un corps solide autour d'un point fixe.* — Nous supposerons que Ox, Oy, Oz sont les trois axes principaux d'inertie par le point fixe O.

Soient

M la masse du corps;

$A = \Sigma m(y^2 + z^2)$, $B = \Sigma m(z^2 + x^2)$, $C = \Sigma m(x^2 + y^2)$ ses moments d'inertie par rapport aux axes Ox, Oy, Oz, m étant la masse du point matériel correspondant aux coordonnées x, y, z.

On devra se rappeler que

$$\Sigma myz = 0, \quad \Sigma mzx = 0, \quad \Sigma mxy = 0.$$

La somme des moments des forces d'inertie prises en sens contraire par rapport à Ox a pour expression (77, Ire Partie)

$$\Sigma m(\Phi_z y - \Phi_y z)$$
$$= \Sigma m\left[\left(y\frac{dn}{dt} - x\frac{dp}{dt} - (n^2+p^2)z + qnx + qpy\right)y - \left(x\frac{dq}{dt} - y\frac{dp}{dt} - (n^2+q^2)y + pqz + pnx\right)z\right],$$

ou, en réduisant,

$$A\frac{dn}{dt} + pq\Sigma m(y^2 - z^2) = A\frac{dn}{dt} + (C-B)pq.$$

Si donc nous appelons $\mathfrak{M}_x$, $\mathfrak{M}_y$, $\mathfrak{M}_z$ les moments des forces qui sollicitent le corps par rapport à Ox, Oy, Oz, on a

$$(1)\qquad \begin{cases} A\dfrac{dn}{dt} + (C-B)pq = \mathfrak{M}_x, \\ B\dfrac{dp}{dt} + (A-C)qn = \mathfrak{M}_y, \\ C\dfrac{dq}{dt} + (B-A)np = \mathfrak{M}_z. \end{cases}$$

Telles sont les équations, dues à Euler, du mouvement d'un corps solide autour d'un point fixe.

Supposons que, $\mathfrak{M}_x$, $\mathfrak{M}_y$, $\mathfrak{M}_z$ étant donnés, on ait obtenu n, p, q en fonction de t, on substituera ces valeurs dans les formules (4) du n° 43 de la première Partie

$$(2)\qquad \begin{cases} n = \dfrac{d\theta}{dt}\cos\psi - \dfrac{d\varphi}{dt}\sin\theta\sin\psi, \\ p = \dfrac{d\theta}{dt}\sin\psi + \dfrac{d\varphi}{dt}\sin\theta\cos\psi, \\ q = -\dfrac{d\psi}{dt} + \dfrac{d\varphi}{dt}\cos\theta, \end{cases}$$

d'où l'on déduit

$$(3)\qquad \begin{cases} \dfrac{d\theta}{dt} = n\cos\psi + p\sin\psi, \\ \sin\theta\dfrac{d\varphi}{dt} = p\cos\psi - n\sin\psi. \end{cases}$$

A l'aide de ces équations, on déterminera φ, ψ, θ en fonction du temps, ce qui permettra de connaître la position du corps à un instant quelconque.

Remarque. — Si $B = A$, $\mathfrak{M}_z = 0$, q reste constant, et l'on a ce théorème :

Si les forces qui sollicitent un solide de révolution homogène se réduisent à une force ou à un couple situés dans un plan passant par l'axe de révolution du corps, la composante, suivant cet axe, de la rotation instantanée reste constante pendant toute la durée du mouvement.

105. *Application des théorèmes des moments des quantités de mouvements et des forces vives.* — Les formules d'Euler présentent le plus souvent, dans leur application, des difficultés considérables, sinon inextricables, et si l'on est parvenu à résoudre quelques problèmes relatifs à la rotation des corps, c'est parce que, le plus souvent, on a pu substituer à une ou deux de ces formules une ou deux intégrales premières données par les principes des moments des quantités de mouvement et des forces vives.

La somme des moments des quantités de mouvement par rapport à l'axe Ox a pour expression

$$\Sigma m\,[y\,(ny - px) - z\,(qx - nz)] = An,$$

et l'on a de même Bp, Cq pour les sommes semblables relatives à Oy et Oz.

La somme des moments des quantités de mouvement par rapport à une droite fixe Ou dans l'espace, faisant avec Ox, Oy, Oz les angles α, β, γ, est

$$An\cos\alpha + Bp\cos\beta + Cq\cos\gamma,$$

et l'on a, en vertu d'un principe connu (56),

$$\frac{d}{dt}(An\cos\alpha + Bp\cos\beta + Cq\cos\gamma) = \mathfrak{M}_u. \tag{4}$$

Si donc la droite qui représente le moment total des forces est constamment perpendiculaire à Ou, on a pour cette droite la relation

$$An\cos\alpha + Bp\cos\beta + Cq\cos\gamma = \text{const.}, \tag{5}$$

que l'on substituera avec avantage à l'une des équations (1) dont elle pourrait d'ailleurs se déduire.

Dans le cas où le solide n'est sollicité par aucune force, le moment total des quantités de mouvement est constant, et, en appelant k sa valeur, on a

$$(6) \qquad A^2n^2 + B^2p^2 + C^2q^2 = k^2.$$

La force vive du corps autour du point fixe étant

$$\Sigma m[(pz - qy)^2 + (qx - nz)^2 + (ny - px)^2] = An^2 + Bp^2 + Bq^2,$$

on a, en appelant $\mathfrak{T}$ le travail total des forces et h une constante (qui est, si l'on veut, la force vive à l'instant où l'on commence à mesurer le travail), l'équation

$$(7) \qquad An^2 + Bp^2 + Cq^2 - h = 2\mathfrak{T},$$

que l'on substituera à l'une des équations (1) lorsqu'on pourra obtenir l'intégrale représentée par $\mathfrak{T}$.

Dans le cas où le corps n'est sollicité par aucune force, l'équation (7) devient

$$(8) \qquad An^2 + Bp^2 + Cq^2 = h.$$

Remarque. — Supposons que dans ce cas on veuille déterminer les conditions nécessaires pour que l'axe instantané soit une droite fixe dans le corps. En appelant ω la rotation instantanée, les cosinus $\frac{n}{\omega}$, $\frac{p}{\omega}$, $\frac{q}{\omega}$ doivent être constants, et l'équation (8) montre qu'il doit en être de même de ω et, par suite, de n, p, q. Les équations (1) se réduisent alors aux suivantes :

$$(B - C)pq = 0, \quad (B - A)np = 0, \quad (A - C)nq = 0.$$

Si les moments d'inertie sont inégaux, il faut que deux des quantités n, p, q soient nulles, ce qui démontre de nouveau le théorème énoncé au n° 100.

Si $A = B$, la troisième équation disparaît, et les deux autres sont satisfaites par $q = 0$; l'axe instantané est donc alors compris dans le plan xOy, dont tous les rayons sont des axes principaux. Enfin les équations ci-dessus sont identiques lorsque $A = B = C$, et la rotation est permanente autour d'un axe quelconque, qui est d'ailleurs un axe principal.

Les équations d'Euler ne sont qu'un cas particulier de celles auxquelles conduit la solution du problème général suivant.

106. *Équations du mouvement d'un système matériel* (σ) *rapporté à trois axes rectangulaires mobiles autour de leur origine.*

Soient

n, p, q les composantes suivant les axes mobiles Ox, Oy, Oz de la rotation de l'ensemble de ces axes;

V la vitesse absolue du point m de (σ), dont les coordonnées sont x, y, z;

OP, $O\mathfrak{M}$ les axes des moments des quantités de mouvement des éléments matériels de (σ) et des forces extérieures agissant sur ce système par rapport au point O;

P_u, $\mathfrak{M}_u$, V_u les projections de OP, $O\mathfrak{M}$, V sur un axe quelconque Ou.

La vitesse V étant la résultante de la vitesse relative de m, par rapport aux trois axes, et de la vitesse d'entraînement, on a

$$(a)\quad \begin{cases} V_x = \dfrac{dx}{dt} + pz - qy, \\[2mm] V_y = \dfrac{dy}{dt} + qx - nz, \\[2mm] V_z = \dfrac{dz}{dt} + ny - px, \end{cases}$$

et par suite

$$(b)\quad \begin{cases} P_x = \sum m(yV_z - zV_y) \\ \quad = \sum m\left[\left(y\dfrac{dz}{dt} - z\dfrac{dy}{dt}\right) + n(y^2 + z^2) - x(py + qz)\right], \\[2mm] P_y = \sum m\left[\left(z\dfrac{dx}{dt} - x\dfrac{dz}{dt}\right) + p(z^2 + x^2) - y(qz + nx)\right], \\[2mm] P_z = \sum m\left[\left(x\dfrac{dy}{dt} - y\dfrac{dx}{dt}\right) + q(x^2 + y^2) - z(nx + py)\right]. \end{cases}$$

On sait (56) que $O\mathfrak{M}$ n'est autre chose que la dérivée géométrique par rapport au temps de OP, ou la vitesse absolue du point P, considéré comme un mobile, et dont la vitesse relative, estimée suivant Ox, serait $\frac{dP_x}{dt}$; de sorte que les équations (a) fournissent les suivantes :

$$(c)\quad\left\{\begin{aligned}
\mathfrak{M}_x &= \frac{dP_x}{dt} + pP_z - qP_y,\\
\mathfrak{M}_y &= \frac{dP_y}{dt} + qP_x - nP_z,\\
\mathfrak{M}_z &= \frac{dP_z}{dt} + nP_y - pP_x,
\end{aligned}\right.$$

et, en y substituant les valeurs (b), on obtient, pour les équations cherchées,

$$(d)\quad\left\{\begin{aligned}
&\frac{dn}{dt}\Sigma m(y^2+z^2) - \frac{dp}{dt}\Sigma mxy - \frac{dq}{dt}\Sigma mxz\\
&\quad + pq\Sigma m(y^2-z^2) - np\Sigma mxz + nq\Sigma mxy + (q^2-p^2)\Sigma myz\\
&\quad + n\frac{d}{dt}\Sigma m(y^2+z^2) - 2p\Sigma my\frac{dx}{dt} - 2q\Sigma mz\frac{dx}{dt}\\
&\qquad\qquad + \frac{d}{dt}\Sigma m\left(y\frac{dz}{dt} - z\frac{dy}{dt}\right) = \mathfrak{M}_x,\\
&\frac{dp}{dt}\Sigma m(z^2+x^2) - \frac{dq}{dt}\Sigma myz - \frac{dn}{dt}\Sigma myx\\
&\quad + qn\Sigma m(z^2-x^2) - pq\Sigma myx + pn\Sigma myz + (n^2-q^2)\Sigma mzx\\
&\quad + p\frac{d}{dt}\Sigma m(z^2+x^2) - 2q\Sigma mz\frac{dy}{dt} - 2n\Sigma mx\frac{dy}{dt}\\
&\qquad\qquad + \frac{d}{dt}\Sigma m\left(z\frac{dx}{dt} - x\frac{dz}{dt}\right) = \mathfrak{M}_y,\\
&\frac{dq}{dt}\Sigma m(x^2+y^2) - \frac{dn}{dt}\Sigma mzx - \frac{dp}{dt}\Sigma mzy\\
&\quad + np\Sigma m(x^2-y^2) - qn\Sigma mzy + qp\Sigma mzx + (p^2-n^2)\Sigma mxy\\
&\quad + q\frac{d}{dt}\Sigma m(x^2+y^2) - 2n\Sigma mx\frac{dz}{dt} - 2p\Sigma my\frac{dz}{dt}\\
&\qquad\qquad + \frac{d}{dt}\Sigma m\left(x\frac{dy}{dt} - y\frac{dx}{dt}\right) = \mathfrak{M}_z.
\end{aligned}\right.$$

En désignant par $\mathfrak{T}$ le travail des forces extérieures et moléculaires qui agissent sur (s), augmenté d'une constante, on a l'équation des forces vives

$$\Sigma m(V_x^2 + V_y^2 + V_z^2) = 2\mathfrak{T},$$

ou

$$(e)\quad \left\{ \begin{aligned} & n^2 \Sigma m(y^2 + z^2) + p^2 \Sigma m(z^2 + x^2) + q^2 \Sigma m(x^2 + y^2) \\ & \quad - pq \Sigma mzy - nq \Sigma mxz - np \Sigma nxy \\ & \quad + 2n \Sigma m\left(y\frac{dz}{dt} - z\frac{dy}{dt}\right) + 2p \Sigma m\left(z\frac{dx}{dt} - x\frac{dz}{dt}\right) \\ & \quad + 2q \Sigma m\left(x\frac{dy}{dt} - y\frac{dx}{dt}\right) + \Sigma m\left(\frac{dx^2}{dt^2} + \frac{dy^2}{dt^2} + \frac{dz^2}{dt}\right) = 2\mathfrak{T}. \end{aligned} \right.$$

Cas particuliers. — 1° Supposons que le système soit un corps solide dont on rapporte le mouvement à trois axes fixes dans ce corps; x, y, z sont indépendants du temps. Appelant A, B, C les moments d'inertie du mobile par rapport aux axes Ox, Oy, Oz, et H_{uv} la constante Σmuv, u, v étant deux quelconques des coordonnées, les équations (e) deviennent

$$(f)\quad \left\{ \begin{aligned} & A\frac{dn}{dt} - H_{xy}\frac{dp}{dt} - H_{xz}\frac{dq}{dt} + pq(C - B) - npH_{xz} \\ & \qquad\qquad + nqH_{xy} + (q^2 - p^2)H_{yz} = \mathfrak{M}_z, \\ & B\frac{dp}{dt} - H_{yz}\frac{dq}{dt} - H_{xy}\frac{dn}{dt} + qn(A - C) - pqH_{xy} \\ & \qquad\qquad + pnH_{yz} + (n^2 - q^2)H_{xz} = \mathfrak{M}_y, \\ & C\frac{dq}{dt} - H_{xz}\frac{dn}{dt} - H_{yz}\frac{dp}{dt} + np(B - A) - qnH_{yz} \\ & \qquad\qquad + qpH_{xz} + (p^2 - n^2)H_{xy} = \mathfrak{M}_z, \end{aligned} \right.$$

et l'on a ainsi les équations les plus générales du mouvement de rotation d'un solide autour d'un point fixe.

2° Si les axes coordonnés sont les axes principaux d'inertie du corps passant par le point O, les H_{uv} sont nuls, et l'on retombe sur les équations d'Euler, que nous avons obtenues plus haut par une autre méthode.

3° Supposons que le système (σ) se compose de deux parties, l'une solide (S), dont Ox, Oy, Oz sont les axes principaux d'inertie passant par le point O du corps, et l'autre (s) relativement mobile; les équations (d) donnent celles du mouvement d'un corps solide relié à un système matériel animé d'un mouvement relatif par rapport à ce corps [1], et qui sont les suivantes, dans lesquelles Σ se rapporte uniquement à (s) :

$$
g)\quad\left\{
\begin{aligned}
&\frac{dn}{dt}[A+\Sigma m(y^2+z^2)]-\frac{dp}{dt}\Sigma mxy-\frac{dq}{dt}\Sigma mxz\\
&\quad+pq[C-B+\Sigma m(y^2-z^2)]+(q^2-p^2)\Sigma myz-np\Sigma mxz+nq\Sigma mxy\\
&\quad+\Sigma m\left(y\frac{d^2z}{dt^2}-z\frac{d^2y}{dt^2}\right)\\
&\qquad\qquad+n\frac{d}{dt}\Sigma m(y^2+z^2)-2p\Sigma my\frac{dx}{dt}-2q\Sigma mz\frac{dx}{dt}=\mathfrak{M}_x,\\
&\frac{dp}{dt}[B+\Sigma m(x^2+z^2)]-\frac{dq}{dt}\Sigma myz-\frac{dn}{dt}\Sigma myx\\
&\quad+qn[A-C+\Sigma m(z^2-x^2)]+(n^2-q^2)\Sigma mzx-pq\Sigma myx+pn\Sigma myz\\
&\quad+\Sigma m\left(z\frac{d^2x}{dt^2}-x\frac{d^2z}{dt^2}\right)\\
&\qquad\qquad+p\frac{d}{dt}\Sigma m(z^2+x^2)-2q\Sigma mz\frac{dy}{dt}-2n\Sigma mx\frac{dy}{dt}=\mathfrak{M}_y,\\
&\frac{dq}{dt}[C+\Sigma m(x^2+y^2)]-\frac{dn}{dt}\Sigma mzx-\frac{dp}{dt}\Sigma mzy\\
&\quad+np[B-A+\Sigma m(x^2-y^2)]+(p^2-n^2)\Sigma mxy-qn\Sigma mzy+qp\Sigma mzx\\
&\quad+\Sigma m\left(x\frac{d^2y}{dt^2}-y\frac{d^2x}{dt^2}\right)\\
&\qquad\qquad+q\frac{d}{dt}\Sigma m(x^2+y^2)-2n\Sigma mx\frac{dz}{dt}-2p\Sigma my\frac{dz}{dt}=\mathfrak{M}_z.
\end{aligned}
\right.
$$

107. *Du mouvement d'un corps solide qui n'est sollicité par aucune force.*

D'après le n° **105**, nous avons d'abord les équations

$$(6)\qquad A^2n^2+B^2p^2+C^2q^2=k^2,$$

$$(8)\qquad An^2+Bp^2+Cq^2=h,$$

auxquelles on joindra l'une des équations d'Euler, soit

$$(9)\qquad C\frac{dq}{dt}+(B-A)np=0,$$

pour déterminer les éléments du mouvement.

[1] *Voir* pour plus de développements le Mémoire que j'ai publié dans les *Annales de l'École Normale* (1872), intitulé : *Du mouvement d'un corps solide relié à un système matériel animé d'un mouvement relatif par rapport à ce corps.*

Des équations (6) et (8) on tire

$$(10)\quad \begin{cases} n^2 = \dfrac{k^2 - Bh + (B-C)Cq^2}{(A-B)A}, \\ p^2 = \dfrac{k^2 - Ah + (A-C)Cq^2}{(B-A)B}. \end{cases}$$

En substituant ces valeurs dans l'équation (9), et résolvant par rapport à dt, on trouve

$$(11)\quad dt = \pm\sqrt{AB}\,\frac{C\,dq}{\sqrt{[k^2 - Bh + (B-C)Cq^2][Ah - k^2 + (C-A)Cq^2]}}.$$

Comme le temps croît constamment, sa différentielle est toujours positive, et l'on devra prendre le signe + ou le signe — selon que dq sera positif ou négatif.

L'intégrale de l'équation (11) donne, en fonction de q, l'expression t qui dépend des fonctions elliptiques, excepté dans les cas suivants : 1° deux des moments d'inertie sont égaux; 2° k^2 est égal à l'une des trois quantités Ah, Bh, Ch, cas dans lesquels l'intégrale s'obtient sous forme finie.

L'intégrale étant supposée obtenue, en déterminant la constante par la valeur initiale q_0 de q, on en conclura inversement q en fonction de t, par suite n et p au moyen des équations (10).

En prenant la direction invariable de la droite qui représente le moment total des quantités de mouvement, pour celle de l'axe fixe OZ, qui devient ainsi celui du plan invariable ou du maximum des aires, on a, d'après les formules (2) du n° 43 de la première Partie, qui sont applicables ici, en y remplaçant respectivement n, p, q, χ par An, Bp, Cq, k,

$$An = -k\sin\theta\sin\psi,\quad Bp = k\sin\theta\cos\psi,\quad Cq = k\cos\theta,$$

d'où

$$(12)\quad \begin{cases} \cos\theta = \dfrac{Cq}{k}, \\ \tang\psi = -\dfrac{An}{Bp}, \end{cases}$$

ce qui détermine les angles θ et ψ en fonction de q, et par suite de t.

Pour déterminer φ, nous remplacerons θ et ψ par leurs valeurs dans la seconde des équations (3), et nous obtiendrons ainsi

$$k\frac{d\varphi}{dt}\left(1-\frac{C^2q^2}{k^2}\right) = An^2+Bp^2,$$

d'où, en vertu de la relation (8),

$$(13)\qquad d\varphi = \frac{k(h-Cq^2)}{k^2-C^2q^2}\,dt,$$

et, en substituant à dt sa valeur (11), φ s'exprime en fonction de q par une intégrale qui se ramène aux fonctions elliptiques.

108. *Propriétés géométriques du mouvement.* — Soient x, y, z les coordonnées d'un point quelconque de l'axe instantané et u sa distance à l'origine des coordonnées. En remarquant que les cosinus des angles que forme cet axe respectivement avec Ox, Oy, Oz sont $\frac{n}{\omega}$, $\frac{p}{\omega}$, $\frac{q}{\omega}$, on a

$$x = n\frac{u}{\omega},\quad y = p\frac{u}{\omega},\quad z = q\frac{u}{\omega}.$$

Si l'on multiplie les équations (6) et (8) par $\frac{u^2}{\omega^2}$, elles deviennent

$$A^2x^2+B^2y^2+C^2z^2 = k^2\frac{u^2}{\omega^2},$$

$$Ax^2+By^2+Cz^2 = h\frac{u^2}{\omega^2},$$

d'où, par l'élimination de $\frac{u^2}{\omega^2}$,

$$A(k^2-Ah)x^2+B(k^2-Bh)y^2+C(k^2-Ch)z^2 = 0.$$

Donc *l'axe instantané de rotation décrit dans le corps un cône du second degré, qui devient circulaire autour de l'un de ses axes principaux d'inertie si les moments d'inertie relatifs aux deux autres sont égaux. Ce cône se change en un plan lorsque l'une des trois quantités k^2-Ah, k^2-Bh, k^2-Ch s'annule.*

Le cône et le plan ne peuvent pas être imaginaires, c'est-à-dire que l'un des coefficients des carrés des coordonnées est toujours de signe contraire aux deux autres ou à l'un d'eux.

En effet, supposons que l'on ait $A > B > C$ et formons, au moyen des équations (6) et (8), les expressions

$$(14)\quad \begin{cases} k^2 - Ah = B(B-A)p^2 + C(C-A)q^2, \\ k^2 - Bh = C(C-B)q^2 + A(A-B)n^2, \\ k^2 - Ch = A(A-C)n^2 + B(B-C)p^2; \end{cases}$$

on voit que $k^2 - Ah < 0$, $k^2 - Ch > 0$, ce qu'il fallait établir, et ensuite que la quantité $k^2 - Bh$ peut seule devenir nulle, et par conséquent que celle des quantités $k^2 - Ah$, $k^2 - Bh$, $k^2 - Ch$ qui peut s'annuler correspond au moment d'inertie moyen.

1° *Le mouvement du corps peut être produit par le roulement d'un cône du second degré sur un cône fixe*: c'est ce qui résulte de ce qui précède et du n° 34 de la première Partie.

2° *Le cône décrit dans le corps par l'axe du plan invariable est du second degré.*

En effet, en désignant par x, y, z les coordonnées d'un point de OZ situé à la distance u de l'origine, on a

$$An = k\frac{x}{u},\quad Bp = k\frac{y}{u},\quad Cq = k\frac{z}{u},$$

d'où, en vertu des équations (6) et (8),

$$x^2 + y^2 + z^2 = u^2,$$
$$\frac{x^2}{A} + \frac{y^2}{B} + \frac{z^2}{C} = \frac{hu^2}{k^2},$$

et, par l'élimination de u, on trouve

$$\left(\frac{k^2 - Ah}{A}\right)x^2 + \left(\frac{k^2 - Bh}{B}\right)y^2 + \left(\frac{k^2 - Ch}{C}\right)z^2 = 0$$

pour l'équation de la surface du cône dont il s'agit et qui ne peut pas être imaginaire, d'après ce que nous avons établi plus haut.

3° *La composante de la vitesse angulaire instantanée suivant l'axe du plan invariable est constante.*

Soit ε l'angle formé par cet axe avec l'axe instantané de rotation; on a, en projetant n, p, q sur la direction de k et ayant égard à la relation (8),

$$\omega \cos \varepsilon = n\frac{An}{k} + p\frac{Bn}{k} + q\frac{Cn}{k} = \frac{h}{k},$$

ce qu'il fallait établir.

4° *Si l'on mène à l'ellipsoïde central un plan tangent parallèle au plan invariable, le rayon du point de contact est l'axe instantané de rotation.*

En effet, la normale à cet ellipsoïde, dont l'équation est

$$Ax^2 + By^2 + Cz^2 = 1,$$

au point où il est rencontré par l'axe instantané, fait avec les trois axes coordonnés des angles dont les cosinus sont proportionnels à An, Bp, Cq; elle se confond donc avec l'axe du plan invariable.

En désignant par x, y, z les coordonnées du point ci-dessus, par R le rayon vecteur mené en ce point, on a

$$x = R\frac{n}{\omega}, \quad y = R\frac{p}{\omega}, \quad z = R\frac{q}{\omega}.$$

Si l'on porte ces valeurs dans l'équation de l'ellipsoïde, on trouve, en ayant égard à la relation (8),

$$\omega = R\sqrt{h}.$$

Donc :

5° *La vitesse angulaire est proportionnelle au rayon vecteur de l'ellipsoïde autour duquel a lieu la rotation instantanée.*

La distance Δ du point O au plan tangent est donnée par

$$\Delta = R\cos\varepsilon = \frac{\omega}{\sqrt{h}}\cos\varepsilon = \frac{\sqrt{h}}{k}$$

et est constante; de sorte que le plan tangent est fixe, et, comme la vitesse du point de contact est nulle, on a ce dernier théorème :

6° *Le mouvement du corps peut être déterminé par le roulement de l'ellipsoïde central sur un plan fixe parallèle au plan invariable.*

109. *Examen de quelques cas particuliers.*

1° *L'axe instantané de rotation s'écarte très-peu de l'un des trois axes principaux pendant toute la durée du mouve-*

ment. — Stabilité des axes principaux. — Supposons que l'axe principal dont il s'agit soit Oz; les composantes n et p étant très-petites d'après l'hypothèse admise, nous en négligerons le produit, et les équations (1) sans second membre nous donneront

$$(15)\qquad \begin{cases} A\dfrac{dn}{dt} + (C-B)\,pq = 0, \\ B\dfrac{dp}{dt} + (A-C)\,nq = 0, \\ C\dfrac{dq}{dt} = 0, \quad \text{d'où} \quad q = \text{const.} \end{cases}$$

Les deux premières de ces équations ont pour intégrales

$$(16)\qquad \begin{cases} n = P\sin(\alpha t + \varepsilon), \\ p = iP\cos(\alpha t + \varepsilon), \end{cases}$$

en posant

$$(17)\qquad \alpha = q\sqrt{\frac{(A-C)(B-C)}{AB}}, \quad i = \sqrt{\frac{A-C}{B-C}\,\frac{A}{B}},$$

P et ε étant deux constantes arbitraires. Si la valeur de α est réelle ou si C est le plus petit ou le plus grand des moments d'inertie, p et q resteront toujours très-petits; dans le cas contraire, les formules (16) seront remplacées par les suivantes :

$$n = Pe^{\alpha t} + P'e^{-\alpha t},$$
$$p = i(Pe^{\alpha t} + P'e^{-\alpha t}),$$

en posant

$$\alpha = q\sqrt{\frac{(A-C)(C-B)}{AB}};$$
$$i = \sqrt{\frac{A-C}{C-B}\,\frac{A}{B}},$$

et désignant par P et P′ deux constantes arbitraires; et l'on voit que n et p ne pourront rester très-petits qu'autant que les conditions initiales seront telles que $P = 0$; de sorte que, en dehors de ce cas particulier, l'hypothèse du point de départ ne sera plus admissible. Donc :

Le mouvement de rotation n'est généralement stable qu'autour des axes principaux du plus grand et du plus petit moment d'inertie.

La stabilité de ces deux axes se reconnaît immédiatement, d'ailleurs, à l'inspection de la troisième des équations (14); car, si l'axe instantané s'écarte peu de l'axe principal Oz à l'origine du mouvement, ou que les rotations n et p soient très-petites à cette époque, la constante $k^2 - Ch$ sera aussi très-petite; d'où l'on conclut que n et p devront rester très-petits si $A - C$, $B - C$ sont de même signe, et l'on aura

$$n^2 < \frac{k^2 - Ch}{A(A-C)}, \quad p^2 < \frac{k^2 - Ch}{B(B-C)}.$$

Mais si $A - C$, $B - C$ sont de signes contraires et que $k^2 - Ch$ soit très-petit, l'équation précitée pourra être satisfaite, sans que n et p soient assujettis à rester très-petits. Dans le cas de l'égalité de deux moments d'inertie, la stabilité de la rotation n'a lieu généralement qu'autour de l'axe correspondant au troisième.

Conformément à ce que nous venons de voir, revenons aux équations (16) et proposons-nous de déterminer P et ε au moyen des valeurs initiales n_0, p_0 de h et p. Nous avons

$$n_0 = P\sin\varepsilon, \quad p_0 = iP\cos\varepsilon,$$

d'où

$$P = \pm\sqrt{n_0^2 + \frac{p_0^2}{i^2}},$$

$$\sin\varepsilon = \pm\frac{n_0}{\sqrt{n_0^2 + \frac{p_0^2}{i^2}}},$$

$$\cos\varepsilon = \pm\frac{n_0}{\sqrt{n_0^2 + \frac{p_0^2}{i^2}}}.$$

Si l'on prend le signe +, on aura pour n et p les mêmes valeurs qu'en prenant le signe —, car la valeur de ε dans le second cas est égale à celle du premier, augmentée de 180 degrés; de sorte que l'on peut prendre indifféremment l'un ou l'autre signe.

L'hypothèse de θ très-petit et de n^2, p^2, négligeables devant q^2, revient à supposer $\cos\theta = 1$, $C^2q^2 = k^2$, $Cq^2 = h$; de sorte que la seconde des équations (12) est seule à considérer et donne

$$\operatorname{tang}\psi = -\frac{An}{Bp} = -\sqrt{\frac{B}{A}\,\frac{B-C}{A-C}}\operatorname{tang}(\alpha t+\varepsilon).$$

L'équation (13), qui donnerait $\frac{d\varphi}{dt} = \frac{0}{0}$, n'est pas applicable, et, pour déterminer φ, il faut alors avoir recours à la troisième des équations (2), en y faisant $\cos\theta = 1$; ce qui donne

$$d\varphi = q\,dt + d\psi,$$

d'où

$$\varphi = qt + \psi + \text{const}.$$

2° $A = B$. — Ce cas est notamment celui d'un solide homogène de révolution autour de l'axe Oz.

Les équations (1) se réduisent aux suivantes :

$$A\frac{dn}{dt} + (C-A)pq = 0,$$
$$A\frac{dp}{dt} + (A-C)pq = 0,$$
$$q = \text{const.},$$

qui sont les mêmes que celles du problème précédent, en y supposant $A = B$; on a donc

$$\alpha = q\frac{(A-C)}{A}, \qquad i = 1,$$
$$n = P\sin(\alpha t+\varepsilon),$$
$$p = P\cos(\alpha t+\varepsilon),$$
$$k^2 - C^2q^2 = A^2P^2, \qquad h - Cq^2 = AP^2,$$

puis

$$\cos\theta = \frac{Cq}{k}, \quad \psi = \psi_0 - \alpha t,$$

ψ_0 étant la valeur initiale de ψ.

Enfin, la formule (13) se réduit à

$$\frac{d\varphi}{dt} = \frac{k}{A},$$

d'où

$$\varphi = \frac{k}{A}t + \varphi_0;$$

φ_0 étant la valeur initiale de φ.

L'angle θ étant constant et φ croissant proportionnellement au temps, on a ce théorème :

L'axe principal Oz *décrit, d'un mouvement uniforme, un cône de révolution autour de l'axe du plan invariable.*

3° $k^2 = Bh$. — Nous avons démontré plus haut que cette condition ne peut être remplie que si B est le moyen moment d'inertie. Continuons à supposer $A > B > C$.

Les équations (6) et (8) donnent, dans l'hypothèse actuelle, en éliminant h au moyen de la relation ci-dessus,

$$(18)\qquad \begin{cases} n = \pm\sqrt{\dfrac{(B-C)}{AB(A-C)}}\,(k^2 - B^2p^2), \\ q = \pm\sqrt{\dfrac{(A-B)}{BC(A-C)}}\,(k^2 - B^2p^2). \end{cases}$$

A l'inspection de ces valeurs, on voit que l'on devra avoir constamment

$$k^2 - B^2p^2 > 0, \quad \text{ou} \quad p^2 < \frac{k^2}{B^2}.$$

Si p^2 atteint cette limite, n et q, qui sont alors nuls, continueront à l'être indéfiniment, puisque Oy est un axe permanent de rotation; d'où il suit que n et q conserveront toujours les mêmes signes et, par conséquent, ceux de leurs valeurs initiales n_0 et q_0.

La seconde des équations (1) et les équations (18) donnent

$$(19)\qquad dt = -\frac{B\,dp}{(A-C)\,qn} = \pm B^2\sqrt{\frac{AC}{(A-B)(B-C)}}\,\frac{dp}{k^2 - B^2p^2},$$

les signes + et — se rapportant respectivement aux cas où n_0 et q_0 sont de signe contraire ou de même signe, et dans lesquels, par conséquent, dp sera positif ou négatif.

Considérons en particulier le premier cas : posons

$$\alpha = \frac{2k}{B}\sqrt{\frac{(A-B)(B-C)}{AC}},$$

et appelons P une constante arbitraire; l'équation (19) donne

$$t = \frac{1}{\alpha} \log \frac{1 + \frac{B}{k} p}{1 - \frac{B}{k} p} \frac{1}{P},$$

d'où

$$p = \frac{k}{B} \frac{Pe^{\alpha t} - 1}{Pe^{\alpha t} + 1}.$$

Pour $t = \infty$, on a $p = \frac{k}{B}$; d'où $n = 0$, $q = 0$. La direction de l'axe instantané tend donc de plus en plus vers celle de l'axe du moment d'inertie moyen, dont elle finira par rester très-voisine au bout d'un temps suffisamment long. On arrive au même résultat en prenant le signe — dans l'équation (19).

110. *Du mouvement d'un solide pesant de révolution autour d'un point fixe situé sur son axe.* — Soient (*fig.* 58)

Fig. 58.

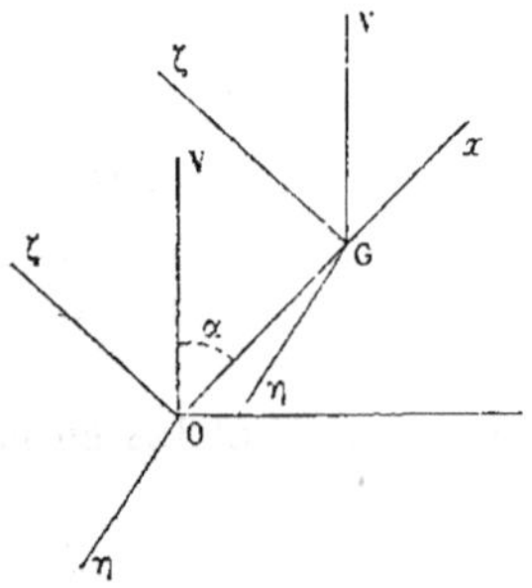

Ox l'axe du corps;
O le point fixe;
M la masse du corps;
G son centre de gravité;
l la longueur OG;
OV la verticale du point O;
θ l'angle formé par OG avec OV;
$O\zeta$ la perpendiculaire en O à OG dans le plan VOx;
$O\eta$ la perpendiculaire en O au plan ζOGx;

n, r, s les composantes suivant OG, $O\eta$, $O\zeta$ de la rotation instantanée;

A, B les moments d'inertie du corps par rapport aux axes principaux OG, $O\zeta$ ou $O\eta$;

θ_0, r_0, s_0 les valeurs initiales θ, r, s.

D'après ce que nous avons vu plus haut (104), la rotation n sera constante pendant toute la durée du mouvement, puisque le moment des forces par rapport à OG est nul.

La simplicité de la solution de ce problème résulte de ce que les formules qui peuvent s'y appliquer permettent de substituer aux axes mobiles avec le corps et perpendiculaires à Ox les droites $O\eta$, $O\zeta$.

Le principe des forces vives donne

$$B(r^2 + s^2 - r_0^2 - s_0^2) = 2Mgl(\cos\theta_0 - \cos\theta). \tag{1}$$

Le moment des quantités de mouvement estimé suivant la verticale étant constant, on a

$$An\cos\theta + Bs\sin\theta = An\cos\theta_0 + Bs_0\sin\theta_0. \tag{2}$$

Des formules (1) et (2) on déduit, pour les composantes inconnues r, s de la rotation en fonction de θ,

$$s = \frac{An(\cos\theta_0 - \cos\theta) + Bs_0\sin\theta_0}{B\sin\theta}, \tag{3}$$

$$r = \pm\sqrt{\frac{2Mgl(\cos\theta_0 - \cos\theta) + B(r_0^2 + s_0^2) - \dfrac{[An(\cos\theta_0 - \cos\theta) + Bs_0\sin\theta_0]^2}{B\sin^2\theta}}{B}}, \tag{4}$$

et, comme on a

$$r = \frac{d\theta}{dt}, \tag{5}$$

la détermination de t en fonction de θ se ramène à une quadrature.

Le déplacement de Ox est dû aux rotations r et s, dont la dernière est la résultante de $\frac{s}{\sin\theta}$ autour de OV, et $-s\cot\theta$ suivant Ox, qui laisse cette droite en repos. La rotation r ne produisant qu'un déplacement de l'axe Ox dans le plan vertical VOx, le déplacement dans le sens horizontal du même axe, par suite celui de sa projection horizontale et du plan VOx, est dû à la vitesse angulaire

$$\omega' = \frac{s}{\sin\theta}. \tag{6}$$

Nous allons maintenant discuter les formules (3) et (4), en vue de nous faire une image de la nature du mouvement.

1° r_0 n'est pas nul, et admettons, pour fixer les idées, qu'il soit positif. D'après la formule (5), θ croîtra à partir de θ_0, et l'on devra, dans la précédente, prendre le radical positivement; cet angle atteindra une certaine valeur θ_1 moindre que 180 degrés, pour laquelle r s'annulera; à l'instant suivant, r aura changé de signe ou sera devenu négatif, et θ, allant alors en décroissant, repassera par la valeur θ_0, diminuera encore jusqu'à une certaine valeur θ_2, pour laquelle r sera nul; cette rotation changera ensuite de signe, θ croîtra jusqu'à θ_1, et ainsi de suite. L'axe OG oscillera ainsi dans le plan mobile GOV de part et d'autre de sa position initiale, et les écarts θ_1 et θ_2 s'obtiendront en choisissant convenablement les racines de l'équation en $\cos\theta$, obtenue en égalant à zéro la quantité sous le radical de la formule (4).

Soit $Q = 2Mgl(1 + \cos\theta_0) + B(r_0^2 + s_0^2)$ le maximum, par rapport à θ, de l'ensemble des deux premiers termes du numérateur sous le radical, qui sont indépendants de n; θ_1 et θ_2 devront nécessairement satisfaire à la condition

$$\frac{[An(\cos\theta_0 - \cos\theta) + Bs_0\sin\theta_0]^2}{B\sin^2\theta} < Q,$$

et *a fortiori* à la suivante :

$$[An(\cos\theta_0 - \cos\theta) + Bs_0\sin\theta_0]^2 < BQ.$$

Il suit de là que plus la rotation n autour de l'axe de révolution sera grande pour des mêmes valeurs de r_0 et s_0, plus les écarts de cet axe, de part et d'autre de sa position initiale, dans le plan vertical, seront petits.

2° $r_0 = 0$. En posant

$$P = 2MgBl\sin^2\theta - A^2n^2(\cos\theta_0 - \cos\theta) + B^2(\cos\theta + \cos\theta_0)s_0^2 - 2ABns_0\sin\theta_0,$$

l'équation (4) prend la forme

$$r = \pm \frac{1}{B \sin\theta} \sqrt{(\cos\theta_0 - \cos\theta) P}.$$

Pour $\theta = \theta_0$, P a pour valeur

$$P_0 = 2B(Mgl \sin^2\theta_0 + Bs_0^2 \cos\theta_0 - Ans_0 \sin\theta_0).$$

En admettant que cette quantité soit positive aux premiers instants, à partir de la position initiale de OG, θ devra croître pour que r reste réel ; θ croissant, r sera positif et deviendra nul pour une certaine valeur θ_1 de θ donnée par $P = 0$, puis changera de signe; θ décroîtra de θ_1 jusqu'à θ_0, et ainsi de suite.

Si $P_0 = 0$, ou

$$(7) \qquad Mgl \sin^2\theta_0 + Bs_0^2 \cos\theta_0 - A n s_0 \sin\theta_0 = 0,$$

on peut écrire

$$P = 2MgBl(\cos^2\theta_0 - \cos^2\theta) - A^2 n^2 (\cos\theta_0 - \cos\theta) - B^2(\cos\theta_0 - \cos\theta_0) s_0^2,$$

et l'on a

$$r = \pm \frac{\cos\theta_0 - \cos\theta}{B \sin\theta} \sqrt{2MgBl(\cos\theta + \cos\theta_0) - A^2 n^2 - B^2 s_0^2}.$$

Si θ variait, la quantité sous le radical serait, aux premiers instants, très-peu différente de

$$4MgBl \cos\theta_0 - A^2 n^2 - B^2 s_0^2,$$

qui est négatif; car, en remplaçant M par sa valeur tirée de (7) dans l'inégalité

$$A^2 n^2 + B^2 s_0^2 > 4MgBl \cos\theta_0,$$

on trouve

$$(An \sin\theta_0 - 2Bs_0 \sin\theta_0)^2 + B^2 s_0^2 \sin^2\theta_0 > 0.$$

Ainsi donc, lorsque la relation (7) est satisfaite, θ ne peut pas varier, ou l'inclinaison de l'axe du corps sur la verticale reste constante, par suite s et la rotation $\frac{s}{\sin\theta}$ du plan ζOV autour de OV.

3° $r_0 = 0$, $s_0 = 0$ ou le mouvement initial se réduit à une rotation du solide autour de son axe. On a, dans ce cas,

$$(8)\quad r = \pm \frac{1}{B\sin\theta}\sqrt{(\cos\theta_0 - \cos\theta)\,[2MgBl\sin^2\theta - A^2n^2(\cos\theta_0 - \cos\theta)]}.$$

L'angle θ croîtra de θ_0 jusqu'à une certaine valeur θ_1 de θ donnée par

$$\frac{2MgBl}{A^2n^2}(1 - \cos^2\theta_1) - (\cos\theta_0 - \cos\theta_1) = 0,$$

et reviendra ensuite θ_0, et ainsi de suite.

Si la rotation n est assez grande pour que $\frac{2MgBl}{A^2n^2}$ soit très-petit par rapport à l'unité, $\cos\theta_1$ diffère peu de $\cos\theta_0$, c'est-à-dire que l'axe du corps s'écarte fort peu dans le plan ζOV de sa position initiale. Posant donc $\theta = \theta_0 + \varepsilon$, ε étant du même ordre de grandeur que $\frac{2MgBl}{A^2n^2}$, dont nous négligerons le carré, il vient

$$\cos\theta_0 - \cos\theta = \varepsilon\sin\theta_0$$

et, par suite,

$$r = \pm\frac{1}{B}\sqrt{\varepsilon(2MglB\sin\theta_0 - A^2n^2\varepsilon)}.$$

L'écart maximum étant

$$\varepsilon_1 = \frac{2MglB\sin\theta_0}{A^2n^2},$$

l'équation précédente peut se mettre sous la forme

$$r = \frac{d\varepsilon}{dt} = \pm\frac{An}{B}\sqrt{\varepsilon(\varepsilon_1 - \varepsilon)},$$

et l'on a pour le temps écoulé, correspondant à l'écart ε,

$$t = \frac{B}{An}\int_0^{\varepsilon}\frac{d\varepsilon}{\pm\sqrt{\frac{\varepsilon_1^2}{4} - \left(\varepsilon - \frac{\varepsilon_1}{2}\right)^2}} = \frac{B}{An}\arccos\left(1 - \frac{2\varepsilon}{\varepsilon_1}\right);$$

d'où, enfin,

$$\varepsilon = \varepsilon_1\sin^2\frac{Ant}{B}.$$

La durée d'une oscillation de l'axe est, par suite, égale à $\pi\frac{B}{An}$.

L'équation (3) donne, dans le cas actuel,

$$s = \frac{An(\cos\theta_0 - \cos\theta)}{B\sin\theta} = \frac{An\varepsilon}{B}.$$

La rotation ω' du plan VOx, autour de la verticale, a, par suite, pour valeur

$$\omega' = \frac{s}{\sin\theta} = \frac{An\varepsilon}{B\sin\theta_0};$$

elle est nulle pour $\varepsilon = 0$, maximum pour $\varepsilon = \varepsilon_1$, et sa valeur moyenne est

$$\Omega = \frac{An}{B\sin\theta_0}\frac{1}{\varepsilon_1}\int_0^{\varepsilon_1}\varepsilon\,d\varepsilon = \frac{Mgl}{An}.$$

Elle est positive, ou négative, ou *directe*, ou *rétrograde*, relativement à la rotation n, selon que l est positif ou négatif, ou que le centre de gravité du corps se trouve au-dessus ou au-dessous du point fixe.

La durée d'une révolution complète de l'axe OG, autour de la verticale, a pour valeur

$$\frac{2\pi}{\Omega} = 2\pi\frac{An}{Mgl}.$$

Les divers résultats auxquels nous venons d'arriver se vérifient expérimentalement au moyen de la *toupie gyroscopique* et de la *balance gyroscopique*. Chacun de ces appareils se compose d'un tore, maintenu dans une chappe d'une masse relativement assez faible pour que son inertie n'intervienne pas d'une manière sensible. La chappe fait corps avec une tige formant le prolongement de l'axe du tore.

Dans la toupie, cette tige est terminée par un crochet qui se loge, après la mise en mouvement du tore, dans un godet ou crapaudine. L'instrument étant abandonné à lui-même, l'axe paraît décrire aux yeux de l'observateur un cône circulaire droit, d'une ouverture constante autour de la verticale du point fixe, avec une vitesse angulaire de même sens que n (ce qui devait être puisque l est positif), d'autant plus faible que cette rotation est plus grande. En réalité, le cône n'est pas circulaire; mais les petites trépidations de l'axe dans le plan xOV sont insensibles et ne frappent pas l'œil de l'observateur. La rotation de ce plan variant périodiquement, mais dans des périodes très-courtes, l'œil ne perçoit que sa valeur moyenne, qui, toutes choses égales d'ailleurs, varie en raison inverse de la rotation du tore autour de son axe. La vitesse angulaire Ω étant indépendante de θ_0, le phénomène doit se produire dans les mêmes conditions, lorsque l'on vient pendant le mouvement à écarter ou à rapprocher OG de la verticale; ce qui est conforme à l'observation.

Dans la balance, la tige, à une petite distance de la chappe, est articulée à un cylindre qui s'engage dans une crapaudine verticale. On peut faire occuper une position quelconque à un poids sur la portion de la tige opposée au tore, de manière à faire passer l du positif au négatif, et, par conséquent, à obtenir le mouvement direct ou rétrograde de l'axe de révolution autour de la verticale.

111. *Des efforts qu'il faut développer à l'axe du corps pour décrire une surface conique.* — Lorsque l'on soutient un tore tournant d'un mouvement très-rapide autour de son axe, en plaçant les mains suivant les prolongements de cet axe, et que l'on cherche à déplacer brusquement l'un de ces prolongements, tandis que l'autre est maintenu fixe, on éprouve une résistance d'autant plus considérable que ce déplacement est lui-même plus rapide.

Pour déterminer cette résistance, il est clair qu'il suffit de calculer la force capable de produire un mouvement conique donné autour du point fixe du solide de révolution dans l'hypothèse de $s_0 = 0$, $r_0 = 0$, force qui est égale et contraire à la résistance éprouvée par la main supposée appliquée au même point.

Soient F_η, F_ζ les composantes parallèles à $O\eta$, $O\zeta$ de la force F, agissant en un point de l'axe, distant du point fixe d'une longueur a; r et s sont supposés donnés et n reste constant (104). Le principe des forces vives donne

$$B(r\,dr + s\,ds) = Mglr\sin\theta\,dt + F_\eta as\,dt - F_\zeta ar\,dt,$$

ou

$$(\alpha) \qquad B\left(r\frac{dr}{dt} + s\frac{ds}{dt}\right) = Mglr\sin\theta + F_\eta as - F_\zeta ar,$$

et celui de la projection des moments des quantités de mouvement appliqué à la verticale

$$\frac{dAn\cos\theta}{dt} + \frac{dBs\sin\theta}{dt} = F_\eta a\sin\theta,$$

d'où, en se rappelant que $r = \frac{d\theta}{dt}$,

$$F_\eta a = -Anr + Brs\cot\theta + B\frac{ds}{dt}.$$

En portant cette valeur dans l'équation (α), on trouve

$$F_\zeta a = Mgl\sin\theta - Ans + Bs^2\cot\theta - B\frac{dr}{dt}.$$

Si le tore ne tournait pas autour de son axe, il faudrait supposer $n = 0$; de sorte que l'excédant d'effort nécessité par l'inertie du tore en mouvement a pour moments composants

$$F_\eta a = -Anr,$$
$$F_\zeta a = -Ans,$$

d'où

$$\frac{F_\eta}{F_\zeta} = \frac{r}{s},$$
$$F = \frac{A}{a} n\sqrt{r^2 + s^2}.$$

D'où il suit que *l'effort est perpendiculaire à l'élément de chemin décrit par son point d'application et est égal au produit du moment d'inertie par la vitesse angulaire du corps autour de son axe, et par la vitesse angulaire imprimée à cet axe, divisé par la distance du point d'application de l'effort au point fixe.*

Supposons, par exemple, que le solide de révolution soit un anneau en fer dont le cercle générateur ait $0^m,01$ de diamètre, le lieu des centres de ce cercle ayant lui-même un diamètre de $0^m,12$. Le poids du tore est sensiblement égal à $0^{kil},237$, et l'on a, avec une pareille approximation, $A = 0,000087$.

Admettons que le tore fasse 3000 tours par minute, ou que

$$n = \frac{3000\,2\pi}{60} = 314,16,$$

et que la vitesse imprimée à l'une des extrémités de l'axe soit $0^m,60$ à une distance de $0^m,10$ de l'extrémité maintenue fixe, on a, pour la rotation imprimée à l'axe du solide, $\frac{0,60}{0,10} = 6$; par suite,

$$F = 1^{kil},64.$$

112. *Dans le cas de l'égalité de deux moments d'inertie, rapporter le mouvement du corps à son troisième axe principal et à deux axes rectangulaires perpendiculaires à sa direction, et qui ne participent pas au mouvement du corps.* — Il s'agit de donner de l'extension à la méthode qui nous a permis de résoudre si simplement le problème du n° **110**.

Soient

Ox l'axe du solide de révolution tournant autour du point;
$O\eta$, $O\zeta$ deux axes rectangulaires perpendiculaires à Ox;
A, B les moments d'inertie du mobile respectivement par rapport à Ox, et $O\eta$ ou $O\zeta$;
n, r, s les composantes de la rotation du corps suivant Ox, $O\eta$, $O\zeta$;
n' la rotation du plan $\eta O\zeta$ autour de Ox;
$\mathfrak{M}_x$, $\mathfrak{M}_\eta$, $\mathfrak{M}_\zeta$ les moments des forces qui agissent sur le corps par rapport à Ox, $O\eta$, $O\zeta$;
OP la droite qui représente le moment des quantités de mouvement.

Nous avons vu (106) que le problème de la rotation des corps consiste à établir l'identité entre le moment résultant des forces et la vitesse du point P.

La vitesse relative de ce point par rapport aux axes mobiles en projection sur $O\zeta$ est $B\frac{ds}{dt}$, et sa vitesse d'entraînement $-Anr + Brn'$; les expériences semblables relatives à l'axe $O\eta$ sont $B\frac{dr}{dt}$, $Ans - Bsn'$.

On a donc

$$
(A) \quad \left\{
\begin{aligned}
& A\frac{dn}{dt} = \mathfrak{M}_x, \\
& B\frac{dr}{dt} + s(An - Bn') = \mathfrak{M}_\eta, \\
& B\frac{ds}{dt} + r(Bn' - An) = \mathfrak{M}_\zeta.
\end{aligned}
\right.
$$

Telles sont les relations que nous voulions établir ([1]). Si l'on fait $n' = n$, on retombe sur les formules d'Euler pour le cas considéré d'un solide de révolution.

Ces formules conduisent facilement à celles que nous avons obtenues directement en traitant la question du n° **110**.

En effet, la rotation de $O\eta$, à laquelle participent les deux autres axes, a lieu autour de OV, et se décompose en deux autres : l'une autour de $O\zeta$ évidemment égale à s, l'autre autour de Ox, qui a par suite pour expression $n' = s\cot\theta$.

D'autre part

$$\mathfrak{M}_\eta = Mgl\sin\theta;$$

de sorte que les formules (A) deviennent

$$n = \text{const.},$$

$$B\frac{dr}{dt} + s(An - Bs\cot\theta) = Mgl\sin\theta,$$

$$B\frac{ds}{dt} + r(Bs\cot\theta - An) = 0.$$

Si l'on remarque que $r = \dfrac{d\theta}{dt}$, la dernière de ces équations donne

$$B\frac{ds}{d\theta}\sin\theta + Bs\cos\theta - An\sin\theta = 0,$$

par suite

$$Bs\sin\theta + An\cos\theta = \text{const.},$$

intégrale qui exprime que le moment des quantités de mouvement en projection sur OV est constant.

([1]) *Voir* pour la généralisation de cette méthode la note I placée à la fin du Chapitre.

§ III. — *Mouvement d'un corps solide entièrement libre.*

113. *Équations générales.* — Il résulte des nos 57 et 69 que les six équations du mouvement du solide seront fournies par le principe du mouvement du centre de gravité et par les formules d'Euler, appliquées au mouvement du corps autour de ce centre considéré comme fixe.

Soient

X, Y, Z les coordonnées du centre de gravité G du corps, parallèles aux axes fixes OX, OY, OZ;

F_X, F_Y, F_Z les sommes des projections des forces extérieures sur ces mêmes axes.

Conservons d'ailleurs les notations du paragraphe précédent. Nous avons pour les équations du mouvement

$$(1)\qquad \frac{d^2X_1}{dt^2} = F_X, \quad \frac{d^2Y_1}{dt^2} = F_Y, \quad \frac{d^2Z_1}{dt^2} = F_Z;$$

$$(2)\qquad \begin{cases} A\dfrac{dn}{dt} + (C - B)pq = \mathfrak{M}_x, \\ B\dfrac{dp}{dt} + (A - C)nq = \mathfrak{M}_y, \\ C\dfrac{dq}{dt} + (B - A)np = \mathfrak{M}_z, \end{cases}$$

auxquelles il faut joindre les relations connues (43, Ire Partie)

$$(3)\qquad \begin{cases} n = \dfrac{d\theta}{dt}\cos\psi - \dfrac{d\varphi}{dt}\sin\theta\sin\psi, \\ p = \dfrac{d\theta}{dt}\sin\psi + \dfrac{d\varphi}{dt}\sin\theta\cos\psi, \\ q = -\dfrac{d\psi}{dt} + \dfrac{d\varphi}{dt}\cos\theta. \end{cases}$$

A l'une de ces équations on pourra, dans certains cas, substituer avec avantage la formule suivante, qui résulte de celle de forces vives et du théorème de Kœnig (41)

$$(4)\qquad \frac{An^2 + Bp^2 + Cq^2 + MV^2}{2} = \mathfrak{T},$$

V désignant la vitesse du centre de gravité du corps, et $\mathfrak{T}$ le travail total des forces qui sollicitent ce corps évalué dans son mouvement général et augmenté d'une constante.

Les formules (2) sont également applicables au mouvement d'un corps solide autour de l'un quelconque de ses points, pourvu que l'on comprenne dans les forces qui sollicitent chaque point matériel la force d'inertie due à l'accélération du point supposé fixe où toute la masse du corps se trouverait concentrée (57).

Lorsque les causes déterminantes de chacun de ces mouvements sont indépendantes des éléments de l'autre, les équations (1) et (2) constituent deux groupes distincts, que l'on aura à intégrer séparément. C'est ce qui a lieu notamment pour la Terre et la Lune dans leurs mouvements respectifs de translation autour du Soleil et de la Terre, et autour de leurs centres de gravité, questions trop spéciales, malgré l'intérêt qu'elles présentent, pour faire partie d'un Ouvrage de Mécanique générale, et pour lesquelles je renverrai à mon *Traité de Mécanique céleste.*

114. *Du mouvement des projectiles oblongs dans l'air.* — Le mouvement d'un projectile oblong dans un milieu résistant nous offre un exemple du mouvement d'un corps libre dans lequel les causes des mouvements de translation et de rotation ne sont pas respectivement indépendantes de ces mouvements.

Nous ne considérerons que le cas où la surface [1] du projectile est de révolution autour de l'un des axes principaux d'inertie du centre de gravité, et où il y a égalité entre les moments d'inertie B, C autour des deux autres axes principaux.

La pression exercée par l'air sur un élément $d\omega$ de la surface du projectile en un point m se décompose en deux autres respectivement normale et tangentielle. La composante tangentielle ou le *frottement* exercé par l'air est de sens con-

---

[1] La surface se compose d'un cylindre se raccordant à l'avant suivant le périmètre de l'une des bases avec une surface de révolution tronquée au sommet.

traire à la composante tangentielle de la vitesse du point m. On n'a sur cette résistance que des notions assez vagues; mais on sait qu'elle est assez faible pour que, en général, il soit permis d'en faire abstraction, et c'est ce que nous ferons dans ce qui suit.

Si la direction de la composante normale w de la vitesse de m ne pénètre pas dans le mobile, on admet, faute d'une théorie satisfaisante de la résistance des milieux, que la pression normale est de la forme $k\,d\omega\,f(w)$, k étant un coefficient proportionnel à la densité du milieu, et $f(w)$ une certaine fonction dont la forme ne peut se déterminer que par l'expérience. Aux points où la direction de w pénètre dans le corps, il se produit des tourbillonnements, et, par suite, comme nous le verrons dans un autre Chapitre, une réduction dans la pression atmosphérique; mais comme, dans l'état actuel de la science, il ne paraît pas possible d'évaluer cette réduction, on suppose que la pression est nulle sur $d\omega$. Le lieu des points de la surface du corps pour lesquels on aura, à chaque instant, $w = 0$, divisera donc cette surface en deux zones pour les éléments desquelles la pression ou résistance normale sera de la forme $k\,d\omega\,f(w)$ ou sera nulle. La détermination en grandeur et en direction de la résultante et de l'axe du moment des résistances élémentaires se ramène ainsi à une question de Calcul intégral.

Sous l'action de ces résistances, l'axe instantané de rotation du projectile cesse, dès la sortie de l'arme, de coïncider avec l'axe de révolution, qui fait ainsi un angle variable avec le *plan de tir* (1). De cette obliquité résulte une composante de ces mêmes résistances normale au plan ci-dessus, qui fait sortir de ce plan le centre de gravité du projectile, d'où résulte un déplacement latéral qui a reçu le nom de *dérivation*.

La rotation du projectile est de la gauche vers la droite, pour le pointeur, dans l'artillerie de terre; dans les pièces de la marine, la rotation a lieu en sens inverse, et nous nous placerons dans cette hypothèse pour ne pas modifier notre con-

(1) Plan vertical passant par l'axe de l'arme.

vention sur le sens positif des rotations, dont il suffira de changer les signes pour passer des formules obtenues à celles qui sont relatives au premier cas.

La rotation autour de l'axe de révolution n'influe pas sur la résistance de l'air, puisqu'elle ne donne lieu qu'à des vitesses tangentielles des points de la surface.

La composante de la vitesse du centre de gravité perpendiculaire au plan de tir, qui produit la dérivation, étant relativement très-petite, on peut la négliger dans l'expression de $f(w)$, en ne considérant ainsi que la composante de la résistance de l'air parallèle au plan de tir, qui est très-sensiblement égale à cette résistance [1]. On peut également faire abstraction de la rotation perpendiculaire à l'axe de révolution qui ne donne, à la surface du projectile, que des vitesses du même ordre de grandeur que la vitesse de dérivation.

On voit ainsi que, pour déterminer le mouvement de rotation d'un projectile autour de son centre de gravité, on peut supposer qu'il est animé d'un mouvement de translation parallèle au plan de tir dans lequel le centre de gravité serait censé se mouvoir, et d'une rotation autour de son axe de révolution; mais, en raison de la symétrie, la résistance de l'air se réduit à une force située dans le plan passant par l'axe et

---

[1] *Exemple.* — Pièce de 12 de campagne :

Diamètre de l'âme..........	$0^m,121$
Diamètre du projectile............ ..	$0^m,118$
Longueur de la partie rayée........ .	$1^m,705$
Pas des rayures..............	3^m
Poids du projectile	12^{kg}

Pour une charge de poudre de 1 kilogramme et un *angle de tir* de 11 degrés (inclinaison de la vitesse initiale du projectile sur l'horizon), on a une vitesse initiale de 307 mètres, une portée de 2300 mètres, un angle de chute de $15°21'$, une vitesse de chute de 198 mètres, une dérivation de 37 mètres; la durée du trajet est de 10 secondes.

On déduit de là que la vitesse angulaire du projectile est de 643 mètres, la vitesse à la surface de la partie cylindrique 38 mètres; que la vitesse moyenne de la dérivation est de $3^m,70$; enfin, que le plan de tir fait un angle inférieur à 1 degré avec le plan vertical déterminé par la chute et le centre de la bouche de la pièce. (Extrait de l'*Aide-Mémoire de Campagne.*)

la vitesse du centre de gravité; d'où il suit que la rotation autour de l'axe de révolution reste constante.

Nous considérerons la vitesse de translation et son inclinaison sur l'horizon comme approximativement connues en fonction du temps ([1]).

Soient (*fig.* 59)

O la position du centre de gravité du projectile au bout du temps t;

Ox celle de son axe de révolution;

$V = \overline{OV}$ la vitesse de translation qu'il posséderait au bout du temps t, s'il affectait la forme d'une sphère de même surface sans recevoir de rotation initiale. La trajectoire du centre

Fig. 59.

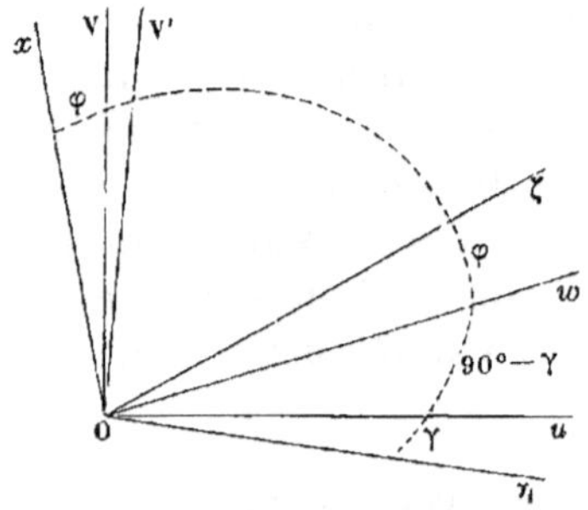

de gravité de ce projectile fictif serait comprise dans le plan vertical du tir. La vitesse qui, composée avec V, donnerait la vitesse réelle, étant relativement petite, de même que celles qui sont dues à la rotation autour du point O, on peut, sans grande erreur, considérer la résistance de l'air comme étant uniquement due à V;

Oζ la perpendiculaire en O à Ox dans le plan VOx.

Oη la perpendiculaire au même point à ce plan;

n' la rotation du plan xOV autour de Ox;

φ l'angle formé par Ox avec OV.

([1]) *Voir* la note II à la fin du Chapitre.

Soient encore

A, B les moments d'inertie du corps par rapport à Ox, $O\eta$ ou $O\zeta$;

n, r, s les composantes de la rotation instantanée suivant Ox, $O\eta$, $O\zeta$.

La résistance de l'air se réduit à une force comprise dans le plan xOV, et dont le moment $\mathfrak{M}_\eta$ ou $\mathfrak{M}$ est ([1]) une fonction de V et φ. D'après le n° 112, les équations du mouvement sont

$$(1)\quad \begin{cases} A\dfrac{dn}{dt} = 0, \\ B\dfrac{dr}{dt} + s(An - Bn') = \mathfrak{M}, \\ B\dfrac{ds}{dt} + r(Bn' - An) = 0. \end{cases}$$

Soient maintenant

ε l'inclinaison de V sur l'horizon;

OV' ce que devient OV au bout du temps t;

Ou la perpendiculaire au plan vertical de tir VOV';

γ l'angle aigu formé par ce plan avec le plan xOV;

$O\omega$ l'intersection des plans $VxO\zeta$, ηOu nécessairement perpendiculaire à OV et à $O\eta$.

On a évidemment, en remarquant que ε est une fonction décroissante du temps,

$$VOV' = -\frac{d\varepsilon}{dt}dt,\quad \widehat{\eta O u} = \gamma,\quad \widehat{uO\omega} = 90^\circ - \gamma,\quad \widehat{\zeta O\omega} = \varphi.$$

On peut considérer un plan géométrique mobile comme un système invariable en faisant abstraction de toute rotation qui lui est normale; de sorte que le plan VOx se meut en vertu des rotations

n' autour de Ox,

s » $O\zeta$.

([1]) *Voir*, pour la détermination de ce moment dans quelques cas particuliers, la note II, déjà citée, placée à la fin de ce Chapitre.

Mais on peut aussi le considérer comme se mouvant en vertu des rotations :

1° $\frac{d\gamma}{dt}$ autour de OV qui a pour composantes

$$\frac{d\gamma}{dt}\cos\varphi \quad \text{autour de} \quad Ox,$$
$$\frac{d\gamma}{dt}\sin\varphi \quad \text{»} \quad O\zeta;$$

2° $-\frac{d\varepsilon}{dt}$ autour de Ou ayant pour composantes

$$-\frac{d\varepsilon}{dt}\cos\gamma \quad \text{autour de} \quad O\eta,$$
$$-\frac{d\varepsilon}{dt}\sin\gamma \quad \text{»} \quad O\omega.$$

Cette dernière peut être remplacée par les suivantes :

$$-\frac{d\varepsilon}{dt}\sin\gamma\cos\varphi \quad \text{autour de} \quad O\zeta,$$
$$\frac{d\varepsilon}{dt}\sin\gamma\sin\varphi \quad \text{»} \quad Ox.$$

Il suit de là que l'on a

$$(2) \qquad \begin{cases} u' = \dfrac{d\gamma}{dt}\cos\varphi + \dfrac{d\varepsilon}{dt}\sin\gamma\sin\varphi, \\ s = \dfrac{d\gamma}{dt}\sin\varphi - \dfrac{d\varepsilon}{dt}\sin\gamma\cos\varphi. \end{cases}$$

La droite Ox se déplace en vertu de la rotation relative $-\frac{d\varphi}{dt}$ autour de $O\eta$ dans le plan xOV, dont tous les points possèdent en même temps la rotation $-\frac{d\varepsilon}{dt}\cos\gamma$ trouvée plus haut autour du même axe ; on a donc

$$(3) \qquad r = -\frac{d\varphi}{dt} - \frac{d\varepsilon}{dt}\cos\gamma,$$

et, en ayant égard à cette relation et aux deux précédentes, les équations (1) se réduisent, en définitive, à deux équations entre les inconnues φ et γ et la variable t.

Comme n est très-grand, que $\frac{d\gamma}{dt}$ est de l'ordre du moment de la résistance de l'air et est petit, que $\frac{d\varepsilon}{dt}$ varie lentement, on peut négliger n' devant n et réduire les équations (1) aux suivantes :

$$(4)\qquad \left\{\begin{aligned} &B\frac{dr}{dt} + Ans = \mathfrak{M},\\ &B\frac{ds}{dt} - Anr = 0.\end{aligned}\right.$$

En faisant d'abord abstraction de $\mathfrak{M}$, ces équations ont pour intégrales

$$r = P\cos\frac{A}{B}nt + P'\sin\frac{A}{B}nt,$$

$$s = P\sin\frac{A}{B}nt - P'\cos\frac{A}{B}nt,$$

P, P' étant deux constantes arbitraires; en les considérant maintenant comme des variables et substituant, on trouve

$$\frac{dP}{dt}\cos\frac{A}{B}nt + \frac{dP'}{dt}\sin\frac{A}{B}nt = \frac{\mathfrak{M}}{B},$$

$$\frac{dP}{dt}\sin\frac{A}{B}nt - \frac{dP'}{dt}\cos\frac{A}{B}nt = 0,$$

d'où

$$P = P_1 + \frac{1}{B}\int \mathfrak{M}\cos\frac{A}{B}nt\,dt,$$

$$P' = P'_1 + \frac{1}{B}\int \mathfrak{M}\sin\frac{A}{B}nt\,dt,$$

P_1 et P'_1 étant deux constantes arbitraires; on a donc

$$\begin{aligned} r = &\left(P_1 + \frac{1}{B}\int \mathfrak{M}\cos\frac{A}{B}nt\,dt\right)\cos\frac{A}{B}nt\\ &+ \left(P'_1 + \frac{1}{B}\int \mathfrak{M}\sin\frac{A}{B}nt\,dt\right)\sin\frac{A}{B}nt,\end{aligned}$$

$$\begin{aligned} s = &\left(P_1 + \frac{1}{B}\int \mathfrak{M}\cos\frac{A}{B}nt\,dt\right)\sin\frac{A}{B}nt\\ &- \left(P'_1 + \frac{1}{B}\int \mathfrak{M}\sin\frac{A}{B}nt\,dt\right)\cos\frac{A}{B}nt.\end{aligned}$$

Si r et s sont nuls pour $t=0$, comme cela a lieu dans la réalité, on a tout simplement

$$(5)\quad \begin{cases} r = \dfrac{1}{B}\left(\cos\dfrac{A}{B}nt\displaystyle\int_0^t \mathfrak{M}\cos\dfrac{A}{B}nt\,dt + \sin\dfrac{A}{B}nt\displaystyle\int_0^t \mathfrak{M}\sin\dfrac{A}{B}nt\,dt\right),\\[2ex] s = \dfrac{1}{B}\left(\sin\dfrac{A}{B}nt\displaystyle\int_0^t \mathfrak{M}\cos\dfrac{A}{B}nt\,dt - \cos\dfrac{A}{B}nt\displaystyle\int_0^t \mathfrak{M}\sin\dfrac{A}{B}nt\,dt\right). \end{cases}$$

Désignons par $\mathfrak{M}'$, $\mathfrak{M}''$,... les dérivées de $\mathfrak{M}$ par rapport au temps et posons

$$k = \frac{B}{An},\quad f(t) = \mathfrak{M} - k^2\mathfrak{M}' + k^4\mathfrak{M}'' - \ldots;$$

nous aurons

$$\mathfrak{M} = f(t) + k^2 f''(t),$$

d'où

$$\int_0^t \mathfrak{M}\cos\frac{t}{k}\,t = kf(t)\sin\frac{t}{k} + k^2 f'(t)\cos\frac{t}{k} - k^2 f'(0),$$

$$\int_0^t \mathfrak{M}\sin\frac{t}{k}\,t = -kf(t)\cos\frac{t}{k}\,t + k^2 f'(t)\sin\frac{t}{k} + kf(0),$$

et enfin

$$r = \frac{1}{B}\left[k^2 f'(t) + kf(0)\sin\frac{t}{k} - k^2 f'(0)\cos\frac{t}{k}\right],$$

$$s = \frac{1}{B}\left[kf(t) - k^2 f'(0)\sin\frac{t}{k} - kf(0)\cos\frac{t}{k}\right].$$

Si l'on ne considère le mouvement que dans son ensemble, on peut faire abstraction des termes périodiques, dont l'influence d'ailleurs sera d'autant plus petite que n sera plus grand, puisque les durées des oscillations correspondantes seront d'autant plus petites, et alors il vient tout simplement

$$r = \frac{B}{A^2 n^2} f'(t),$$

$$s = \frac{f(t)}{An}.$$

Si n est assez grand pour que $\dfrac{B^2}{A^2 n^2}$ soit négligeable devant l'unité, on a

$$(6)\qquad \begin{cases} r = 0, \\ s = \dfrac{\mathfrak{M}}{An}. \end{cases}$$

L'équation (3) devient alors

$$(7)\qquad d\varphi = -d\varepsilon \cos\gamma;$$

à la seconde des équations (2) on peut substituer la suivante :

$$(8)\qquad \frac{d \sin\gamma \sin\varphi}{dt} = s\cos\gamma = \frac{\mathfrak{M}}{An}\cos\gamma,$$

résultant de l'élimination de ε au moyen de la relation (7).

Les équations (7) et (8) ne permettront de calculer φ et γ pour une valeur déterminée de t que par approximation, en suivant la marche suivante. En premier lieu, nous remarquerons que l'on a $\varphi = 0$, $\gamma = 0$ pour $t = 0$, en mesurant le temps à partir du moment de la sortie du projectile de l'arme.

Supposons maintenant que, pour une certaine valeur t_1 de t, on connaisse celles φ_1 et γ_1 de φ et γ. Comme ces deux angles varient lentement, on pourra, pour toutes les valeurs de t comprises entre t_1 et une certaine limite $t_2 > t_1$ choisie convenablement, sauf vérification ultérieure, remplacer les formules (7) et (8) par les suivantes :

$$(9)\qquad \begin{cases} d\varphi = -d\varepsilon\cos\gamma_1, \\ \dfrac{d\sin\gamma\sin\varphi}{dt} = \dfrac{\mathfrak{M}}{An}\cos\gamma_1, \end{cases}$$

d'où, en distinguant par l'indice 2 les quantités qui se rapportent à l'époque t_2,

$$(10)\qquad \begin{cases} \varphi_2 = \varphi_1 - (\varepsilon_2 - \varepsilon_1)\cos\gamma_1, \\ \sin\gamma_2 \sin\varphi_2 = \sin\gamma_1\sin\varphi_1 + \dfrac{\cos\gamma_1}{An}\displaystyle\int_{t_1}^{t_2} \mathfrak{M}\,dt. \end{cases}$$

D'après la valeur obtenue pour γ_2, on jugera si l'excès $t_2 - t_1$ n'a pas été pris trop fort.

On pourra ainsi former une table renfermant les valeurs de γ et φ pour des valeurs de t croissantes en progression arithmétique à partir de $t = 0$ jusqu'à la durée du trajet.

Soit F la composante de la résistance de l'air perpendiculaire à la vitesse V, et qui est une fonction de cette vitesse et de φ; sa composante normale au plan de tir sera $F\sin\gamma$ et, en appelant M la masse du projectile et Δ la direction, on aura

$$M\frac{d^2\Delta}{dt^2} = F\sin\gamma, \tag{11}$$

et, par des méthodes d'approximation connues, on calculera Δ de proche en proche pour des valeurs de t croissant en progression arithmétique de zéro à la durée du trajet.

§ IV. — *Du mouvement d'un corps solide assujetti à rester constamment en contact avec un plan fixe.*

115. Ce problème dans toute sa généralité offre peu d'intérêt, car en dehors de quelques cas spéciaux que l'on peut traiter, on est arrêté immédiatement par des difficultés de calcul qui paraissent insurmontables. Nous croyons devoir toutefois indiquer les équations générales du problème.

Soient

OX, OY deux axes rectangulaires, tracés dans le plan fixe;
OZ la normale à ce plan;
X_1, Y_1, Z_1 les coordonnées du centre de gravité G du corps par rapport à ces axes;
F_X, F_Y, F_Z les composantes suivant les mêmes axes des forces extérieures transportées parallèlement à elles-mêmes en O;
x, y, z les coordonnées du point de contact A parallèles aux axes principaux Gx, Gy, Gz du centre de gravité;
N la réaction du plan;
α, β, γ les angles que forme N ou OZ avec Gx, Gy, Gz;

$$f(x, y, z) = 0 \tag{1}$$

l'équation de la surface du corps.

On a

$$\cos\alpha = \frac{1}{\Delta}\cdot\frac{df}{dx}, \quad \cos\beta = \frac{1}{\Delta}\frac{df}{dy}, \quad \cos\gamma = \frac{1}{\Delta}\frac{df}{dz}, \tag{2}$$

en posant

$$\Delta = \sqrt{\left(\frac{df}{dx}\right)^2 + \left(\frac{df}{dy}\right)^2 + \left(\frac{df}{dz}\right)^2}.$$

Le corps peut être considéré comme libre en le supposant sollicité en outre des forces extérieures par la réaction N. Si donc nous conservons les notations du n° **113**, nous aurons

$$(3)\qquad \begin{cases} M\dfrac{d^2X_1}{dt^2} = F_X, \\ M\dfrac{d^2Y_1}{dt^2} = F_Y, \end{cases}$$

$$(4)\qquad M\frac{d^2Z_1}{dt^2} = F_Z + N.$$

$$(5)\qquad \begin{cases} A\dfrac{dn}{dt} + (C-B)pq = \mathfrak{M}_x + N(y\cos\gamma - z\cos\beta), \\ B\dfrac{dp}{dt} + (A-C)nq = \mathfrak{M}_y + N(z\cos\alpha - x\cos\gamma), \\ C\dfrac{dq}{dt} + (B-A)np = \mathfrak{M}_z + N(x\cos\beta - y\cos\alpha). \end{cases}$$

En éliminant N entre les équations (4) et (5), on trouve

$$(6)\qquad \begin{cases} A\dfrac{dn}{dt} + (C-B)pq = \mathfrak{M}_x + \left(M\dfrac{d^2Z_1}{dt^2} - F_Z\right)(y\cos\gamma - z\cos\beta), \\ B\dfrac{dp}{dt} + (A-C)nq = \mathfrak{M}_y + \left(M\dfrac{d^2Z_1}{dt^2} - F_Z\right)(z\cos\alpha - x\cos\gamma), \\ C\dfrac{dq}{dt} + (B-A)np = \mathfrak{M}_z + \left(M\dfrac{d^2Z_1}{dt^2} - F_Z\right)(x\cos\beta - y\cos\alpha). \end{cases}$$

Si l'on projette la longueur GA sur OZ on a

$$(7)\qquad Z_1 = x\cos\alpha + y\cos\beta + z\cos\gamma.$$

Enfin, en se reportant aux formules (2) du n° **43** de la première Partie, on voit facilement que les angles formés par OZ avec Gx, Gy, Gz sont donnés en fonction de φ, ψ, θ par

$$(8)\qquad \cos\alpha = -\sin\theta\sin\psi,\quad \cos\beta = \sin\theta\cos\psi,\quad \cos\gamma = \cos\theta,$$

d'où,

$$(9) \qquad \frac{\frac{df}{dx}}{\frac{df}{dz}} = -\operatorname{tang}\theta \sin\psi, \qquad \frac{\frac{df}{dy}}{\frac{df}{dz}} = \operatorname{tang}\theta \cos\psi.$$

Nous connaissons d'ailleurs les expressions de n, p, q en fonction de φ, ψ et θ (¹).

Nous avons donc en résumé neuf équations suffisantes (1), (3), (6), (7) et (9) pour déterminer les inconnues X_1, Y_1, Z_1, x, y, z, φ, ψ, θ en fonction du temps.

Dans certaines circonstances, il pourra être avantageux de remplacer l'une de ces équations par celle des forces vives (²) ou par celle des moments par rapport à la perpendiculaire Gu au plan fixe mené par le centre de gravité, c'est-à-dire par

$$\frac{d}{dt}(An\cos\alpha + Bp\cos\beta + Cq\cos\gamma) = \mathfrak{M}_u.$$

Nous en resterons à ces généralités pour arriver aux deux questions suivantes auxquelles s'applique la méthode du n° 110.

116. *Mouvement d'un corps pesant de révolution assujetti à glisser par un point de son axe sur un plan horizontal.* — Conservons les notations du numéro précité en supposant que les axes coordonnés aient été transportés parallèlement au centre de gravité G du solide.

Soient (*fig.* 58, p. 356)

O le point d'appui;
l la longeur OG.

Comme dans le cas actuel $\mathfrak{M}_x = 0$, la rotation n restera constante pendant toute la durée du mouvement, et il en est de même de la composante horizontale de la vitesse du centre

---

(¹) Formules (3) du n° 113.
(²) Formule (4) du même numéro.

de gravité, qui disparaît ainsi que n dans l'équation des forces vives, la composante verticale de la vitesse du centre de gravité étant $\frac{d(l\cos\theta)}{dt} = -lr\sin\theta$.

Le principe des forces vives donne

$$(1)\quad B(r^2+s^2-r_0^2-s_0^2)+Ml^2(r^2\sin^2\theta-r_0^2\sin^2\theta_0)=2Mgl(\cos\theta_0-\cos\theta).$$

Le moment des quantités de mouvement rotatoires autour de G, estimé par rapport à la verticale, étant constant, on a l'équation

$$(2)\qquad An\cos\theta+Bs\sin\theta=An\cos\theta_0+Bs_0\sin\theta_0.$$

Des équations (1) et (2) on déduit

$$(3)\qquad s=\frac{An(\cos\theta_0-\cos\theta)+Bs_0\sin\theta_0}{B\sin\theta},$$

$$(4)\quad r=\pm\sqrt{\frac{2Mgl(\cos\theta-\cos\theta_0)+K-\frac{[An(\cos\theta-\cos\theta_0)+Br_0\sin\theta_0]^2}{B\sin^2\theta}}{B+Ml^2\sin^2\theta}},$$

en posant, pour abréger,

$$K=Ml^2r_0^2\sin^2\theta_0+B(r_0^2+s_0^2).$$

Ces formules, analogues aux formules (3) et (4) du n° **110**, conduisent aux mêmes conséquences, et donnent l'explication des différentes phases du mouvement de la toupie.

Le point O décrira, par rapport au centre de gravité et en projection horizontale, une courbe ondulée, limitée aux circonférences ayant pour diamètres $l\sin\theta_1$, $l\sin\theta_2$, θ_1 et θ_2 étant les valeurs extrêmes de θ; le rayon vecteur de cette courbe étant exprimé par $\rho=l\sin\theta$, l'angle φ qu'il forme avec une horizontale passant par le point G et mobile avec lui se déduira de la relation [n° **110**, formule (6)]

$$\frac{d\varphi}{dt}=\frac{s}{\sin\theta}.$$

L'angle V formé par la tangente à la courbe avec le rayon

vecteur sera, par suite, donné par

$$\operatorname{tang} V = \frac{s}{\frac{d\theta}{dt}\cos\theta} = \frac{s}{r\cos\theta}.$$

On voit ainsi que la courbe sera en général tangente aux deux circonférences extrêmes. Cependant, si pour l'une des valeurs θ_1, θ_2, s est nul, la courbe pourra être normale au cercle correspondant. C'est ce qui arrivera notamment pour le cercle intérieur, lorsque r_0 et s_0 seront nuls.

117. *Mouvement d'un corps pesant de révolution sur un plan horizontal.* — Dans la *fig.* 60 qui se rapporte à la question actuelle, les mêmes lettres ont la même signification que

Fig. 60.

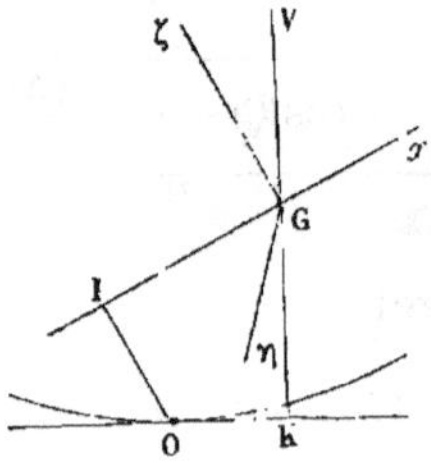

dans celle qui est relative au problème précédent, dont nous conservons d'ailleurs les notations.

Soient, de plus, $x = -\mathrm{GI}$, $\zeta = -\mathrm{OI}$ les coordonnées du point de contact O parallèles à Gx et Gζ, K l'intersection de la direction de GV avec le plan horizontal,

$$f(x, \zeta) = 0 \tag{1}$$

l'équation de la courbe méridienne du solide. Pour exprimer que la tangente en O est horizontale, on a la relation

$$\cot\theta = -\frac{d\zeta}{dx} = \frac{\frac{df}{dx}}{\frac{df}{d\xi}}, \tag{2}$$

qui, avec la précédente, permettra de déterminer x et ζ en fonction de θ.

La rotation n et la vitesse horizontale de G restent constantes, et disparaissent dans l'équation des forces vives, et l'on a, comme plus haut,

$$(3) \qquad A n \cos\theta + B s \sin\theta = A n_0 \cos\theta_0 + B s_0 \sin\theta_0.$$

La vitesse de G est la résultante de celle du point O et de la vitesse relative de ce point par rapport au centre de gravité prise en sens contraire. Comme la vitesse verticale absolue de O est nulle, celle de G est égale et opposée à la composante suivant la même direction de la vitesse relative du point de contact, dans l'expression de laquelle n et s n'entrent pas.

La vitesse verticale relative de O a pour expression

$$r.\mathrm{OK} = r(-x\sin\theta + \zeta\cos\theta),$$

et comme on a

$$\mathrm{GK} = -(x\cos\theta + \zeta\sin\theta),$$

le principe des forces vives donne

$$(4) \quad \left\{ \begin{aligned} & B(r^2+s^2-r_0^2-s_0^2) + M[r^2(\zeta\cos\theta - x\sin\theta)^2 - r_0^2(\zeta_0\cos\theta_0 - x_0\sin\theta_0)^2] \\ & \quad = 2Mg[-(x\cos\theta+\zeta\sin\theta) + x_0\cos\theta_0 + \zeta_0\sin\theta_0]. \end{aligned} \right.$$

Des équations (3) et (4) on tire

$$(5) \quad \left\{ \begin{aligned} s &= \frac{An(\cos\theta_0 - \cos\theta) + Bs_0\sin\theta_0}{B\sin\theta}, \\ r &= \sqrt{\frac{2Mg[-(x\cos\theta+\zeta\sin\theta)+a] + b + \dfrac{[An(\cos\theta_0-\cos\theta)+Bs_0\sin\theta_0]^2}{B\sin^2\theta}}{B + M(x\sin\theta - \zeta\cos\theta)^2}}, \end{aligned} \right.$$

en posant

$$a = x_0\cos\theta_0 + \zeta_0\sin\theta_0, \quad b = B(r_0^2+s_0^2) + Mr_0^2(\zeta_0\cos\theta_0 - x_0\sin\theta_0)^2.$$

Nous supposerons que, dans les formules (5), on a remplacé x et ζ par leurs valeurs en fonction de θ, déterminées conformément à ce que l'on a vu plus haut.

Il résulte de la discussion des valeurs de s et r que l'axe Gx oscillera en général dans le plan mobile VGx de part et d'autre de sa position initiale, sans passer par la verticale, et l'on déterminera les deux limites de θ en cherchant les valeurs de cet angle qui annulent la fonction sous le radical, et en choisissant celles qui, comprenant l'angle θ_0, en diffèrent le moins. Pour les mêmes valeurs de θ dans les demi-oscillations de sens contraire, s conservera la même valeur et le même signe; r tout en conservant la même valeur changera de signe.

On reconnaîtra de la même manière que dans le problème du n° **110** que, toutes choses égales d'ailleurs, plus n sera grand, plus les écarts de l'axe de révolution seront petits.

Dans le cas où

$$An\cos\theta_0 + Bs_0\sin\theta_0 = An,$$

on a

$$(5) \qquad s_0 = \frac{An}{B}\operatorname{tang}\frac{\theta_0}{2}, \qquad s = \frac{An}{B}\operatorname{tang}\frac{\theta}{2};$$

$$(6) \quad r = \pm\sqrt{\frac{2Mg(-x\cos\theta - \zeta\sin\theta + x_0\cos\theta_0 + \zeta_0\sin\theta_0) + C - \dfrac{A^2n^2}{B}\left(\operatorname{tang}^2\dfrac{\theta}{2} - \operatorname{tang}^2\dfrac{\theta_0}{2}\right)}{B + M(\zeta\cos\theta - x\sin\theta)^2}}$$

en posant

$$C = Br_0^2 + Mr_0^2(\zeta_0\cos\theta_0 - x_0\sin\theta_0)^2,$$

et il pourra se faire dans ce cas que Gx passe par la verticale.

Ces considérations théoriques ne se trouvent justifiées par l'expérience qu'autant que les surfaces en contact sont suffisamment polies pour que le frottement soit insensible; car autrement le solide, tout en oscillant, se relève rapidement jusqu'au moment où il repose sur l'une des extrémités de son axe de révolution autour duquel la rotation est stable.

NOTE I.

ÉQUATIONS DU MOUVEMENT D'UN CORPS SOLIDE AUTOUR D'UN POINT FIXE RAPPORTÉ A TROIS AXES MOBILES AUTOUR DE CE POINT.

Soient

Ox', Oy', Oz' les axes mobiles;
n', p', q' les projections de la rotation du corps sur les axes;
n'', p'', q'' les projections semblables de la rotation des trois axes;
x', y', z' les coordonnées d'un point quelconque m du corps.

Le mouvement relatif du corps est dû évidemment à la rotation dont les composantes sont $n'-n''$, $p'-p''$, $q'-q''$, et l'on a, pour les composantes de la vitesse relative du point m,

$$(1)\quad \left\{\begin{aligned} \frac{dx'}{dt} &= (p'-p'')z' - (q'-q'')y', \\ \frac{dy'}{dt} &= (q'-q'')x' - (n'-n'')z', \\ \frac{dz'}{dt} &= (n'-n'')y' - (p'-p'')x'. \end{aligned}\right.$$

Les composantes de la vitesse absolue V du point m sont

$$(2)\quad \left\{\begin{aligned} V_{x'} &= p'z' - q'y', \\ V_{y'} &= q'x' - n'z', \\ V_{z'} &= n'y' - p'x'. \end{aligned}\right.$$

Soient

$OP = P$, $O\mathfrak{M} = \mathfrak{M}$ les axes des moments des quantités de mouvement des éléments du corps et des forces extérieures agissant sur ce corps par rapport au point O;
P_u, $\mathfrak{M}_u$ leurs projections sur un axe quelconque Ou.

On a

$$(3)\quad \left\{\begin{aligned} P_{x'} &= \Sigma m(y'V_{z'} - z'V_{y'}) = n'\Sigma m(y'^2+z'^2) - p'\Sigma m x'y' - q'\Sigma m x'z', \\ P_{y'} &= \ldots\ldots\ldots\ldots\ldots\ldots\ldots\ldots\ldots\ldots, \\ P_{z'} &= \ldots\ldots\ldots\ldots\ldots\ldots\ldots\ldots\ldots\ldots \end{aligned}\right.$$

Posant, pour abréger,

$$A' = \Sigma m(y'^2+z'^2),\quad B' = \Sigma m(x'^2+z'^2),\quad C' = \Sigma m(x'^2+y'^2),$$

il vient

$$(4)\quad \left\{\begin{aligned}
\frac{dP_{x'}}{dt} &= A'\frac{dn'}{dt} + p'(q'-q'')(A'-B') + q'(p'-p'')(C'-A') \\
&\quad + \left[-\frac{dp'}{dt} - q'(n'-n'') + 2n'(q'-q'')\right]\Sigma m x'y' \\
&\quad + \left[-\frac{dq'}{dt} + p'(n'-n'') - 2n'(p'-p'')\right]\Sigma m x'z' \\
&\quad + [q'(q'-q'') - p'(p'-p'')]\,\Sigma m z'y', \\
\frac{dP_{y'}}{dt} &= \ldots\ldots\ldots\ldots\ldots\ldots\ldots\ldots, \\
\frac{dP_{z'}}{dt} &= \ldots\ldots\ldots\ldots\ldots\ldots\ldots\ldots
\end{aligned}\right.$$

Or $O\mathfrak{M}$ n'est autre chose que la vitesse du point P considéré comme mobile, et dont la vitesse relative suivant Ox serait $\frac{dP_x}{dt}$; de sorte que

$$\begin{aligned}
\mathfrak{M}_{x'} &= \frac{dP_{x'}}{dt} + p''P_{z'} - q''P_{y'}, \\
\mathfrak{M}_{y'} &= \ldots\ldots\ldots\ldots\ldots, \\
\mathfrak{M}_{z'} &= \ldots\ldots\ldots\ldots\ldots,
\end{aligned}$$

et, en substituant dans ces relations les valeurs (3) et (4), on trouve

$$(5)\quad \left\{\begin{aligned}
&A'\frac{dn'}{dt} + C'p''q' - B'p'q'' + p'(q'-q'')(A'-B') \\
&\qquad + q'(p'-p'')(C'-A') \\
&\qquad + \left(-\frac{dp'}{dt} + n'q' + q'n'' - n'q''\right)\Sigma m x'y' \\
&\qquad + \left(-\frac{dq'}{dt} - n'p' + n'p'' - p'n''\right)\Sigma m x'z' \\
&\qquad + (q'^2 - p'^2)\,\Sigma m y'z' = \mathfrak{M}_{x'}, \\
&B'\frac{dp'}{dt} + \ldots\ldots\ldots\ldots\ldots\ldots = \mathfrak{M}_{y'}, \\
&C'\frac{dq'}{dt} + \ldots\ldots\ldots\ldots\ldots\ldots = \mathfrak{M}_{z'}.
\end{aligned}\right.$$

Soient

Ox, Oy, Oz les trois axes principaux d'inertie du corps;
A, B, C les moments correspondants;
φ, ψ les angles que forme la trace de xOy sur $y'Oy'$ avec Ox', Ox;
θ l'angle de Oz avec Oz'.

On sait que

$$
\begin{aligned}
\cos(x, x') &= \cos\varphi \cos\psi + \sin\varphi \sin\psi \cos\theta,\\
\cos(y, x') &= \cos\varphi \sin\psi - \sin\varphi \cos\psi \cos\theta,\\
\cos(z, x') &= \sin\varphi \sin\theta,\\
\cos(x, y') &= \sin\varphi \cos\psi - \cos\varphi \sin\psi \cos\theta,\\
\cos(y, y') &= \sin\varphi \sin\psi + \cos\varphi \cos\psi \cos\theta,\\
\cos(z, y') &= -\cos\varphi \sin\theta,\\
\cos(x, z') &= -\sin\psi \sin\theta,\\
\cos(y, z') &= \cos\psi \sin\theta,\\
\cos(z, z') &= \cos\theta.
\end{aligned}
$$

On a, de plus, d'après une propriété connue des moments d'inertie,

$$
(6)\qquad \left\{
\begin{aligned}
A' &= A\cos^2(x, x') + B\cos^2(y, x') + C\cos^2(z, x'),\\
B' &= A\cos^2(x, y') + B\cos^2(y, y') + C\cos^2(z, y'),\\
C' &= A\cos^2(x, z') + B\cos^2(y, z') + C\cos^2(z, z'),
\end{aligned}\right.
$$

et l'on reconnaît sans peine que

$$
(7)\qquad \left\{
\begin{aligned}
\Sigma m x'y' = &- A\cos(x, x')\cos(x, y') - B\cos(y, x')\cos(y, y')\\
&- C\cos(z, x')\cos(z, y'),\\
&\ldots\ldots\ldots\ldots\ldots\ldots\ldots\ldots\ldots\ldots\ldots\ldots
\end{aligned}\right.
$$

La variation des angles θ, φ, ψ est due à la rotation relative dont les composantes sont $n' - n''$, $p' - p''$, $q' - q''$; en appelant r et s les composantes de la même rotation, suivant la trace des plans xOy, $x'Oy'$, et sa perpendiculaire dans le premier de ces plans, on a, en se reportant au n° 43 de la première Partie,

$$
r = \frac{d\theta}{dt}, \quad s = \frac{d\varphi}{dt}\sin\theta, \quad (q' - q'') = -\frac{d\psi}{dt} + \frac{d\varphi}{dt}\cos\theta
$$

et

$$
\begin{aligned}
r &= (n' - n'')\cos\varphi + (p' - p'')\sin\varphi,\\
s &= -(n' - n'')\sin\psi + (p' - p'')\cos\psi;
\end{aligned}
$$

ce qui établit les relations qui doivent exister entre les rotations et les angles coordonnés.

NOTE II.

FORMULES RELATIVES AU MOUVEMENT DES PROJECTILES OBLONGS DANS UN MILIEU RÉSISTANT.

Hypothèse d'une résistance élémentaire proportionnelle à une puissance de la vitesse normale. — En nous reportant au n° 114, nous supposerons que $f(w)$ est de la forme w^μ, μ étant une constante, et, comme nous l'avons vu, on peut faire abstraction de la rotation des projectiles oblongs autour de leur axe dans la détermination de la résistance de l'air.

Soient (*fig.* 61)

Fig. 61.

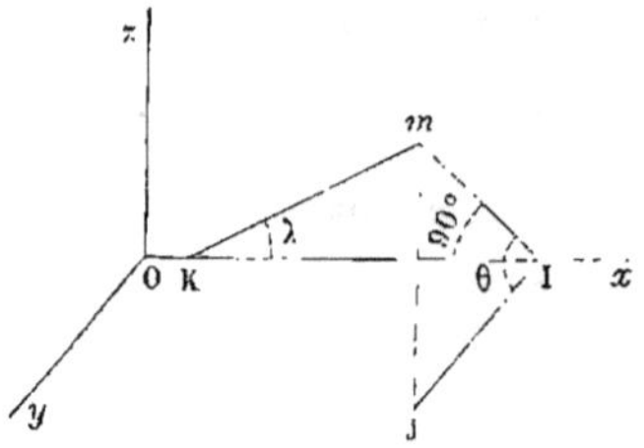

O un point déterminé de l'axe Ox du projectile pris pour origine, et dont nous désignerons la vitesse par v.

Oy, Oz deux autres axes formant avec le précédent un système orthogonal;

p, q les composantes de la rotation instantanée du projectile suivant Oy, Oz, considérées comme positives ou négatives selon qu'elles ont lieu de la gauche vers la droite, ou inversement pour l'observateur ayant les pieds en O;

φ, β, γ les angles formés avec Ox, Oy, Oz par la direction de la vitesse v;

x, y, z les coordonnées d'un point m de la surface;

$m\mathrm{I} = r$ la distance de ce point à Ox;

θ l'angle $m\mathrm{IJ}$ formé par le plan $\mathrm{OI}m$ avec le plan xOy;

λ l'inclinaison de la normale $m\mathrm{K}$ sur Ox.

Nous choisirons la partie positive de Ox de manière que l'on ait $\varphi < 90°$. On a

$$y = r\cos\theta, \quad z = r\sin\theta.$$

Les composantes de la vitesse U du point m, suivant les trois axes, sont

$$U_x = v\cos\varphi + pz - qy = v\cos\varphi + r(p\sin\theta - q\cos\theta),$$
$$U_y = v\cos\beta + qx,$$
$$U_z = v\cos\gamma - px.$$

La vitesse normale w à la surface du corps a, par suite, pour expression

$$\text{(A)} \quad \left\{ \begin{aligned} w &= U_x\cos\lambda + (U_y\cos\theta + U_z\sin\theta)\sin\lambda \\ &= v[\cos\varphi\cos\lambda + (\cos\beta\cos\theta + \cos\gamma\sin\theta)\sin\lambda] \\ &\qquad + (q\cos\theta - p\sin\theta)(x\sin\lambda - r\cos\lambda). \end{aligned} \right.$$

Les composantes de la pression exercée sur l'élément superficiel $d\omega$ en m sont

$$\text{(B)} \quad \left\{ \begin{aligned} dX &= -k w^\mu \cos\lambda\, d\omega, \\ dY &= -k w^\mu \sin\lambda\cos\theta\, d\omega, \\ dZ &= -k w^\mu \sin\lambda\sin\theta\, d\omega. \end{aligned} \right.$$

Les moments par rapport à Oy et Oz de cette pression ont pour expressions

$$\text{(C)} \quad \left\{ \begin{aligned} d\mathfrak{M}_y &= z\,dX - x\,dZ = \quad k w^\mu (x\sin\lambda - r\cos\lambda)\sin\theta\, d\omega, \\ d\mathfrak{M}_z &= x\,dY - y\,dX = -k w^\mu (x\sin\lambda - r\cos\lambda)\cos\theta\, d\omega. \end{aligned} \right.$$

On intégrera les équations (B) et (C) par rapport à θ, les limites des intégrales étant données, conformément à ce que nous avons dit au n° **114**, par

$$\text{(D)} \qquad w = 0,$$

et en prenant

$$\text{(E)} \qquad d\omega = ds\, r\, d\theta,$$

ds étant l'élément d'arc de la courbe méridienne.

Supposons maintenant que les vitesses dues aux rotations p et q soient assez petites par rapport à v pour qu'on puisse les négliger, ce qui revient à considérer le cas où le corps est animé d'une simple translation, et faisons passer le plan xOy par la direction de la vitesse v. Nous aurons $\gamma = 90°$, $\beta = 90° - \varphi$ et, en raison de la symétrie, $Z = 0$, $\mathfrak{M}_y = 0$, puis

$$(1) \qquad w = v(\cos\varphi\cos\lambda + \sin\varphi\sin\lambda\cos\theta).$$

Résultats de l'expérience. — En discutant les résultats obtenus par la commission de tir de Metz (1857), le général Didion est arrivé à représenter très-exactement la résistance Q opposée par l'air au mouvement des projectiles sphériques par la formule

$$(a)\qquad Q = 0,027\pi R^2 v^2 (1 + 0,0023 v)$$

entre les limites 300 mètres et 650 mètres de la vitesse v, R étant le rayon du projectile.

Plus tard, on a reconnu que la formule plus simple

$$Q = \nu\pi R^2 v^{2,88}$$

pouvait être avantageusement substituée à la précédente, ν étant une constante; mais on prend maintenant, pour simplifier,

$$(b)\qquad Q = \nu\pi R^2 v^3.$$

De la comparaison entre les formules (a) et (b), on déduit

$$\nu = 0,027\left(\frac{1}{v} + 0,0023\right),$$

et, en supposant successivement $v = 650^m$, $v = 300^m$, on a, pour les limites entre lesquelles ν est compris,

$$\nu = 0,0001026, \quad \nu = 0,0001512.$$

Nous adopterons la valeur $\nu = 0,00014$ correspondant à une vitesse de 346 mètres, qui est à peu près la moyenne des vitesses initiales dans les armes rayées, fusils et canons. Nous poserons, en conséquence,

$$(c)\qquad Q = 0,00014\pi R^2 v^3.$$

Hypothèse de $\mu = 3$. — On a

$$(2)\quad \left\{\begin{aligned} w^3 = v^3(&\cos^3\varphi\cos^3\lambda + 3\cos^2\varphi\sin\varphi\cos^2\lambda\sin\lambda\cos\theta \\ &+ 3\cos\varphi\sin^2\varphi\cos\lambda\sin^2\lambda\cos^2\theta + \sin^3\varphi\sin^3\lambda\cos^3\theta),\end{aligned}\right.$$

$$(3)\quad \left\{\begin{aligned} dX &= -k w^3\cos\lambda\, d\omega, \\ dY &= -k w^3\sin\lambda\cos\theta\, d\omega,\end{aligned}\right.$$

$$(4)\qquad d\mathfrak{M}_z = -k w^3 (x\sin\lambda - r\cos\lambda)\cos\theta\, d\omega.$$

1° *Cas d'une sphère.* — Supposons que O soit le centre de la sphère. R son rayon, et Ox la direction de la vitesse; on a

$$\varphi = 0, \quad \mathfrak{M}_z = 0,$$

$$d\omega = R^2\sin\lambda\, d\lambda\, d\theta, \quad dX = -k R^2 v^3 \cos^4\lambda\sin\lambda\, d\lambda\, d\theta,$$

et en intégrant de o à $\frac{\pi}{2}$ relativement à λ, et de o à 2π pour θ,

$$X = -\frac{2}{5} k\pi R^2 v^3.$$

En comparant cette formule avec la formule (c), après y avoir remplacé Q par $-X$, on voit que

$$\frac{2}{5} k = 0{,}00014,$$

d'où

$$k = 0{,}00035,$$

et le coefficient de la résistance de l'air se trouve ainsi déterminé numériquement.

2° *Cas d'un cylindre à base circulaire.* — Appelons R le rayon de la surface du cylindre; on a

$$r = R, \quad \lambda = 90°,$$

$$w = v \sin\varphi \cos\theta, \quad d\omega = R\, d\theta\, dx,$$

$$dX = 0, \quad \text{d'où} \quad X = 0.$$

En intégrant par rapport à x, appelant l la longueur du cylindre, et supposant que le point O se trouve à l'une des extrémités de cette longueur, on trouve

$$dY = -kv^3 \sin^3\varphi\, R\, l \cos^4\theta\, d\theta,$$

$$d\mathfrak{M}_z = \frac{l}{2} dY.$$

Comme $w = 0$ pour $\cos\theta = 0$, il faut intégrer entre les limites $-\frac{\pi}{2}$ et $\frac{\pi}{2}$, ce qui donne

$$(5) \quad \left\{ \begin{aligned} X &= 0, \\ Y &= -\frac{3}{8} k\pi R\, l v^3 \sin^3\varphi, \\ \mathfrak{M}_z &= Y\frac{l}{2} = -\frac{3}{16} k\pi R\, l^2 v^3 \sin^3\varphi. \end{aligned} \right.$$

Il suit de là que *la résistance éprouvée par la surface latérale du cylindre se réduit à une force unique appliquée au milieu de l'axe, proportionnelle au cube de la vitesse normale, parallèle à cette vitesse, mais de sens contraire, et enfin proportionnelle à la surface du cylindre.*

3° *Cas d'un tronc de cône.* — Plaçons l'origine au centre de la grande base, dont nous désignerons par R le rayon, et soient $i = 90° - \lambda$, h la demi-ouverture du cône et la hauteur du tronc de cône. On a

$$r = R - x \operatorname{tang} i,$$

et, comme on peut prendre

$$d\omega = r\,d\theta \frac{dx}{\cos i} = (R - x \operatorname{tang} i)\frac{d\theta\,dx}{\cos i},$$

il vient

$$dX = -k w^3 \operatorname{tang} i (R - x \operatorname{tang} i)\,d\theta\,dx,$$
$$dY = -k w^3 (R - x \operatorname{tang} i)\cos\theta\,d\theta\,dx,$$
$$d\mathfrak{M}_z = -k w^3 [-R^2 \operatorname{tang} i - x^2 \operatorname{tang} i (1 + \operatorname{tang}^2 i) + R x (1 + 2 \operatorname{tang}^2 i)] \cos\theta\,d\theta\,dx,$$

puis, en intégrant de o à h par rapport à x et désignant par R_0 le rayon de la petite base,

$$dX = -k \frac{w^3}{2}(R^2 - R_0^2)\,d\theta,$$
$$dY = -k \frac{w^3 h}{2}(R + R_0)\cos\theta\,d\theta,$$
$$d\mathfrak{M}_z = -k \frac{w^3}{3}\left[\frac{h^2}{2}(R + 2R_0) - (R^2 + R_0^2 + RR_0)(R - R_0)\right]\cos\theta\,d\theta.$$

La vitesse normale

$$w = v(\cos\varphi \sin i + \sin\varphi \cos i \cos\theta)$$

s'annulera pour les valeurs de θ données par l'équation

$$\cos\theta = -\frac{\operatorname{tang} i}{\operatorname{tang}\varphi}, \tag{6}$$

dont les racines ne seront réelles que si $i < \varphi$, et alors, en appelant θ_0 la racine inférieure à 180 degrés, on devra intégrer entre $-\theta_0$ et θ_0. Si $i > \varphi$, il n'y aura aucun point de la surface pour lequel w sera nul, et l'on devra intégrer entre o et 2π, ou supposer $\theta_0 = \pi$ dans les formules relatives au cas précédent que nous avons donc seulement à considérer.

Nous avons

$$w^3 = v^3(\cos^3\varphi \sin^3 i + 3\cos^2\varphi \sin\varphi \sin^2 i \cos i \cos\theta + 3\cos\varphi \sin^2\varphi \sin i \cos^2 i \cos^2\theta + \sin^3\varphi \cos^3 i \cos^3\theta),$$

puis

$$(7)\quad \begin{cases} X = -kv^3(R^2 - R_0^2)\Big\{\theta_0 \cos\varphi \sin i\left(\cos^2\varphi \sin^2 i + \dfrac{3}{2}\sin^2\varphi\cos^2 i\right) \\ \qquad + \sin\theta_0 \sin\varphi\cos i\Big[3\cos^2\varphi\sin^2 i + \dfrac{3}{2}\cos\varphi\sin\varphi\sin i\cos i\cos\theta_0 \\ \qquad\qquad + \dfrac{\sin^2\varphi\cos^2 i}{3}(\cos^2\theta_0 + 2)\Big]\Big\}, \\ Y = -kv^3 h(R + R_0)\Big\{\dfrac{3}{2}\theta_0 \sin\varphi\cos i\left(\dfrac{1}{4}\sin^2\varphi\cos^2 i + \cos^2\varphi\sin^2 i\right) \\ \qquad + \sin\theta_0\Big[\cos^3\varphi\sin^3 i + \dfrac{3}{2}\cos^2\varphi\sin\varphi\sin^2 i\cos i\cos\theta_0 \\ \qquad\qquad + \cos\varphi\sin^2\varphi\sin i\cos^2 i(\cos^2\theta_0 + 2) \\ \qquad\qquad + \dfrac{1}{4}\sin^3\varphi\cos^3 i\left(\cos^2\theta_0 + \dfrac{3}{2}\right)\cos\theta_0\Big]\Big\}, \\ \mathfrak{M}_z = LY, \end{cases}$$

en posant

$$(8)\qquad L = \frac{1}{3}\,\frac{(R + 2R_0)h^2 - 2(R^2 + R_0^2 + RR_0)(R - R_0)}{(R + R_0)h}.$$

On voit ainsi que Y rencontre l'axe Ox en un point défini par l'abscisse L, et qui est indépendant de la grandeur et de l'orientation de la vitesse. Il suit de là que *la résistance éprouvée par la surface latérale du tronc de cône se réduit à une force unique, qui coupe l'axe en un point indépendant de la grandeur et de la direction de la vitesse.*

Si $i > \varphi$, d'après ce que l'on a vu plus haut, il faut supposer $\theta_0 = \pi$ et l'on a

$$(7')\quad \begin{cases} X = -kv^3\pi(R^2 - R_0^2)\cos\varphi\sin i\left(\cos^2\varphi\sin^2 i + \dfrac{3}{2}\sin^2\varphi\cos^2 i\right), \\ Y = -\dfrac{3}{2}kv^3 h\pi(R + R_0)\sin\varphi\cos i\left(\dfrac{1}{4}\sin^2\varphi\cos^2 i + \cos^2\varphi\sin^2 i\right). \end{cases}$$

Dans le cas contraire, les deux premières équations (7) deviennent, par l'élimination de $\cos\theta$ au moyen de la relation (6),

$$(7'')\quad \begin{cases} X = -kv^3(R^2 - R_0^2)\Big[\theta_0\cos\varphi\sin i\left(\cos^2\varphi\sin^2 i + \dfrac{3}{2}\sin^2\varphi\cos^2 i\right) \\ \qquad + \dfrac{1}{6}\sin\theta_0\sin\varphi\cos i(11\cos^2\varphi\sin^2 i + 4\sin^2\varphi\cos^2 i)\Big], \\ Y = -kv^3 h(R + R_0)\Big[\dfrac{3}{2}\theta_0\sin\varphi\cos i\left(\dfrac{1}{4}\sin^2\varphi\cos^2 i + \cos^2\varphi\sin^2 i\right) \\ \qquad + \dfrac{1}{8}\sin\theta_0\cos\varphi\sin i(2\cos^2\varphi\sin^2 i + 13\sin^2\varphi\cos^2 i)\Big]. \end{cases}$$

Si l'on considère un projectile oblong, aux éléments fournis par les équations (5) et (7), il faudra joindre la résistance opposée à l'une ou l'autre des extrémités du projectile selon les cas, c'est-à-dire

$$(7''') \qquad X = -k\pi R_0^2 v^3 \cos^3\varphi \quad \text{ou} \quad X = -k\pi R^2 v^3 \cos^3\varphi.$$

Moment par rapport au centre de gravité de la résistance de l'air sur un projectile oblong plein homogène. Résistance totale. — On peut sans grande erreur remplacer la partie ogivale par le tronc de cône inscrit.

Soient (*fig.* 62)

Fig. 62.

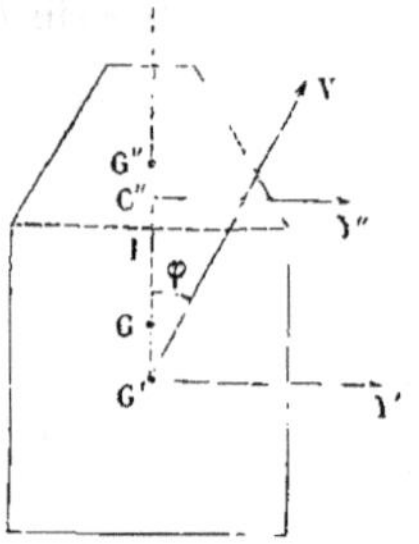

G', G'' les centres de gravité du cylindre et du tronc de cône;
G celui du solide total;
I le centre de la grande base du tronc de cône;
C'' le point où la résistance de l'air sur ce tronc rencontre l'axe.

Conservons les notations précédentes en accentuant respectivement une fois et deux fois les Y et $\mathfrak{M}_z$ qui se rapportent au cylindre et au tronc de cône.

On a, d'après un théorème connu (47), pour déterminer la position de G'',

$$G''I = \frac{h}{4}\,\frac{R^2 + 3R_0^2 + 2RR_0}{R^2 + R_0^2 + RR_0},$$

puis

$$GG'\pi R^2 l = \pi\frac{h}{3}(R^2 + R_0^2 + RR_0)GG'',$$

ou

$$\left(\frac{l}{2} - GI\right)R^2 l = \frac{h}{3}(R + R_0^2 + RR_0)(G''I + IG),$$

d'où

$$GI = \frac{\dfrac{R^2 l^2}{2} - \dfrac{h^2}{12}(R^2 + 3R_0^2 + 2RR_0)}{R^2 l + \dfrac{h}{3}(R^2 + R_0^2 + RR_0)},$$

et la position de G se trouve ainsi déterminée.

Le moment cherché sera

$$(9)\qquad \mathfrak{M} = Y''(IC'' + IG) - Y'\left(\frac{l}{2} - GI\right) = GI(Y' + Y'') - \mathfrak{M}'_z + \mathfrak{M}''_z.$$

En ce qui concerne le tronc de cône, nous remarquerons que, comme l'angle θ_0, lorsqu'il est réel, est supérieur à 90 degrés, la valeur de Y'' donnée par la seconde formule ($7''$) ne doit pas différer beaucoup de la valeur plus simple fournie par la seconde formule ($7'$) applicable au cas où θ_0 est imaginaire; nous n'introduirons donc, dans tous les cas, que cette dernière valeur dans l'expression (9), qui devient

$$(10)\qquad \mathfrak{M} = Q\rho^3 \sin^3\varphi + Q'\rho^3 \sin\varphi \cos^2\varphi,$$

en posant

$$(11)\quad \left\{\begin{aligned} \frac{Q}{\pi k} &= -\frac{3}{16}\,\frac{R^2l^2 - \frac{h^2}{6}(R^2 + 3R_0^2 + 2RR_0)}{R^2 l + \frac{h}{3}(R^2 + R_0^2 + RR_0)}\,(Rl + h(R + R_0)\cos^3 i) \\ &\quad + \frac{3}{16}Rl^2 - \frac{1}{8}\cos^3 i\,[(R + 2R_0)h^2 - 2(R^2 + R_0^2 + RR_0)(R - R_0)], \\ \frac{Q'}{\pi k} &= -\frac{\sin^2 i \cos i}{2}\left[\frac{3}{2}h(R + R_0)\,\frac{R^2l^2 - \frac{h^2}{6}(R^2 + 3R_0^2 + 2RR_0)}{R^2 l + \frac{h}{3}(R^2 + R_0^2 + RR_0)}\right. \\ &\quad \left. + [(R + 2R_0)h^2 - 2(R^2 + R_0^2 + RR_0)(R - R_0)]\right]. \end{aligned}\right.$$

Mais en général $\frac{R_0}{R}$ est une très-petite fraction que l'on peut sans inconvénient négliger devant l'unité, de sorte qu'on prendra tout simplement

$$(10')\quad \left\{\begin{aligned} \frac{Q}{\pi k} &= \frac{1}{16}\,\frac{Rlh}{l + \frac{h}{3}}\left(l + \frac{h}{2}\right) - \frac{\cos^3 i}{16}\left[2R(h^2 - 2R^2) + \frac{3Rh\left(l^2 - \frac{h^2}{6}\right)}{l + \frac{h}{3}}\right], \\ \frac{Q'}{\pi k} &= -\sin^2 i \cos i\,\frac{R}{2}\left[\frac{\frac{3}{2}h\left(l^2 - \frac{h^2}{6}\right)}{l + \frac{h}{3}} + h^2 - 2R^2\right]. \end{aligned}\right.$$

Composantes de la résistance de l'air, normale et parallèle à la direction de la vitesse de translation. — Soient

F et F′ ces composantes;
X_1, Y_1 celles qui sont parallèles à Ox et Oy,

on a

$$F = X_1 \sin\varphi - Y_1 \cos\varphi,$$
$$F' = X_1 \cos\varphi + Y_1 \sin\varphi.$$

Nous remplacerons, dans ces formules, X_1 et Y_1 par les sommes des valeurs de X, Y données par les équations (5) et (7′); en continuant à négliger R_0 devant R, ce qui suppose $R\cos i = h \sin i$, et posant

$$(12)\quad \begin{cases} \alpha = \dfrac{3}{2} k\pi R \left(\dfrac{l}{4} - R\cos^2 i \sin i + \dfrac{1}{4} h \cos^3 i\right) \\ \quad = \dfrac{3}{8} k\pi R \left[l + R\dfrac{(5\cos^4 i - 4\cos^2 i)}{\sin i}\right], \\ \beta = k\pi R \sin^2 i\left(-R\sin i + \dfrac{3}{2} h \cos i\right) = \dfrac{k\pi R^2}{2} \sin i (3 - 5\sin^2 i), \\ \gamma = \dfrac{3}{8} k\pi R (l + h\cos^3 i), \\ \delta = k\pi R^2 \sin^3 i, \\ \varepsilon = \dfrac{3}{2} k\pi R \sin i \cos i (R\cos i + h \sin i) = \dfrac{3}{2} k\pi R^2 \sin i \cos^2 i, \end{cases}$$

on trouve

$$(13)\quad \begin{cases} F = v^3 \sin\varphi \cos\varphi (\alpha \sin^2\varphi + \beta \cos^2\varphi), \\ F' = -v^3 (\gamma \sin^4\varphi + \delta \cos^4\varphi + \varepsilon \sin^2\varphi \cos^2\varphi) \end{cases}$$

Valeurs approximatives du moment et des composantes de la résistance de l'air dans un intervalle de temps pris suffisamment petit. — Considérons, comme au n° **114**, un intervalle de temps $t_1 - t = \Delta t$ assez petit pour que l'on puisse faire usage de l'équation (9) du même numéro.

On a

$$\varphi = \varphi_1 - (\varepsilon - \varepsilon_1) \cos\gamma_1.$$

Mais dans les expressions de $\sin\varphi$ et $\cos\varphi$ que l'on a à substituer dans celles de $\mathfrak{M}$, F, F′, on peut remplacer sans grande erreur l'angle $\varepsilon - \varepsilon_1$ par celui qui correspond au mouvement parabolique. Or dans cette hypothèse on a

$$\tan g\,\varepsilon = \tan g\,\varepsilon_1 - \frac{gt}{v_1 \cos\varepsilon_1},$$

ou, en posant $\varepsilon - \varepsilon_1 = \delta\varepsilon$, et négligeant les puissances de cet accroissement supérieures à la seconde

$$\delta\varepsilon + \delta\varepsilon^2 \tang\varepsilon_1 = -\frac{gt}{v_1}\cos\varepsilon_1,$$

et

$$\delta\varepsilon = -\frac{gt}{v_1}\cos\varepsilon_1 - \frac{g^2t^2}{v_1^2}\sin^2\varepsilon_1.$$

On a donc

$$\begin{aligned}\cos\varphi &= \cos\varphi_1\left(1 - \frac{\delta\varepsilon^2}{2}\cos^2\gamma_1\right) + \sin\varphi_1\cos\gamma_1\,\delta\varepsilon\\ &= \cos\varphi_1 - \frac{g}{v_1}\cos\varepsilon_1\sin\varphi_1\cos\gamma_1\,t - \frac{g^2}{2v_1^2}\cos^2\varepsilon_1\cos\varphi_1\cos^2\gamma_1\,t^2\\ &\quad - \frac{g^2t^3}{v_1^2}\sin^2\varepsilon_1\sin\varphi_1\cos\gamma_1,\end{aligned}$$

$$\begin{aligned}\sin\varphi &= \sin\varphi_1\left(1 - \frac{\delta\varepsilon^2}{2}\cos^2\gamma_1\right) - \cos\varphi_1\cos\gamma_1\,\delta\varepsilon\\ &= \sin\varphi_1 + \frac{g}{v_1}\cos\varepsilon_1\cos\varphi_1\cos\gamma_1\,t - \frac{g^2}{2v_1^2}\cos^2\varepsilon_1\sin\varphi_1\cos^2\gamma_1\,t^2\\ &\quad + \frac{g^2t^2}{v_1^2}\sin^2\varepsilon_1\cos\varphi_1\cos\gamma_1.\end{aligned}$$

En substituant ces valeurs dans $\mathfrak{M}$, F, F' et continuant la même approximation, on obtiendra des expressions telles que

$$(14)\qquad \left\{\begin{aligned}\mathfrak{M} &= -\lambda v^3(1 + lt + l't^2),\\ F &= \mu v^3(1 + mt + m't^2),\\ F' &= \nu v^3(1 + nt + n't^2),\end{aligned}\right.$$

dans lesquelles les coefficients de v^3, t, t^2 sont des nombres connus.

Si nous appelons U, W les composantes horizontale et verticale de v, les équations de la trajectoire considérée comme plane pourront se mettre sous la forme

$$(15)\qquad \left\{\begin{aligned}\frac{dU}{dt} &= -\omega v^2 U(1 + nt + n't^2)\\ \frac{dW}{dt} &= -g - \omega v^2 W(1 + nt + n't^2)\end{aligned}\right.$$

ω représentant le rapport de ν à la masse du projectile.

Posons maintenant

$$\begin{aligned}U &= u + u_1 t + u_2 t^2,\\ W &= w + w_1 t + w_2 t^2,\end{aligned}$$

nous aurons

$$(16)\quad \rho^2 = U^2 + W^2 = u^2 + w^2 + 2t(uu_1 + ww_1) + t^2(u_1^2 + w_1^2 + 2uu_2 + 2ww_2),$$

$$\begin{aligned} \rho^2 U &= (u^2 + w^2)u + [2(uu_1 + ww_1)u + u_1(u^2 + w^2)]t \\ &\quad + [u(u_1^2 + w_1^2 + 2uu_2 + 2ww_2) + 2u_1(uu_1 + ww_1) + u_2(u^2 + w^2)]t^2, \\ \rho^2 W &= (u^2 + w^2)w + [2(uu_1 + ww_1)w + w_1(u^2 + w^2)]t \\ &\quad + [(u_1^2 + w_1^2 + 2uu_2 + 2ww_2)w + 2(uu_1 + ww_1)w_1 + w_2(u^2 + w^2)]t^2; \end{aligned}$$

de plus

$$u = \rho_1 \cos\varepsilon_1, \quad w = \rho_1 \sin\varepsilon_1, \quad u^2 + w^2 = \rho_1^2,$$

et en vertu des équations (15)

$$u_1 = -\omega\rho_1^3 \cos\varepsilon_1, \quad w_1 = -g - \omega\rho_1^3 \sin\varepsilon_1,$$

$$u_2 = -\frac{\omega\rho_1^3}{2}\left(n\cos\varepsilon_1 - \frac{g}{\rho_1}\sin 2\varepsilon_1 - 3\omega\rho_1^2\cos\varepsilon_1\right),$$

$$w_2 = -\frac{\omega\rho_1^3}{2}\left[n\sin\varepsilon_1 - \frac{g}{\rho_1}(1 + 2\sin^2\varepsilon_1) - 3\omega\rho_1^2\sin\varepsilon_1\right].$$

L'équation (16) permettra d'obtenir l'expression de ρ^3 en s'arrêtant aux secondes puissances de t, et l'on aura, pour déterminer ε,

$$(17)\qquad \operatorname{tang}\varepsilon = \frac{W}{U}.$$

On voit ainsi comment on peut obtenir approximativement $\mathfrak{M}$, F, F' entre deux valeurs suffisamment rapprochées du temps; comme, au moment où le projectile sort de l'âme de l'arme, on a $\varphi = 0$, $\gamma = 0$, les formules du n° **114** feront connaître φ, γ au bout d'un temps suffisamment petit, et les équations (16) et (17) ci-dessus donneront les valeurs de ρ et ε; et ainsi de suite de proche en proche.

CHAPITRE VIII.

DU CHOC DES CORPS.

118. *Phénomènes généraux relatifs aux chocs.* — Deux corps, en mouvement l'un par rapport à l'autre, qui viennent à se rencontrer, réagissent l'un sur l'autre en donnant lieu à ce que l'on appelle un *choc* ou une *percussion*. La durée du choc, quoique très-courte, se partage en trois périodes distinctes.

Dans la première, les corps se compriment ou se refoulent; dans la seconde, leur déformation atteint son maximum, et ils ont acquis la même vitesse normale en leur point de contact; dans la troisième, les corps reviennent plus ou moins à leur forme primitive et tendent de plus en plus à se séparer en vertu de l'énergie plus ou moins grande de leur force de ressort.

S'il y a glissement, il se développe, pendant le choc, des actions moléculaires tangentielles, soumises aux lois du frottement que nous négligerons ici, mais dont il importe de tenir compte dans l'étude des machines, comme nous le verrons dans un autre Chapitre.

L'expérience nous apprend que, quoique la durée du choc soit pour ainsi dire inappréciable, les modifications apportées dans les vitesses des corps par leurs actions mutuelles sont comparables à ces mêmes vitesses, ce qui prouve que les forces moléculaires, développées pendant le choc, ont une intensité incomparablement plus considérable que les forces qui produisent les phénomènes ordinaires continus que nous observons dans le mouvement des corps, telles que la pesanteur, etc.

On est donc conduit à considérer ces dernières forces

comme très-petites et négligeables par rapport aux efforts de compression réciproque des deux corps pendant la durée du choc, et l'on peut, par suite, négliger dans cette période leur travail, leurs impulsions, etc., par rapport aux quantités analogues relatives à ces efforts.

Dans les phénomènes les plus ordinaires, que nous avons surtout en vue d'étudier, les déformations des corps choquants étant relativement très-faibles, on peut, sans erreur sensible, en faire abstraction; ce qui revient à supposer que *les corps conservent leur forme primitive quand leur contact cesse d'avoir lieu.*

Si, au point de contact, les vitesses des deux corps choqués ne sont pas dirigées suivant leur normale commune, elles se décomposent chacune en deux autres : l'une suivant cette normale, et l'autre comprise dans le plan tangent; chacune des vitesses tangentielles, composée avec l'autre prise en sens contraire, donne la vitesse de glissement au commencement du choc de l'un des corps sur l'autre. La vitesse de glissement est modifiée à chaque instant, pendant la durée du choc, avec le mouvement de rotation des corps autour de leurs centres de gravité respectifs, si la normale commune ne passe pas par ces deux points.

Tout en négligeant, comme nous l'avons déjà dit plus haut, les composantes tangentielles des actions au contact, la théorie des chocs, considérée dans toute sa généralité, présente d'assez grandes difficultés; elle se simplifie considérablement lorsque *le choc est direct,* c'est-à-dire lorsque les deux vitesses initiales au contact sont dirigées suivant la normale commune et que cette normale passe par les centres de gravité des deux corps. Ce cas est notamment celui de deux sphères animées chacune d'un mouvement de translation suivant la droite qui joint leurs centres.

Dans ce cas, il est clair qu'après le choc les deux corps possèdent encore chacun un mouvement de translation rectiligne parallèle à celui qui existait auparavant.

La question des chocs est encore simple quand les corps choquants sont assujettis à des mouvements géométriques déterminés, comme cela a lieu dans les machines.

119. *Des théorèmes de Dynamique invoqués dans la théorie des chocs.* — Si, de l'hypothèse que nous avons faite sur l'invariabilité de forme pendant le choc de corps qui viennent à se heurter, nous nous reportons aux théorèmes du n° 58, en nous rappelant, de plus, que les actions mutuelles au contact sont égales et de directions opposées, nous arrivons aux conséquences suivantes :

1° *Les quantités de mouvement perdues de l'un des corps après le choc font fictivement équilibre aux impulsions des efforts qu'il exerce sur les corps avec lesquels il est en contact.*

2° *Le travail virtuel des quantités de mouvement perdues du système de corps est nul, non-seulement pour tout déplacement compatible avec sa solidité, mais encore pour tout déplacement dans lequel les molécules en contact des corps éprouveraient les mêmes déplacements normaux quels que soient les déplacements tangentiels.* Cette dernière partie de l'énoncé devient évidente en remarquant que les déplacements tangentiels ne donnent aucun élément dans le travail virtuel des impulsions.

3° *Pendant la durée du choc le mouvement du centre de gravité d'un système de corps libres est rectiligne et uniforme;* en d'autres termes, le choc n'altère pas le mouvement du centre de gravité du système.

4° *La somme des projections ou des moments des quantités de mouvement du système de corps, relativement à un axe quelconque, reste constante pendant toute la durée du choc.*

5° *La somme des quantités de mouvement perdues pendant le choc ou celle de leurs moments est nulle.*

120. *Des différents états dans lesquels se trouvent des corps choquants.* — Si deux corps qui viennent à se rencontrer reprenaient exactement après le choc leur forme primitive, ou s'ils étaient *parfaitement élastiques*, les distances intermoléculaires redevenant ainsi les mêmes, le travail résultant des efforts de compression de ces corps, qui dépend uniquement de la variation des distances ci-dessus, serait nul pour toute la durée du choc; mais alors le principe de la conservation des

forces vives recevrait ici son application, en d'autres termes, *la somme des forces vives du système des deux corps aurait à la fin la même valeur qu'au commencement du phénomène.*

Si, au contraire, les corps étaient complétement dénués d'élasticité, le phénomène cesserait à l'époque de la plus grande déformation, et, par suite, la vitesse normale serait la même au contact des deux corps.

Dans cette hypothèse, la déformation permanente, due au rapprochement successif des éléments matériels, donnerait lieu, de la part des actions mutuelles des corps, à un travail résistant; de sorte que la force vive totale serait moindre après qu'avant le choc.

Il n'y a qu'un très-petit nombre de corps, tels que l'ivoire, le caoutchouc, etc., que l'on puisse considérer comme parfaitement élastiques dans des limites de compression assez étendues pour que, dans les cas les plus ordinaires, le retour à la forme primitive soit à peu près complet. Ainsi, nous savons que sans un grand effort on peut, à l'aide du marteau, produire des impressions permanentes sur les métaux qui jouissent au plus haut degré des propriétés élastiques lorsqu'ils sont soumis à des efforts de tension ou de compression ordinaires. Il n'existe pas non plus de corps complétement dénués d'élasticité ou qui ne tendent jusqu'à un certain point à retourner à leur forme primitive quand ils ont été comprimés. Les ressorts moléculaires restituent, dans la troisième partie du choc, une portion du travail absorbé dans la première; mais, comme cette restitution est le plus souvent très-faible, on conçoit que, dans les applications, on puisse la négliger, en portant ainsi la perte de travail à son maximum, ce qui revient à toujours considérer les corps choquants comme dénués d'élasticité.

121. *Du choc direct de deux corps élastiques.* — Comme, dans les applications, on n'a à considérer que des corps dénués d'élasticité, ainsi qu'on l'a dit plus haut, nous ne donnerons, pour les corps parfaitement élastiques, que l'exemple du choc direct.

Soient

V et V′ les vitesses des masses M et M′ avant le choc, supposées de même sens pour fixer les idées; si $V > V'$, c'est la première de ces masses qui vient choquer l'autre;

U, U′ ce que deviennent respectivement ces vitesses après le choc.

D'après un théorème rappelé plus haut, on a, en négligeant les vitesses vibratoires des molécules de part et d'autre de leurs positions primitives,

$$(1) \qquad MV + M'V' = MU + M'U',$$

ou

$$(2) \qquad M(V - U) = M'(U' - V').$$

D'autre part, la condition qui exprime que les corps sont parfaitement élastiques donne

$$MV^2 + M'V'^2 = MU^2 + M'U'^2,$$

ou encore

$$M(V - U)(V + U) = M'(U' - V')(U' + V'),$$

équation dont les deux membres, d'après la formule (2), ont un facteur commun; en le supprimant, il reste

$$(3) \qquad V + U = V' + U', \quad \text{ou} \quad V - V' = U' - U.$$

Les vitesses cherchées U et U′ s'obtiendront ainsi au moyen des équations du premier degré (1) et (3) qui conduisent à

$$(4) \qquad \begin{cases} U = 2\dfrac{MV + M'V'}{M + M'} - V, \\ U' = 2\dfrac{MV + M'V'}{M + M'} - V'. \end{cases}$$

Si l'on appelle u la vitesse du centre de gravité du système des deux corps (119), on a

$$(M + M')u = MV + M'V'),$$

et les équations (4) peuvent se mettre sous la forme

$$U = 2u - V,$$
$$U' = 2u - V';$$

de sorte que, *la vitesse de chacun des corps après le choc s'obtient en retranchant sa vitesse initiale du double de la vitesse du centre de gravité de leur système.*

Avant d'aller plus loin, nous ferons remarquer que la seconde des formules (3) exprime que *la vitesse relative des deux corps est la même après qu'avant le choc, mais de sens contraire.*

Les formules (4) sont encore applicables lorsque M′ marche en sens inverse de M en changeant le signe de V′.

Cas particulier. — 1° *Les masses* M et M′ *sont égales.*

On a

$$U = V', \quad U' = V,$$

c'est-à-dire qu'*il y a échange de vitesse entre les deux corps;* de sorte que *si l'un des corps est en repos avant le choc, l'autre demeure en repos après le choc, le premier prenant alors la vitesse primitive du second.*

2° *Les masses sont inégales, et la vitesse* V′ *du corps choqué est nulle.* On a

$$U = \frac{2MV}{M+M'} - V = \frac{V(M-M')}{M+M'},$$

$$U' = \frac{2MV}{M+M'}.$$

La vitesse U devenant négative lorsque $M < M'$, il s'ensuit que la première masse marchera après le choc dans le même sens qu'auparavant ou en sens inverse selon qu'elle sera supérieure ou inférieure à la seconde; cette dernière circonstance pourra se présenter, en général, lorque M′ sera suffisamment grand par rapport à M et V par rapport à V′.

3° Si la masse M′, supposée en repos avant le choc, est très-considérable par rapport à M, la vitesse U′ est insensible et U est sensiblement égal à $-V$; en d'autres termes, le corps choquant possède après le choc une vitesse égale et contraire à celle qu'il avait auparavant. Ceci explique notamment pourquoi les cordonniers placent sur leurs genoux une grosse pierre sur laquelle ils battent à coups de marteau les semelles des souliers, et comment on peut forger du fer sur une forte enclume posée sur le corps d'un homme ou sur le plancher d'un étage supérieur, sans blesser l'homme ou endommager sensiblement le plancher et les murailles de la maison. Cela tient en effet à ce que la vitesse communiquée à la pierre ou à l'enclume, et par suite à leurs supports, est très-faible par rapport à celle du marteau, de sorte que la flexibilité, l'élasticité naturelle de ces corps suffit pour amortir les effets des coups.

Nous renverrons aux Traités de Physique pour la vérification expérimentale des résultats auxquels nous sommes arrivé.

122. *Du choc de deux corps élastiques dont l'un est fixe.* — C'est le cas du changement du mouvement du centre de gravité d'une bille qui vient frapper la bande d'un billard.

Soient (*fig.* 63)

Fig. 63.

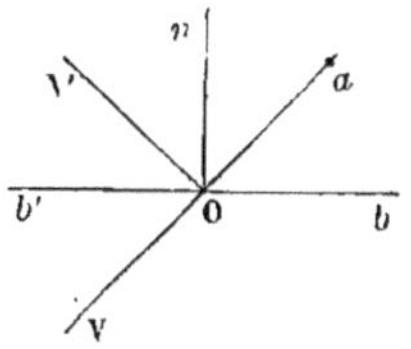

M la masse du corps choquant;

V sa vitesse de translation, au contact de la bande, au commencement du choc;

V' celle qu'elle possède à la fin.

Il se produira en général un glissement; mais nous supposerons que le frottement qui en résulte soit assez faible pour que la vitesse de rotation autour du centre de gravité de la bille à la fin du choc soit sans valeur appréciable.

La force vive étant la même avant qu'après le choc, il s'ensuit que la vitesse V de M est la même à ces deux époques ou que $V = V'$.

Soient encore

O le point de la bande où la percussion a lieu;

On la normale en ce point, ou la direction de la résultante des actions moléculaires développées pendant le choc;

aO la direction de la vitesse V;

bb' la trace, sur le plan tangent à la bande, *du plan d'incidence* nOa.

Il faut que l'accroissement de la quantité de mouvement, estimée respectivement suivant une perpendiculaire au plan d'incidence et suivant bb', soit nul ; ce qui exige, d'une part, que la vitesse V' soit comprise dans le plan, et de l'autre, puisqu'elle est égale à V, que sa direction soit, par rapport à bb', symétrique à celle de V ou que On soit la bissectrice de l'angle aOV', ce qui s'exprime en disant que *l'angle de réflexion est égal à l'angle d'incidence.*

123. *Du choc direct de deux corps dénués d'élasticité.* — Les corps possédant ici la même vitesse U après le choc, le principe de la conservation des quantités de mouvement donne

$$(5)\quad \left\{\begin{aligned} &MV + M'V' = MU + M'U, \\ \text{ou}\quad &M(V - U) = M'(U - V'), \end{aligned}\right.$$

d'où

$$(6)\quad U = \frac{MV + M'V'}{M + M'} = V + \frac{M'}{M + M'}(V' - V) = V' + \frac{M}{M + M'}(V - V').$$

On voit d'après cela que la vitesse du corps choquant a diminué, tandis que celle du corps choqué a augmenté.

Dans le cas où l'un des corps, M' par exemple, est en repos, on a, pour leur vitesse commune après le choc,

$$(7)\quad U = \frac{MV}{M + M'}.$$

Si les corps allaient en sens contraire, il suffirait de changer, dans les formules (5) et (6), le signe de la vitesse du corps choqué.

La diminution éprouvée pendant le choc par la force vive totale des deux corps (ou si l'on veut le double du travail résistant développé par les efforts de compression réciproque, ou du travail absorbé pour produire l'altération de forme ou de constitution des deux corps) a pour expression

$$\begin{aligned} MV^2 + M'V'^2 - MU^2 - M'U'^2 &= M(V^2 - U^2) + M'(V'^2 - U^2) \\ &= M(V - U)(V + U) + M'(V' - U)(V' + U), \end{aligned}$$

qui se réduit à

$$M(V - U)(V - V'),$$

en éliminant $M'(V'-U)$ au moyen de la seconde des équations (5); enfin, en remplaçant $V-U$ par sa valeur tirée de l'équation (6), on trouve

$$\frac{MM'}{M+M'}(V-V')^2. \tag{8}$$

Cette expression, en ayant égard à la formule (6), peut se mettre sous la forme

$$M(V-U)(U-V')+M'(V-U)(U-V'),$$

ou, en vertu de la seconde des relations (5),

$$M(V-U)^2+M'(V'-U)^2, \tag{9}$$

qui exprime que : *la perte de force vive dans le choc est égale à la somme des forces vives dues aux vitesses perdues par le corps après le choc;* théorème dû à Carnot et dont nous démontrerons plus loin la généralité.

Si les corps allaient en sens contraire, la perte de force vive

$$\frac{MM'}{M+M'}(V+V')^2 \tag{10}$$

serait supérieure à celle qui est donnée par l'équation (8), ce qui prouve combien il est essentiel, dans la construction des machines, d'éviter que les corps se choquent inutilement avec des vitesses contraires.

Lorsque l'un des corps, M' par exemple, est en repos avant le choc, la perte de force vive devient

$$\frac{M'}{M+M'}MV^2, \tag{11}$$

et *est ainsi égale à la fraction de la force vive initiale représentée par le quotient de la masse choquée et de la somme des deux masses.*

On voit, d'après cela, que si la masse du corps choqué est très-petite par rapport à celle du corps choquant, la force vive perdue est elle-même une très-petite fraction, sensiblement égale à $\frac{M'}{M}$, de la force vive avant le choc; et dans ces circonstances, pourvu que le choc ne soit pas souvent répété, on peut négliger une telle perte; mais c'est l'inverse qui a lieu quand la masse du corps choquant est très-grande par rapport à celle du corps en repos, car, $\frac{M'}{M+M'}$ s'approchant constamment de l'unité à mesure que M' augmente, la force vive peut être absorbée presque en totalité par le choc; ainsi, dans le cas où les deux masses seraient égales, la perte s'élèverait déjà à la moitié de la force vive du corps choquant.

Lorsque l'on aura à appliquer numériquement les formules établies ci-dessus, il conviendra de substituer aux masses M, M' les poids correspondants P, P' (qui sont seuls immédiatement donnés en kilogrammes), divisés par l'accélération g de la pesanteur.

De cette manière on se servira des formules

$$(12)\qquad U = \frac{PV + P'V'}{P + P'},$$

$$(13)\qquad \frac{PP'}{g(P+P')}(V - V')^2$$

pour calculer la vitesse après le choc de deux corps non élastiques et la force vive perdue.

124. *De l'effort moyen de compression et de la durée du choc.* — Soient

δ', δ les dépressions produites respectivement par chacun des corps M, M' dans l'autre;

F l'effort moyen de compression, dont la valeur doit être telle que le travail $F(\delta + \delta')$ soit égal au travail moteur absorbé pour produire les dépressions.

On a pour la demi-force vive perdue

$$F(\delta + \delta') = \frac{1}{2}\frac{PP'}{g(P+P')}(V - V')^2,$$

d'où

$$(14)\qquad F = \frac{PP'}{(P+P')(\delta+\delta')}\,\frac{(V - V')^2}{2g}.$$

Pour pouvoir calculer la durée du choc, il faudrait connaître, ce qui n'a pas lieu, la loi des résistances qu'opposent les corps au refoulement de leurs molécules; mais, afin de nous faire une idée de la rapidité avec laquelle les chocs ont lieu, nous admettrons que cette résistance est constante, ou plutôt nous la supposerons remplacée dans les divers instants par sa valeur moyenne F; or, comme le centre de gravité de chacun des deux corps se meut comme un point matériel où toute la masse et les forces extérieures se trouveraient concentrées, on a, en appelant θ la durée du choc,

$$MV - MU = F\theta, \quad M'V' - M'U = -F\theta,$$

d'où, par l'élimination de U et en ayant égard à la valeur (14),

$$(15) \qquad \theta = \frac{MM'(V - V')}{F(M + M')} = \frac{2(\delta + \delta')}{V - V'}.$$

Nous remarquerons que F est d'autant plus grand et θ d'autant plus petit que δ et δ' sont eux-mêmes plus petits; ou que *l'effort moyen de compression est d'autant plus grand, et la durée du choc d'autant plus petite, que les corps offrent eux-mêmes plus de roideur.*

Nous appliquerons ce qui précède à l'exemple, suivant emprunté à l'Introduction à la *Mécanique industrielle* de Poncelet.

Supposons qu'on laisse tomber d'une hauteur de $1^m,30$ un cube de fer pesant 300 kilogrammes, sur une substance plus ou moins molle, terminée par un plan horizontal, et dans laquelle il pénètre de $0^m,02$ par l'une de ses faces parallèles à ce plan.

La vitesse de ce cube au bas de sa chute, lorsqu'il sera sur le point de pénétrer dans le sol mou, sera donnée par

$$V = \sqrt{2.9,808.1,30} = 5^m,$$

et comme

$$V' = 0, \quad \delta = 0 \text{ (1)}, \quad \delta' = 0,02,$$

il vient

$$\theta = 0^s,008.$$

(1) Car la déformation du cube, eu égard à la roideur du fer, peut être négligée.

C'est précisément le temps qu'emploie un projectile de 12 kilogrammes à parcourir la longueur de l'âme d'une pièce de canon avec une charge de poudre égale à un dixième du poids du projectile.

La demi-force vive $300 \times 1,30 = 390^{km}$ du corps choquant au bas de sa chute sera presque entièrement consommée pour produire le changement de forme du corps mou, si la masse de ce dernier, faisant par exemple partie du sol, est très-grande par rapport à celle du corps choquant. Or, cette demi-force vive étant égale au produit de l'effort moyen F par la profondeur de l'impression, la valeur de cet effort est

$$F = \frac{390^{km}}{0,02} = 19500^{kg}.$$

125. *Application au battage des pilots des fondations.* — Lorsque, pour exécuter un travail mécanique, la pression ou l'effort direct que l'on peut exercer est inférieur à la résistance à vaincre, on a recours au choc.

C'est ainsi que l'on enfonce à coups de *mouton* dans le sol, pour soutenir les fondations des constructions que l'on doit établir sur un sol peu résistant, des pieux ou *pilots* terminés à leur extrémité inférieure par une pointe durcie au feu ou coiffée d'un sabot en fer. On consolide, par des anneaux de fer, la tête du pilot, pour éviter que la violence du choc ne la déforme rapidement.

Soient

P le poids du mouton;
P' celui du pilot;
H la hauteur de chute du mouton.

Le travail moteur dépensé, qui représente le double de la force vive du corps choquant avant le choc, étant PH, le travail absorbé par le choc est

$$\frac{P'}{P+P'}PH,$$

et est employé à détruire la tête du pieu et à altérer sa constitution. Le travail réellement transmis au pieu, abstraction faite des résistances qu'il éprouve en glissant dans les terres, se réduit à

$$PH - PH \frac{P'}{P + P'} = \frac{PH}{1 + \frac{P'}{P}}.$$

Le travail moteur PH restant constant, on voit que le travail transmis est d'autant plus grand, par suite le travail destructeur de la tête du pilot d'autant plus petit, que le poids du mouton est plus considérable. Il est donc avantageux, pour ce double motif, de faire usage de moutons très-lourds en réduisant la hauteur de chute; c'est ce qui explique d'ailleurs pourquoi il est plus facile d'enfoncer un clou, sans le courber, en le frappant à petits coups d'un gros marteau qu'à grands coups d'un petit marteau.

126. *Théorème de Carnot.* — Considérons deux corps dénués d'élasticité qui viennent à se choquer d'une manière quelconque, et soient (*fig.* 64)

Fig. 64.

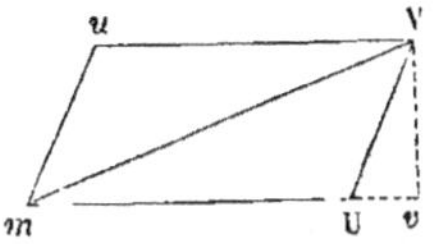

V et U les vitesses avant et après le choc d'une molécule m de l'un deux;

V est la résultante de U et de la vitesse perdue $\overline{VU} = u$.

Du point V abaissons la perpendiculaire $\overline{Vv}$ sur U, et considérons la projection $w = \overline{Uv}$ de u comme positive ou négative, selon que le point v est à droite ou à gauche de U. Le triangle mVU donne

$$V^2 = U^2 + u^2 + 2U.w.$$

En multipliant par la masse m et ajoutant les équations analogues établies pour tous les points du système des deux corps, on obtient

$$\Sigma m V^2 - \Sigma m U^2 = \Sigma m u^2 + 2 \Sigma m v . U;$$

mais on a

$$\Sigma m \overline{U v} . U dt \quad \text{ou} \quad dt \Sigma m v . U = 0,$$

en vertu de la seconde partie du second théorème du n° **119**, puisque cette expression n'est autre chose que celle du travail élémentaire des quantités de mouvement perdues et que les vitesses normales des molécules des corps en contact sont égales, d'après la définition même des corps mous : on a donc

$$\Sigma m V^2 - \Sigma m U^2 = \Sigma m u^2.$$

Ce qui exprime que *la perte de force vive éprouvée par deux corps dénués d'élasticité, qui viennent à se choquer d'une manière quelconque, est égale à la force vive due aux vitesses perdues.*

Ce théorème s'applique évidemment à un nombre quelconque de corps qui viennent à se choquer, et même si quelques-uns d'entre eux sont censés fixes, car cela revient à les considérer comme libres, en leur supposant une masse suffisamment considérable par rapport à celles des autres corps.

Le principe de Carnot ne pourrait être utile qu'autant que l'on connaîtrait immédiatement en grandeur et en direction les vitesses des différents points du corps, avant et après le choc, ce qui n'a pas lieu généralement, et comme alors on est obligé de rechercher directement les vitesses après le choc, à l'aide des théorèmes relatifs aux projections et aux moments des quantités de mouvement et des impulsions des forces, le principe de Carnot ne sera pas généralement d'un grand secours, excepté toutefois dans les questions analogues à celle qui suit.

127. *Du choc direct de deux corps imparfaitement élastiques.* — Considérons deux corps tels qu'ils existent dans la nature, c'est-à-dire qui, après s'être choqués, ont subi une certaine déformation, moindre toutefois que la déformation maximum qui caractérise la seconde partie du phénomène de la percussion.

On peut définir ces corps en disant que la force vive perdue n'est qu'une fraction déterminée de celle qui aurait lieu s'ils avaient été complétement dénués d'élasticité, et qui dépend de la nature des deux corps.

En désignant cette fraction par ε, nous aurons, dans le cas du choc direct,

$$M(V - U) = M'(U' - V'),$$
$$M(V^2 - U^2) + M'(V'^2 - U'^2) = \varepsilon[M(V - U)^2 + M'(V' - U')^2],$$

d'où

$$V - U = \frac{2M'(V - V')}{(M + M')(1 + \varepsilon)},$$
$$V' - U' = -\frac{2M(V - V')}{(M + M')(1 + \varepsilon)}.$$

En supposant $\varepsilon = 0$ ou $\varepsilon = 1$, on retombe respectivement sur les formules relatives aux corps parfaitement élastiques et mous.

Soit H la hauteur dont on laisse tomber un corps de poids P, sur un plan horizontal; la force vive acquise avant le choc est $2PH$; après le choc elle est réduite à

$$2PH(1 - \varepsilon),$$

ou, si l'on veut, la hauteur à laquelle le mobile se relève est $(1 - \varepsilon)H$.

Comme, pour une bille d'ivoire tombant verticalement sur une table de marbre, la hauteur d'élévation après le choc est $\frac{2}{3}H$, on a dans ce cas $\varepsilon = \frac{1}{3}$.

128. *Pendule balistique.* — Pour mesurer les vitesses initiales des projectiles, on se sert d'un pendule composé formé d'une capacité tronconique en fonte, terminée suivant sa petite base par une calotte sphéroïdale. Ce vase, rempli de sable tassé maintenu par une légère feuille de plomb formant obturateur de la grande base, est suspendu par des tiges à un arbre horizontal supporté par des couteaux, et dont l'axe est perpendiculaire à celui du cylindre, et qui, lors du repos, est lui-même horizontal.

Un projectile sortant d'une arme à feu et pénétrant dans la

masse de sable fait décrire au pendule un certain arc qu'il suffit de connaître pour déterminer la vitesse initiale, comme nous allons le voir. Cet arc est mesuré au moyen d'un curseur glissant à frottement doux sur un cercle gradué, et qui est poussé par une aiguille fixée à la partie inférieure du pendule jusqu'au moment où l'écart maximum est obtenu.

Cela posé, soient

p le poids du projectile;

v la vitesse;

l la distance du point de percussion à l'axe de suspension du pendule;

I le moment d'inertie du pendule et du projectile après sa pénétration, par rapport à cet axe;

P le poids correspondant;

d la distance du centre de gravité à l'axe de rotation du système des deux corps;

ω_0 sa vitesse angulaire après le choc.

Le principe du moment des quantités de mouvement donne

$$I\omega_0 = \frac{p}{g} vl,$$

d'où

$$\omega_0 = \frac{p}{g}\frac{vl}{I}. \tag{1}$$

Appelons ω la vitesse angulaire du pendule lorsqu'il a décrit l'arc α, inférieur à l'arc maximum que nous désignerons par α_1. On a, d'après le principe des forces vives,

$$I(\omega^2 - \omega_0^2) = -2Pd(1 - \cos\alpha). \tag{2}$$

Pour obtenir l'arc α_1, il suffit de faire $\omega = 0$ dans cette équation qui donne

$$I\omega_0^2 = 2Pd(1 - \cos\alpha_1),$$

ou en vertu de l'équation (1)

$$\frac{p^2 v^2 l^2}{g^2 I} = 4Pd\sin^2\frac{\alpha_1}{2},$$

d'où

$$v = 2\frac{g}{pl}\sqrt{PdI}\sin\frac{\alpha_1}{2}.$$

On peut mettre cette expression sous une autre forme; car en appelant λ la longueur du pendule synchrone, que l'on peut facilement déterminer au moyen de la durée de petites oscillations, on a

$$\lambda = \frac{Ig}{Pd},$$

et par suite

$$v = 2\frac{P}{p}\frac{d}{l}\sqrt{g\lambda}\sin\frac{\alpha}{2}, \tag{3}$$

formule d'une application facile.

129. *Du recul dans les armes à feu canon pendule, fusil pendule.* — La force expansive des gaz dégagés par l'inflammation de la poudre agit en sens inverse sur le projectile et sur l'arme qui, par cela même, éprouve un mouvement rétrograde appelé *recul.*

On peut sans erreur appréciable considérer l'inflammation et la combustion de la poudre, ou, si l'on veut, sa transformation en gaz comme instantanée.

Soient

v la vitesse du projectile;
p son poids;
Q le poids de la pièce et de son support;
w la vitesse du recul lorsque le projectile est sorti de l'âme;
q le poids et u la vitesse d'un élément matériel gazeux provenant de la combustion de la charge;
$p' = \Sigma q$ le poids de la charge.

On a, d'après un principe connu,

$$pv + \Sigma qu = Qw.$$

Cette formule suppose que l'on néglige, pour les pièces de canon, l'inertie des roues et les frottements, ce qui a lieu très-sensiblement lorsque l'arme est suspendue.

On ne connaît pas la loi suivant laquelle varie la vitesse u, qui est égale à w au fond de l'âme et à v au contact du projectile; mais, ainsi que nous le verrons ci-après, comme w est incomparablement plus faible que v, que p' n'est généralement que la dixième partie de p dont il n'atteint le $\frac{1}{4}$ qu'exceptionnellement, on peut sans grande erreur supposer la vitesse u constante et égale à $\frac{v}{2}$.

Il vient ainsi

$$\left(p + \frac{p'}{2}\right) v = Q w.$$

Si l'on suspend l'arme à un arbre horizontal, on pourra déterminer w par l'écart maximum qu'éprouvera le système, d'après la méthode indiquée pour le pendule balistique et par suite la vitesse initiale v du projectile. On comprend, sans qu'il soit utile d'en faire ici la description, en quoi doivent consister ce que l'on appelle le *canon pendule* et le *fusil pendule*.

Prenons pour exemple les pièces de douze de siége, on a

$$p = 11^{kg},380, \quad p' = 1^{kg},200, \quad Q = 1482^{kg},$$
$$v = 326^{m} \text{ (vitesse mesurée au pendule balistique)};$$

on tire de la formule ci-dessus

$$w = 2^{m},60.$$

130. *Centre de percussion.* — Dans tous les appareils analogues au pendule balistique, consistant principalement en un corps solide mobile autour d'un axe fixe destiné à être soumis à des chocs, il est important que cet axe ne puisse, par réaction, éprouver une pression capable de détruire l'organe qui le réalise, ou au moins de créer des résistances passives qui pourraient altérer les résultats auxquels on veut arriver.

Proposons-nous de déterminer les conditions nécessaires pour que l'axe de rotation d'un semblable système ne reçoive aucune percussion, en nous plaçant dans le cas le plus général et supposant, comme cela a toujours lieu, que la masse du corps choquant soit assez petite par rapport à celle du corps choqué pour qu'on puisse la négliger pendant le choc.

Soient

Oz l'axe de rotation du corps pendulaire de masse M;

Ox l'intersection du plan mené par Oz et le centre de gravité G de la masse M, avec le plan perpendiculaire à cet axe passant par le point a où la masse ci-dessus est choquée par le corps de masse μ;

Oy la perpendiculaire en O au plan xOz;

x', y' les coordonnées du point a parallèles à Ox, Oy;

x_1, z_1 celles de G parallèles à Ox, Oz;

V_x, V_y, V_z les composantes de la vitesse V de μ parallèles aux trois axes, au moment où le choc a lieu.

Nous continuerons à désigner par I le moment d'inertie de M, par ω sa vitesse angulaire après le choc; x, y, z seront les coordonnées d'un élément matériel de masse m du corps pendulaire.

Pour qu'il n'y ait pas de percussion sur Oz, il faut que le choc ait lieu comme si cet axe n'était pas fixe, ou que la somme des projections et des moments des quantités de mouvement gagnées relativement aux trois axes soit nulle, ce qui donne les conditions

$$\mu V_x + \Sigma m\omega y = 0, \quad \mu V_y - \Sigma m\omega x = 0, \quad \mu V_z = 0,$$
$$-\omega\Sigma mzx = 0, \quad \omega\Sigma myz = 0, \quad I\omega - x'\mu V_y + y'\mu V_x = 0;$$

d'où

$$\Sigma mzx = 0, \quad \Sigma mzy = 0, \quad V_x = 0, \quad V_z = 0,$$
$$\mu V_y = Mx_1, \quad I\omega = x'\mu V_y,$$

et par l'élimination de V_y entre les deux dernières de ces relations

$$I = Mx_1x',$$

ce qui exprime que x' est la longueur du pendule synchrone de M, considéré comme un pendule oscillant autour de Oz.

Donc, pour qu'il n'y ait pas de percussion sur l'axe, il faut :

1° Que cet axe soit un axe principal d'inertie pour le point où il est rencontré par le plan perpendiculaire à sa direction, mené par le point où la percussion a lieu ;

2° Que la percussion soit perpendiculaire au plan déterminé par cet axe et l'axe d'oscillation correspondant, et qu'elle rencontre ce dernier axe.

Si la percussion a lieu dans le plan perpendiculaire à l'axe fixe mené par le centre de gravité, elle passe par le centre d'oscillation, ce qui a fait donner à ce point le nom de *centre de percussion*.

131. *Formules générales relatives au choc des corps libres.*— Soient

Ox, Oy, Oz les trois axes principaux d'inertie passant par le centre de gravité O du corps choqué, que l'on peut considérer comme fixes pendant la durée du choc;

A, B, C les moments d'inertie correspondants;

M la masse du corps;

u_0, v_0, w_0 et n_0, p_0, q_0 les composantes, parallèles aux trois axes ci-dessus, de la vitesse du centre de gravité et de la rotation instantanée avant le choc;

u, v, w et n, p, q les quantités correspondantes après le choc;

a, b, c les coordonnées du point I, où la percussion a eu lieu;

N l'effort variable exercé par le corps choquant sur le corps choqué;

α, β, γ les angles que forme la direction de N avec les axes Ox, Oy, Oz, et qui, de même que a, b, c, sont des données de la question.

Nous aurons, en nous rappelant les principes relatifs au mouvement du centre de gravité et aux moments des quantités de mouvement,

$$(1)\quad \begin{cases} M(u - u_0) = \cos\alpha \int N\,dt, \\ M(v - v_0) = \cos\beta \int N\,dt, \\ M(w - w_0) = \cos\gamma \int N\,dt, \end{cases}$$

$$(2)\quad \begin{cases} A(n - n_0) = (b\cos\gamma - c\cos\beta)\int N\,dt, \\ B(p - p_0) = (c\cos\alpha - a\cos\gamma)\int N\,dt, \\ C(q - q_0) = (a\cos\beta - b\cos\alpha)\int N\,dt. \end{cases}$$

Pour le corps choquant, nous aurons six équations analogues, en accentuant les quantités qui y entrent à l'exception de N, dont le signe devra être changé, et auxquelles nous donnerons les nos 1′ et 2′.

Aux douze équations ainsi obtenues entre les treize inconnues u, v, w, u', v', w', n, p, q, n', p', q', N, il faut, afin de pouvoir éliminer N, en joindre une dernière, qui ne devra dépendre que de l'hypothèse faite sur le degré de l'élasticité des corps considérés.

1° *Cas des corps parfaitement élastiques.* — L'accroissement de la force vive des deux corps pendant la durée du choc étant nul, il vient

$$(3)\quad \left\{\begin{aligned} & A(n^2 - n_0^2) + B(p^2 - p_0^2) + C(q^2 - q_0^2) \\ & + A'(n'^2 - n'^2_0) + B'(p'^2 - p'^2_0) + C'(q'^2 - q'^2_0) \\ & + M[u^2 + v^2 + w^2 - (u_0^2 + v_0^2 + w_0^2)] \\ & + M'[u'^2 + v'^2 + w'^2 - (u'^2_0 + v'^2_0 + w'^2_0)] = 0. \end{aligned}\right.$$

2° *Cas des corps mous.* — La vitesse normale, après le choc, doit être la même pour les deux corps, ce qui s'exprime par l'égalité

$$(4)\left\{\begin{aligned} & (u + pc - qb)\cos\alpha + (v + qa - nc)\cos\beta + (w + nb - pa)\cos\gamma \\ & = (u' + p'c' - q'b')\cos\alpha' + (v' + q'a' - n'c')\cos\beta' + (w' + n'b' - p'a')\cos\gamma'. \end{aligned}\right.$$

3° *Corps tels qu'ils existent dans la nature.* — Concevons que l'on imprime au corps choqué une vitesse de translation et une rotation respectivement égales et contraires à $\overline{u_0} + \overline{v_0} + \overline{w_0}$, et $\overline{n_0} + \overline{p_0} + \overline{q_0}$, il se mouvra, à la fin du choc, en vertu des vitesses perdues, et sa force vive sera

$$M[(u_0 - u)^2 + (v_0 - v)^2 + (w_0 - w)^2] + A(n_0 - n)^2 + B(p_0 - p)^2 + C(q_0 - q)^2,$$

et l'on aura une quantité semblable pour le corps choquant; la somme de ces deux expressions, multipliée par un coefficient positif ε, dépendant du degré d'élasticité des corps, et introduite avec le signe — dans le second membre de l'équation (3), nous donnera l'équation cherchée.

Les formules générales que nous venons d'établir sont trop compliquées pour que l'on puisse songer à les appliquer, et il sera préférable de traiter directement chaque cas particulier en faisant l'application des principes de Mécanique que nous avons invoqués plus haut.

132. *Du choc des corps gênés par des obstacles.* — Jusqu'ici, à l'exception du pendule balistique, nous n'avons con-

sidéré que deux corps choquants complétement libres; cependant il peut arriver que, par suite d'obstacles fixes, créés par la présence de très-grandes masses solides, les deux corps, ou au moins l'un d'eux, ne soient susceptibles que de certains mouvements géométriques; mais on rentre dans le cas des chocs entre deux corps libres, en concevant que l'on remplace les obstacles par les impulsions de leurs réactions normales sur les mobiles. En établissant les équations relatives à l'équilibre entre les impulsions des forces et les quantités de mouvement perdues, et éliminant entre elles les premières de ces quantités, on obtiendra les formules qui détermineront les éléments du mouvement des corps après le choc.

Il est visible que l'on arrivera immédiatement à ces dernières formules en écrivant que le travail virtuel des quantités de mouvement perdues est nul pour tous les déplacements compatibles avec le mode de liaison des corps qui s'entrechoquent.

Deux exemples de pareils chocs se présentent fréquemment dans l'industrie, savoir les chocs de cames contre les marteaux et celui des cames contre les pilons; mais nous ne nous occuperons de ces deux questions que lorsque nous aurons fait intervenir le frottement.

L'étude des échappements à cylindre et à ancre conduit au problème suivant, pour la solution duquel je renverrai au Mémoire que j'ai inséré au tome VIII des *Annales des Mines*, 6e série, 1870 : « Déterminer le point où viennent se rencontrer deux corps tournant autour d'axes parallèles après avoir été en contact, le corps choquant partant du repos ».

Nous nous bornerons à l'exemple théorique suivant, dont la solution est beaucoup plus simple qu'elle ne le paraît *a priori*.

Concevons quatre cylindres dont les génératrices sont parallèles; deux d'entre eux sont fixes et guident le mouvement d'un troisième, qui est assujetti à leur rester constamment tangent; le quatrième vient choquer ce dernier. Déterminer les éléments du mouvement des corps choquants après le choc.

Il est clair que tout se réduit à considérer les sections

droites des cylindres, en supposant que la masse de chaque mobile et son moment d'inertie par rapport à un axe parallèle aux génératrices se rapportent à la section correspondante.

Soient (*fig.* 65)

Fig. 65.

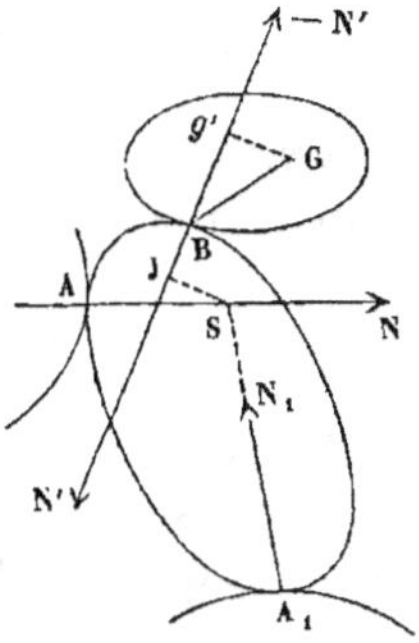

A, A_1 les points de contact du corps choqué avec les cylindres directeurs;

S le point de rencontre des normales en ces deux points;

N, N_1 les impulsions des réactions développées pendant le choc par les cylindres directeurs;

M, I la masse du corps choqué et son moment d'inertie par rapport à S;

M', I' la masse du corps choquant et son moment d'inertie par rapport à son centre de gravité G';

N', — N' les impulsions, égales et contraires, des efforts normaux au point de contact B, exercés pendant le choc par M' sur M, et inversement;

n, n' les distances de S et de G' à la normale en B.

Pendant le choc, le centre instantané S de M ne change pas, et, si l'on appelle ω_0, ω les vitesses angulaires instantanées avant et après la percussion, dont le sens positif est censé avoir lieu de la gauche vers la droite, on a, d'après un principe connu,

$$(1) \qquad I(\omega - \omega_0) = - N'n.$$

Le corps M' pouvant être considéré comme libre, en le supposant sollicité par les forces variables dont l'impulsion est $-N'$, il vient, en appelant ω'_0, ω' les vitesses angulaires autour de G' avant et après le choc,

$$(2) \qquad I'(\omega' - \omega'_0) = N'n',$$

d'où

$$(3) \qquad In'(\omega - \omega_0) + I'n(\omega' - \omega'_0) = 0.$$

Désignant par U'_0, U' les vitesses de G', avant et après le choc, estimées parallèlement à la normale BN', nous aurons

$$(4) \qquad M'(U' - U'_0) = -N',$$

ou, en vertu de la formule (2),

$$(5) \qquad U' - U'_0 = -\frac{I'}{M'n'}(\omega' - \omega'_0).$$

Il faut exprimer maintenant que les composantes des vitesses normales des points des deux corps qui se trouvent en B sont les mêmes après le choc, ce qui conduit facilement à l'égalité

$$(6) \qquad -n'\omega' + U' = -n\omega,$$

d'où, en vertu de la relation (5),

$$(7) \qquad \omega = \frac{\omega'(I' + M'n'^2) - M'n'U'_0 - I'\omega'_0}{M'n'n}.$$

En portant cette valeur dans la formule (3), on trouve

$$\omega'\left(\frac{In'^2 + I'n^2}{n} + \frac{II'}{M'n}\right) = In'\omega_0 + \frac{I'\omega'_0(I + M'n^2)}{M'n} + \frac{In'}{n}U'_0,$$

d'où l'on déduit la valeur de ω'; les formules (7) et (5) permettent ensuite de déterminer ω et U'.

Le mouvement des corps après le choc est donc complétement déterminé.

On remarquera que, si la normale en B passe par S, le mouvement du corps choqué ne sera nullement modifié par la percussion.

Considérons le cas particulier du choc direct pour M'; on

a $n' = 0$, d'où $\omega' = \omega'_0$. Les équations (1) et (4) donnent, par l'élimination de N',

$$I(\omega - \omega_0) = M'n(U' - U'_0);$$

la formule (6) devient

$$U' = -\omega n;$$

on déduit de là

$$\omega_0 = \frac{I\omega_0 - M'nU'_0}{I + M'n^2},$$

et cette vitesse angulaire sera positive, nulle ou négative, selon que l'on aura

$$\omega_0 \gtreqless \frac{M'nU'_0}{I}.$$

CHAPITRE IX.

DU MOUVEMENT RELATIF D'UN CORPS SOLIDE PAR RAPPORT A UN SYSTÈME INVARIABLE.

133. *Mouvement relatif du centre de gravité d'un système de points matériels libres.* — Reportons-nous au Chapitre VII de la première Partie, dont nous conserverons les notations.

Si l'on multiplie l'équation (1) du n° 88 de ce Chapitre (p. 114) par la masse m du point auquel elle s'applique, et que l'on ajoute membre à membre les équations ainsi obtenues pour tous les points matériels du système, il vient

$$\sum m\frac{d^2x}{dt^2} = 2\omega\left(\cos\beta\sum m\frac{dz}{dt} - \cos\gamma\sum m\frac{dy}{dt}\right) + \Sigma m\mathrm{X} - \Sigma m\mathrm{X}_e;$$

d'où, en désignant par x_1, y_1, z_1 les coordonnées du centre de gravité de la masse totale M,

$$\mathrm{M}\frac{d^2x}{dt^2} = 2\omega\left(\cos\beta.\mathrm{M}\frac{dz_1}{dt} - \cos\gamma.\mathrm{M}\frac{dy_1}{dt}\right) + \Sigma m\mathrm{X} - \Sigma m\mathrm{X}_e,$$

équation dans laquelle les actions mutuelles disparaissent. Or les forces d'entraînement, prises en sens contraire, n'étant autre chose que les forces d'inertie des points ci-dessus, considérés comme faisant partie du système invariable (S), sont égales à la projection, sur l'axe des x, de la force d'entraînement du centre de gravité, en y supposant concentrée la masse M. Il résulte de là que *le centre de gravité d'un assemblage de points matériels se meut par rapport au système invariable* (S) *comme un point unique où serait concentrée la masse totale* M *en y supposant appliquées toutes les forces extérieures agissant sur cet assemblage.*

134. *Équations générales du mouvement relatif d'un corps solide assujetti à tourner autour d'un point faisant partie du système.* — Supposons que les axes Ox, Oy, Oz soient les axes principaux d'inertie du corps solide, passant par le point relativement fixe O.

Soient

A, B, C les moments d'inertie principaux du corps correspondant aux axes Ox, Oy, Oz;

$\mathfrak{M}_x$, $\mathfrak{M}_y$, $\mathfrak{M}_z$ les moments par rapport aux mêmes axes des forces qui sollicitent le corps;

M la masse du corps;

u_x, u_y, u_z les composantes suivant Ox, Oy, Oz de l'accélération d'entraînement du point O;

a, b, c les coordonnées du centre de gravité de M;

n, p, q les composantes de la rotation relative ω du corps, suivant Ox, Oy, Oz.

Quant à la signification des autres notations, nous renverrons aux nos 43 et 93 de la première Partie.

Nous avons vu (57) que l'on peut considérer un corps solide libre comme tournant autour d'un point fixe O, en joignant, aux forces extérieures, la force, prise en sens contraire, due à une accélération égale à celle du point O que posséderait le centre de gravité où toute la masse se trouverait concentrée.

Si donc nous posons

$$M(bu_z - cu_y) = \mathfrak{M}'_x, \quad M(cu_x - au_z) = \mathfrak{M}'_y, \quad M(au_y - bu_x) = \mathfrak{M}'_z,$$

l'équation du mouvement absolu de rotation du corps, correspondant à l'axe Ox, a pour expression

$$(a) \qquad A\frac{dn_a}{dt} + (C - B)p_a q_a = \mathfrak{M}_x - \mathfrak{M}'_x,$$

et pour obtenir l'équation équivalente dans le mouvement relatif, il suffit d'y remplacer n_a, p_a, q_a, $\frac{dn_a}{dt}$, $\frac{dp_a}{dt}$, $\frac{dq_a}{dt}$ par leurs valeurs en fonction de n, p, q, $\frac{dn}{dt}$, $\frac{dp}{dt}$, $\frac{dq}{dt}$ et des éléments du mouvement d'entraînement.

On a d'abord

$$(b) \qquad p_a = p + p_e, \quad q_a = q + q_e,$$

puis (nº 93, première Partie)

$$(c) \qquad \frac{dn_a}{dt} = \frac{dn}{dt} + \mathcal{A}_x + qp_e - pq_e.$$

L'équation (a) devient donc, en ayant égard aux valeurs (b) et (c),

$$(1) \quad \begin{cases} A\dfrac{dn}{dt} + (C - B)pq \\ \quad = \mathfrak{M}_x - \mathfrak{M}'_x - [A\mathcal{A}_x + (C-B)p_e q_e + qp_e(A+C-B) - pq_e(A+B-C)], \\ \text{et de même} \\ B\dfrac{dp}{dt} + (A - C)qn \\ \quad = \mathfrak{M}_y - \mathfrak{M}'_y - [B\mathcal{A}_y + (A-C)q_e n_e + nq_e(A+B-C) - qn_e(B+C-A)], \\ C\dfrac{dq}{dt} + (B - A)np \\ \quad = \mathfrak{M}_z - \mathfrak{M}'_z - [C\mathcal{A}_z + (B-A)n_e p_e + pn_e(B+C-A) - np_e(A+C-B)]. \end{cases}$$

Telles sont les équations générales du mouvement relatif d'un corps solide assujetti à tourner autour d'un point fixe dans le milieu auquel on rapporte le mouvement. Ces équations, dans lesquelles on devra remplacer $\mathcal{A}_x$, $\mathcal{A}_y$, $\mathcal{A}_z$, n_e, p_e, q_e en fonction de ν_e, ϖ_e, χ_e, qui seront, en général, des données relatives au mouvement de (S), sont spécialement applicables au mouvement relatif d'un solide autour de son centre de gravité; dans ce cas, les moments $\mathfrak{M}'_x$, $\mathfrak{M}'_y$, $\mathfrak{M}'_z$ sont nuls.

Si $\mathfrak{M}''_x$, $\mathfrak{M}''_y$, $\mathfrak{M}''_z$ représentent les moments par rapport aux axes Ox, Oy, Oz des forces apparentes qu'il faut introduire pour ramener la considération du mouvement relatif à celle du mouvement absolu, on a

$$(2) \quad \begin{cases} \mathfrak{M}''_x = -\mathfrak{M}'_x - [A\mathcal{A}_x + (C-B)p_e q_e + qp_e(A+C-B) - pq_e(A+B-C)], \\ \mathfrak{M}''_y = -\mathfrak{M}'_y - [B\mathcal{A}_y + (A-C)q_e n_e + nq_e(A+B-C) - qn_e(B+C-A)], \\ \mathfrak{M}''_z = -\mathfrak{M}'_z - [C\mathcal{A}_z + (B-A)n_e p_e + pn_e(B+C-A) - np_e(A+C-B)]. \end{cases}$$

Soient $\mathfrak{T}$ et $\mathfrak{T}_e$ le travail des forces extérieures agissant sur le solide et le travail des forces d'entraînement, le principe des forces vives donne

$$(2) \qquad A n^2 + B p^2 + C q^2 = 2\mathfrak{T} - 2\mathfrak{T}_e + \text{const.},$$

relation que l'on devra substituer à une des équations (1) lorsque l'on saura trouver les intégrales représentées par $\mathfrak{T}$ et $\mathfrak{T}_e$.

S'il s'agit d'un solide entièrement libre, pour lequel n, p, q représentent les composantes de la rotation apparente autour du centre de gravité, on a, d'après un autre principe (41), en appelant V la vitesse relative de ce centre,

$$(3) \qquad A n^2 + B p^2 + C q^2 + MV^2 = 2\mathfrak{T} - 2\mathfrak{T}_e + \text{const.}$$

$\mathfrak{T}$, $\mathfrak{T}_e$ désignent ici les travaux des forces extérieures et d'entraînement dans le mouvement relatif général du solide.

Dans certains cas, il pourra être avantageux de remplacer l'une des équations (1) par celle qui résulte de la projection des moments des forces sur une droite fixe dans le milieu (S), faisant avec les axes Ox, Oy, Oz les angles variables α, β, γ, et avec OX, OY, OZ les angles constants δ, η, ε. Les moments des quantités de mouvement estimées suivant Ox, Oy, Oz étant An, Bp, Cq, il vient

$$\frac{d}{dt}(An\cos\alpha + Bp\cos\beta + Cq\cos\gamma)$$
$$= (\mathfrak{M}_x + \mathfrak{M}''_x)\cos\alpha + (\mathfrak{M}_y + \mathfrak{M}''_y)\cos\beta + (\mathfrak{M}_z + \mathfrak{M}''_z)\cos\gamma,$$

ou

$$(4) \quad \left\{ \begin{aligned} &\frac{d}{dt}(An\cos\alpha + Bp\cos\beta + Cq\cos\gamma) \\ &\quad = [\mathfrak{M}_x - \mathfrak{M}'_x - A\mathcal{A}_x - (C-B)p_e q_e]\cos\alpha \\ &\quad + [\mathfrak{M}_y - \mathfrak{M}'_y - B\mathcal{A}_y - (A-C)n_e q_e]\cos\beta \\ &\quad + [\mathfrak{M}_z - \mathfrak{M}'_z - C\mathcal{A}_z - (B-A)n_e p_e]\cos\gamma \\ &\quad - (B+C-A)n_e(p\cos\gamma - q\cos\beta) \\ &\quad - (A+C-B)p_e(q\cos\alpha - n\cos\gamma) \\ &\quad - (A+B-C)q_e(n\cos\beta - p\cos\alpha). \end{aligned} \right.$$

On substituera, dans cette équation, à $\cos\alpha$, $\cos\beta$, $\cos\gamma$

leurs valeurs en fonction de $\cos\delta$, $\cos\eta$, $\cos\varepsilon$, tirées des formules du n° 93 de la première Partie, dans lesquelles on remplacera respectivement n_e, p_e, q_e par les trois premiers cosinus, et ν_e, π_e, χ_e par les trois derniers.

135. *Formules relatives au mouvement apparent des corps solides à la surface de la Terre.* — Pour obtenir les formules applicables aux mouvements apparents des corps à la surface du globe, il suffit de supposer, dans ce qui précède, que (**S**) représente la Terre.

On a d'abord

$$\mathcal{M}_x = 0, \quad \mathcal{M}_y = 0, \quad \mathcal{M}_z = 0.$$

La vitesse angulaire de la Terre étant très-petite, on peut en négliger le carré, et par suite les termes $p_e q_e$, $n_e p_e$, $n_e q_e$.

Du pendule composé. — Supposons que le corps soit uniquement soumis à l'action de la pesanteur et que l'axe principal d'inertie Oz passe par son centre de gravité; appelons f la distance de ce centre au point relativement fixe O.

Nous prendrons pour parties positives des axes relativement fixes OX, OY, OZ la portion de la méridienne dirigée vers l'équateur, celle de la tangente au parallèle, dirigée dans le sens de la rotation d'entraînement, c'est-à-dire de l'occident vers l'orient; enfin, celle de la direction du fil à plomb située au-dessous du plan XOY.

Nous aurons d'abord, λ étant la latitude du lieu,

$$\nu_e = \omega_e \cos\lambda, \quad \varpi_e = 0, \quad \chi_e = \omega_e \sin\lambda,$$

et les formules du n° 93 de la première Partie se réduisent ici à

$$(5) \quad \begin{cases} n_e = \omega_e[(\cos\varphi\cos\psi + \sin\varphi\sin\psi\cos\theta)\cos\lambda - \sin\lambda\sin\theta\sin\psi], \\ p_e = \omega_e[(\cos\varphi\sin\psi - \sin\varphi\cos\psi\cos\theta)\cos\lambda + \sin\lambda\sin\theta\cos\psi], \\ q_e = \omega_e[(\cos\lambda\sin\theta\sin\varphi + \sin\lambda\cos\theta]. \end{cases}$$

Si l'on se rappelle que la valeur de l'accélération de la pesanteur, observée en chaque point de la Terre, comprend l'accélération d'entraînement prise en sens contraire, le principe des forces vives donne

$$(2') \quad An^2 + Bp^2 + Cq^2 = 2Mgf(\cos\theta - \cos\theta_0) + An_0^2 + Bp_0^2 + Cq_0^2,$$

θ_0, n_0, p_0, q_0 désignant les valeurs initiales de θ, n, p, q et M la masse du corps.

Les quantités $\mathfrak{M}_x - \mathfrak{M}'_x$, $\mathfrak{M}_y - \mathfrak{M}'_y$, $\mathfrak{M}_z - \mathfrak{M}'_z$ sont les moments par rapport aux axes Ox, Oy, Oz de la résultante de l'attraction terrestre et de la force d'inertie correspondant à l'accélération centripète d'entraînement du point O, supposée transportée, ainsi que toute la masse M, au centre de gravité G du corps. Mais comme les dimensions des corps que nous considérons à la surface de la Terre sont relativement très-petites, on peut, sans erreur sensible, regarder comme égales les accélérations centripètes d'entraînement en O et G; ce qui revient à supposer que $\mathfrak{M}_x - \mathfrak{M}'_x$, $\mathfrak{M}_y - \mathfrak{M}'_y$, $\mathfrak{M}_z - \mathfrak{M}'_z$ représentent les moments du poids du corps tel qu'on l'apprécie au lieu de l'observation. La dernière des formules (1) devient ainsi

$$(1')\quad C\frac{dq}{dt} + (B - A)np = -n_e p(B + C - A) + np_e(A + C - B).$$

Enfin, nous prendrons pour troisième équation celle des moments par rapport à la droite OZ ou

$$(4')\quad \begin{cases} \dfrac{d}{dt}(An\cos\alpha + Bp\cos\beta + Cq\cos\gamma) \\ \quad = -(B + C - A)n_e(p\cos\gamma - q\cos\beta) \\ \quad\quad -(A + C - B)p_e(q\cos\alpha - n\cos\gamma) \\ \quad\quad -(A + B - C)q_e(n\cos\beta - p\cos\alpha), \end{cases}$$

et, par des substitutions faciles à faire et qui n'ont que l'inconvénient d'être assez longues, les équations (5), (1′), (2′), (4′) donneront les équations différentielles en φ, ψ, θ, t, dont le problème dépend.

L'étude du mouvement apparent d'un corps solide pesant, autour d'un point fixe sur la Terre, ne conduit à quelques résultats simples que lorsque ce solide est de révolution autour de l'axe Oz. Aussi nous bornerons-nous à poser les équations définitives du mouvement qui se rapportent à ce cas particulier pour lequel les transformations analytiques intermédiaires présentent de notables simplifications.

L'hypothèse A = B réduit l'équation (1') à

$$(\alpha) \qquad \frac{dq}{dt} = np_e - pn_e.$$

Or $np_e - pn_e$ n'est autre chose que la projection sur Oz de l'accélération angulaire composée (91, première Partie), et, pour l'obtenir, on peut substituer aux axes Ox, Oy la considération des droites rectangulaires OA et OB (43, première Partie) situées dans le même plan. En supposant $\psi = 0$ dans les deux premières formules (5), on obtient

$$\omega_e \cos\varphi\cos\lambda, \quad \omega_e(-\sin\varphi\cos\theta\cos\lambda + \sin\theta\sin\lambda)$$

pour les composantes de ω_e suivant OA et OB, par suite

$$\begin{aligned} np_e - pn_e &= r\omega_e(-\sin\varphi\cos\theta\cos\lambda + \sin\theta\sin\lambda) - s\,\omega_e\cos\varphi\cos\lambda \\ &= \omega_e\left[-\cos\lambda\left(\cos\varphi\sin\theta\frac{d\varphi}{dt} + \sin\varphi\cos\theta\frac{d\theta}{dt}\right) + \sin\lambda\sin\theta\frac{d\theta}{dt}\right], \\ \frac{dq}{dt} &= \omega_e\left(-\cos\lambda\frac{d\sin\varphi\sin\theta}{dt} - \sin\lambda\frac{d\cos\theta}{dt}\right), \end{aligned}$$

et, en intégrant,

$$(1'') \quad q = q_0 + \omega_e\cos\lambda(\sin\varphi_0\sin\theta_0 - \sin\varphi\sin\theta) + \omega_e\sin\lambda(\cos\theta_0 - \cos\theta).$$

La formule (2') devient, en remarquant que

$$A(n^2 + p^2) = A(r^2 + s^2) = A\left(\frac{d\theta^2}{dt^2} + \sin^2\theta\frac{d\varphi^2}{dt^2}\right),$$

et, en négligeant le terme en ω_e^2 dans la valeur de Cq^2,

$$(2'') \left\{ \begin{aligned} A\left(\frac{d\theta^2}{dt^2} + \sin^2\theta\frac{d\varphi^2}{dt^2}\right) = {} & 2Mgf(\cos\theta - \cos\theta_0) + A(r_0^2 + s_0^2) \\ & - 2Cq_0\omega_e[\cos\lambda(\sin\varphi_0\sin\theta_0 - \sin\varphi\sin\theta) \\ & + \sin\lambda(\cos\theta_0 - \cos\theta)]. \end{aligned} \right.$$

Occupons-nous maintenant de la transformation de la formule (4'), qui devient, dans le cas actuel,

$$(\beta) \left\{ \begin{aligned} & \frac{d}{dt}[A(n\cos\alpha + p\cos\beta) + Cq\cos\gamma] \\ & \quad = -C[n_e(p\cos\gamma - q\cos\beta) + p_e(q\cos\alpha - n\cos\gamma)] \\ & \quad\quad - (2A - C)\,q_e(n\cos\beta - p\cos\alpha). \end{aligned} \right.$$

La projection $n\cos\alpha + p\cos\beta$ sur Oz de la rotation u, estimée dans le plan xOy, se réduit évidemment à celle

$$s.\sin\theta = \frac{d\varphi}{dt}\sin^2\theta$$

de s, et comme $\gamma = \theta$, on a

$$A(n\cos\alpha + p\cos\beta) + Cq\cos\theta = A\sin^2\theta\frac{d\varphi}{dt} + Cq\cos\theta.$$

Il est facile de reconnaître que le second membre de l'équation (β) est indépendant de la position des axes Ox et Oz dans le plan xOy; à cet effet, portons, à partir du point O dans un sens convenable, sur la perpendiculaire en ce point au plan déterminé par OZ et ω, une longueur Γ égale au double de l'aire du triangle ayant pour côtés l'unité et ω_e dirigés suivant ces deux directions. On a, en appelant Γ_x, Γ_y, Γ_z les projections de Γ sur Ox, Oy, Oz,

$$p\cos\gamma - q\cos\beta = \Gamma_x,\quad q\cos\alpha - n\cos\gamma = \Gamma_y,\quad n\cos\beta - p\cos\alpha = \Gamma_z,$$

et $n_e\Gamma_x + p_e\Gamma_y$ n'est autre chose que le produit des projections de ω_e et de Γ sur le plan xOy, multiplié par le cosinus de leur angle. Nous pouvons donc substituer aux axes Ox, Oy les droites OA et OB, ou supposer

$$\psi = 0,\quad \alpha = 90^\circ,\quad \beta = 90^\circ - \theta,\quad \gamma = \theta,$$
$$q_e = \omega_e(\cos\theta\sin\lambda + \cos\lambda\sin\varphi\sin\theta),$$

remplacer n et p par

$$r = \frac{d\theta}{dt}\quad \text{et}\quad s = \frac{d\varphi}{dt}\sin\theta,$$

n_e et p_e par

$$\omega_e\cos\varphi\cos\lambda,$$

et

$$\omega_e(-\sin\varphi\cos\theta\cos\lambda + \sin\theta\sin\lambda).$$

Il vient ainsi, pour le second membre de l'équation (β),

$$-\omega_e C\left[\cos\varphi\cos\lambda\left(\sin\theta\cos\theta\frac{d\varphi}{dt} - q\sin\theta\right)\right.$$
$$\left.-(-\sin\varphi\cos\theta\cos\lambda + \sin\theta\sin\lambda)\cos\theta\frac{d\theta}{dt}\right]$$
$$-(2A - C)\omega_e\sin\theta\frac{d\theta}{dt}(\cos\theta\sin\lambda + \cos\lambda\sin\varphi\sin\theta),$$

et, en réduisant et négligeant le carré de ω_e,

$$(3'')\quad \left\{\begin{aligned} & A\frac{d}{dt}\sin^2\theta\frac{d}{dt}(\varphi+\omega_e\sin\lambda.t) \\ & = -Cq_0\frac{d\cos\theta}{dt}+\omega_e\cos\lambda\left(Cq_0\sin\theta\cos\varphi - C\sin\varphi_0\sin\theta_0\frac{d\cos\theta}{dt}\right. \\ & \qquad\qquad\qquad\qquad \left. -2A\sin^2\theta\sin\varphi\frac{d\theta}{dt}\right) \\ & \quad -C\omega_e\sin\lambda\cos\theta_0\frac{d\cos\theta}{dt}. \end{aligned}\right.$$

Si, comme dans l'expérience exécutée par Foucault au Panthéon, $\frac{C}{A}$ est assez petit pour qu'on puisse le négliger devant l'unité dans les termes en ω_e, la rotation initiale q_0 étant d'ailleurs nulle, les formules (2″) et (3″) se réduisent aux suivantes :

$$\frac{d\theta^2}{dt^2}+\sin^2\theta\frac{d\varphi^2}{dt^2}=2(\cos\theta-\cos\theta_0)\frac{Mgf}{A},$$

$$\frac{d}{dt}\sin^2\theta\frac{d}{dt}(\varphi+\omega_e\sin\lambda t) = -2\omega_e\cos\lambda\sin\varphi\sin^2\theta\frac{d\varphi}{dt},$$

qui sont celles qui se rapportent au mouvement oscillatoire d'un pendule simple ayant pour longueur $\frac{A}{Mf}$.

Du gyroscope. — Supposons maintenant que le point fixe du corps coïncide avec son centre de gravité ou que $f=0$. Dans cette hypothèse, les formules (1″), (2″), (3″) ne supposent pas nécessairement que le plan XOY est horizontal; il nous suffit d'admettre que, ce plan étant choisi arbitrairement, le plan XOZ est parallèle à l'axe de la Terre, et que λ, cessant de représenter la latitude, est l'angle que forme cet axe avec OX.

La formule (2″) devient

$$(2''')\quad \left\{\begin{aligned} & A\left(\frac{d\theta^2}{dt^2}+\sin^2\theta\frac{d\varphi^2}{dt^2}\right) \\ & = -2Cq_0\omega_e[\cos\lambda(\sin\varphi_0\sin\theta_0-\sin\varphi\sin\theta) \\ & \qquad\qquad +\sin\lambda(\cos\theta_0-\cos\theta)]+A(r_0^2+s_0^2). \end{aligned}\right.$$

Si nous supposons que la composante q_0 de la rotation initiale soit considérable, nous pourrons, sans erreur sensible, réduire la formule (3″) à

$$A\frac{d}{dt}\sin^2\theta\frac{d\varphi}{dt} = -Cq_0\frac{d\cos\theta}{dt}.$$

En intégrant et remarquant que

$$\left(\frac{d\varphi}{dt}\right)_0 = \frac{s_0}{\sin\theta_0},$$

il vient

$$(3''') \qquad A\sin^2\theta\frac{d\varphi}{dt} = Cq_0(\cos\theta_0 - \cos\theta) + As_0\sin\theta_0.$$

Si nous prenons OZ parallèle à l'axe de la Terre, on a $\lambda = 90°$, et (2‴) devient

$$(\gamma) \qquad \frac{d\theta^2}{dt^2} + \sin^2\theta\frac{d\varphi^2}{dt^2} = -2\omega_e q_0\frac{C}{A}(\cos\theta_0 - \cos\theta) + r_0^2 + s_0^2,$$

et, en éliminant φ entre (3‴) et (γ),

$$(\delta) \qquad \left\{\begin{aligned} \frac{d\theta^2}{dt^2} &= 2\omega_e q_0\frac{C}{A}(\cos\theta - \cos\theta_0) \\ &\quad - \left[\frac{\frac{C}{A}q_0(\cos\theta_0 - \cos\theta) + s_0\sin\theta_0}{\sin\theta}\right]^2 + r_0^2 + s_0^2. \end{aligned}\right.$$

A l'inspection des formules (3‴), (γ), (δ) on reconnaît que la loi du mouvement est la même que pour un solide pesant de révolution, dont un point de l'axe est fixe sur la Terre supposée immobile; l'axe du corps oscille dans le plan mobile passant par OZ entre deux limites que l'on déterminera facilement.

Dans le cas particulier où $s_0 = 0$, $r_0 = 0$, l'une de ces limites est θ_0; l'autre est donnée par

$$2\omega_e + \frac{Cq_0}{A}\left(\frac{\cos\theta_0 - \cos\theta}{\sin^2\theta}\right) = 0.$$

Soit $\theta = \theta_0 + \varepsilon$, ε étant d'un même ordre de grandeur que ω_e, il vient

$$2\omega_e + \frac{Cq_0\varepsilon}{A\sin\theta_0} = 0,$$

et pour l'écart maximum

$$\varepsilon = -2\omega_e \frac{A \sin\theta_0}{Cq_0}.$$

Cette valeur, étant de signe contraire à q_0, conviendra toujours; car, pour que $\frac{d\theta}{dt}$ soit réel, il faut que θ décroisse ou croisse à partir de θ_0, selon que q_0 est positif ou négatif.

En général, l'axe du corps ne deviendra jamais perpendiculaire à XOY, à moins que

$$Cq_0 \cos\theta_0 + As_0 \sin\theta_0 = Cq_0.$$

Dans ce cas, l'équation (3‴) devient

$$As = Cq_0 \frac{(1 - \cos\theta)}{\sin^2\theta} = Cq_0 \operatorname{tang}\frac{\theta}{2},$$

et l'équation (δ)

$$\frac{d\theta^2}{dt^2} = 2q_0\omega_e \frac{C}{A}(\cos\theta - \cos\theta_0) - \frac{C^2 q_0^2}{A^2}\left(\operatorname{tang}^2\frac{\theta}{2} - \operatorname{tang}^2\frac{\theta_0}{2}\right) + r_0^2,$$

et une discussion simple permet de déterminer les autres conditions à remplir pour que l'axe passe par OZ.

Si $\theta_0 = 0$, le corps est en équilibre relatif, car les formules (γ), (δ) ne peuvent être vérifiées que par $\theta = \theta_0 = 0$.

Admettons maintenant que l'axe du corps soit assujetti à rester dans un plan fixe XOY, ce qui suppose que l'on exerce en un point de cet axe une pression normale au plan d'une énergie suffisante. Les formules (1″) et (2‴) peuvent encore recevoir ici leur application en y supposant $\theta = 90°$ et $r_0 = 0$; mais on ne pourra plus prendre l'équation (δ), parce que le terme en q_0, par rapport auquel nous avons négligé ceux en ω_e dans l'équation (3″), est nul, et il faudrait nous reporter à cette première équation; mais la formule (2″) suffit pour résoudre le problème; elle donne en effet

$$\frac{d\varphi^2}{dt^2} = -2\frac{C}{A}q_0\omega_e(\sin\varphi_0 - \sin\varphi)\cos\lambda + s_0^2,$$

et comme φ est ici le complément de l'angle que forme l'axe du corps avec OX, il s'ensuit que la première de ces droites doit osciller, de part et d'autre de la seconde, comme un pendule simple de longueur égale à l'unité, soumis à l'action d'une force constante parallèle à OX, égale à $\frac{Cq_0}{A}\omega_e \cos\lambda$, et dont s_0 serait la vitesse angulaire initiale, ce qui donne l'explication du gyroscope de Foucault.

Mais on peut arriver plus simplement aux résultats ci-dessus en composant directement, comme nous allons le faire maintenant, les forces centrifuges composées.

136. *De la réduction des forces centrifuges dans les mouvements relatifs angulaires des solides de révolution.* — Soient

ω' la vitesse angulaire d'un solide de révolution de masse M, mobile autour de son axe de figure Ax (*fig.* 66), entraîné lui-même dans le mouvement d'un système invariable (S);

A le moment d'inertie de M par rapport à cet axe;

Au la parallèle à l'axe instantané de rotation de (S), menée par un point quelconque A de Ax;

ω la rotation instantanée de (S);

α l'angle uAx;

Ay la perpendiculaire en A à Ax dans le plan uAx;

Az la perpendiculaire au même point à ce dernier plan.

Fig. 66.

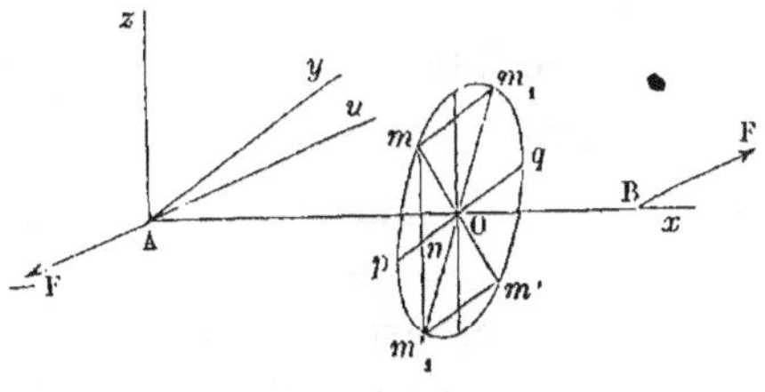

Nous supposerons, comme d'habitude, que les rotations ω', ω ont lieu de la gauche vers la droite pour l'observateur couché suivant Ax, Au, en ayant les pieds en A.

La force centrifuge composée correspondant à un point matériel m de M étant la résultante des forces analogues relatives aux composantes $\omega\cos\alpha$, $\omega\sin\alpha$ de ω, estimées suivant Ax et la perpendiculaire Ay à Ax dans le plan uAx, on est ramené à étudier séparément chacune de ces rotations partielles.

Soient

mm', $m_1 m'_1$ deux diamètres symétriques par rapport à la trace pq de son plan sur xAy de l'une des circonférences matérielles dans lesquelles on peut décomposer le corps;
O le centre de cette circonférence;
n la projection de m sur pq.

Les forces centrifuges composées résultant de la rotation partielle $\omega \cos\alpha$ autour de Ax s'entre-détruisent; car celles de ces forces qui se rapportent aux molécules m, m', dirigées toutes deux suivant mm', sont égales et de sens contraire.

Les forces centrifuges composées de m, m_1 et m'_1, m' correspondant à la rotation $\omega \sin\alpha$ autour de Ay se réduisent à deux couples identiques par rapport au plan yAx, dont les forces, parallèles à Ax, ont pour expression $2m.\omega\omega' \sin\alpha.On$. Il suit de là que les forces centrifuges composées des points de la circonférence matérielle $m_1 m m' m'_1$, et par suite de tout le corps, se réduisent à un couple situé dans le plan yAx; en prenant les moments par rapport à Az, on obtient, pour le moment du couple résultant,

$$-2\omega\omega' \sin\alpha \Sigma m.\overline{On}^2 = -\omega\omega' \sin\alpha \Sigma m.\overline{Om}^2 = -A\omega\omega' \sin\alpha.$$

Si sur l'axe Ax on porte une longueur quelconque $AB = l$, à partir du point A, ce couple sera équivalent au couple formé par deux forces parallèles constantes $-F$, F égales à $\frac{A\omega\omega'}{l}$ agissant respectivement aux points A et B et dont la première est dirigée suivant le prolongement de Au.

En supposant que (S) représente la Terre, que le centre de gravité A du corps soit relativement fixe, ce corps se mouvra autour de Au, en suivant la même loi qu'un solide pesant de révolution autour d'un point de son axe, dont le moment d'inertie et la vitesse angulaire relatifs à cet axe seraient A et ω', et dont le moment du poids par rapport au point fixe serait $A\omega\omega'$. Dans le cas où la droite AB serait assujettie à rester dans un plan formant, avec Au, un angle i, le corps M, obéissant aux composantes $F\cos i$, $-F\cos i$ de F, se mouvrait comme un pendule, la droite AB oscillant de part et d'autre de la projection de Au sur le plan. Ces résultats sont conformes à ceux auxquels nous avons été conduit par l'Analyse.

Dans ce dernier cas, et pour de petites oscillations, la durée de chacune d'elles est donnée par

$$T = \pi\sqrt{\frac{C}{A\omega\omega'\cos i}},$$

C étant le moment d'inertie du solide par rapport à toute droite passant par le point A et perpendiculaire à Ax. Le temps T atteint son minimum

$$T' = \pi\sqrt{\frac{C}{A\omega'\omega}},$$

lorsque $i = 0$; c'est ce qui a lieu en prenant, par exemple, le méridien pour plan directeur. Si $i = 90^\circ$, on a $T = \infty$, et, en effet, l'équilibre est indifférent. En prenant l'horizon pour plan directeur, i est égal à la latitude λ, et il vient

$$T'' = \pi\sqrt{\frac{C}{A\omega\omega'\cos\lambda}}.$$

Les considérations précédentes peuvent faire naître une objection qu'il est bon de prévenir; le mouvement apparent du corps n'est pas dû seulement au moment $A\omega\omega'\cos i$, mais encore aux forces centrifuges composées agissant sur toutes les molécules du mobile dans son mouvement commun avec son axe, et de plus ω' est variable; or la vitesse angulaire de rotation de la Terre est très-petite, et la variation de ω' et la vitesse angulaire de l'axe de rotation sont du même ordre de grandeur que le produit de ω par le moment ci-dessus, c'est-à-dire de l'ordre de ω^2 ou de quantités que l'on peut négliger sans erreur sensible. La valeur ci-dessus de T doit donc être considérée comme exacte; elle coïncide d'ailleurs, aux notations près, avec celle que l'on déduirait du numéro précédent et de la loi du mouvement pendulaire.

La rotation ω étant très-faible, les durées d'oscillations seront très-grandes. On en diminuera la longueur en réduisant autant que possible le rapport $\frac{C}{A}$ ou en employant un solide de révolution annulaire ou très-aplati. En supposant, par exemple, que le corps tournant soit un ellipsoïde de révolution aplati, dans lequel le rapport des axes soit $\frac{1}{3}$, que ce tore fasse 2000 tours par minute, on trouve que $T' = 0^{m}57^{s}$.

137. *Méthode mixte basée simultanément sur les théories des mouvements absolus et relatifs pour arriver aux formules relatives au gyroscope.*— Supposons que sur la *fig.* 58, p. 356,

OV représente la parallèle à l'axe de la Terre mené par le centre de gravité O relativement fixe du solide de révolution;

Ox l'axe de révolution;

$O\zeta$ la perpendiculaire en O dans le plan VOx;

$O\eta$ la normale au même plan;

n, r, s les composantes de la rotation instantanée relative du corps suivant Ox, $O\eta$, $O\zeta$;

α_0 la valeur de α considérée comme initiale pour laquelle r, s sont nuls, n_0 étant la valeur correspondante de n;

A, B les moments d'inertie du corps par rapport aux axes principaux Ox, $O\zeta$ ou $O\eta$.

La rotation du corps, dans l'espace absolu, estimée suivant Ox, ou $n + \omega\cos\alpha$, restant constante, on a

$$(a) \qquad n = n_0 - \omega(\cos\alpha - \cos\alpha_0).$$

D'autre part la résultante de la pesanteur et de la force centrifuge étant considérée comme passant par le centre de gravité O, la force vive dans le mouvement relatif reste constante; par suite

$$An^2 + B(r^2 + s^2) = An_0^2,$$

d'où, en négligeant le carré de ω,

$$B(r^2 + s^2) = 2An_0\omega(\cos\alpha - \cos\alpha_0).$$

Supposons d'abord l'axe Ox assujetti à se mouvoir dans un même plan, faisant avec OV l'angle β, et soit φ l'angle formé par Ox avec la projection de OV sur ce plan, on aura évidemment

$$r^2 + s^2 = \frac{d\varphi^2}{dt^2}, \quad \cos\alpha = \cos\beta\cos\varphi;$$

par suite

$$\left(\frac{d\varphi}{dt}\right)^2 = 2\frac{An_0}{B}\omega\cos\beta(\cos\varphi - \cos\varphi_0);$$

ce qui donne la loi du mouvement pendulaire, conformément à ce que nous avons trouvé plus haut.

Si l'axe Ox est complétement libre autour du point O, il faut établir une nouvelle relation que nous obtiendrons en exprimant que, dans le mouvement de rotation autour du point O dans l'espace absolu, la somme des moments des quantités de mouvement par rapport à OV reste constante, et l'on a

$$\begin{aligned} &A(n + \omega\cos\alpha)\cos\alpha + B(s + \omega\sin\alpha)\sin\alpha \\ &\quad = A(n_0 + \omega\cos\alpha_0)\cos\alpha_0 + B\omega\sin^2\alpha_0, \end{aligned}$$

d'où, en éliminant n au moyen de la relation (a),

$$Bs\sin\alpha = A(n_0 + \omega\cos\alpha_0)(\cos\alpha_0 - \cos\alpha) + B\omega(\sin^2\alpha_0 - \sin^2\alpha);$$

la rotation n_0 étant supposée très-rapide par rapport à ω, on peut dans cette équation négliger ω devant n_0 et écrire tout simplement

$$(c) \qquad Bs\sin\alpha = An_0(\cos\alpha_0 - \cos\alpha).$$

Les formules (b) et (c), comme il est facile de le reconnaître, ne sont autre chose que celles du mouvement d'un solide de révolution pesant autour d'un point de son axe, ce qui est conforme à ce que nous avons trouvé précédemment.

138. *Théorie de l'appareil pendulaire de M. Sire.* — Cet appareil se compose d'un pendule formé d'un tore dont les pivots sont maintenus dans une chappe relativement très-légère, se terminant à la partie supérieure par un couteau de suspension, de direction perpendiculaire à celle de l'axe du tore. Le support du couteau est fixé excentriquement à une pièce horizontale que nous désignerons par (S), et à laquelle on peut imprimer un mouvement de rotation plus ou moins rapide autour d'un axe vertical. On peut rapprocher ou éloigner l'appareil pendulaire de l'axe de rotation et orienter d'une manière quelconque, par rapport au *plan méridien*, le plan d'oscillation qui est défini par l'axe de rotation et le milieu du couteau de suspension dont la verticale, lors du repos absolu des différentes pièces de l'appareil, passe par le centre de gravité du pendule ou par le milieu de l'axe alors horizontal du tore.

Si, le plan d'oscillation coïncidant avec le plan méridien, on imprime à (S) un mouvement de rotation, le pendule, en vertu de la force centrifuge, s'éloigne de l'axe; mais si le tore est lui-même animé d'un mouvement gyratoire, selon que la rotation de (S) a lieu dans un sens ou dans l'autre, le pendule s'éloigne ou se rapproche, malgré la force centrifuge, de l'axe de (S), et peut même arriver à prendre une position sensiblement horizontale; toutefois le pendule ne parvient à se rapprocher de l'axe de (S) que lorsque la vitesse angulaire de cette pièce ne dépasse pas une certaine limite, relativement à la rotation propre du tore.

Soient

ω, ω' les vitesses angulaires respectives de (S) et du tore;

A, M le moment d'inertie du tore par rapport à son axe de rotation et sa masse;

l la distance de son centre de gravité au couteau;

ρ la distance de l'axe de (S) à l'axe de suspension du pendule.

Nous négligerons dans ce qui suit la masse de la chappe en raison de son faible rapport à celle du tore.

Considérons le cas où le plan d'oscillation coïncide avec le plan méridien; au moment où l'on imprime à (S) son mouvement gyratoire, les forces centrifuges composées, développées sur les différents éléments matériels du tore, résultant de la rotation relative de ce dernier par rapport à (S), se réduisent à un couple compris dans le plan d'oscillation dont le moment a pour expression $A\omega\omega'$ (136). Ce couple tend à éloigner ou à rapprocher le pendule de l'axe de (S), selon que les rotations ω, ω' sont de sens contraire ou de même sens pour l'observateur placé successivement suivant la verticale et la portion de l'axe du tore comprise entre cette verticale et l'axe de (S), en ayant les pieds en leur point de rencontre. Dans le premier cas, la force centrifuge composée ajoute son effet à celui de la force centrifuge, et le pendule doit s'éloigner de l'axe de (S) avec plus d'énergie que si le tore ne tournait pas. Dans le second, si $A\omega\omega'$ surpasse le moment de la force centrifuge par rapport à l'axe de suspension du pendule, celui-ci doit se rapprocher de l'axe de (S); et c'est ce qui arrivera, si l'on a

$$A\omega\omega' > Ml\rho\omega^2,$$

d'où

$$\frac{\omega'}{\omega} > \frac{Ml\rho}{A} = \frac{\rho}{\lambda},$$

λ étant la longueur du pendule synchrone. On voit ainsi que le phénomène se produira d'autant plus facilement que la distance du pendule à l'axe de (S) sera plus petite par rapport à celle des centres de gravité et d'oscillation.

L'influence de la force centrifuge allant en diminuant à mesure que l'angle formé par le méridien et le plan d'oscillation augmente, la même chose aura lieu *a fortiori*, quel que soit cet angle, si l'inégalité précédente est satisfaite; mais cette explication ne suffit pas pour faire voir pourquoi le pendule arrive en fort peu de temps à une position d'équilibre relatif sensiblement horizontale. Il nous faut donc pour cela étudier le mouvement de l'appareil en tenant compte des diverses circonstances dont il dépend.

Le mouvement relatif du pendule est dû à l'action combinée de la pesanteur, de la force centrifuge composée et de la force centrifuge. Nous continuerons à négliger l'inertie de la chappe.

Soient

M la masse du tore;
A son moment d'inertie par rapport à son axe de rotation;
B son moment d'inertie relatif à l'un de ses diamètres;
l la distance de son centre de gravité à l'axe de suspension;

θ l'angle variable formé par la direction de cette distance avec la verticale;

g l'accélération de la pesanteur;

ρ la distance du milieu de l'axe de suspension à l'axe de rotation de (S);

α l'angle aigu formé par ρ avec le plan méridien;

ω la vitesse angulaire constante de (S);

ω' la vitesse angulaire relative du tore autour de son axe variable, comme nous le verrons plus loin;

n la valeur initiale de ω' ou la rotation imprimée au tore.

Nous supposerons que le sens relatif des vitesses angulaires ω, ω' est tel, que le pendule se déplace en se rapprochant de l'axe de (S).

Le moment par rapport à l'axe de suspension dû à l'inertie se réduit à $(B + Ml^2)\dfrac{d^2\theta}{dt^2}$; car, de la variation de ω', résulte un couple dont le plan passe par cet axe.

Le moment pareil de la pesanteur a pour expression

$$Mgl\sin\theta.$$

Les axes de ω, ω' faisant entre eux un angle égal au complément de θ, la force centrifuge composée résultant de ω donne le moment $A\omega\omega'\cos\theta$ (136); quant aux composantes de la vitesse relative des différents points du tore, dues à la rotation $\dfrac{d\theta}{dt}$ autour de l'axe de suspension, elles ne donnent que des forces centrifuges composées, parallèles à cet axe, dont les moments sont par suite nuls.

Cherchons maintenant à évaluer les termes auxquels donne lieu la force centrifuge; concevons le plan horizontal passant par l'axe de suspension et prenons pour origine des coordonnées le pied O de la perpendiculaire GO, abaissée du centre de gravité G du tore sur cet axe. Soient

A, Ox les traces sur ce plan de l'axe de rotation de (S) et du plan d'oscillation;

Oy la perpendiculaire à Ox dans le même plan horizontal;

Oz la portion de la verticale du point O au-dessous de ce plan.

La composante, suivant Ox, de la force centrifuge due au mouvement d'entraînement (S) d'un point matériel quelconque m du tore est

$$\omega^2 m(\rho\cos\alpha - x).$$

Le moment total de la force centrifuge par rapport à l'axe de suspension Oy a, par suite, pour valeur

$$-\omega^2\Sigma m(\rho\cos\alpha - x)z = \omega^2\Sigma mxz - \omega^2\rho\cos\alpha\,\mathrm{M}l\cos\theta.$$

Soient x', z' les coordonnées du point m rapporté à une parallèle Ox' à l'axe du tore et à OG, on a

$$\begin{aligned} x &= x'\cos\theta + z'\sin\theta,\\ z &= -x'\sin\theta + z'\cos\theta, \end{aligned}$$

d'où

$$\Sigma mxz = \frac{\sin 2\theta}{2}\Sigma m(z'^2 - x'^2),$$

attendu que OG, axe principal d'inertie du tore par rapport à son centre de gravité, jouit de la même propriété relativement à un point quelconque O de la direction. Or

$$\begin{aligned} \Sigma m(y'^2 + z'^2) &= \mathrm{A} + \mathrm{M}l^2,\\ \Sigma m(x'^2 + y'^2) &= \mathrm{B}, \end{aligned}$$

d'où

$$\Sigma m(z'^2 - x'^2) = \mathrm{A} + \mathrm{M}l^2 - \mathrm{B}.$$

L'expression du moment dû à la force centrifuge est donc

$$\frac{\omega^2}{2}\sin^2\theta(\mathrm{A} + \mathrm{M}l^2 - \mathrm{B}) - \omega^2\mathrm{M}\rho l\cos\alpha\cos\theta,$$

et l'on a, pour l'équation du mouvement du pendule,

$$\begin{aligned} &(\mathrm{B} + \mathrm{M}l^2)\frac{d^2\theta}{dt^2}\\ &\quad = \mathrm{A}\omega\omega'\cos\theta - \mathrm{M}gl\sin\theta + \frac{\omega^2}{2}(\mathrm{A} - \mathrm{B} + \mathrm{M}l^2)\sin 2\theta - \omega^2\mathrm{M}\rho l\cos\alpha\cos\theta. \end{aligned}$$

Il reste à substituer, dans cette équation, la valeur de ω'. Or la rotation instantanée, dans l'espace absolu du tore autour de son centre de gravité, se compose des rotations ω, ω', $\frac{d\alpha}{dt}$;

sa composante suivant l'axe du tore est $\omega' + \omega \sin\alpha$; mais elle est constante, puisque le tore supposé libre n'est soumis qu'à l'action de son poids et des réactions des crapaudines de la chappe qui rencontrent son axe, en négligeant toutefois les frottements. On a donc

$$\omega' + \omega \sin\theta = n,$$

d'où

$$\omega' = n - \omega \sin\theta,$$

et l'on a enfin, pour l'équation du mouvement pendulaire,

$$(1)\quad \begin{cases} (\mathrm{B} + \mathrm{M}l^2)\dfrac{d^2\theta}{dt^2} \\ \quad = (\mathrm{A}\omega n - \omega^2 \mathrm{M}\rho l \cos\alpha)\cos\theta - \mathrm{M}gl\sin\theta + \dfrac{\omega^2}{2}\sin^2\theta(\mathrm{M}l^2 - \mathrm{B}), \end{cases}$$

En multipliant cette équation par $d\theta$, puis intégrant, en remarquant que $\dfrac{d\theta}{dt} = 0$ pour $\theta = 0$, il vient

$$(2)\quad \begin{cases} \dfrac{1}{2}(\mathrm{B} + \mathrm{M}l^2)\dfrac{d\theta^2}{dt^2} \\ \quad = (\mathrm{A}\omega n - \omega^2 \mathrm{M}\rho l\cos\alpha)\sin\theta - 2\mathrm{M}gl\sin^2\dfrac{\theta}{2} + \dfrac{\omega^2}{2}(\mathrm{M}l^2 - \mathrm{B})\sin^2\theta \text{ [1]}. \end{cases}$$

Pour une valeur très-petite de θ, le second membre de l'équation (2) se réduit à

$$\omega\theta(\mathrm{A}n - \omega \mathrm{M}\rho l\cos\alpha),$$

---

[1] On peut arriver immédiatement à cette formule, en exprimant que le demi-accroissement de la force vive est égal à la somme du travail de la pesanteur et de la force centrifuge. En effet, la force vive du système étant égale à la force vive due au mouvement du centre de gravité, augmentée de celle qui résulte du mouvement de rotation autour du centre, il vient, pour son demi-accroissement,

$$\frac{1}{2}(\mathrm{B} + \mathrm{M}l^2)\frac{d\theta^2}{dt^2} + \frac{1}{2}\mathrm{A}(\omega'^2 - n^2).$$

Le travail dû à la pesanteur est $-\mathrm{M}gl(1 - \cos\theta)$; le travail de la force centrifuge est égal à la moitié du produit du carré de la vitesse angulaire ω par l'accroissement du moment d'inertie par rapport à l'axe de rotation de (S);

et, pour que le mouvement ait lieu dans le sens supposé, il faut que cette expression soit positive ou que

$$\frac{n}{\omega} > \frac{M\rho l}{A}\cos\alpha,$$

ce qui s'accorde avec ce que nous avons trouvé plus haut dans le cas de $\alpha = 0$.

De l'équation (2) on déduit

$$dt = \pm\frac{1}{2}d\theta\sqrt{\frac{B + Ml^2}{\sin\frac{\theta}{2}\left\{\cos\frac{\theta}{2}(An\omega - \omega^2 M\rho l\cos\alpha) - \sin\frac{\theta}{2}\left[Mgl - \omega^2\cos^2\frac{\theta}{2}(Ml^2 - B)\right]\right\}}},$$

en prenant le signe + ou le signe −, selon que $d\theta$ est positif ou négatif.

Pour de très-petites valeurs de θ, le dénominateur de la fraction sous le radical est positif, et le pendule doit s'écarter de la verticale dans le sens supposé, jusqu'au moment où ce dénominateur s'annule; la valeur correspondante θ' est la plus petite racine de l'équation

$$(4)\quad An\omega - M\omega^2\rho l\cos\alpha - \operatorname{tang}\frac{\theta}{2}\left[Mgl - \omega^2\cos^2\frac{\theta}{2}(Ml^2 - B)\right] = 0.$$

A partir de cette valeur, le pendule doit rétrograder jusqu'à la verticale, θ devenant négatif, pour exécuter ensuite une oscillation identique à la première, et ainsi de suite.

Les valeurs de θ correspondant aux positions d'équilibre du

---

or, le moment d'inertie correspondant à la verticale du centre de gravité est $A\sin^2\theta + B\cos^2\theta$, et par rapport à l'axe ci-dessus

$$A\sin^2\theta + B\cos^2\theta + M(l^2\sin^2\theta + \rho^2 - 2\rho l\sin\theta\cos\alpha);$$

d'où il suit que l'on a

$$\frac{1}{2}(B + Ml^2)\frac{d\theta^2}{dt^2} + \frac{1}{2}A(\omega'^2 - n^2)$$
$$= -Mgl(1 - \cos\theta) + \frac{\omega^2}{2}[(A + Ml^2 - B)\sin^2\theta - 2M\rho l\sin\theta\cos\alpha],$$

et, en remplaçant ω' par sa valeur, on retombe sur la formule (2). Mais cette méthode, quoique plus expéditive, ne met pas en évidence la cause première du phénomène, et la précédente nous paraît préférable.

pendule s'obtiendront en égalant à zéro le second membre de l'équation (2), ce qui donne

$$(5)\quad An\omega - \omega^2 M\rho l \cos\alpha - \operatorname{tang}\theta\,[Mgl - \omega^2\cos^2\theta\,(Ml^2 - B)] = 0.$$

Pour $\theta = 0$ et $\theta = 90°$, le premier membre de cette équation prend des valeurs de signes contraires; d'où il suit qu'elle a une racine θ'' inférieure à 90 degrés, et qui, d'après la nature de la question, doit correspondre à l'équilibre stable.

Il est clair qu'il existe une valeur de ω pour laquelle l'écart θ'' est le plus grand possible. Pour la déterminer, il suffit de différentier l'équation (5) par rapport à ω, ce qui donne

$$(6)\quad An - 2\omega M\rho l\cos\alpha + 2\omega(Ml^2 - B)\sin\theta = 0,$$

d'où

$$\omega = \frac{An}{2M\rho l\cos\alpha - (Ml^2 - B)\sin\theta}.$$

En retranchant du double de l'équation (5) l'équation (6) multipliée par ω, on trouve

$$An\omega - 2Mgl\operatorname{tang}\theta = 0,$$

et, en remplaçant ω par la valeur ci-dessus,

$$\frac{An^2}{2M\rho l\cos\alpha - (Ml^2 - B)\sin\theta} - 2Mgl\operatorname{tang}\theta = 0.$$

Pour $\theta = 0$ et $\theta = 90$, on obtient deux résultats de signes contraires, et cette équation a bien, conformément à nos prévisions, une racine comprise entre 0 et 90 degrés; mais on voit que θ'' différera d'autant moins de cette dernière limite que n sera plus grand.

Si les oscillations indiquées par la théorie ne se manifestent pas dans le jeu de l'appareil de M. Sire, si le pendule arrive presque immédiatement à la position d'équilibre qui convient à la rotation normale de (S), cela tient à ce que le mouvement imprimé à la manivelle par l'expérimentateur n'est pas de suite sensiblement uniforme; il croît à partir de zéro jusqu'à une certaine limite de part et d'autre de laquelle il oscille en raison même des inégalités d'action dues à la nature des êtres organisés. Supposons, en effet, qu'en vertu d'une valeur constante de ω, le pendule s'écarte de la verticale jusqu'en OG', où la vitesse est nulle ; si à cet instant ω subissait un accroissement tel que OG' devînt une position d'équilibre, le pendule resterait en repos ; mais si cet accroissement est un peu plus fort, le pendule s'écartera encore d'un petit angle de la verticale et de OG', viendra en OG″ et tendra à exécuter autour de OG' une série de petites oscillations ; mais, si le pendule arrive en G″, ω reçoit un accroissement un peu supérieur à celui qui en ferait la position d'équilibre correspondante, l'oscillation descendante sera supprimée, et l'écartement augmentera encore, et ainsi de suite jusqu'au moment où ω aura atteint sa valeur normale. Le pendule exécutera alors de part et d'autre de la position d'équilibre correspondante une série de petites oscillations qui seront bientôt anéanties par les frottements et la résistance de l'air. On comprend dès lors comment, ω croissant à partir de zéro de quantités très-petites, les oscillations sont anéanties successivement à l'exception des petites oscillations de part et d'autre de la position d'équilibre qui convient à la vitesse normale. Il est clair que, si ω dépasse la valeur pour laquelle θ'' est maximum, le pendule doit se rapprocher de la verticale.

Pour trouver la loi des petites oscillations du pendule de part et d'autre de la position d'équilibre stable correspondant à la valeur normale de ω, posons $\theta = \theta'' + \delta$, δ étant l'angle variable formé par le pendule avec cette position et dont nous négligerons le carré. En substituant cette valeur dans l'équation (1), il vient

$$\frac{d^2\delta}{dt^2} = -\left[\frac{(A\omega n - \omega^2 M\rho l\cos\alpha)\sin\theta'' + Mgl\cos\theta'' - \omega^2\cos 2\theta''(Ml^2 - B)}{B + Ml^2}\right]\delta.$$

On tire de là, en appelant δ l'écart maximum, pour lequel la vitesse est nulle, et comptant le temps à partir de l'instant correspondant,

$$\delta = \delta_0 \cos\mu t,$$

en posant

$$\mu = \sqrt{\frac{(A\omega n - \omega^2 M\rho\cos\alpha)\sin\theta'' + Mgl\cos\theta'' - \omega^2\cos 2\theta''(Ml^2 - B)}{B + Ml^2}},$$

d'où l'on déduit sans peine la durée d'une oscillation.

Si, en nous plaçant dans la même hypothèse sur le sens relatif de ω et de n, nous supposons que

$$A\omega n - \omega^2 M \rho l \cos\alpha < 0,$$

le pendule s'éloignera de l'axe de rotation, et l'on reconnaîtra sans peine que la formule (1) sera remplacée par la suivante :

$$(B + Ml^2)\frac{d^2\theta}{dt^2}$$
$$= (\omega^2 M \rho l \cos\alpha - An\omega)\cos\theta - Mgl\sin\theta + \frac{\omega^2}{2}(Ml^2 - B)\sin^2\theta,$$

qui donnera lieu à une discussion analogue à la précédente.

Si l'on change le sens de la vitesse angulaire ω, le pendule s'éloignera de l'axe de (S), suivant une loi exprimée par la formule précédente, dans laquelle on changera n en $-n$.

139. *De l'équation des forces vives appliquée à un système de corps solides, en ayant égard aux ébranlements des molécules* (théorème de Coriolis). — Il nous suffira de considérer l'un de ces corps en le supposant libre, en comprenant dans les forces extérieures les réactions provenant des autres parties du système.

Nous rapporterons les vibrations, supposées de très-petite amplitude, des molécules d'un corps (M) aux positions des points correspondants du système invariable (S) que formerait le corps (M) si, à l'instant considéré, les molécules de ce dernier venaient subitement à s'arrêter dans leur mouvement vibratoire.

Le mouvement de (S) résulte de la définition même de ce *système moyen;* car les sommes des projections et des moments de ses quantités de mouvement, par rapport à trois axes rectangulaires, sont, à chaque instant, respectivement égales aux sommes analogues pour le corps (M); or, les quantités de mouvement se composant comme les vitesses, la quantité de mouvement de chaque molécule de ce dernier corps est la résultante de la quantité analogue de (S) qui lui correspond, et de la quantité de mouvement due à la vitesse vibratoire; par suite les sommes des projections et des moments des quantités de mouvement vibratoire, prises relativement aux trois axes ci-dessus, sont nulles, ou encore ces quantités considérées comme des forces appliquées aux différents points de (S) se font équilibre autour de ce système invariable.

Cela posé, soient

V et V_r les vitesses absolue et vibratoire de la molécule m de (M);

V_m la vitesse contemporaine du point correspondant de (S);

T_m le travail des forces extérieures appliquées à (M) et estimé dans le mouvement de (S) depuis l'instant pris pour origine;

T_r le travail des mêmes forces estimé dans le mouvement vibratoire;

T_f le travail des forces moléculaires.

Le travail des forces extérieures, dans le mouvement absolu, des particules de M est évidemment $T_m + T_r$; on a, par conséquent,

$$\frac{1}{2}\Delta\Sigma m V^2 = T_m + T_r + T_f,$$

en donnant au symbole Δ la signification ordinaire d'accroissement.

Si l'on appelle T_e le travail des forces d'entraînement dues au mouvement relatif des molécules de (M) par rapport au système invariable (S), estimé dans ce même mouvement, on a, d'après un théorème connu,

$$\frac{1}{2}\Delta\Sigma m V_r^2 = T_r + T_f - T_e,$$

d'où

$$\text{(A)} \qquad \frac{1}{2}\Sigma m(V^2 - V_r^2) = T_m + T_r.$$

D'un autre côté, V étant la résultante de V_r et V_m, on a, en appelant x la projection de V_r sur V_m,

$$V^2 = V_r^2 + V_m^2 + 2V_m x,$$

et

$$\Sigma m(V^2 - V_r^2) = \Sigma m V_m^2 + 2\Sigma m V_m x.$$

Or nous avons démontré plus haut que les quantités de mouvement mV_r se font équilibre autour du système (S), ce qui, d'après le principe du travail virtuel, s'exprime par

$$\Sigma m x V_m dt = dt \Sigma m V_m x = 0;$$

par conséquent la formule (A) devient

$$\frac{1}{2} \Delta \Sigma m V_m^2 = T_m + T_r$$

et donne lieu à ce théorème remarquable : *Le principe des forces vives subsiste pour un système de molécules dont les vibrations sont d'une faible amplitude, en ne tenant compte que du mouvement moyen, pourvu que l'on ajoute au travail des forces extérieures le travail estimé dans le mouvement vibratoire des forces qui, à chaque instant, seraient capables de produire sur chaque molécule, considérée comme libre, son mouvement moyen.*

Les six équations de translation et de rotation relatives au mouvement de (M), et par suite celles qui déterminent le mouvement de (S), ne renferment que les forces extérieures qui sollicitent ce corps; d'un autre côté, l'amplitude des vibrations de ce même corps étant très-faible, les coordonnées des différents points de (M) ou de (S) en un instant quelconque sont très-peu différentes de celles qui conviennent aux points autour desquels les vibrations s'exécutent, et dont l'ensemble constitue un corps identique à (M) supposé en repos; donc *le mouvement moyen est sensiblement celui que prendrait le corps (M) sous l'action des forces qui le sollicitent, si ses molécules n'étaient pas susceptibles de vibrer;* en d'autres termes, on peut prendre approximativement, pour le mouvement moyen, celui que l'on emploie dans les applications lorsque l'on néglige l'influence des vibrations moléculaires. Il est maintenant facile de voir que le terme T_e, dû aux vibrations des molécules, est très-petit et par suite négligeable; désignons en effet par ds un élément de la trajectoire décrite par chaque molécule dans son mouvement vibratoire, en projection sur la direction de la force d'entraînement F_e; le terme de T_e qui correspond à la masse m est $\int_0^t F_e ds$.

Pour effectuer cette intégration, il suffit d'ajouter les intégrales analogues prises pour tous les intervalles finis qui constituent t et pour chacun desquels dF_e reste constamment de même signe.

Soient

t' et t'' les limites de l'un de ces intervalles;

F'_e, F''_e, s', s'' les valeurs correspondant à ces limites de F et de s.

On aura

$$\int_{t'}^{t''} F_e ds = F''_e s'' - F'_e s' - \int_{t'}^{t''} s dF_e.$$

La différentielle dF_e, conservant constamment le même signe $\int_{t''}^{t'} s\, dF_e$, sera de la forme $s_1(F''_e - F'_e)$, s_1 désignant une quantité de même ordre que s; l'expression ci-dessus deviendra ainsi

$$F''_e(s'' - s_1) - F'_e(s' - s_1),$$

quantité de même ordre que l'amplitude des déplacements et par conséquent négligeable; il en sera de même de la somme des quantités analogues pour une même molécule, relatives à la totalité des intervalles compris entre o et t pour chacun desquels le signe de dF_e reste le même, et dont le nombre est nécessairement fini, et par suite de T_e, qui résulte de la réunion des sommes semblables pour toutes les molécules du corps.

Donc, *dans l'équation des forces vives établie pour le mouvement moyen d'un corps solide et par suite d'un système de corps solides, on peut faire abstraction des vibrations des molécules.*

FIN DU TOME PREMIER.

Paris. — Imprimerie de GAUTHIER-VILLARS, quai des Augustins, 55.

www.ingramcontent.com/pod-product-compliance
Lightning Source LLC
Chambersburg PA
CBHW031621210326
41599CB00021B/3253